普通高等教育“十一五”国家级规划教材

高等职业教育系列教材

电力电子技术

第4版

主　编　周渊深

副主编　朱希荣

参　编　宋永英　周晨阳　周玉琴

机械工业出版社

本教材以作者2016年出版的“十二五”普通高等教育本科国家级规划教材、2014年江苏省高等学校重点教材《电力电子技术》（第3版）为基础，继承了2010年出版的普通高等教育“十一五”国家级规划教材、2011年江苏省高等学校精品教材《电力电子技术》（第2版）的精华，从电力电子技术应用的角度出发，简明扼要地介绍了常用的不可控型、半控型和全控型电力电子器件；重点介绍了交流-直流变换、直流-交流变换、交流-交流变换、直流-直流变换等电力电子变流电路。为强化高等职业教育教学中实践技能的培养，介绍了基于MATLAB的图形化仿真技术。基本的教学内容均配有仿真实验的实例，另外安排了课程设计等实践内容，教材内容叙述详细，便于自学，仿真实验安排循序渐进，便于初学者掌握。本教材的特色是提供了与理论分析波形相对应的仿真实验波形和实物实验波形，这有利于加强学生的感性认识。全书内容深入浅出，简明扼要，实用性较强。和第3版相比，精简了一些理论性内容，将一些资料性的内容制成电子资源供读者查阅，升级了仿真模型的软件版本；增加了第6章电力电子技术应用案例。

本书适用的读者对象是高职高专自动化和电类相关专业的学生，同时也可供从事电力电子技术工作的工程技术人员参考。

本书配有电子课件和习题答案，需要的教师可登录www.cmpedu.com免费注册，审核通过后可下载，或联系编辑索取（微信：15910938545，电话：010-88379739）。

图书在版编目（CIP）数据

电力电子技术/周渊深主编．—4版．—北京：机械工业出版社，2021.3
(2025.1重印)
高等职业教育系列教材
ISBN 978-7-111-67138-1

Ⅰ．①电…　Ⅱ．①周…　Ⅲ．①电力电子技术-高等职业教育-教材
Ⅳ．①TM76

中国版本图书馆CIP数据核字（2020）第260236号

机械工业出版社（北京市百万庄大街22号　邮政编码100037）
策划编辑：李文轶　　责任编辑：李文轶　白文亭
责任校对：张艳霞　　责任印制：单爱军

保定市中画美凯印刷有限公司印刷

2025年1月第4版·第11次印刷
184mm×260mm·18印张·446千字
标准书号：ISBN 978-7-111-67138-1
定价：65.00元

电话服务
客服电话：010-88361066
　　　　　010-88379833
　　　　　010-68326294

网络服务
机　工　官　网：www.cmpbook.com
机　工　官　博：weibo.com/cmp1952
金　　书　　网：www.golden-book.com
机工教育服务网：www.cmpedu.com

前　言

党的二十大报告指出：教育、科技、人才是全面建设社会主义现代化国家的基础性、战略性支撑。随着新型工业化的推进，电力电子设备的数量和品种急剧增长，生产第一线迫切需要大量的具有一定理论基础和较高实践技能水平的工程技术人员对其进行操作和维护。为适应社会和经济发展对电力电子技术高端技能型人才培养的需求，我们编写了本教材。

“电力电子技术”是一门实践性很强的课程，有大量的波形需要分析、计算。编者结合科研工作，运用面向电气原理结构图的图形化仿真技术，对教材中所讨论的大部分变流电路进行了仿真实验，在此基础上进行了实物实验，获得了相应的仿真实验和实物实验的波形。通过对理论分析波形、仿真实验波形和实物实验波形的分析对比，大大增强了读者的感性认识。本教材内容全面，涵盖了理论教学、实践教学多个教学环节，强调实践能力的培养。书中的 MAT LAB 图形化仿真技术对学生更好地掌握电力电子技术和提高应用能力具有重要作用，可以弥补教学实验设备短缺的不足，对提升教学效果起到事半功倍的作用。第 6 章列举的大量电力电子技术应用案例有助于学生了解所学知识在工程实践中的应用情况，提升学习兴趣。

本教材除“绪论”外，第 1 章介绍了功率二极管、晶闸管、门极关断（GTO）晶闸管、电力晶体管（GTR）、功率场效应晶体管（P-MOSFET）、绝缘栅双极型晶体管（IGBT）等典型电力电子器件的结构、工作原理、特性和主要参数。第 2 章介绍了交流-直流变换技术，具体分析了典型单相和三相整流电路的组成、工作原理、波形分析和基本计算。第 3 章介绍了直流-交流变换技术，从不同的换流方式出发，分析了有源逆变和无源逆变（变频）电路，讨论了 PWM 调制技术。第 4 章介绍了交流-交流变换技术，主要分析了以晶闸管器件为基础的交流调压电路、交流开关和交流调功电路，交-交变频器也归在此章。第 5 章介绍了以全控型器件为基础的直流-直流变换技术。第 2~5 章中每章的后面安排了典型变换电路的仿真实验内容，以验证理论分析的有效性。第 6 章列举了大量电力电子技术应用案例，对它们在电源、电气传动、电力系统和新能源领域的应用进行了介绍。第 7 章给出了课程设计大纲、设计任务书，以及设计一个晶闸管整流器的课程设计指导书。

和第 3 版相比，第 4 版针对专科教学特点，精简了一些理论性内容，将一些资料性的内容制成电子资源供读者查阅，同时升级了仿真模型的软件版本，增加了第 6 章电力电子技术应用案例，并介绍它们与变流电路的关系，将第 3 版第 4 章中的应用案例也归并到了第 6 章。

本教材按 48~56 理论教学课时编写；仿真实验可在课后或校内专业实习中完成；课程设计时间以两周为宜。

本教材由周渊深教授主编，并编写了绪论和第 1、2、5、6 章的理论部分；朱希荣副教授编写了第 3、4 章；宋永英高级实验师编写了第 7 章课程设计部分，并提供了全书的实验波形；全书的仿真实验内容由周晨阳编写。周玉琴同志绘制了全书插图，全书由周渊深统稿。在本教材编写的过程中参阅了部分其他相关教材内容，对其作者也一并致谢。

由于编者水平有限，书中难免存在不妥之处，请读者原谅，并提出宝贵意见。特别是仿真实验模型只是编者依据对变流电路的原理分析而搭建的，不是唯一的更不是最优的，期待读者提出更好的方案与编者交流。

编者

目　　录

绪 论

0.1 电力电子技术与信息电子技术

电子技术包括信息电子技术和电力电子技术两大类。以前所学的模拟电子技术和数字电子技术属于信息电子技术范畴，信息电子技术主要用于信息处理，所使用的器件主要为晶体二极管、晶体管等，这些电子器件大多工作于弱电场合。电力电子技术主要用于电能变换和控制，所使用的器件为电力电子器件，这些器件主要工作在开关状态，多数为大功率器件，一般需安装散热器。另外，电力电子器件通常需要用信息电子电路来控制和驱动。

0.2 电力电子技术的研究内容

电力电子技术是一门建立在电子学、电力学和控制学3个学科基础上的交叉学科，它横跨“电子”“电力”和“控制”3个领域，主要研究各种电力电子器件，以及由这些电力电子器件所构成的各种变流电路或变流装置，以完成对电能的变换和控制。它运用弱电（信息电子技术）控制强电（电力技术），是强弱电相结合的新学科。

电力电子技术课程的基本内容包括3个方面：电力电子器件、电力电子变流技术和控制技术。

本课程在讨论电力电子器件时，着重于电力电子器件的基本原理、特性和参数。主要了解如何合理地选择和使用电力电子器件来构成各种变流装置，而对器件的制造工艺及载流子运动的物理过程等细节不加详细讨论。在讨论电力电子变流技术时，则围绕交流-直流、直流-交流、交流-交流、直流-直流4种电能变换方式，认识由电力电子器件组成的变流装置的主电路、控制电路及其他辅助电路，主要了解其工作原理和电路计算。

0.3 电力电子器件

电力电子器件常用的分类方法有以下两种。

1. 按照开通、关断控制方式可分为3大类

1）不可控型。这类器件一般为二端器件，一端是阳极，另一端是阴极。其开关性能取决于施加于器件阳、阴极间的电压极性。正向导通，反向关断，流过器件的电流是单方向的。由于其开通和关断不能按需要控制，故这类器件称为不可控型器件。常见的有大功率二极管、快恢复二极管及肖特基二极管等。

2）半控型。这类器件是三端器件，除阳极和阴极外，还增加了一个门极。半控型器件也具有单向导电性，其开通不仅需在阳、阴极间施加正向电压，还必须在门极和阴极间输入正向控制电压，其开通可以被控制。这类器件一旦开通，就不能再通过门极来控制其关断，只能从外部改变加在阳、阴极间的电压极性或强制使阳极电流减小至零才能使其关断，所以把它们称为半控型。这类器件主要是晶闸管及其派生器件（如双向、逆导晶闸管等）。

3）全控型。这类器件也是带有控制端的三端器件，控制端不仅能控制其开通，而且也能控制其关断，故称为全控型器件，也称为自关断器件。属于这一类的代表器件有电力晶体管（GTR）、门极关断（GTO）晶闸管、功率场效应晶体管（P-MOSFET）和绝缘栅双极型晶体管（IGBT）等。

2. 按照驱动电路加在电力电子器件控制端的驱动信号类型可分为两大类

1）电流驱动型。这类器件是通过从控制端注入或抽出电流来实现器件的导通或关断控制的。属于电流驱动型的器件有普通晶闸管、GTR 和 GTO 晶闸管等。这类器件所需要的控制功率较大，控制电路复杂，工作频率较低，但容量较大。

2）电压驱动型。这类器件是在控制端与公共端之间施加一定的电压信号来实现器件的导通或关断的，电压驱动型器件又称为场控器件。常见的电压驱动型器件有 P-MOSFET、IGBT 等。这类器件驱动电路简单，所需要的控制功率小，工作频率高，性能稳定，因此成为电力电子器件的重要发展方向。

0.4 电力电子变流技术

以电力电子器件为核心，通过不同形式的电路结构和控制方式来实现对电能的变换和控制，这就是电力电子变流技术。

1. 电能变换的基本类型

电能变换的基本类型有：交流-直流变换（AC-DC）、直流-交流变换（DC-AC）、交流-交流变换（AC-AC）、直流-直流变换（DC-DC）。在某些变流装置中，可能同时包含两种以上变换。

1）AC-DC 变换（变流装置称为整流器）。把交流电变换成电压固定或可调的直流电即为 AC-DC 变换。传统的 AC-DC 变换是利用晶闸管和相控技术，依靠电源电压进行换流的，目前工业中应用的大多数变流装置都是属于这类整流装置。

2）DC-AC 变换（变流装置称为逆变器）。把直流电变换成频率固定或可调的交流电即为 DC-AC 变换，通常称为逆变。

3）AC-AC 变换（变流装置称为交-交变频器或交流调压器）。把一种频率、电压的交流电直接变换成另一种频率、电压的交流电即为 AC-AC 变换。仅完成变频功能的称为交-交变频器，仅完成变压功能的称为交流调压器。

4）DC-DC 变换（变流装置称为直流斩波器）。把一种幅值的直流电压变换成另一种幅值的直流电压即为 DC-DC 变换。按输出电压与输入电压的相对关系可分为降压式、升压式和升降压式。

2. 电力电子变流电路的控制方式

控制电路的主要功能是为变流器中的功率器件提供控制驱动信号，从而实现所需的电能变换与控制。变流电路的控制方式一般都按器件开关信号与控制信号间的关系分类。

1）相控式：器件的导通信号相位受控于控制信号幅度的变化。晶闸管相控整流和交流调压电路均采用这种方式，通过改变触发延迟角以改变输出电压的大小。

2）频控式：用控制电压的幅值变化来改变器件开关信号的频率，以实现器件开关工作频率的控制。这种控制方式多用于直流-交流变换电路中。

3）斩控式：器件以远高于输入、输出电压工作频率的开关频率运行，利用控制电压（即调制电压）的幅值来改变一个开关周期中器件导通占空比，如 PWM，从而实现电能的变换与控制。

0.5 电力电子技术的发展

电力电子技术的发展是以电力电子器件的发展为核心的，电力电子器件的发展对电力电子技术的发展起着决定性作用。

电力电子技术的诞生是以美国通用电气公司 1955 年研制出的第一只功率整流管（额定电流为 5 A）和 1957 年研制出的第一只晶闸管为标志的。由于其在功率处理能力上的突破，于是以整流管和晶闸管为核心的对电能处理的技术，形成了信息电子技术的一个巨大分支，就是电力电子技术。在这一阶段中，除整流管和晶闸管的性能、容量不断提高外，还发展了一些派生器件，如快速晶闸管、双向晶闸管、逆导晶闸管以及光控晶闸管等。这些器件通过对门极的控制能够使其导通，但不能使其关断，因而属于半控型器件，其主要应用于电化学电源、电气传动、感应加热、直流输电及无功补偿等领域。

20 世纪 70 年代后期，以 GTO 晶闸管、GTR 和 P-MOSFET 为代表的全控型器件迅速发展。全控型器件的出现，使得半控型器件难以实现某些功能的问题得到了良好的解决，并且推动了脉冲宽度调制（PWM）技术的迅速发展和应用。PWM 技术在电力电子技术中占有十分重要的位置，它在逆变、斩波、整流、变频和交流电动机控制等各个方面均有应用，并且使电路的性能大为改善。因此全控型器件的出现，使电力电子技术的面貌焕然一新，进入到了一个新的发展阶段。在这一阶段中，最具有代表性的产品是交流电动机的变频调速装置，其调速性能、功率范围、价格等都可与直流传动相媲美，这促使交流调速被大量应用并占据了主导地位。除此之外，不间断电源（UPS）、变频电源和开关电源等也是这一时期的热门产品。

20 世纪 80 年代，以 IGBT 为代表的复合型器件异军突起。IGBT 是 P-MOSFET 和 GTR 的复合器件，它把 P-MOSFET 的驱动功率小、开关速度快的优点和 GTR 的通态压降小、载流能力大的优点集于一身，具有十分优越的性能，使之成为现代电力电子技术中应用广泛的主导器件之一。

20 世纪 80 年代后期，电力半导体器件的模块化、智能化，以及功率集成电路的发展，进一步优化了电力电子器件及其装置的结构，使其体积减小、结构紧凑、可靠性提高，给应用带来了很大方便。功率集成电路是把驱动、控制及保护等电路与功率器件集成在一起的芯片，在家电、汽车等领域已得到广泛应用。虽然功率还比较小，但这代表了电力电子技术发展的一个重要方向。

时至今日，晶闸管应用领域的绝大部分已经或即将被新型电力电子器件所取代，只是在大功率、特大功率的电化、电冶电源，与电力系统有关的高压直流输电（HVDC）、静止式动态无功功率补偿装置（SVC）和串联可控电容补偿装置（SCC）等应用领域，晶闸管暂时还不能被取代。

0.6 电力电子变流技术的应用

近年来，电力电子变流技术得到了迅猛发展，经过变流技术处理的电能在整个国民经济的耗电量中所占比例越来越大。电力电子技术应用非常广泛，主要用于以下几个方面，其详细的应用可参见第6章。

（1）在电源中的应用

电力电子变流技术的重要用途是对电能进行处理，以满足生产和生活中对各种形式电源的需要。有利用AC-DC变换技术的电解电源、电镀电源、电弧炉直流电源；有利用DC-AC变换技术的感应加热电源、交流方波电源和IGBT逆变式电阻焊机电源；有利用AC-AC变换技术的交流稳压电源；有利用DC-DC变换技术的开关电源、航空电源、通信电源、蓄电池充电电源和焊机电源；还有利用PWM变换技术的不间断电源（UPS）和应急电源（EPS）等。

（2）在电力传动系统中的应用

有利用AC-DC变换技术的直流电动机拖动系统；有利用AC-AC调压和变频、AC-DC-AC变频的交流电动机拖动系统，它们被广泛应用到如电力机车、矿井提升机、轧钢机等设备的电力拖动中。

（3）在电力系统中的应用

1）在输电系统中：用于传送电能的高压直流输电（HVDC）系统；用于无功补偿的晶闸管投切电容器（TSC）、晶闸管控制电抗器（TCR）、晶闸管控制的串联补偿电容器（TCSC）、静止同步补偿器（STATCOM）、静止同步串联补偿器（SSSC）和统一潮流控制器（UPFC）等。

2）在配电系统中：用于改善电能质量的有源电力滤波器（APF）、功率因数校正器（PFC）和统一电能质量控制器（UPQC）等。

（4）在新能源领域的应用

用于太阳能发电装置和风力发电装置与电力系统的并网接口。

（5）其他应用

利用电力电子器件可制成电力电子交流开关、固态继电器、交流调压装置，广泛地用于工业和民用领域。

0.7 本课程的任务与要求

电力电子变流技术是电气工程及其自动化等自动化类相关专业的专业基础课。内容包含电力电子器件、电力电子变流电路及其控制技术几个方面。

学习电力电子变流技术课程的基本要求如下。

1）熟悉和掌握常用电力电子器件的工作原理、特性和参数，能正确选择和使用它们。

2）熟悉和掌握各种基本变流电路的工作原理、分析方法，会进行工作波形分析和变流电路的初步计算。

3）了解各种开关器件的控制电路和保护电路。

4）了解各种变流电路的特点、性能指标和使用场合。

5）掌握基本实验方法、训练基本实验技能。

第 1 章　电力电子器件

1.1　功率二极管

功率二极管（Power Diode）又称为整流二极管，属于不可控型器件。功率二极管还有许多派生器件，如快恢复二极管、肖特基二极管等。

1.1.1　功率二极管及其工作原理

1. 器件结构、电气符号和外形

1）器件结构和电气符号。普通功率二极管的内部是由一个面积较大的 PN 结和两端的电极及引线封装而成的。在 PN 结的 P 型端引出的电极称为阳极 A（Anode），在 N 型端引出的电极称为阴极 K（Cathode）。功率二极管的等效结构和电气符号如图 1-1a、b 所示。

2）器件外形。功率二极管主要有螺栓型和平板型两种外形结构，如图 1-2a、b 所示。一般而言，200 A 以下的器件多数采用螺栓型，200 A 以上的器件则多数采用平板型。若将几个功率二极管封装在一起，则组成模块式结构。

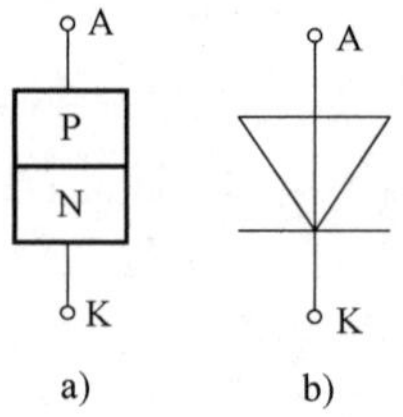

图 1-1　功率二极管的等效结构和电气符号
a）等效结构　b）电气符号

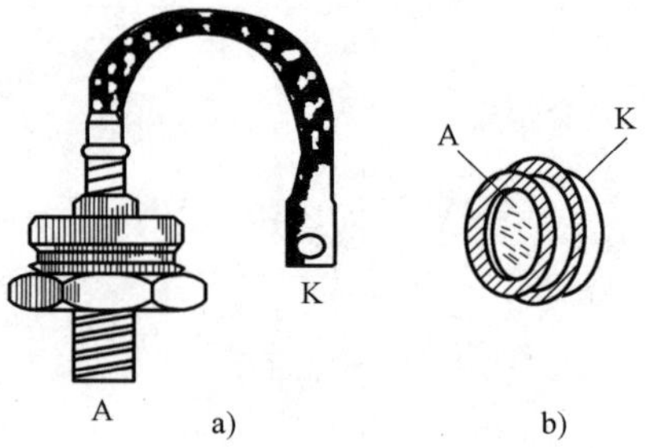

图 1-2　功率二极管的外形
a）螺栓型　b）平板型

2. 工作原理

功率二极管的工作原理和普通二极管一样，当受到正向电压作用时，PN 结导通，正向管压降很小；当受到反向电压作用时，PN 结截止，仅有极小的漏电流流过二极管。

1.1.2　功率二极管的伏安特性

功率二极管的伏安特性是指功率二极管两极间所加的电压与流过电流的关系特性。功率二极管的伏安特性曲线如图 1-3 所示。

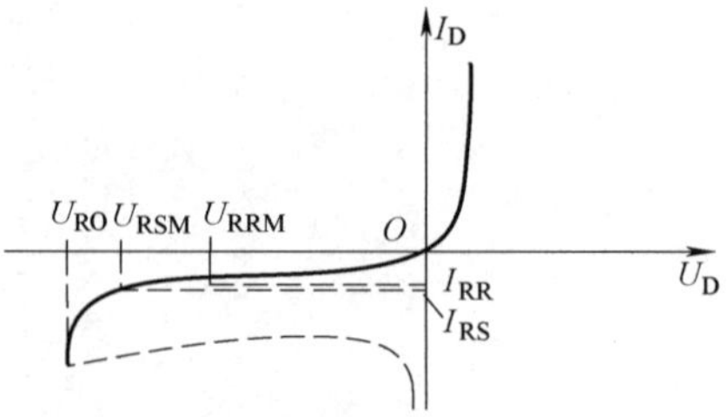

图 1-3　功率二极管的伏安特性曲线

功率二极管的伏安特性曲线位于第Ⅰ象限和第Ⅲ象限内。

1）第Ⅰ象限为正向特性区。当所加正向阳极电压小于门槛电压时，二极管只流过很小的正向电流；当正向阳极电压大于门槛电压时，正向电流急剧增加，此时阳极电流的大小主要由外电路决定，二极管呈现低阻态，其管压降大约为 0.6 V。

2）第Ⅲ象限为反向特性区。当二极管加上反向电压时，开始只有极小的反向漏电流，管子呈现高阻态。随着反向电压的增加，反向电流有所增大。当反向电压增大到一定程度时，漏电流就会急剧增加而使管子被击穿。击穿后的二极管若为开路状态，则管子两端电压为电源电压；若二极管击穿呈短路状态，则管子电压将很小，而电流却较大，如图 1-3 中虚线所示。所以必须对反向电压及电流加以限制，否则二极管将被击穿而损坏。其中 U_{RO} 为反向击穿电压。

1.1.3 功率二极管的主要参数

1. 正向平均电流 $I_{D(AV)}$（额定电流）

$I_{D(AV)}$ 是指在规定的环境温度和标准散热条件下，管子允许长期通过的最大工频半波电流的平均值，即额定电流。

2. 正向压降 U_D（管压降）

U_D 是指在规定温度下，流过某一稳定正向电流时所对应的正向压降。

3. 反向重复峰值电压 U_{RRM}（额定电压）

在额定结温条件下，器件反向伏安特性曲线的转折处对应的反向电压称为反向不重复峰值电压 U_{RSM}，U_{RSM} 的 80% 称为反向重复峰值电压 U_{RRM}（额定电压），它是功率二极管能重复施加的反向最高电压。一般在选用功率二极管时，以其在电路中可能承受的反向峰值电压的两倍来选择额定电压。

4. 反向恢复时间

反向恢复时间是指功率二极管从正向电流降至零起，到恢复反向阻断能力为止的时间。

1.1.4 功率二极管的型号和选择原则

1. 功率二极管的型号

国产普通功率二极管的型号规定如下：

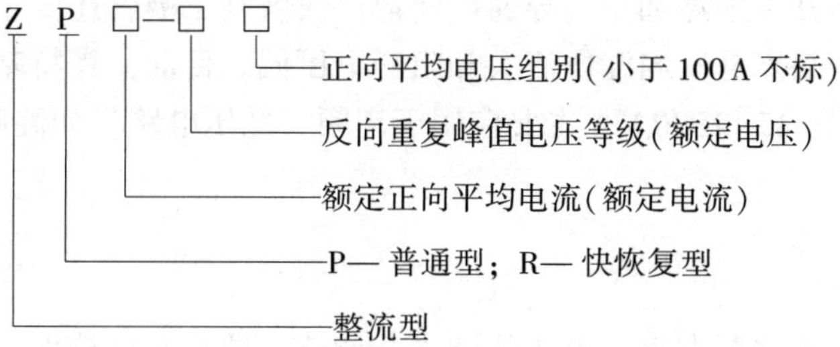

2. 功率二极管的选择原则

（1）选择正向平均电流 $I_{D(AV)}$ 的原则

在规定的室温和冷却条件下，要求所选管子的额定电流 $I_{D(AV)}$ 对应的有效值 I_{DM} 大于管子在电路中实际可能通过的最大电流有效值 I_{Dm}，即 $I_{DM}>I_{Dm}$。

所以，首先要根据电路结构确定 I_{Dm}，从而求得 I_{DM}，再由 $I_{D(AV)}=(1.5\sim2)\dfrac{I_{DM}}{1.57}$求得 $I_{D(AV)}$，然后取相应标准系列值。

(2) 选择额定电压 U_{RRM}的原则

选择功率二极管的反向重复峰值电压（额定电压）的原则应为管子在所工作的电路中可能承受的最大反向电压 U_{DM}的 2~3 倍，即

$$U_{RRM}=(2\sim3)U_{DM}$$

式中，U_{DM}为电路中功率二极管可能承受的最大反向电压。

然后取相应标准系列值。

1.1.5 功率二极管的主要类型

功率二极管在电力电子电路中有着广泛的应用。功率二极管可以在 AC-DC 变换电路中作为整流器件；也可以在需要释放电感元件电能的电路中作为续流器件；还可以在各种变流电路中作为电压隔离、钳位或保护器件。在应用时，应根据不同场合的不同要求，选择不同类型的功率二极管。下面介绍几种常用的功率二极管。

1. 普通功率二极管

普通功率二极管又称为整流二极管，多用于开关频率不高的整流电路中，包括电力牵引、蓄电池充电、电镀、焊接和 UPS 等。虽然普通功率二极管反向恢复时间较长，但其正向电流定额和反向电压定额可以达到很高，分别可达数千安和数千伏以上。

2. 快恢复二极管

快恢复二极管的特点是恢复时间短，尤其是反向恢复时间短，一般在 5μs 以内，可用于要求很小反向恢复时间的电路中，如用于与可控开关配合的高频电路中。

3. 肖特基二极管

以金属和半导体接触形成的势垒为基础的二极管称为肖特基势垒二极管，简称为肖特基二极管。肖特基二极管在信息电子电路中早就得到了应用，但直到 20 世纪 80 年代，由于工艺的发展才在电力电子电路中得到广泛应用。

与以 PN 结为基础的功率二极管相比，肖特基二极管的优点是它具有低导通电压和极短的开关时间，因此其开关损耗和正向导通损耗都比快恢复二极管还要小，效率还要高。

肖特基二极管的缺点是反向漏电流大和阻断电压低。目前，肖特基二极管的电流范围为 1~300 A，电压范围为 45~1000 V，主要应用于高频、低压电路，如高频仪表和开关电源。

1.2 晶闸管

在实际应用中，往往要求直流电压能够进行调节，即具有可控性。晶闸管是一种能够通过控制信号控制其导通，但不能控制其关断的半控型器件。由于其导通时刻可控，满足了调压要求。晶闸管具有体积小、效率高、动作迅速、操作方便等特点，因而在生产实际中获得了广泛的应用。晶闸管也有许多派生器件，如双向晶闸管（TRIAC）、快速晶闸管（FST）、逆导晶闸管（RCT）和光控晶闸管（LATT）等。

1.2.1 晶闸管的结构、电气符号和外形

1. 晶闸管的结构和电气符号

晶闸管是一种大功率半导体器件，它的内部是 PNPN 4 层（P_1，N_1，P_2，N_2）结构，形成了 3 个 PN 结（J_1，J_2，J_3），并对外引出 3 个电极（A，K，G），晶闸管的等效结构如图 1-4a 所示。由 P_1层和 N_2层引出的两个电极，分别为阳极 A 和阴极 K，由 P_2层引出的电极是门极 G（Gate），也称控制极。从晶闸管的结构图可知，晶闸管的内部可以看成是由 3 个二极管连接而成的。晶闸管的电气符号如图 1-4b 所示。

2. 晶闸管外形

晶闸管外形如图 1-4c 所示。图中示出了塑封型、螺栓型、平板型和模块型晶闸管的外形图，常用的是螺栓型、平板型两种。

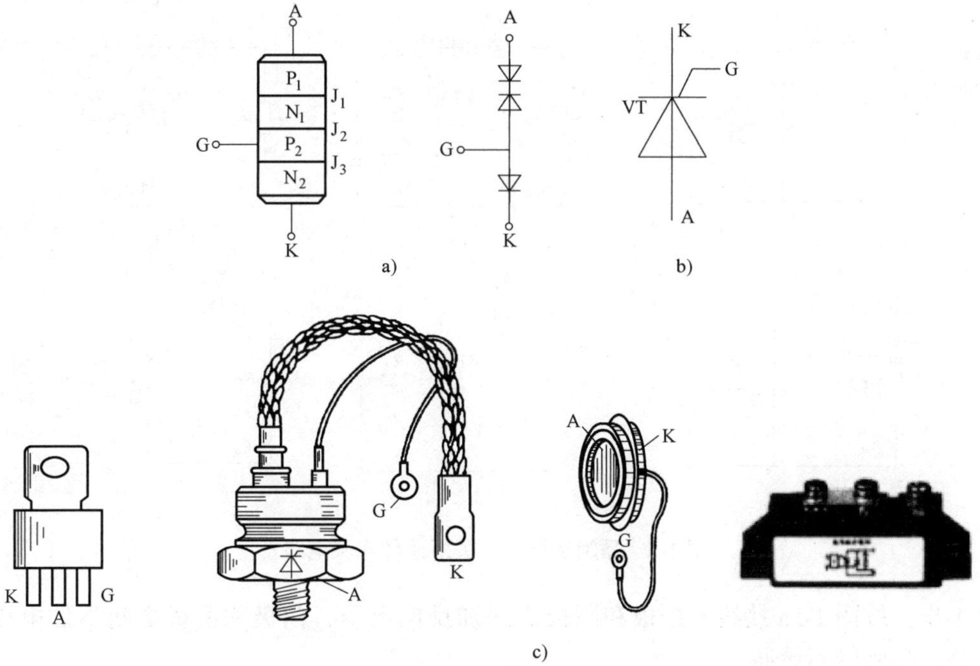

图 1-4　晶闸管的等效结构、电气符号和外形图

a）等效结构　b）电气符号　c）外形

晶闸管在工作过程中会因损耗而发热，因此必须安装散热器。螺栓型晶闸管是靠阳极（螺栓）拧紧在铝制散热器上，可自然冷却；平板型晶闸管由两个相互绝缘的散热器夹紧晶闸管，靠冷风冷却。和功率二极管一样，额定电流大于 200 A 的晶闸管采用平板型外形结构。此外，晶闸管的冷却方式还有水冷、油冷等。

1.2.2 晶闸管的工作原理

1. 晶闸管的导通、关断实验

为了说明晶闸管的工作原理，先做一个实验，晶闸管导通、关断条件实验电路如图 1-5

所示。阳极电源 E_A 通过电位器 R_P 连接负载 R_L（白炽灯），接到晶闸管的阳极 A 与阴极 K，组成晶闸管的主电路。流过晶闸管阳极的电流称阳极电流 I_A，晶闸管阳极和阴极两端的电压称阳极电压 U_A。门极电源 E_G 通过电阻 R_g 连接晶闸管的门极 G，与阴极 K 组成控制电路（也称触发电路）。流过门极的电流称门极电流 I_G，门极与阴极之间的电压称门极电压 U_G。用灯泡来观察晶闸管的通断情况。该实验分 9 个步骤进行。

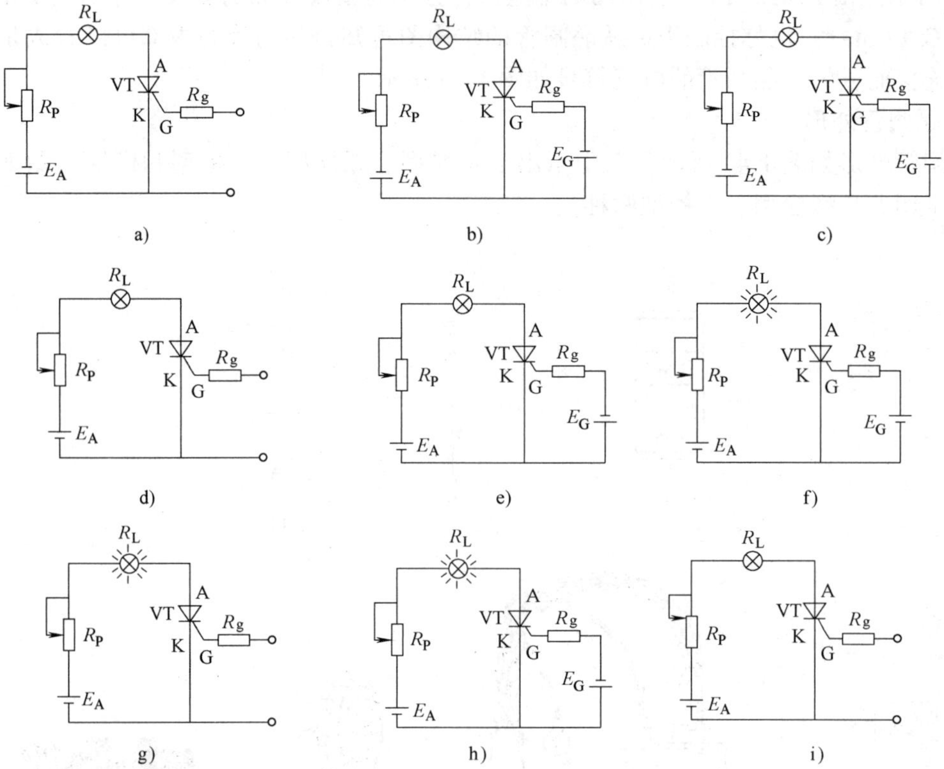

图 1-5 晶闸管导通、关断条件实验电路

第 1 步：按图 1-5a 接线，阳极和阴极之间加反向电压，门极和阴极之间不加电压，指示灯不亮，晶闸管不导通。

第 2 步：按图 1-5b 接线，阳极和阴极之间加反向电压，门极和阴极之间加反向电压，指示灯不亮，晶闸管不导通。

第 3 步：按图 1-5c 接线，阳极和阴极之间加反向电压，门极和阴极之间加正向电压，指示灯不亮，晶闸管不导通。

第 4 步：按图 1-5d 接线，阳极和阴极之间加正向电压，门极和阴极之间不加电压，指示灯不亮，晶闸管不导通。

第 5 步：按图 1-5e 接线，阳极和阴极之间加正向电压，门极和阴极之间加反向电压，指示灯不亮，晶闸管不导通。

第 6 步：按图 1-5f 接线，阳极和阴极之间加正向电压，门极和阴极之间也加正向电压，指示灯亮，晶闸管导通。

第 7 步：按图 1-5g 接线，去掉触发电压，指示灯亮，晶闸管仍导通。

第 8 步：按图 1-5h 接线，门极和阴极之间加反向电压，指示灯亮，晶闸管仍导通。

第 9 步：按图 1-5i 接线，去掉触发电压，将电位器阻值加大，晶闸管阳极电流减小，当电流减小到一定值时，指示灯熄灭，晶闸管关断。

实验现象与结论列于表 1-1。

表 1-1　晶闸管导通和关断实验

实验顺序		实验前灯的情况	实验时晶闸管条件		实验后灯的情况	结　论
			阳极电压 U_A	门极电压 U_G		
导通实验	1	暗	反向	零	暗	晶闸管在反向阳极电压作用下，不论门极为何电压，它都处于关断状态。说明晶闸管具有单向导电性
	2	暗	反向	反向	暗	
	3	暗	反向	正向	暗	
	4	暗	正向	零	暗	晶闸管在正向阳极电压作用下： 1）正向阻断状态：门极加上反向电压或者不加电压，晶闸管不导通 2）正向导通状态：门极加上正向电压，晶闸管导通（闸流可控特性）
	5	暗	正向	反向	暗	
	6	暗	正向	正向	亮	
关断实验	1	亮	正向	零	亮	已导通的晶闸管在正向阳极电压作用下，门极失去控制作用
	2	亮	正向	反向	亮	
	3	亮	正向	正向	亮	
	4	亮	正向（逐渐减小到接近于零）	任意	暗	晶闸管在导通状态时，当阳极电压减小到接近于零时，晶闸管关断

2. 实验结论

通过上述实验可知，晶闸管导通必须同时具备两个条件：

1）晶闸管阳极和阴极（A-K）间加正向电压。

2）晶闸管门极和阴极（G-K）间加合适的正向电压。

晶闸管一旦导通，门极即失去控制作用。为使晶闸管关断，必须使其阳极电流减小到一定数值以下，具体可通过增大负载使阳极电流减小到零或使阳极电压反向的方法来实现。

3. 晶闸管的导通、关断原理

为了进一步说明晶闸管的工作原理，下面通过分析晶闸管的等效电路来解释。

1）晶闸管的等效电路。将内部是 4 层 PNPN 结构的晶闸管看成是由一个 PNP 型和一个 NPN 型晶体管连接而成的等效电路，连接形式如图 1-6 所示。晶闸管的阳极 A 相当于 PNP 型晶体管 VT_1 的发射极、阴极 K 相当于 NPN 型晶体管 VT_2 的发射极。

2）晶闸管的导通原理。当晶闸管阳极承受正向电压，门极也加正向电压时，晶体管 VT_2 处于正向偏置，E_G 产生的门极电流 I_G 就是 VT_2 的基极电流 I_{B2}；VT_2 的集电极电流 $I_{C2}=\beta_2 I_G$。而 I_{C2} 又是晶体管 VT_1 的基极电流 I_{B1}，VT_1 的集电极电流 $I_{C1}=\beta_1 I_{C2}=\beta_1\beta_2 I_G$（$\beta_1$ 和 β_2 分别是 VT_1 和 VT_2 的电流放大系数）。电流 I_{C1} 又流入 VT_2 的基

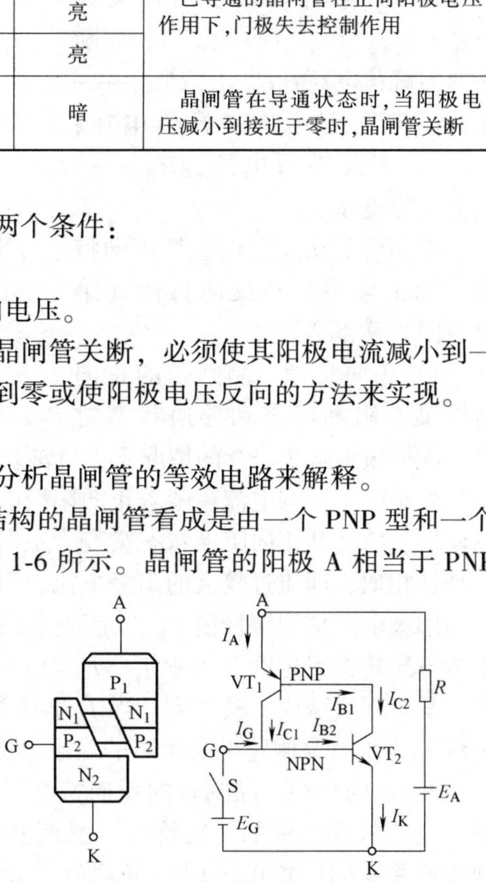

图 1-6　晶闸管导通、关断原理的等效电路

极，再一次被放大。这样循环下去，形成了强烈的正反馈，使两个晶体管很快达到饱和导通，这就是晶闸管的导通过程。导通后，晶闸管上的压降很小，电源电压几乎全部加在负载上，晶闸管中流过的电流即负载电流。其正反馈过程如下：

$$I_G\uparrow \to I_{B2}\uparrow \to I_{C2}(I_{B1})\uparrow \to I_{C1}\uparrow \to I_{B2}\uparrow$$

在晶闸管导通之后，它的导通状态完全依靠管子本身的正反馈作用来维持，此时 $I_{B2}=I_{C1}+I_G$，而 $I_{C1}>>I_G$，即使门极电流消失（$I_G=0$），I_{B2}仍足够大，晶闸管仍将处于导通状态。因此，门极的作用仅是触发晶闸管使其导通，导通之后，门极就失去了控制作用。

3）晶闸管的关断原理。要想关断晶闸管，必须将阳极电流减小到使之不能维持正反馈的程度，也就是将晶闸管的阳极电流减小到小于维持电流。可采用的方法有：增大负载使晶闸管阳极电流减小到一定数值下，使其不能维持导通；将阳极电源断开，使阳极电流为零；改变晶闸管阳极电压的方向，即在阳极和阴极间加反向电压，破坏等效晶体管的工作条件。

1.2.3 晶闸管的伏安特性

晶闸管的伏安特性是指晶闸管阳、阴极间电压 U_A 和阳极电流 I_A 之间的关系特性，晶闸管的伏安特性曲线如图 1-7 所示。

图 1-7 中各物理量的含义如下：U_{DRM}、U_{RRM}——正、反向断态重复峰值电压；U_{DSM}、U_{RSM}——正、反向断态不重复峰值电压；U_{BO}——正向转折电压；U_{RO}——反向击穿电压。

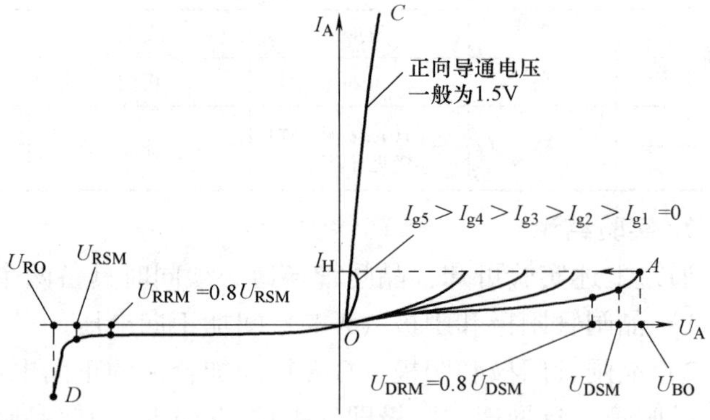

图 1-7　晶闸管的伏安特性曲线

晶闸管的伏安特性包括正向特性（第Ⅰ象限）和反向特性（第Ⅲ象限）两部分。

1）正向特性。晶闸管的正向特性又有阻断状态和导通状态之分。在门极电流 $I_{g1}=0$ 的情况下，逐渐增大晶闸管的正向阳极电压，这时晶闸管处于断态，只有很小的正向漏电流；随着正向阳极电压的增加，当达到正向转折电压 U_{BO}时，漏电流突然剧增，特性从正向阻断状态突变为正向导通状态。导通状态时的晶闸管状态和二极管的正向特性相似，即流过较大的阳极电流，而晶闸管本身的压降却很小。正常工作时，不允许把正向阳极电压加到转折值 U_{BO}，而是从门极输入触发电流 I_g，使晶闸管导通。门极电流越大阳极电压转折点越低（图中 $I_{g5}>I_{g4}>I_{g3}>I_{g2}>I_{g1}$）。晶闸管正向导通后，要使晶闸管恢复阻断，只有逐步减少阳极电流。当 I_A 小到等于维持电流 I_H时，晶闸管由导通变为阻断。维持电流 I_H是维持晶闸管导通所需的最小电流。

2）反向特性。晶闸管的反向特性是指晶闸管的反向阳极电压（阳极相对阴极为负电位）与阳极漏电流的伏安特性。晶闸管的反向特性与一般二极管的反向特性相似。当晶闸管承受反向阳极电压时，晶闸管总是处于阻断状态。当反向电压增加到一定数值时，反向漏电流增加较快。再继续增大反向阳极电压，会导致晶闸管反向击穿，造成晶闸管的损坏。

1.2.4 晶闸管的主要参数

晶闸管的各项额定参数在晶闸管生产后，由厂家经过严格测试而确定。晶闸管的一些主要参数参见随附的电子资源。

1. 额定电压 U_{Tn}

1）正向断态重复峰值电压 U_{DRM}。在门极断路和晶闸管正向阻断的条件下，可重复加在晶闸管两端的正向峰值电压称为正向断态重复峰值电压 U_{DRM}。国标规定：额定电压 3000 V 以下，此电压取正向不重复峰值电压 U_{DSM}的 80%。

2）反向断态重复峰值电压 U_{RRM}。在门极断路时，可以重复加在晶闸管两端的反向峰值电压称为反向断态重复峰值电压 U_{RRM}，此电压取反向断态不重复峰值电压 U_{RSM}的 80%。

3）额定电压 U_{Tn}。将 U_{DRM}和 U_{RRM}中的较小值按百位取整后作为该晶闸管的额定值。例如：一晶闸管实测 $U_{DRM}=812$ V，$U_{RRM}=756$ V，将两者较小的 756 V，按表 1-2 取整得 700 V，则该晶闸管的额定电压为 700 V。

在晶闸管的铭牌上，额定电压是以电压等级的形式给出的，通常标准电压等级规定为：电压在 1000 V 以下，每 100 V 为一级，电压为 1000~3000 V，每 200 V 为一级。晶闸管标准电压等级见表 1-2。

表 1-2 晶闸管标准电压等级

级别	正、反向断态重复峰值电压/V	级别	正、反向断态重复峰值电压/V	级别	正、反向断态重复峰值电压/V
1	100	8	800	20	2000
2	200	9	900	22	2200
3	300	10	1000	24	2400
4	400	12	1200	26	2600
5	500	14	1400	28	2800
6	600	16	1600	30	3000
7	700	18	1800		

在使用过程中，环境温度的变化、散热条件以及出现的各种过电压都会对晶闸管产生影响，因此，在选择时，应当使晶闸管的额定电压大于等于实际工作时可能承受的最大正向或反向电压的 2~3 倍，即

$$U_{Tn} \geqslant (2\sim3)U_{TM}$$

2. 额定电流 $I_{T(AV)}$

晶闸管的额定电流又称为通态平均电流，它是指在规定的条件下、晶闸管允许通过的最大工频正弦半波电流的平均值。晶闸管额定电流的标定采用的是平均电流，而不是有效值电流。

规定的条件是指：环境温度为 40℃、规定的冷却条件、电阻性负载、晶闸管导通角不小于 170°和结温不超过额定值。

但是决定晶闸管结温的是管子损耗的发热效应，表征热效应的电流是以有效值表示的。

根据晶闸管额定电流 $I_{T(AV)}$ 的定义，设流过管子的正弦半波电流的最大值为 I_m。依据电流平均值、有效值的定义（导通角不小于 170°），得

电流平均值为
$$I_{T(AV)}=\frac{1}{2\pi}\int_0^{\pi}I_m\sin\omega t\mathrm{d}(\omega t)=\frac{I_m}{\pi}$$

电流有效值为
$$I_{Tn}=\sqrt{\frac{1}{2\pi}\int_0^{\pi}(I_m\sin\omega t)^2\mathrm{d}(\omega t)}=\frac{I_m}{2}$$

现定义电流有效值与电流平均值之比为电流的波形系数 K_f。则管子的电流波形系数为
$$K_f=\frac{I_{Tn}}{I_{T(AV)}}=\frac{\pi}{2}=1.57$$

则 $I_{Tn}=1.57I_{T(AV)}$，即在正弦半波时，额定电流为 100 A 的晶闸管，其允许通过的电流有效值为 157 A。当波形系数不同时，标注额定电流为 100 A 的晶闸管，其实际允许流过的平均值电流是不同的。常见波形的 K_f 值与额定电流为 100 A 的晶闸管允许流过的电流平均值见表 1-3。

3. 通态平均电压 $U_{T(AV)}$

在规定环境温度、标准散热条件下，通过额定电流时，晶闸管阳极和阴极间电压降的平均值，称为通态平均电压（一般称管压降），其数值按表 1-4 分组。从减小损耗和器件发热来看，应选择 $U_{T(AV)}$ 较小的管子。实际当晶闸管流过较大的恒定直流电流时，其通态平均电压比器件出厂时定义的值（见表 1-4）要大，约为 1.5 V。

表 1-3 常见波形的 K_f 值与额定电流为 100 A 的晶闸管允许流过的电流平均值

波　形	实际波形的平均值 $I_{T(AV)}$ 和有效值 I_{Tn}	波形系数 K_f	实际允许通过的电流平均值 I_d
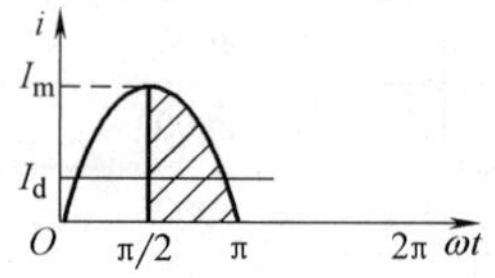	$I_{T(AV)}=\frac{1}{2\pi}\int_{\frac{\pi}{2}}^{\pi}I_m\sin\omega t\mathrm{d}(\omega t)=\frac{I_m}{2\pi}$ $I_{Tn}=\sqrt{\frac{1}{2\pi}\int_{\frac{\pi}{2}}^{\pi}(I_m\sin\omega t)^2\mathrm{d}(\omega t)}=\frac{I_m}{2\sqrt{2}}$	2.22	$I_d=\frac{100\text{ A}\times1.57}{2.22}=70.7\text{ A}$
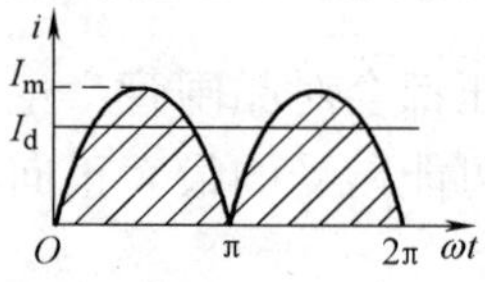	$I_{T(AV)}=\frac{1}{\pi}\int_0^{\pi}I_m\sin\omega t\mathrm{d}(\omega t)=\frac{2I_m}{\pi}$ $I_{Tn}=\sqrt{\frac{1}{\pi}\int_0^{\pi}(I_m\sin\omega t)^2\mathrm{d}(\omega t)}=\frac{I_m}{\sqrt{2}}$	1.11	$I_d=\frac{100\text{ A}\times1.57}{1.11}=141.4\text{ A}$
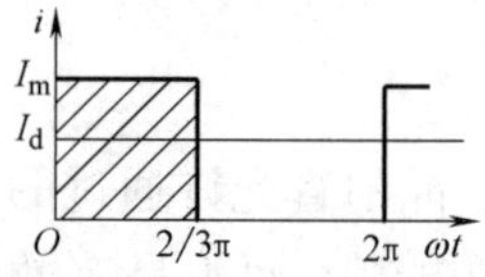	$I_{T(AV)}=\frac{1}{2\pi}\int_0^{\frac{2\pi}{3}}I_m\mathrm{d}(\omega t)=\frac{I_m}{3}$ $I_{Tn}=\sqrt{\frac{1}{2\pi}\int_0^{\frac{2\pi}{3}}(I_m)^2\mathrm{d}(\omega t)}=\frac{I_m}{\sqrt{3}}$	1.73	$I_d=\frac{100\text{ A}\times1.57}{1.73}=90.7\text{ A}$
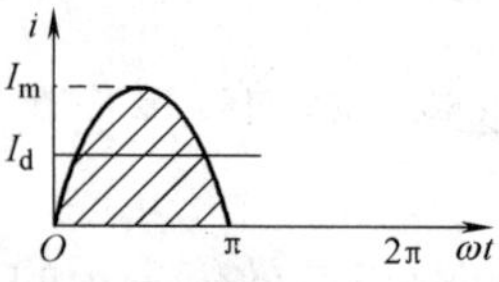	$I_{T(AV)}=\frac{1}{2\pi}\int_0^{\pi}I_m\sin\omega t\mathrm{d}(\omega t)=\frac{I_m}{\pi}$ $I_{Tn}=\sqrt{\frac{1}{2\pi}\int_0^{\pi}(I_m\sin\omega t)^2\mathrm{d}(\omega t)}=\frac{I_m}{2}$	1.57	$I_d=\frac{100\text{ A}\times1.57}{1.57}=100\text{ A}$

表 1-4　晶闸管通态平均电压分组

组　别	A	B	C	D	E
通态平均电压/V	$U_{T(AV)} \leqslant 0.4$	$0.4 < U_{T(AV)} \leqslant 0.5$	$0.5 < U_{T(AV)} \leqslant 0.6$	$0.6 < U_{T(AV)} \leqslant 0.7$	$0.7 < U_{T(AV)} \leqslant 0.8$
组　别	F	G	H	I	
通态平均电压/V	$0.8 < U_{T(AV)} \leqslant 0.9$	$0.9 < U_{T(AV)} \leqslant 1.0$	$1.0 < U_{T(AV)} \leqslant 1.1$	$1.1 < U_{T(AV)} \leqslant 1.2$	

4. 维持电流 I_H 和擎住电流 I_L

在室温且门极开路时，能维持晶闸管继续导通的最小电流称为维持电流 I_H。维持电流大的晶闸管容易关断。给晶闸管门极加上触发电压，当器件刚从关断状态转为导通状态时就撤除触发电压，此时器件维持导通所需要的最小阳极电流称为擎住电流 I_L。对同一晶闸管来说，擎住电流 I_L 要比维持电流 I_H 大 2~4 倍。

5. 门极触发电流 I_{GT}

门极触发电流 I_{GT} 为在室温且阳极电压为 6 V 直流电压时，使晶闸管从关断到完全开通所必需的最小门极直流电流。

6. 门极触发电压 U_{GT}

门极触发电压 U_{GT} 是对应于门极触发电流时的门极触发电压。对于晶闸管的使用者来说，为使触发器适用于所有同型号的晶闸管，触发器送给门极的电压和电流应适当地大于所规定的 U_{GT} 和 I_{GT} 上限，但不应超过其峰值 I_{GFM} 和 U_{GFM}。门极平均功率 P_G 和门极峰值功率（允许的最大瞬时功率）P_{GM} 也不应超过规定值。

7. 断态电压临界上升率 du/dt

把在额定结温和门极断路条件下，使器件从断态转入通态的最低电压上升率称为断态电压临界上升率 du/dt。

8. 通态电流临界上升率 di/dt

把在规定条件下，由门极触发晶闸管使其导通时，晶闸管能够承受而不导致损坏的通态电流的最大上升率称为通态电流临界上升率 di/dt。晶闸管所允许的最大电流上升率应小于此值。

另外还有晶闸管的开通与关断时间等参数。

1.2.5　普通晶闸管的型号和选择原则

1. 普通晶闸管的型号

国产普通晶闸管的型号规定如下：

K P □—□ □

- □（最后一位）——通态平均电压组别，共 9 级，用字母 A ~ I 表示 0.4 ~ 1.2 V（小于 100 A 不标）
- □（第二位）——正、反向重复峰值电压等级（额定电压）
- □（第一位）——额定正向平均电流
- P——普通反向阻断型（K—快速型；S—双向型；N—逆导型；G—可关断型）
- K——表示闸流特性

2. 普通晶闸管的选择原则

1）选择额定电流 $I_{T(AV)}$ 的原则。在选用晶闸管额定电流时，首先确定管子在电路中实际通过的最大电流有效值 I_{Tm}，然后要求所选管子额定电流所对应的有效值电流 I_{Tn} 大于等于最大电流有效值 I_{Tm}，即 $I_{Tn}\geqslant I_{Tm}$；再根据管子的额定电流（通态平均电流）与对应的有效值电流关系求出额定电流（通态平均电流）；考虑器件的过载能力，实际选择时应有 1.5~2 倍的安全裕量。即

$$1.57I_{T(AV)}=I_{Tn}\geqslant(1.5\sim2)I_{Tm},\text{则 } I_{T(AV)}\geqslant(1.5\sim2)\frac{I_{Tm}}{1.57}$$

式中，I_{Tm} 为管子在电路中实际流过的最大电流有效值。

然后取相应标准系列值。

2）选择额定电压 U_{Tn} 的原则。选择普通晶闸管额定电压的原则，应为管子在所工作的电路中可能承受的最大正向或反向瞬时值电压 U_{TM} 的 2~3 倍，即

$$U_{Tn}=(2\sim3)U_{TM}$$

式中，U_{TM} 为电路中最大正向或反向瞬时值电压。

然后取相应标准系列值。

【例 1-1】 某一晶闸管接在 220 V 交流电路中，通过晶闸管的电流有效值为 50 A，问如何选择晶闸管的额定电压和额定电流？

解： 晶闸管额定电压 $U_{Tn}\geqslant(2\sim3)U_{TM}=(2\sim3)\sqrt{2}\times220\text{ V}=622\sim933\text{ V}$；按晶闸管参数系列取 800 V，即 8 级。

晶闸管的额定电流 $I_{T(AV)}\geqslant(1.5\sim2)\dfrac{I_{Tm}}{1.57}=(1.5\sim2)\dfrac{50}{1.57}\text{ A}=48\sim64\text{ A}$；按晶闸管参数系列取 50 A。

【例 1-2】 220 V 交流输入的单相半波可控整流电路带 40 W 白炽灯，确定晶闸管的型号。

解： 额定电压的计算如下。

第 1 步：单相半波可控整流电路中晶闸管可能承受的最大电压为

$$U_{TM}=\sqrt{2}U_2=(\sqrt{2}\times220)\text{ V}\approx311\text{ V}$$

第 2 步：考虑 2~3 倍的余量，则

$$(2\sim3)U_{TM}=(2\sim3)\sqrt{2}\times220\text{ V}=622\sim933\text{ V}$$

第 3 步：确定所需晶闸管的额定电压等级，因为电路无储能元器件，因此选择电压等级为 7 的晶闸管就可以满足正常工作的需要了。

额定电流的计算如下。

第 4 步：白炽灯为电阻性负载，根据白炽灯的额定值计算出其阻值的大小为

$$R=\left(\frac{220^2}{40}\right)\Omega=1210\ \Omega$$

第 5 步：确定实际流过晶闸管电流的有效值。

在单相半波可控整流电路中，当触发延迟角 $\alpha=0°$ 时，流过晶闸管的电流最大，且电流的有效值是平均值的 1.57 倍。单相半波整流电路在 $\alpha=0°$ 时，流过晶闸管的平均电流为

$$I_{dT}=0.45\frac{U_2}{R}=\left(0.45\times\frac{220}{1210}\right)\text{ A}=0.08\text{ A}$$

由此可得，当 $\alpha=0°$时流过晶闸管的电流最大有效值为

$$I_{Tm}=1.57I_{dT}=1.57\times0.08\ A=0.126\ A$$

第 6 步：确定晶闸管的额定电流 $I_{T(AV)}$为

$$I_{T(AV)}\geqslant(1.5\sim2)\frac{I_{Tm}}{1.57}=0.12\sim0.16A$$

或者，因流过晶闸管的平均电流为 $I_{dT}=0.08\ A$，考虑 1.5~2 倍的安全裕量后得

$$I_{T(AV)}\geqslant(1.5\sim2)I_{dT}=0.12\sim0.16\ A$$

因为电路无储能元器件，因此选择额定电流为 1 A 的晶闸管就可以满足正常工作的需要了。

由以上分析可以确定晶闸管应选用的型号为：KP1—7。

1.2.6 晶闸管的其他派生器件

1. 双向晶闸管（TRIAC）

双向晶闸管是把一对反并联的普通晶闸管集成在同一硅片上，只用一个门极触发的组合器件。双向晶闸管具有正、反两个方向都能控制导通的特性，同时还具有触发电路简单、工作稳定可靠的优点，是一种用于交流变换的理想器件。

1）双向晶闸管的外形、内部结构、等效电路及电气符号。双向晶闸管的外形结构与普通晶闸管类似，也有螺栓型、平板型和塑封型等结构。它的内部是一种 NPNPN 5 层结构、3 端引线的器件，有两个主电极 T_1、T_2，一个门极 G。P_1、N_4表面用金属连通构成第一阳极 T_1，P_2、N_2也用金属连通构成第二阳极 T_2，N_3与 P_2的一部分作为公共门极 G，门极 G 与第二阳极 T_2在同一侧面。双向晶闸管的外形如图 1-8 所示。

图 1-8　双向晶闸管的外形

双向晶闸管的内部结构、等效电路及电气符号如图 1-9 所示。其中 $P_1N_1P_2N_2$称为正向晶闸管，$P_2N_1P_1N_4$称为反向晶闸管，且这两个晶闸管的触发导通都由同一个门极 G 来控制。

由图 1-9 可见，双向晶闸管相当于两个晶闸管反并联，不过它只有一个门极 G，由于 N_3区的存在，使得门极 G 相对于 T_1端无论是正的或是负的，都能触发，而且 T_1相对于 T_2既可以是正，也可以是负。

2）双向晶闸管的伏安特性和触发方式。双向晶闸管的伏安特性如图 1-10 所示。在第Ⅰ象限、第Ⅲ象限具有对称的阳极伏安特性，均可由门极触发导通，因此双向晶闸管是一种半控交流开关器件。

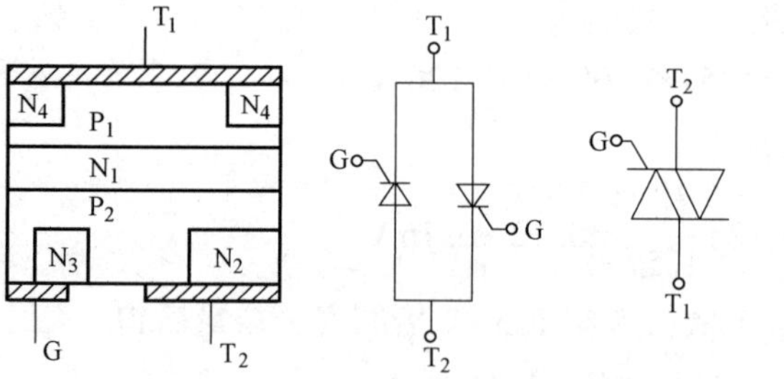

图 1-9　双向晶闸管的内部结构、等效电路及电气符号

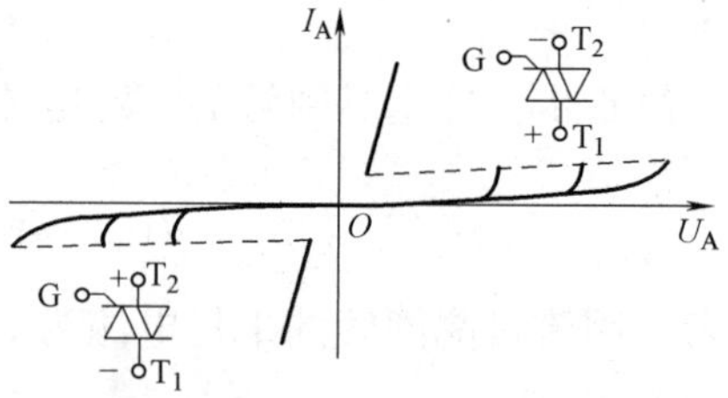

图 1-10　双向晶闸管的伏安特性

双向晶闸管的主要参数中只有额定电流与普通晶闸管有所不同，其他参数定义相似。由于双向晶闸管工作在交流电路中，正反向电流都可以流过，所以它的额定电流不用平均值而是用有效值来表示。定义为：在标准散热条件下，当器件的单向导通角大于 170°时，允许流过器件的最大交流正弦电流的有效值，用 $I_{T(RMS)}$ 表示。

国产双向晶闸管用 KS 表示，有关 KS 型双向晶闸管的主要参数参见随附的电子资源。

由于门极的特殊结构，双向晶闸管的触发电压极性可正可负，以便开通两个反向并联的晶闸管，根据主电极间电压极性以及门极信号极性的不同组合，双向晶闸管有 4 种触发方式，即Ⅰ+、Ⅰ−、Ⅲ+、Ⅲ−触发。

① Ⅰ+触发方式：阳极电压 $U_{T1T2}>0$（T_1为正、T_2为负），门极电压 $U_G>0$（G 为正、T_2为负），特性曲线在第Ⅰ象限，为正触发，触发灵敏度最高。

② Ⅰ−触发方式：阳极电压 $U_{T1T2}>0$（T_1为正、T_2为负），门极电压 $U_G<0$（G 为负、T_2为正），特性曲线在第Ⅰ象限，为负触发，触发灵敏度较高。

③ Ⅲ−触发方式：阳极电压 $U_{T1T2}<0$（T_1为负、T_2为正），门极电压 $U_G<0$（G 为负、T_2为正），特性曲线在第Ⅲ象限，为负触发，触发灵敏度较高。

④ Ⅲ+触发方式：阳极电压 $U_{T1T2}<0$（T_1为负、T_2为正），门极电压 $U_G>0$（G 为正、T_2为负），特性曲线在第Ⅲ象限，为正触发，触发灵敏度最低。

尽管双向晶闸管有 4 种触发方式，但在实际应用中只采用（Ⅰ+、Ⅲ−）与（Ⅰ−、Ⅲ−）两组触发方式，其中（Ⅰ−、Ⅲ−）方式适用于直流门极触发信号，（Ⅰ+、Ⅲ−）方式适用于交流门极触发信号。

双向晶闸管常在电阻性负载电路中用作相位控制，也用作固态继电器，有时还用于电动机控制。

3）双向晶闸管的型号规定如下：

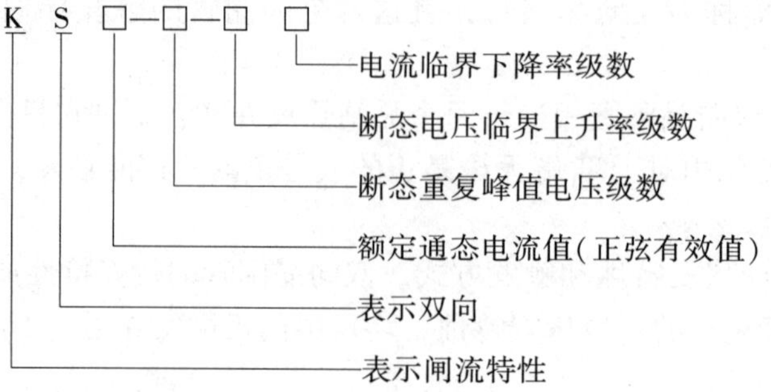

如 KS100—8—21 表示双向晶闸管，额定电流为 100 A，断态重复峰值电压 8 级（800 V），

断态电压临界上升率（du/dt）为 2 级（不小于 200 V/μs），换向电流临界下降率（di/dt）为 1 级（不小于 1%A/μs）。

2. 快速晶闸管（FST）

快速晶闸管是为提高工作频率，缩短开关时间，而采用特殊工艺制造的器件，其工作频率在 400 Hz 以上。快速晶闸管包括常规的快速晶闸管（简称为 KK 管）和工作频率更高的高频晶闸管（简称为 KG 管）两种。快速晶闸管的外观、电气符号、基本结构、伏安特性与普通晶闸管相同。

3. 光控晶闸管（LATT）

光控晶闸管是一种以光信号代替电信号来进行触发导通的特殊晶闸管，其结构也是由 $P_1N_1P_2N_2$4 层构成的，光控晶闸管的工作原理基本同于普通晶闸管器件，不同的只是 J_2结及附近区域在光能的激发下，可产生大量的电子和空穴，在外加电压作用下穿过 J_2阻挡层，起到了普通晶闸管注入 I_G的作用，使光控晶闸管触发导通。

光控晶闸管的结构、电气符号及伏安特性如图 1-11 所示，与普通晶闸管类似，只不过伏安特性的转折电压是随光照强度的增大而降低的。

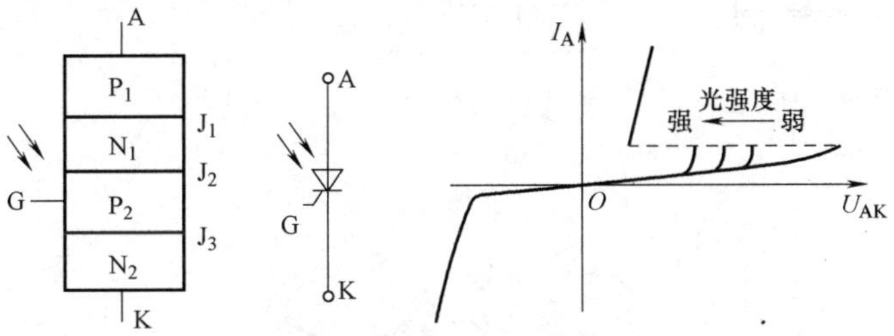

图 1-11　光控晶闸管的结构、电气符号及伏安特性

激光是光控晶闸管的理想光源。光触发与电触发相比，具有抗噪波干扰，主电路与控制电路间高度绝缘，重量轻，体积小等优点。

1.3　门极关断（GTO）晶闸管

门极关断（Gate Turn-Off，GTO）晶闸管，它具有普通晶闸管的全部优点，如耐压高、电流大、耐浪涌能力强、使用方便和价格低等。同时它又有自身的优点，如具有自关断能力、工作效率较高、使用方便、无须辅助关断电路等。GTO 晶闸管既可用门极正向触发信号使其触发导通，又可向门极加负向触发信号使其关断。是一种应用广泛的大功率全控开关器件。在高电压和大中容量的斩波器及逆变器中获得了广泛应用。

1.3.1　GTO 晶闸管的结构和工作原理

1. GTO 晶闸管的结构

GTO 晶闸管也是 4 层 PNPN 结构、3 端引出线（A、K、G）的器件。和普通晶闸管不同的是：GTO 晶闸管内部可看成是由许多 $P_1N_1P_2N_2$ 4 层结构的小晶闸管并联而成的，这些小晶闸管的门极和阴极并联在一起，成为 GTO 晶闸管元。所以 GTO 晶闸管是集成器件结构，而普通晶闸管是独立器件结构。正是由于 GTO 晶闸管和普通晶闸管在结构上的不同，因而其关断性能也不同。图 1-12 给出了 GTO 晶闸管的结构示意图、等效电路、电气符号及外形图。

2. GTO 晶闸管的工作原理

由于 GTO 晶闸管也具有 $P_1N_1P_2N_2$ 4 层结构，所以同样可用双晶体管模型来分析其工作原理。其中，α_1 和 α_2 分别为 $P_1N_1P_2$ 和 $N_1P_2N_2$ 的共基极电流放大倍数。当 $\alpha_1+\alpha_2\approx1$ 时，双晶体管处于临界饱和导通状态；$\alpha_1+\alpha_2>1$ 时，双晶体管处于饱和度较深的导通状态；$\alpha_1+\alpha_2<1$ 时，双晶体管处于关断状态。GTO 晶闸管与普通晶闸管最大区别就是回路增益 $\alpha_1+\alpha_2$ 数值不同。

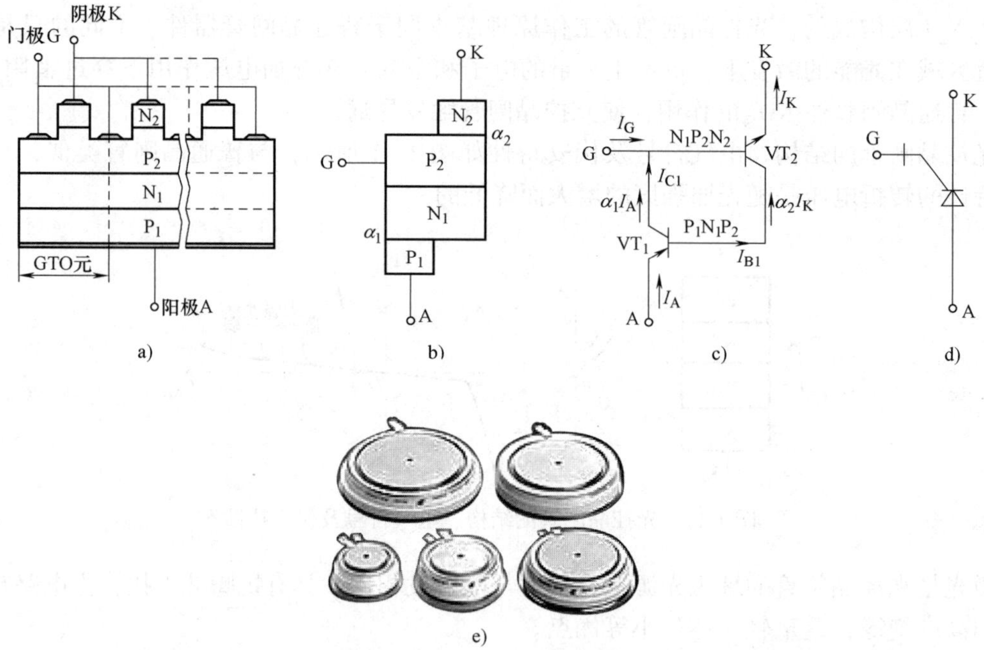

图 1-12　GTO 晶闸管的结构示意图、等效电路、电气符号及外形图

a）、b）结构示意图　c）等效电路　d）电气符号　e）外形

（1）GTO 晶闸管的开通原理

GTO 晶闸管的开通原理与普通晶闸管一样，当 GTO 晶闸管的阳极加正向电压，门极加足够的正脉冲信号后，GTO 晶闸管即可进入导通状态。

通常 GTO 晶闸管导通时，双晶体管的 $\alpha_1+\alpha_2\approx1.05$，因而器件处于略过临界的导通状态，这就为用门极负脉冲信号关断 GTO 晶闸管提供了有利条件。而普通晶闸管导通时 $\alpha_1+\alpha_2\approx1.15>1$，器件饱和度较深，用门极负脉冲不足以使 $\alpha_1+\alpha_2<1$，也就不能用门极负脉冲信号来关断，这是 GTO 晶闸管与普通晶闸管的一个极为重要的区别。

（2）GTO 晶闸管的关断原理

当 GTO 晶闸管处于导通状态时，对门极加负的关断脉冲，晶体管 $P_1N_1P_2$ 的 I_{C1} 被抽出，形成门极负电流 $-I_G$，此时 $N_1P_2N_2$ 晶体管的基极电流相应减小，进而使 I_{C2} 减小，再引起 I_{C1} 的进一步下降，如此循环下去，最终导致 GTO 晶闸管的阳极电流消失而关断。当 GTO 晶闸管门极关断负电流 $-I_G$ 达到最大值时，I_A 开始下降，此时也将引起 α_1 和 α_2 的下降，当 α_1+

$\alpha_2 \leqslant 1$ 时，器件内部正反馈作用停止，$\alpha_1+\alpha_2=1$ 为临界关断点。GTO 晶闸管的关断条件为 $\alpha_1+\alpha_2<1$。

由于 GTO 晶闸管处于临界饱和状态，用抽走阳极电流的方法破坏其临界饱和状态，能使器件关断。而普通晶闸管导通之后，处于深度饱和状态，用抽走阳极电流的方法不能使其关断。

1.3.2 GTO 晶闸管的特性和主要参数

1. 阳极伏安特性

GTO 晶闸管的阳极伏安特性与普通晶闸管相同，故不再介绍。

2. 开通特性

当 GTO 晶闸管的阳极加正向电压，门极也加正向电流时，GTO 晶闸管由断态转为通态。开通时间 t_{on} 由延迟时间 t_d 和上升时间 t_r 组成，即 $t_{on}=t_d+t_r$。GTO 晶闸管的 t_d 在 1～2 μs 之间，而 t_r 则随 I_A 的增大而增大，如图 1-13a、b 所示。

3. 关断特性

当 GTO 晶闸管导通时，对它的门极加适当的负脉冲电流，可关断 GTO 晶闸管。关断时的阳极电流 I_A、阳极电压 U_A（管压降）随时间变化的曲线见图 1-13。由图可知，关断过程分为存储时间 t_s、下降时间 t_f、拖尾时间 t_t。关断时间一般指存储时间 t_s 和下降时间 t_f 之和，而不包括拖尾时间 t_t，即 $t_{off}=t_s+t_f$，t_s 随 I_A 的增大而增大，一般小于 2 μs。存储时间 t_s 为从关断过程开始到出现关断状态为止的区间，在这段时间内从门极抽走大量过剩的载流子，GTO 晶闸管的导通区不断被压缩。下降时间 t_f 对应阳极电流迅速下降，阳极电压不断上升。在这段过程内，GTO 晶闸管的中心区域开始退出饱和，继续从门极抽出载流子。拖尾时间 t_t 则是从阳极电流降到极小值开始，直到最终达到维持电流为止的时间。

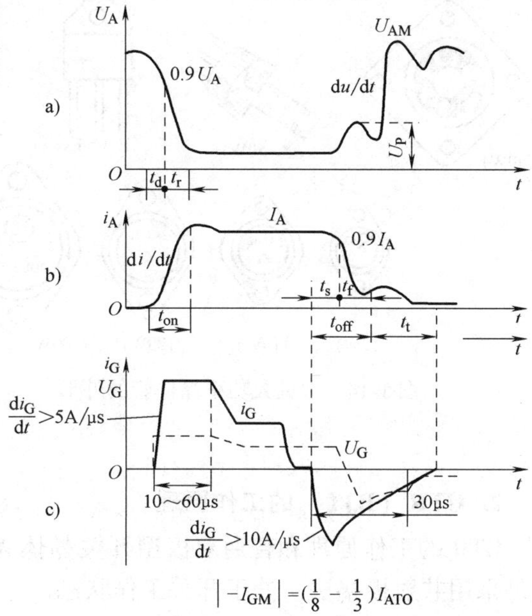

图 1-13　GTO 晶闸管的电压、电流及门极电流波形

a）电压波形　b）电流波形　c）门极电流波形

4. 主要参数

1）最大可关断阳极电流 I_{ATO}：指用门极电流可以重复关断的阳极峰值电流，也称为可关断阳极峰值电流。

2）阳极尖峰电压 U_p：如图 1-13 所示，在 GTO 晶闸管关断过程中，在下降时间的尾部出现了一个阳极尖峰电压 U_p，这是一个重要参数。

3）关断增益 β_{off}：指最大可关断阳极电流 I_{ATO} 与门极负脉冲电流最大值之比，即 $\beta_{off}=I_{ATO}/|-I_{GM}|$。它表示 GTO 晶闸管的关断能力，是一个重要的特征参数。

4）维持电流 I_H：指阳极电流减小到开始出现 GTO 晶闸管元不能再维持导通的电流值。

5）擎住电流 I_L：指 GTO 晶闸管元经门极触发后，阳极电流上升到保持所有 GTO 晶闸管元导通的最低值。

1.4 电力晶体管（GTR）

电力晶体管也称为巨型晶体管（Giant Transistor，GTR），又称为双极型功率晶体管（Bipolar Junction Transistor，BJT）。GTR 和 GTO 晶闸管一样具有自关断能力，属于电流控制型自关断器件。GTR 可通过基极电流信号方便地对集电极-发射极的通断进行控制，并具有饱和压降低、开关性能好、电流大及耐压高等优点。GTR 已实现了大功率、模块化、廉价化。

1.4.1 GTR 的结构和工作原理

1. GTR（BJT）的结构

一些常见大功率晶体管的外形如图 1-14 所示。大功率晶体管的外形除体积比较大外，其外壳上都有安装孔或安装螺钉，便于将晶体管安装在外加的散热器上。

GTR 的结构与小功率晶体管相似，也有 3 个电极，分别为 B（基极）、C（集电极）、E（发射极）。GTR 属三端三层两结的双极型晶体管，有两种基本类型，NPN 型和 PNP 型。GTR（BJT）的基本结构及电气符号如图 1-15 所示。

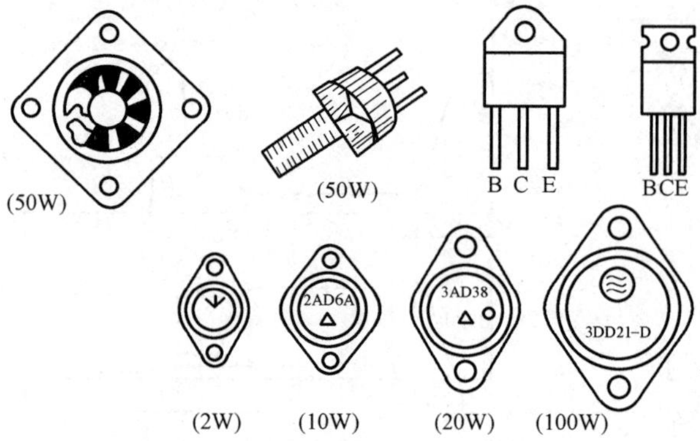

图 1-14 常见大功率晶体管的外形

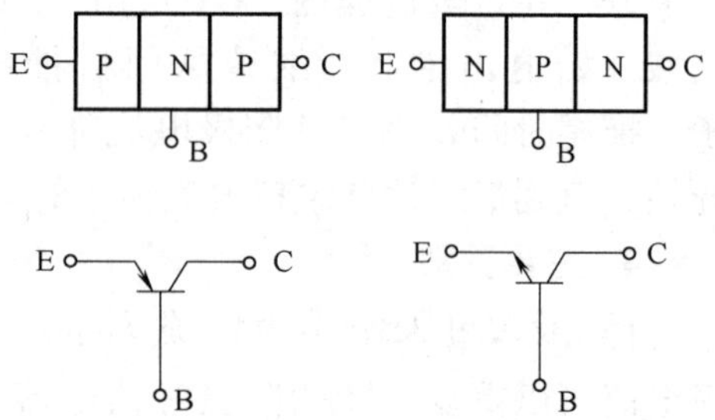

图 1-15 GTR（BJT）的基本结构及电气符号

2. GTR（BJT）的工作原理

GTR 的工作原理和普通双极型开关晶体管类似，在此不再赘述。GTR 在应用中多数情况是采用共射极接法，处于开关工作状态。

1.4.2 GTR 的特性和主要参数

1. GTR 的静态（输出）特性

共射极电路的输出特性曲线如图 1-16 所示，GTR 的工作状态分为 3 个区域。

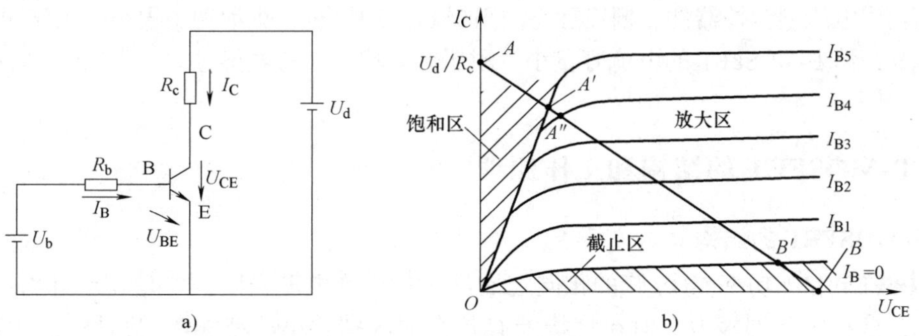

图 1-16　共射极电路的输出特性曲线
a）共射极电路　b）输出特性

1）截止区：特点是 GTR 的发射结和集电结均承受高反偏电压，仅有极少的漏电流存在，相当于开关断开（阻断）。

2）放大区：特点是 $I_C=\beta I_B$，发射结正偏、集电结反偏，此时 GTR 功耗很大。

3）饱和区：特点是发射结和集电结均正偏。GTR 饱和导通，导通压降很小但通过的电流却很大。相当于开关闭合（导通），但关断时间长。

显然，GTR 作为电力开关使用时，其断态工作点必须在截止区，通态工作点必须在饱和区。

一般开通时间为纳秒数量级，比关断时间要小得多；关断时间的数值在微秒数量级。

由于 GTR 在放大区中的 I_C 和 U_{CE} 均较大，功耗也大，在 GTR 的导通与关断过程中都要经过放大区，因此，应尽可能缩短开关时间，以减少其开关损耗。

2. GTR 的主要参数

1）电压参数。电压参数体现了 GTR 的耐压能力。当发射极开路时，集电极和基极的反向击穿电压为 BU_{CBO}；当基极开路时，集电极和发射极间的击穿电压为 BU_{CEO}；当发射极与基极间用电阻连接或短路连接时，集电极和发射极间的击穿电压为 BU_{CER} 和 BU_{CES}；当发射结反向偏置时，集电极和发射极间的击穿电压为 BU_{CEX}。这些击穿电压之间的关系为

$$BU_{CBO}>BU_{CEX}>BU_{CES}>BU_{CER}>BU_{CEO}$$

为确保安全，实际应用时的最高工作电压 $U_{TM}=(1/3\sim1/2)BU_{CEO}$。

2）集电极电流额定值 I_{CM}。通常是将 β 值下降到额定值的 1/2~1/3 时的 I_C 值定为 I_{CM}。实际使用时要留有较大的安全裕量，一般只能用到 I_{CM} 的一半左右。

3）最大耗散功率 P_{CM}。指 GTR 在最高允许结温时对应的耗散功率，它是 GTR 容量的重要标志。

4）直流电流增益 h_{FE}。表示 GTR 的电流放大能力，为直流工作时集电极电流和基极电流之比，即 $h_{FE}=I_C/I_B$。通常可认为 $\beta\approx h_{FE}$，GTR 的 h_{FE} 越大，其要求的驱动电路功率越小。

5）开关频率。很多情况下，GTR 是工作在开关状态，因此开关频率是一个重要参数。应用时，总是希望 GTR 的开通时间 t_{on} 和关断时间 t_{off} 越小越好。

1.5　功率场效应晶体管（P-MOSFET）

功率场效应晶体管（Power Metal Oxide Semiconductor Field Effect Transistor，P-MOSFET）

的特点是：属电压型全控器件、栅极静态内阻极高（$10^9\ \Omega$）、驱动功率很小、工作频率高、热稳定性好等；但 P-MOSFET 的电流容量小、耐压低、功率不易做得过大。常用于中小功率开关电路中。

1.5.1 P-MOSFET 的结构和工作原理

1. P-MOSFET 的结构

P-MOSFET 和小功率 MOS 管的相同之处：一是导电机理相同；二是 3 个外引电极相同，为栅极 G、源极 S 和漏极 D。但在结构上有较大的区别：小功率 MOS 管是一次扩散形成的器件，其栅极 G、源极 S 和漏极 D 在芯片的同一侧；但 P-MOSFET 采用立式结构，栅极 G、源极 S 和漏极 D 不在芯片的同一侧，P-MOSFET 的结构示意图如图 1-17 所示，其中，U_{GS}为栅-源电压，U_T 为开启电压。

功率场效应晶体管的导电沟道分为 N 沟道和 P 沟道，栅偏压为零时漏源极之间就存在导电沟道的称为耗尽型；栅偏压大于零（N 沟道）才存在导电沟道的称为增强型。

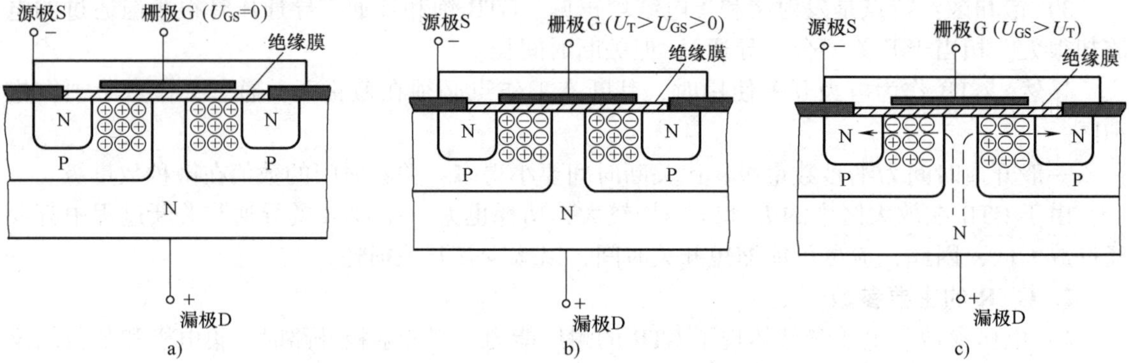

图 1-17　P-MOSFET 的结构示意图

2. P-MOSFET 的工作原理

1）当栅-源电压 $U_{GS}=0$ 时，栅极下的 P 型区表面呈现空穴堆积状态，不可能出现反型层，无法沟通漏源。此时，即使在漏源极之间施加电压，MOS 管也不会导通，如图 1-17a 所示。

2）当栅-源电压 $U_{GS}>0$ 且不够充分时，栅极下面的 P 型区表面呈现耗尽状态，还是无法沟通漏源，此时 MOS 管仍保持关断状态，如图 1-17b 所示。

3）当栅-源电压 U_{GS}达到或超过一定值时，栅极下面的硅表面从 P 型反型成 N 型，形成 N 型沟道把源区和漏区联系起来，从而把漏源沟通，使 MOS 管进入导通状态，如图 1-17c 所示，图中虚线为电流 I_D 方向。

图 1-18 分别是 N 沟道功率场效应晶体管和 P 沟道功率场效应晶体管的电气图形符号。

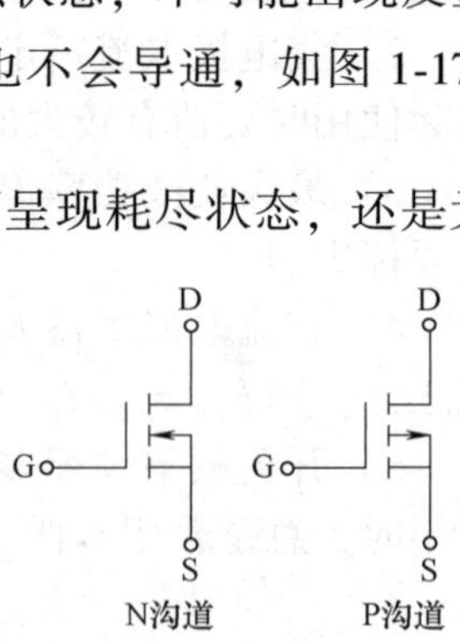

图 1-18　P-MOSFET 的电气图形符号

1.5.2 P-MOSFET 的特性和主要参数

1. 转移特性

转移特性是指：在输出特性的饱和区内，维持 U_{DS}不变时，U_{GS}与 I_D 之间的关系曲线，P-MOSFET 的转移特性如图 1-19a 所示，与 GTR 中的电流增益相仿。图中 U_T 是 P-MOSFET 的开启电压（又称为阈值电压）。

2. 输出特性

P-MOSFET 的输出特性如图 1-19b 所示，它反映的是：当 U_{GS}一定时，I_D 与 U_{DS}间的关系。

当 $U_{GS}<U_T$ 时，P-MOSFET 处于截止（断态）；当 $U_{GS}>U_T$ 时，P-MOSFET 导通；当$U_{DS}>U_{BR}$时，器件将被击穿，使 I_D 急剧增大。第Ⅰ象限特性曲线表示 P-MOSFET 正向导通时的情况，它分为 3 个区域，即线性导电区Ⅰ，饱和恒流区Ⅱ和雪崩击穿区Ⅲ。

线性导电区Ⅰ的特点是：当 U_{GS}一定时，I_D 几乎随 U_{DS}线性增长。

饱和恒流区Ⅱ的特点是：U_{GS}对 I_D 的控制力增强，I_D 随 U_{GS}的增大而增大，而 U_{DS}对 I_D 影响甚微，对应于沟道夹断时的情况，常用于线性放大。

雪崩击穿区Ⅲ的特点是：D 极 PN 结上反偏电压 U_{DS}过高而发生雪崩击穿，I_D 突然增大。器件使用时应避免出现这种情况，否则会使器件损坏。

当 P-MOSFET 用作电子开关时，导通时它必须工作在线性导电区Ⅰ，否则其通态压降太大，功耗也大。第Ⅲ象限反向特性曲线未画，由于器件存在反并联的寄生二极管，故 P-MOSFET 无反向阻断能力，加反向电压时器件导通，可看作是逆导器件。

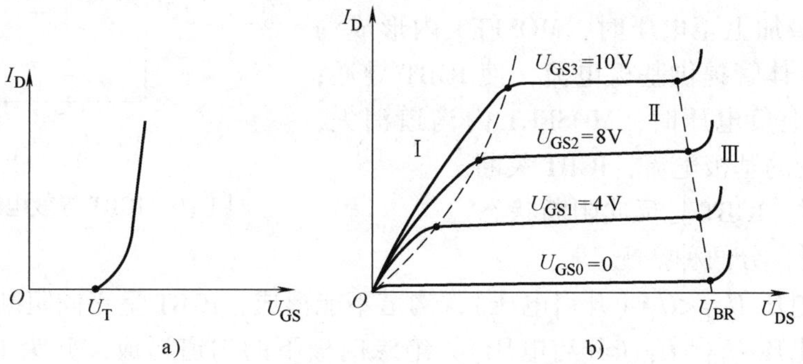

图 1-19 P-MOSFET 的转移特性和输出特性

a）转移特性 b）输出特性

3. 主要参数

1）通态电阻 R_{on}：是在确定的 u_{GS}下 P-MOSFET 由线性导电区进入饱和恒流区时的直流电阻，它是影响最大输出功率的重要参数。

2）开启电压 U_T：是指沟道体区形成沟道所需的最低栅极电压。开启电压一般为 $U_T=2\sim4\,V$。

3）漏极击穿电压 BU_{DS}：是为避免器件进入雪崩击穿区而设的极限参数。

4）栅源击穿电压 BU_{GS}。表征 P-MOSFET 栅源极间所能承受的最高正、反向电压。是为

防止绝缘栅层因 U_{GS}过高发生介质电击穿而设定的参数。一般栅源电压的极限值为±20 V。

5）极间电容：包括栅源电容 C_{GS}、栅漏电容 C_{GD}和漏源电容 C_{DS}。前两者由 MOS 结构的绝缘层形成，后者由 PN 结构成。

1.6 绝缘栅双极型晶体管（IGBT）

绝缘栅双极型晶体管（Insulated Gate Bipolar Transistor，IGBT）是由 P-MOSFET 与 GTR 混合组成的电压控制型自关断器件。它将 P-MOSFET 和 GTR 的优点集于一身，既具有输入阻抗高、驱动功率小、自身功耗低，又有通态压降低、耐压高和承受电流大的优点，因此发展很快。在电机控制、大功率开关电源、逆变器以及要求快速、低损耗的应用领域，IGBT 大有取代 P-MOSFET 和 GTR 的趋势。

1.6.1 IGBT 的结构和工作原理

1. IGBT 的基本结构

可以将 IGBT 看成是以 N 沟道 MOSFET 为输入级，PNP 晶体管作为输出级的单向达林顿晶体管。它是以 GTR 为主导器件，MOSFET 为驱动器件的复合器件。IGBT 等效电路、电气符号如图 1-20 所示。外部有 3 个电极，分别为 G 门极、C 集电极、E 发射极。

2. IGBT 的工作原理

由 IGBT 的等效电路可看出，IGBT 是一种场控器件，它的开通与关断由 G 极和 E 极之间的门极电压 U_{GE}决定。

当 IGBT 门极加上正电压时，MOSFET 内形成沟道，并为 PNP 晶体管提供基极电流，使 IGBT 导通；当 IGBT 门极加上负电压时，MOSFET 内沟道消失，切断 PNP 晶体管的基极电流，IGBT 关断。

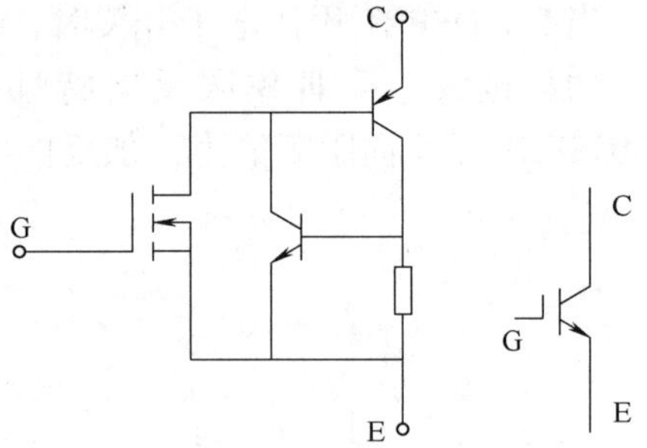

图 1-20 IGBT 等效电路、电气符号

当 $U_{CE}<0$ 时，IGBT 呈反向阻断状态。

当 $U_{CE}>0$ 时，分两种情况：

1）若门极电压 $U_{GE}<U_T$（开启电压），沟道不能形成，IGBT 呈正向阻断状态。

2）若门极电压 $U_{GE}>U_T$（开启电压），绝缘门极下的沟道形成，并为 PNP 晶体管提供基极电流，从而使 IGBT 导通。

IGBT 的驱动原理与 MOSFET 基本相同，但 IGBT 的开关速度比 MOSFET 要慢。

1.6.2 IGBT 的特性和主要参数

1. 静态特性

IGBT 的静态特性主要有输出特性及转移特性，如图 1-21 所示。

（1）IGBT 的输出特性

IGBT 的输出特性也称为伏安特性，它描述以栅射电压 U_{GE}为参变量时，集电极电流 I_C 与集射极间电压 U_{CE}之间的关系。IGBT 的输出特性如图 1-21a 所示，该特性与 GTR 的输出特性相似，只是控制量不同。由图可见，输出特性分为正向输出特性（第 I 象限）和反向输出特性（第Ⅲ象限）。正向输出特性又分为：可调电阻区Ⅰ、恒流饱和区Ⅱ、雪崩区Ⅲ。在可调电阻区Ⅰ，U_{CE}增大，I_C 增大；在恒流饱和区Ⅱ，对于一定的 U_{GE}，U_{CE}增大，I_C 不再随着 U_{CE}增大。

（2）IGBT 的转移特性

IGBT 的转移特性是指集电极电流 I_C 与栅射电压 U_{GE}之间的关系，如图 1-21b 所示。与 P-MOSFET 的转移特性相似。当 $U_{GE}<U_T$（开启电压）时，IGBT 处于截止状态；当 $U_{GE}>U_T$ 时，IGBT 导通，且在大部分集电极电流范围内，I_C 与 U_{GE}是线性关系。只有当 U_{GE}接近 U_T 时才呈非线性关系。

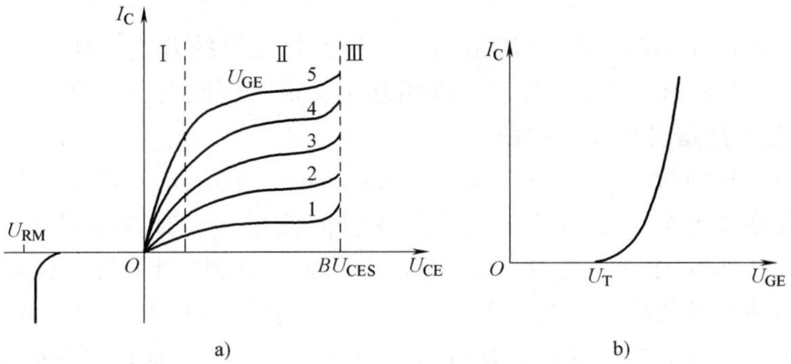

图 1-21　IGBT 的输出特性及转移特性

a）输出特性　b）转移特性

2. IGBT 的主要参数

1）集射极击穿电压 BU_{CES}。为 IGBT 的最高工作电压，它取决于 IGBT 内部 PNP 晶体管所能承受的击穿电压值。BU_{CES}的大小与结温成正温度系数关系。

2）开启电压 U_T 和最大栅射极电压 BU_{GES}。开启电压 U_T 是 IGBT 导通所需的最低栅射极电压，即转移特性与横坐标的交点电压。U_T 具有负温度系数，约为-5 mV/℃。在 25℃条件下，U_T 一般为 2~6 V。由于 IGBT 的驱动为 MOSFET，应将最大栅射极电压限制在±20 V 以内，最佳值一般取 15 V 左右。

3）通态压降 $U_{CE(on)}$。指 IGBT 处于导通状态时集射极间的导通压降。它决定了 IGBT 的通态损耗，此值越小，管子的功率损耗越小。一般 $U_{CE(on)}$为 2.5~3.5 V。

4）集电极连续电流 I_C 和峰值电流 I_{CP}。IGBT 集电极允许流过的最大连续电流 I_C 为 IGBT 的额定电流。IGBT 还规定了最大集电极峰值电流 I_{CP}（条件为脉宽 1 ms）。一般情况下，峰值电流 I_{CP}为额定电流 I_C 的两倍左右。

1.7　其他新型电力电子器件

1. MOS 控制晶闸管（MCT）

MOS 控制晶闸管（MOS Controlled Thyristor，MCT）也叫作 MOS 控制的 GTO 晶闸管，是一种集成度远高于 GTO 晶闸管，以 SCR-MOSFET 复合器件为集成单元的新型大功率集成开关器件。MCT 将 MOSFET 的高输入阻抗，低驱动功率和开关速度快的特性，以及晶闸管的高电压、大电流特性结合在一起，同时又克服了晶闸管开关速度慢，不能自关断和 MOSFET 通态电压高的缺点。MCT 也是一种电压型控制器件，并且开关频率与 IGBT 差不多，无二次击穿，是近年来国内外重点开发的电力电子器件之一。

1）MCT 与普通晶闸管相比较：它也有阳极 A、阴极 K 和门极 G 3 个电极，但门极控制原理却不相同。普通晶闸管是电流型控制器件，而 MCT 是电压型控制器件；普通晶闸管的控制信号加在门极与阴极两端，而 MCT 控制信号是加在门极与阳极两端。

2）MCT 与 IGBT 相比较。

① MCT 的控制信号是脉冲，只起触发作用；而 IGBT 的控制信号为电压，必须一直加入。

② 结构上 MCT 和 IGBT 均为 4 层结构，但两者存在质的差别，MCT 工作时必须产生正反馈，属 PNPN 器件；而 IGBT 工作时不能引起正反馈，否则会产生擎住效应。

2. 集成门极换流晶闸管（IGCT）

集成门极换流晶闸管（Integrated Gate Commutated Thyristor，IGCT）是一种用于巨型电力电子装置的新型电力半导体器件，也称为发射极关断（ETO）晶闸管。它是把 MOSFET 从器件内部拿到外部的 MCT。IGCT 是以 GTO 晶闸管为基础，将 GTO 晶闸管芯片与反并联二极管和门极驱动电路集成在一起，再与门极驱动器在外围以低电感方式连接。IGCT 结合了晶体管和晶闸管两种器件的优点，具备晶体管的稳定的关断能力和晶闸管的低通态损耗的特性。

IGCT 的主要特点：①高阻断电压；②大导通电流；③低导通电压降；④可忽略不计的开关损耗；⑤很小的关断时间（小于 3 μs）。

与标准 GTO 晶闸管相比，IGCT 最显著的特点是存储时间短，因此器件之间关断时间的差异很小，可方便地将 IGCT 进行串并联，适合应用于大功率的范围。

3. 功率模块与功率集成电路

功率集成电路（Power Integrated Circuit，PIC）是电力电子技术与微电子技术相结合的产物。PIC 是将以前的电力电子器件及其配套的各种分立电路或装置（如触发电路、控制电路和各种保护电路）集成在一个芯片上，PIC 中至少应该包含一个电力电子器件和一个独立功能的单片集成电路。

4. 静电感应晶体管（SIT）

静电感应晶体管（Static Induction Transistor，SIT）是一种新型高频大功率电力电子器件。由于 SIT 中门极电压和漏极电压都能通过电场控制漏极电流，类似于静电感应现象，因此把 SIT 命名为静电感应晶体管。SIT 具有工作频率高、输出功率大、线性度好、无二次击穿现象、热稳定性好、抗辐射能力强、输入阻抗高等一系列优点，在雷达通信设备、超声波功率放大、开关电源、脉冲功率放大和高频感应加热等方面获得了广泛应用，并已发展成为一个相当大的家族，其主要品种有功率 SIT、超高频 SIT、双极模式静电感应晶体管（BSIT）和静电感应晶闸管（SITH）等。

5. 静电感应晶闸管（SITH）

静电感应晶闸管（Static Induction Thyristor，SITH）也可称为场控晶闸管（FCT），或称为双极静电感应晶闸管（BSITH）。SITH 是一种大功率场控开关器件，与普通晶闸管和 GTO 晶闸管相比，它具有通态电阻小、通态压降低、开关速度快、开关损耗小、正向电压阻断增益高、开通和关断电流增益大、di/dt 和 du/dt 耐量高、高温特性好、抗干扰能力强等优点。

1.8 典型电力电子器件的 MATLAB 仿真模型

需要说明的是，本节内容主要译自软件的英文指导手册。为了方便读者熟悉仿真软件，本书仿真章节的电气符号的标注完全选自仿真软件，没有按照我国有关电气符号标准及其出版物的规定书写，与本书其他部分文中的标注不一定一致，请读者注意。

1.8.1 二极管的仿真模型

1. 二极管器件的图标和仿真电路模型

MATLAB 软件中的二极管是一个单向导电的半导体二端器件，没有普通二极管、功率二极管等种类之分，都是一个图标，二极管模块的图标如图 1-22 所示，它们的区别主要是在参数设置上。二极管模块常带有一个 R_s-C_s串联缓冲电路，它与二极管并联。缓冲电路的 R_s和 C_s值可以设置，当指定 C_s = inf 时，缓冲电路为纯电阻，当指定 R_s = 0 时，缓冲电路为纯电容。当指定 R_s = inf 或 C_s = 0 时，缓冲电路去除（下面介绍的其他几种器件也类似）。

当二极管承受正向电压时导通，此时管压降 U_f很小；当二极管承受反向电压或流过管子的电流降到零时关断。二极管的仿真模型由内电阻 R_{on}、电感 L_{on}、直流电压源 V_f和一个开关 SW 串联而成。开关受二极管电压 V_{ak}和电流 I_{ak}控制。二极管器件的仿真模型如图 1-23 所示。

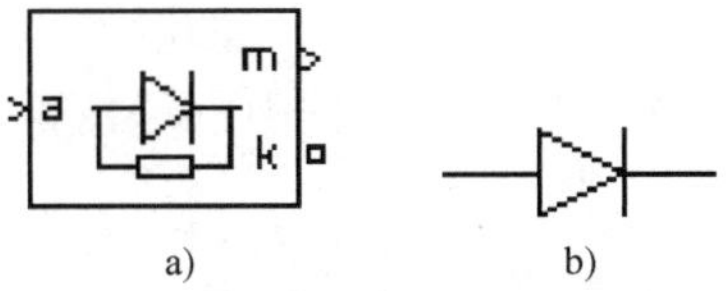

图 1-22　二极管模块的图标

a）带缓冲电路的模块图标　b）不带缓冲电路的模块图标

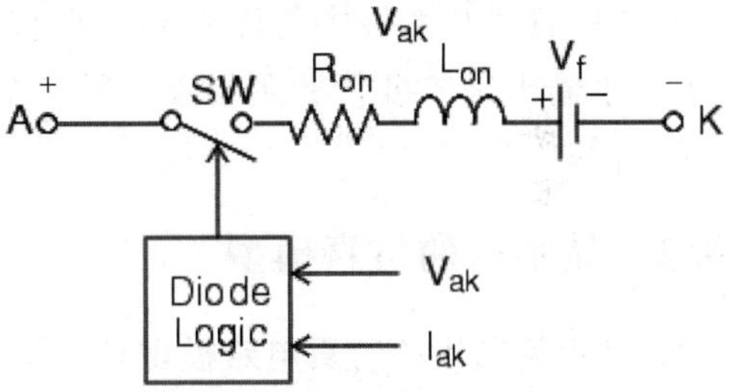

图 1-23　二极管器件的仿真模型

2. 二极管仿真器件的参数设置对话框和参数设置

二极管器件的“参数设置”对话框如图 1-24 所示。

可设置的参数有：

1）二极管器件内电阻 R_{on}，单位为（Ω）。当电感参数设置为 0 时，内电阻 R_{on}不能为 0。

2）二极管器件内电感 L_{on}，单位为（H）。当电阻参数设置为 0 时，内电感不能为 0。

3）二极管器件的正向电压 V_f，单位为（V）。即二极管的门槛电压，在设置了门槛电压后，只有当二极管所加的正向电压大于门槛电压时，二极管才能导通。

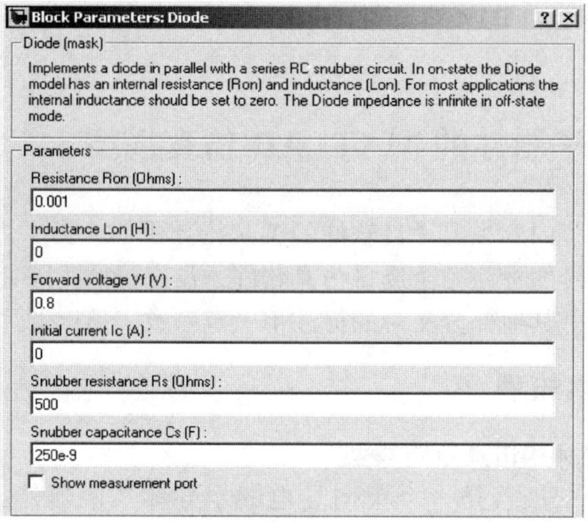

图 1-24　二极管器件的“参数设置”对话框

4）初始电流 I_C，单位为（A）。通常将 I_C 设为 0，使器件在零状态下开始工作。当然，也可以将 I_C 设为非 0，其前提是：二极管的内电感大于 0，仿真电路的其他储能元件也设置了初始值。

5）缓冲电阻 R_s，单位为（Ω）。为了在模型中消除缓冲，可将 R_s 参数设置为 inf。

6）缓冲电容 C_s，单位为（F）。为了在模型中消除缓冲，可将缓冲电容 C_s 设置为 0；为了得到纯电阻 R_s，可将电容 C_s 参数设置为 inf。

3. 输入与输出

在二极管模块图标中可以看到，它有一个输入和两个输出。一个输入是二极管的阳极 a。第一个输出是二极管的阴极 k，第二个输出 m 用于测量二极管的电流和电压输出向量［I_{ak}，V_{ak}］。

1.8.2　晶闸管的仿真模型

1. 晶闸管器件的仿真电路模型和图标

晶闸管是一种由门极信号控制其开通的半导体器件。晶闸管的仿真模型由内电阻 R_{on}、电感 L_{on}、直流电压源 V_f 和开关 SW 串联组成。开关 SW 受逻辑信号控制，该逻辑信号由晶闸管的电压 V_{ak}、电流 I_{ak} 和门极触发信号 g 决定。晶闸管器件的仿真电路模型如图 1-25 所示。

晶闸管模块还包括一个 R_s-C_s 串联缓冲电路，它通常与晶闸管并联。缓冲电路的 R_s 和 C_s 值可以设置，方法同二极管仿真模型，晶闸管模块的图标如图 1-26 所示。

2. 晶闸管器件的仿真模型类型和输入、输出

（1）晶闸管器件的仿真模型类型

晶闸管器件的仿真模型有详细（标准）模型和简化模型两种。为了提高仿真速度，可以采用简化的晶闸管模型，即令详细（标准）模型中的擎住电流 I_L 和恢复关断时间 T_q 为零。

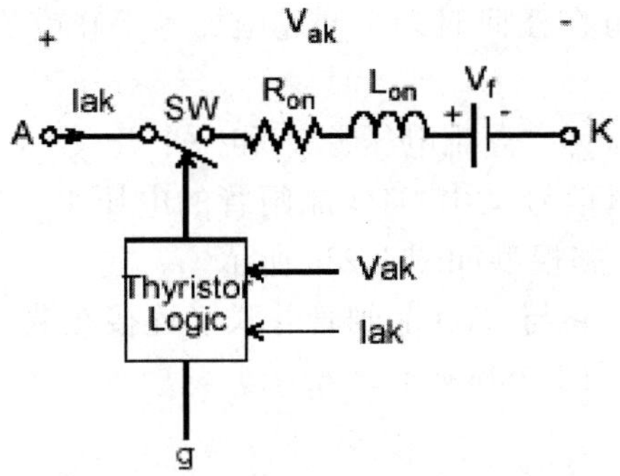

图 1-25　晶闸管器件的仿真电路模型

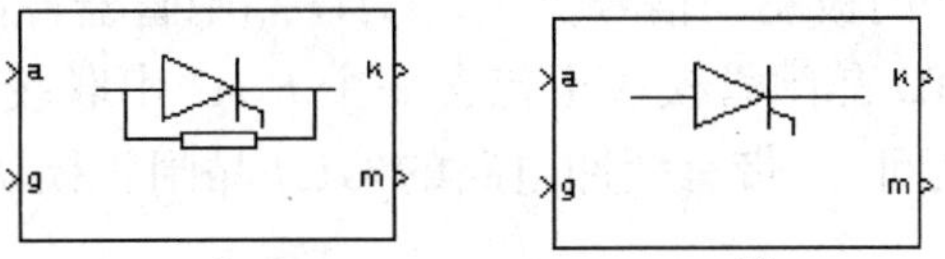

a)　　　　b)

图 1-26　晶闸管模块的图标

a）带缓冲电路的模块图标　b）不带缓冲电路的模块图标

（2）输入与输出

在晶闸管模块图标中可以看到，它有两个输入和两个输出。第一个输入 a 和输出 k 对应于晶闸管阳极和阴极。第二个输入 g 为加在门极上的逻辑信号，第二个输出 m 用于测量晶闸管的电流和电压输出向量［I_{ak}，V_{ak}］。

3. 晶闸管仿真器件的参数

晶闸管器件的“参数设置”对话框如图 1-27 所示，设置的参数有：①晶闸管器件内电阻 R_{on}。②内电感 L_{on}。③正向管压降 V_f。④初始电流 I_c。⑤缓冲电阻 R_s。⑥缓冲电容 C_s等。这 6 个参数的含义与二极管相同。此外，⑦擎住电流 I_L，单位为安培（A）。⑧关断时间 T_q，单位为秒（s）。这两个参数只出现在晶闸管详细（标准）模型中。

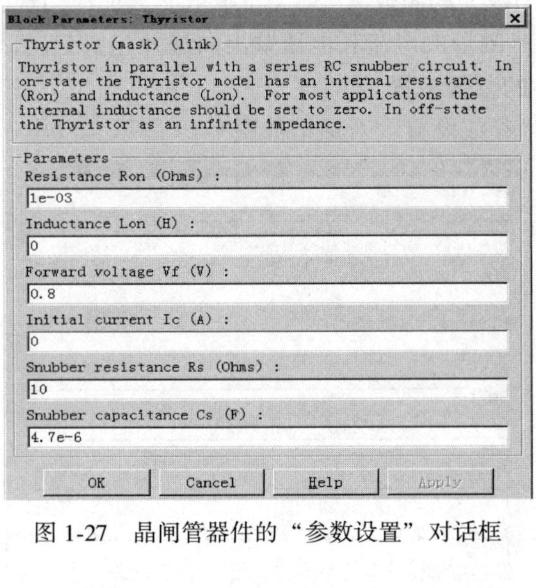

图 1-27　晶闸管器件的“参数设置”对话框

1.8.3　GTO 晶闸管的仿真模型

1. GTO 晶闸管器件的仿真电路模型和图标

GTO 晶闸管是一个由门极信号控制其导通和关断的半导体器件。与普通晶闸管一样，GTO 晶闸管可被正的门极信号触发导通。与普通晶闸管不一样的是：普通晶闸管导通后，只有等到阳极电流为 0 时才能关断；而 GTO 晶闸管可在任何时刻，通过施加等于 0 或负的门极信号就可将其关断。

GTO 晶闸管的仿真电路模型由内电阻 R_{on}、电感 L_{on}、直流电压源 V_f 和一个开关 SW 串联组成，该开关受 GTO 晶闸管逻辑信号控制，该逻辑信号又由 GTO 晶闸管的电压 V_{ak}、电流 I_{ak} 和门极驱动信号决定。GTO 晶闸管器件的仿真电路模型如图 1-28a 所示。

GTO 晶闸管模块也包含一个 R_s-C_s 串联缓冲电路，它与 GTO 晶闸管并联（连接在端口 A 和 K 之间）。带有缓冲电路的 GTO 晶闸管模块图标如图 1-28b 所示。

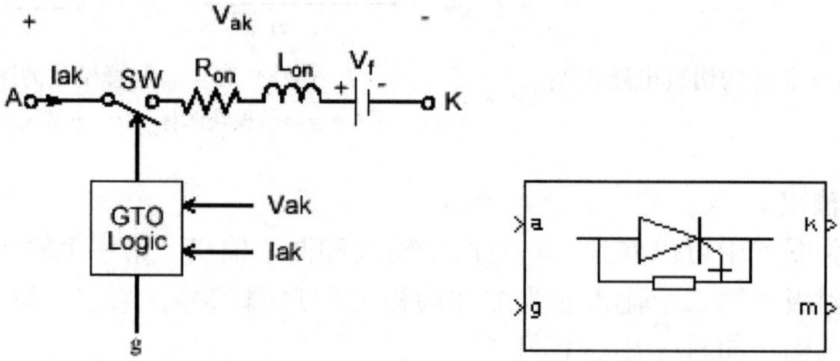

a) b)

图 1-28　GTO 晶闸管器件的仿真电路模型和模块图标

a）GTO 晶闸管的仿真电路模型　b）软件中 GTO 晶闸管的模块图标

2. GTO 晶闸管器件的输入和输出

由图 1-28b 的 GTO 晶闸管模块图标可见，它有两个输入和两个输出。第一个输入和输出对应于 GTO 晶闸管的阳极 a 和阴极 k。第二个输入 g 为加在门极上的 Simulink 信号，第二个输出 m 用于测量 GTO 晶闸管的电流和电压输出向量 [I_{ak}，V_{ak}]。

3. GTO 晶闸管器件的参数设置

GTO 晶闸管器件的“参数设置”对话框如图 1-29 所示。

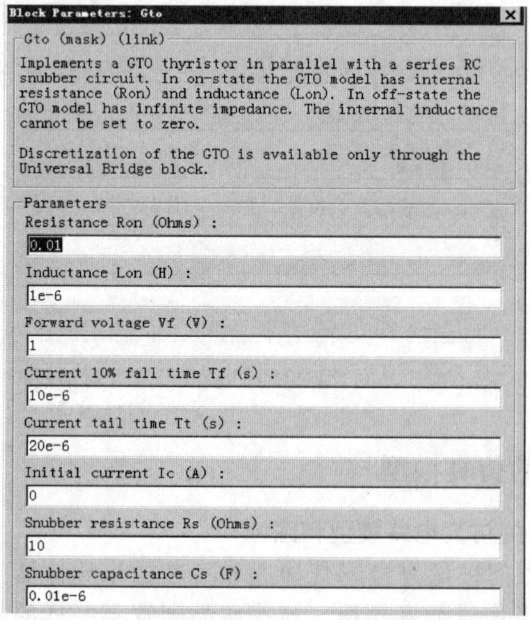

图 1-29　GTO 晶闸管器件的“参数设置”对话框

要设置的参数有：①GTO 晶闸管器件内电阻 R_{on}。②内电感 L_{on}。③正向管压降 V_f。④初始电流 I_c。⑤缓冲电阻 R_s。⑥缓冲电容 C_s等，这 6 个参数的含义与二极管相同。此外，⑦电流下降到 10%的时间 T_f和⑧电流拖尾时间 T_t，单位为秒（s），这两个是 GTO 晶闸管新增加的参数。

1.8.4 IGBT 的仿真模型

1. IGBT 器件的图标和仿真电路模型

IGBT 器件是一个受栅极信号控制的器件，IGBT 器件的仿真模型由内电阻 R_{on}、电感 L_{on}、直流电压源 V_f和一个开关 SW 串联组成，该开关受 IGBT 逻辑信号控制，该逻辑信号又由 IGBT 元件的电压 V_{CE}、电流 I_C和栅极驱动信号 g 决定。IGBT 器件的模块图标和仿真电路模型如图 1-30a、b 所示。

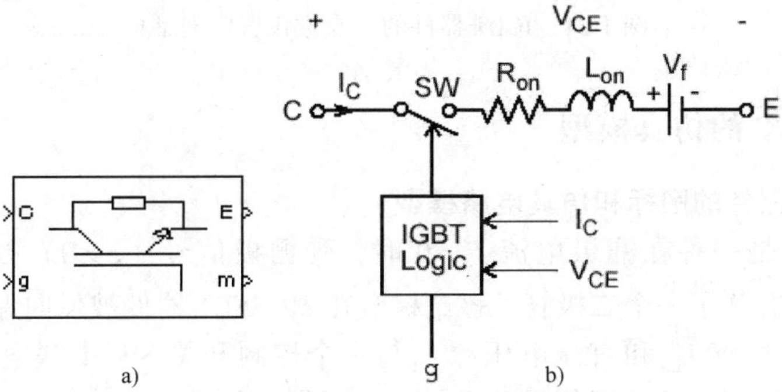

图 1-30　IGBT 器件的模块图标和仿真电路模型
a）软件中的 IGBT 模块图标　b）软件中的 IGBT 仿真电路模型

2. IGBT 器件的输入和输出

IGBT 器件有两个输入和两个输出。第一个输入 C 和输出 E 对应于 IGBT 的集电极（C）和发射极（E）。第二个输入 g 为加在栅极上的 Simulink 逻辑控制信号，第二个输出 m 用于测量 IGBT 器件的电流和电压输出向量［I_{ak}，V_{ak}］。

3. IGBT 器件的参数设置

IGBT 器件的“参数设置”对话框如图1-31所示。

设置的参数包括 IGBT 的内电阻 R_{on}、内电感 L_{on}、正向管压降 V_f、电流下降到 10%的时间 T_f、电流拖尾时间 T_t、初始电流 I_C、缓冲电阻 R_s和缓冲电容 C_s等，它们的含义和设置方法与门极关断（GTO）晶闸管器件相同。需要说明的是，初始电流 I_C通常设置为 0，表示仿真模型从 IGBT 的关断状态开始，如果设置为一个大于 0 的数值，则仿真模型认为 IGBT 的初始状态是导通状态。

仿真含有 IGBT 器件的电路时，也必须使用刚性积分算法，通常可使用 ode23tb 或 ode15s，以获得较快的仿真速度。

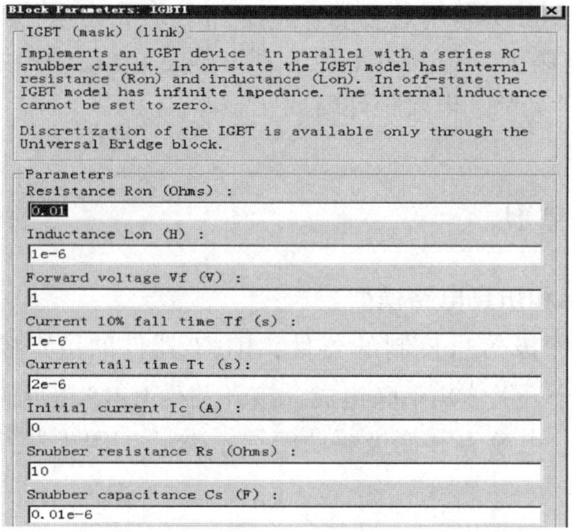

图 1-31　IGBT 器件的“参数设置”对话框

1.8.5　MOSFET 的仿真模型

1. MOSFET 器件的图标和仿真电路模型

MOSFET 模块是一种在漏极电流 $I_d>0$ 时，受栅极信号（$g>0$）控制的半导体器件。MOSFET 器件内部并联了一个二极管，该二极管在 MOSFET 器件被反向偏置时开通；它的仿真模型由电阻 R_t、电感 L_{on} 和直流电压源 V_f 与一个控制开关 SW 串联电路组成。该开关受 MOSFET 逻辑信号控制，该逻辑信号又由 MOSFET 器件的电压 V_{DS}、电流 I_d 和栅极驱动信号（g）决定。MOSFET 器件的模块图标如图 1-32a 所示，仿真电路模型如图 1-32b 所示。

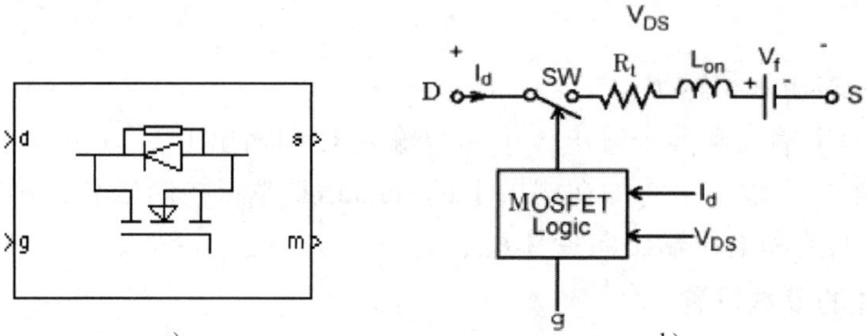

a)　　　　b)

图 1-32　MOSFET 器件的模块图标和仿真电路模型

a）MOSFET 器件的模块图标　b）MOSFET 器件的仿真电路模型

2. MOSFET 器件的输入和输出

MOSFET 器件的图标上有两个输入和两个输出。第一个输入 d 和输出 s 对应于 MOSFET 元件的漏极（D）和源极（S）。第二个输入 g 为加在栅极上的 Simulink 逻辑控制信号，第二个输出 m 用于测量 MOSFET 器件的电流和电压输出向量［I_{ak}，V_{ak}］。

3. MOSFET 器件的参数设置

MOSFET 器件的“参数设置”对话框如图 1-33 所示。

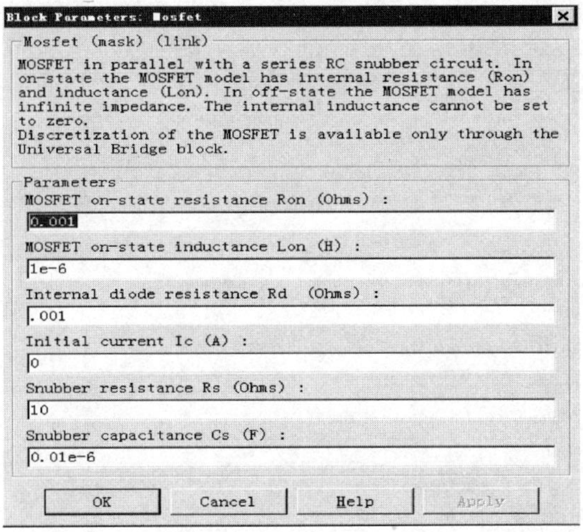

图 1-33　MOSFET 器件的“参数设置”对话框

MOSFET 器件的参数设置包括 MOSFET 的通态电阻 R_{on}、通态电感 L_{on}、内部二极管电阻 R_d、初始电流 I_C、缓冲电阻 R_s 和缓冲电容 C_s 等，除二极管电阻 R_d 是一个新参数外，其他参数的含义和设置方法与 GTO 晶闸管器件相同。仿真含有 MOSFET 器件的电路时，也必须使用刚性积分算法。通常可使用 ode23tb 或 ode15s，以获得较快的仿真速度。

1.8.6　理想开关（Ideal Switch）的仿真模型

理想开关（Ideal Switch）是 MATLAB 软件中特设的一种电子开关，实际的电力电子器件中没有该器件。理想开关受门极控制，开关导通时电流可双向流通。理想开关在仿真中可作为断路器使用，对门极做适当设计，也可作为简单的半导体开关用于自动控制。

1. 理想开关器件的图标和仿真模型

理想开关的模块图标如图 1-34 所示，其仿真电路模型如图 1-35 所示。

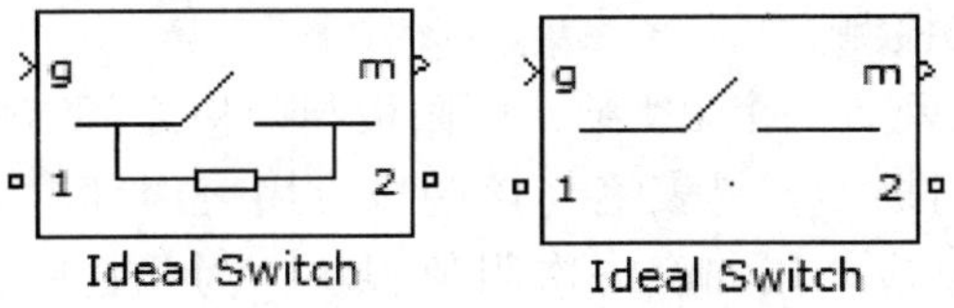

a)　　b)

图 1-34　理想开关的模块图标

a）带缓冲电路的模块图标　b）不带缓冲电路的模块图标

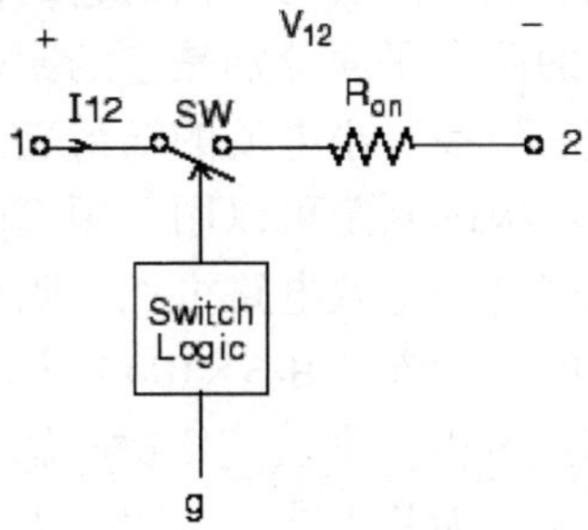

图 1-35　MOSFET 器件的仿真电路模型

2. 理想开关的参数设置

理想开关（Ideal Switch）的“参数设置”对话框如图 1-36 所示。

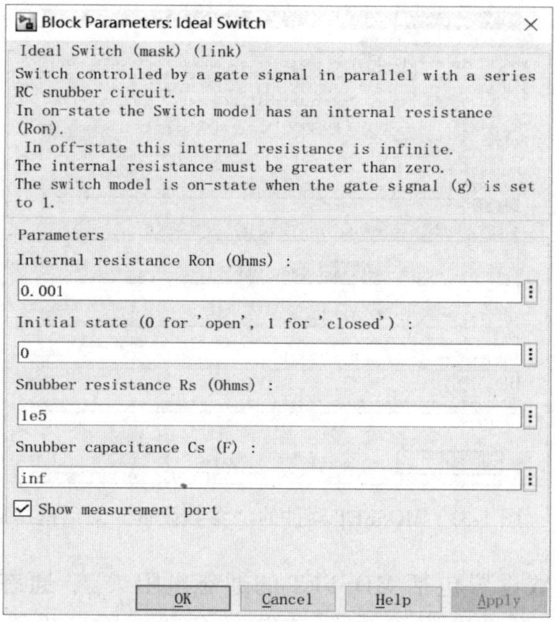

图 1-36 理想开关（Ideal Switch）的“参数设置”对话框

由图 1-36 可知，其参数设置与普通晶闸管几乎完全相同，但有两个参数设置需注意。“Internal resistance Ron（Ohms）”为理想开关导通电阻 R_{on}（Ω）；“Initial state（0 for‘open’、1 for‘closed’）”为初始状态，导通设为 0，关断设为 1。

1.9 典型电力电子器件的测试实验

1.9.1 晶闸管的简单测试

1. 晶闸管电极的判定

螺栓型和平板型晶闸管的 3 个电极外部形状区别大，根据外形便可很容易地将它们区分开来。螺栓型晶闸管的螺栓是它的阳极，粗辫子线是它的阴极，细辫子线是它的门极。平板型晶闸管的两个平面分别是它的阳极和阴极平面，大的是阳极平面，小的是阴极平面，细辫子线是它的门极。小电流的塑封型晶闸管 3 个电极的引脚在外形上是一样的，对于这种类型的晶闸管电极的判定可以用万用表的欧姆档来检测。

从晶闸管的等效电路可见，阴极与门极之间有一个 PN 结，而阳极与门极之间有两个反极性串联的 PN 结。用 $R\times100\,\Omega$ 档可先判定门极 G。黑表笔（该端接万用表内部电池的正端）接某一电极，红表笔依次碰触另外两个电极，假如有一次阻值很小，为几百欧，另一次阻值很大，为几千欧，说明黑表笔接的是门极。在阻值小的那次测量中，接红表笔的是阴极 K；阻值大的那一次，红表笔接的是阳极 A。若两次测出的阻值都很大，说明黑表笔接的不是门极，应改测其他电极。

2. 晶闸管好坏的简单判别方法

根据 PN 结的单向导电原理，对于晶闸管的 3 个电极，用万用表欧姆档测试器件的 3 个电极之间的阻值，可初步判断管子是否完好。

1）由于晶闸管在其门极未加触发电压时是关断的，如用万用表 $R\times1\,k\Omega$ 档测量阳极 A 和阴极 K 之间的电阻，其正、反向电阻应该都很大，在几百千欧以上，且正、反向电阻相差很小。

2）用万用表的黑表笔接到阳极，红表笔接到阴极，在这种情况下，将黑表笔移动一点，使其刚好碰到门极上（操作要点是黑表笔固定接在阳极，同时触碰一下门极）。这样，晶闸管将成为导通状态，万用表的指针应该摆动。

如果阳极与阴极或阳极与门极间有短路，阴极与门极间有短路或断路，则晶闸管是坏的。

1.9.2 双向晶闸管的简单测试

1. 双向晶闸管电极的判定

大功率螺栓型和平板型双向晶闸管的电极可根据外形将它们区分开来。对于大多数的小功率塑封型双向晶闸管，可用下列方法进行判别：面对器件的印字面、引脚朝下，按从左向右的排列顺序依次为主电极 T_1、主电极 T_2、门极 G。但是也有例外，最好通过检测做出判别。

由双向晶闸管的结构图可知，G 极与 T_2 极靠得较近而距 T_1 极较远，因此 G-T_2 极之间的正、反向电阻都小。在用 $R\times1\,\Omega$ 档测任意两脚之间的电阻时，只有 G-T_2 之间呈现低阻，测量 G、T_2 极间的正向电阻如图 1-37 所示，正、反向电阻只有几十欧。而 G-T_1、T_1-T_2 间的正、反向电阻均为无穷大。这表明，如果测出某脚和其他两脚都不通，就肯定是 T_1 极。

找出 T_1 极之后，首先假定剩下两脚中某脚为 T_2 极，另一脚为 G 极。把黑表笔接 T_1 极，红表笔接 T_2 极，电阻应为无限大。接着用红表笔把 T_2 极与 G 极短路，给 G 极加上负触发信号，电阻值应为 10Ω 左右，证明管子已经导通，导通方向为 T_1-T_2。再将红表笔与 G 极脱开（但仍接 T_2），如果电阻值保持不变，就表明管子在触发之后能保持导通状态。

把红表笔接 T_1 极，黑表笔接 T_2 极，然后使 T_2 极与 G 极短路，给 G 极加上正触发信号，电阻值仍为 10Ω 左右，与 G 极脱开后若阻值不变，则说明管子经触发后，在 T_2-T_1 方向上也能维持导通状态，因此具有双向触发性质，测量 T_1、T_2 极间的正向电阻如图 1-38 所示。由此证明上述假定正确，否则是假定与现实不符，需重新做出假定，重复以上测量。

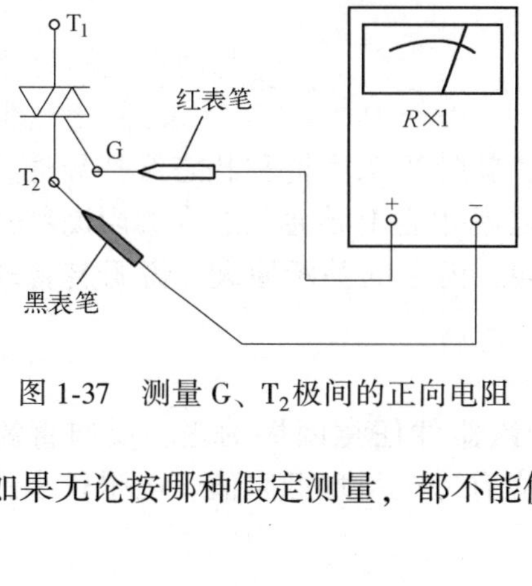

图 1-37　测量 G、T_2 极间的正向电阻

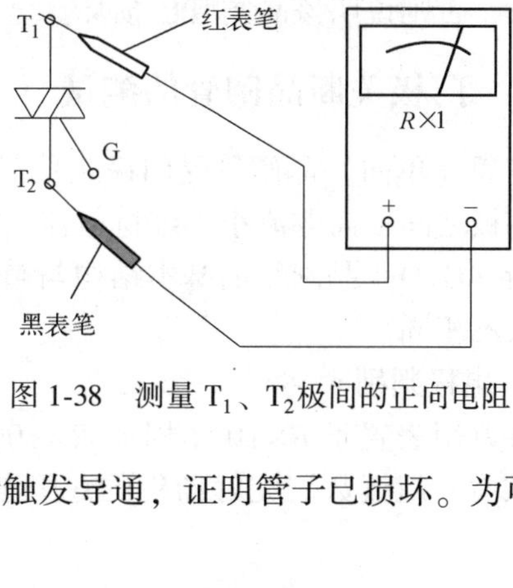

图 1-38　测量 T_1、T_2 极间的正向电阻

如果无论按哪种假定测量，都不能使双向晶闸管触发导通，证明管子已损坏。为可靠起

见，这里规定只用 $R\times1\,\Omega$ 档检测，而不用 $R\times10\,\Omega$ 档。这是因为 $R\times10\,\Omega$ 档的电流较小，采用上述方法检测 1 A 的双向晶闸管还比较可靠，但在检查 3 A 以上的双向晶闸管时，管子很难维持导通状态，一旦脱开 G 极，即自行断开，电阻值又变成无穷大。

2. 单、双向晶闸管的区分

先用万用表的 $R\times1\,\Omega$ 档对所测管子任测两极，若正、反向测试指针均不动，则可能是 A、K 或 G、A 极（对单向晶闸管而言），也可能是 T_2、T_1 或 T_1、G 极（对双向晶闸管而言）。若其中有一次测量指示为几十欧或几百欧，则必为单向晶闸管，且红表笔所接极为 K 极，黑表笔接的为 G 极，剩下为 A 极。若正反向测试均为几十欧或几百欧，则必为双向晶闸管。再将旋钮拨至 $R\times1\,\Omega$ 或 $R\times10\,\Omega$ 档复测，其中必有一次电阻值稍大，则较大的一次红表笔所接极为 G 极，黑表笔接的为 T_2 极，剩下为 T_1 极。

3. 判定双向晶闸管的好坏

1）将万用表置于 $R\times100\,\Omega$ 档或 $R\times1\,\text{k}\Omega$ 档，测量双向晶闸管的主电极 T_1、主电极 T_2 之间的正、反向电阻，应近似无穷大（∞），测量主电极 T_1 与门极 G 之间的正、反向电阻也应近似无穷大（∞）。如果测得的电阻都很小，则说明被测双向晶闸管的极间已击穿或漏电短路。

2）将万用表置于 $R\times1\,\Omega$ 档或 $R\times10\,\Omega$ 档，测量双向晶闸管主电极 T_2 与门极 G 之间的正、反向电阻，若读数在几十欧至 $100\,\Omega$ 之间，则为正常，且测量 G、T_2 极间正向电阻（见图 1-37）时的读数要比反向电阻稍微小一些。如果测得 G、T_2 极间的正、反向电阻均为无穷大（∞），则说明被测晶闸管已开路损坏。

1.9.3 小功率光控晶闸管的简单测试

将万用表置于 $R\times1\,\Omega$ 档，在黑表笔上串联一个 3 V 干电池 E，测量光控晶闸管阳极 A 和阴极 K 之间的正、反向电阻，如图 1-39 所示。

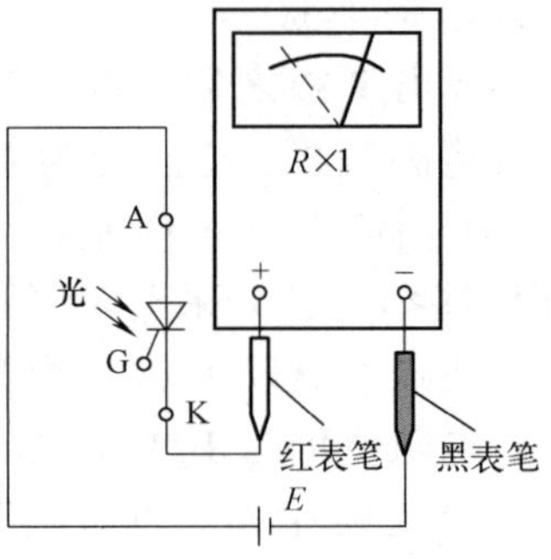

图 1-39 光控晶闸管的测试

当没有光信号照射晶闸管的受光窗口时，其电阻均为无穷大；当有光照射光控晶闸管的受光窗口时，晶闸管的正向电阻立即由无穷大变为低电阻。即使去掉光照后万用表的指示仍应保持不变。如果将黑表笔接光控晶闸管的阴极，红表笔接阳极，那么无论是否有光信号照射所测的管子，其反向电阻应为无穷大，否则说明该晶闸管已损坏。

1.9.4 门极关断晶闸管的测试

普通（单向）晶闸管受门极正信号触发导通后，就处于深度饱和状态维持导通，除非阳、阴极之间正向电流小于维持电流 I_H 或电源切断之后才会由导通状态变为阻断状态。门极关断（GTO）晶闸管的基本结构与普通晶闸管相同，但它的关断原理、方式与普通晶闸管却大不相同。

1. 电极判别

将万用表置于 $R\times10\,\Omega$ 档或 $R\times100\,\Omega$ 档，测量该器件任意两极的正、反向直流电阻值，共有 6 组读数。完好器件的 6 组电阻测量值中应有一组呈现低阻值。电阻较小的一对引脚是门极（G）和阴极（K）；再测量 G、K 极之间的正、反向电阻，电阻指示值较小时，红表笔所接的引脚为阴极 K，黑表笔所接的引脚为门极（控制极）G，而剩下的引脚是阳极 A。

2. 门极关断晶闸管好坏判别

用万用表 $R\times10\,\Omega$ 档或 $R\times100\,\Omega$ 档测量晶闸管阳极 A 与阴极 K 之间的电阻，或测量阳极 A 与门极 G 之间的电阻，如果读数小于 1 kΩ，说明器件已击穿损坏。

用万用表测量门极 G 与阴极 K 之间的电阻，如正、反向电阻均为无穷大（∞），说明该管的门极和阴极之间存在断路。

3. 门极关断晶闸管触发特性的简易测试

门极关断晶闸管触发特性简易测试方法如图 1-40 所示。将万用表置于 $R\times1\,\Omega$ 档，黑表笔接可关断晶闸管的阳极 A，红表笔接阴极 K，G 极悬空，这时晶闸管处于阻断状态，电阻应为无穷大（∞），如图 1-40a 所示。

在黑表笔接触阳极 A 的同时也接触门极 G，于是门极 G 受正向电压触发的作用，晶闸管成为低阻导通状态，万用表指针应大幅度向右偏，如图 1-40b 所示。

保持黑表笔接 A 极，红表笔接 K 极不变，G 极重新悬空（开路），则万用表指针应保持低阻指示不变，如图 1-40c 所示，说明该门极关断晶闸管能维持导通状态，触发特性正常。

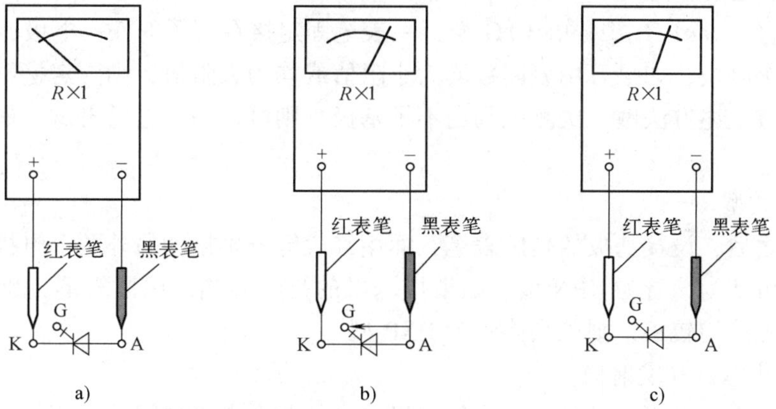

图 1-40 门极关断晶闸管触发特性简易测试方法

4. 门极关断晶闸管关断能力的初步检测

门极关断晶闸管的关断能力测试如图 1-41 所示。采用 1.5 V 干电池一节，普通万用表一块。将万用表置于 $R\times1\,\Omega$ 档，黑表笔接晶闸管阳极 A，红表笔接阴极 K，这时万用表指示的电阻应为无穷大（∞），然后用导线将门极 G 与阳极 A 接通，于是 G 极受正电压触发，使晶闸管导通，万用表指示应为低电阻，即指针向右偏转，如图 1-41a 所示。将门极 G 开路后万用表指针的偏转应保持不变，即晶闸管仍维持导通状态，如图 1-41b 所示。然后将 1.5 V 电池的正极接阴极 K、电池负极接门极 G，则晶闸管应由导通状态变为阻断状态，万用表的电阻指示值为无穷大（∞），说明被测晶闸管关断能力正常，如图 1-41c 所示。

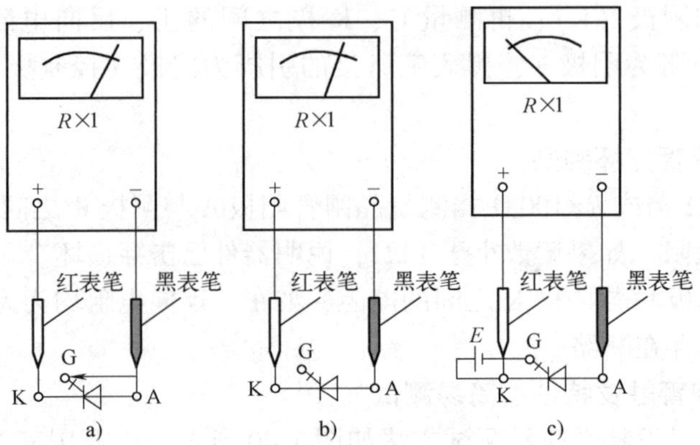

图 1-41　门极关断晶闸管的关断能力测试

1.9.5　大功率晶体管的检测方法

1. 判别大功率晶体管的电极和类型

（1）判定基极

大功率晶体管的漏电流一般都比较大，所以用万用表来测量其极间电阻时，应采用满度电流比较大的低电阻档为宜。

将万用表置于 $R×1\,\Omega$ 档或 $R×10\,\Omega$ 档，一表笔固定接在管子的任一电极，用另一表笔分别接触其他两个电极，如果万用表读数均为小阻值或均为大阻值，则固定接触的那个电极即为基极。如果按上述方法做一次测试判定不了基极，则可换一个电极再试，最多 3 次即可做出判定。

（2）判别类型

确定基极之后，设接基极的是黑表笔，而用红表笔分别接触另外两个电极时如果电阻读数均较小，则可认为该管为 NPN 型。如果接基极的是红表笔，用黑表笔分别接触其余两个电极时测出的阻值均较小，则该晶体管为 PNP 型。

（3）判定集电极和发射极

在确定基极之后，再通过测量，比较基极对另外两个电极之间的阻值大小，可以区别发射极和集电极。对于 PNP 型晶体管，红表笔固定接基极，黑表笔分别接触另外两个电极时测出两个大小不等的阻值，则阻值较小的电极是发射极。而对于 NPN 型晶体管，黑表笔固定接基极，用红表笔分别接触另外两个电极进行测量，则阻值较小的电极是发射极。

2. 通过测量极间电阻判断大功率晶体管的好坏

将万用表置于 $R×1\,\Omega$ 档或 $R×10\,\Omega$ 档，测量管子 3 个极间的正、反向电阻，并与参考值比较，便可以判断管子性能好坏。

1.9.6　功率场效应晶体管的检测方法

由于功率场效应晶体管和一般的场效应晶体管结构不同，因此对它的检测方法也有所不同，下面以 N 沟道功率场效应晶体管为例说明。对于内部无保护二极管的功率场效应晶体管，可通过测量极间电阻的方法来判别 3 个电极。

1. 电极判别

1）确定栅极 G：以 N 沟道功率场效应晶体管为例，将万用表拨至 $R\times1\,k\Omega$ 档，分别测量 3 个引脚之间的电阻。若发现某脚与其他两脚的正、反向电阻均呈无穷大，且交换表笔后仍为无穷大，则此脚为栅极 G，因为栅极 G 和另外两个引脚 S、D 之间是绝缘的，判别场效应晶体管栅极 G 的方法如图 1-42 所示。

2）确定源极 S 和漏极 D：在确定了栅极 G 之后，根据源极 S 与漏极 D 之间 PN 结正、反向电阻存在的差异，进一步识别源极 S 与漏极 D。将万用表置于 $R\times1\,k\Omega$ 档，先将被测管 3 个引脚短接一下；接着以交换表笔的方法测两次电阻，在正常情况下，两次所测电阻必定一大一小，其中电阻值较低（一般为几千欧姆至十几千欧姆）的一次为正向电阻，此时黑表笔接的是源极 S，则红表笔接的是漏极 D，判别场效应晶体管的源极 S 和漏极 D 的方法如图 1-43 所示。

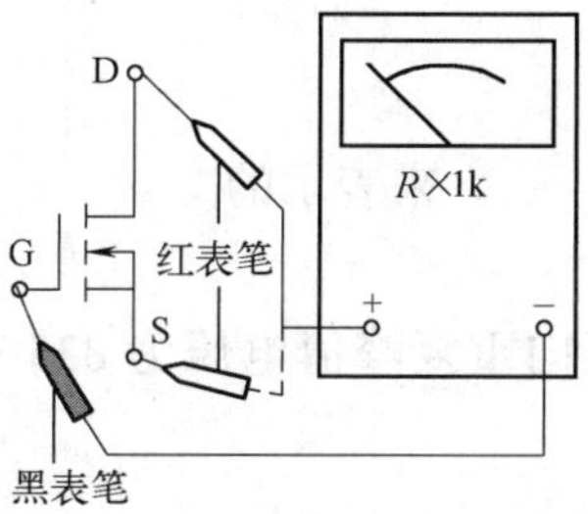

图 1-42 判别场效应晶体管栅极 G 的方法

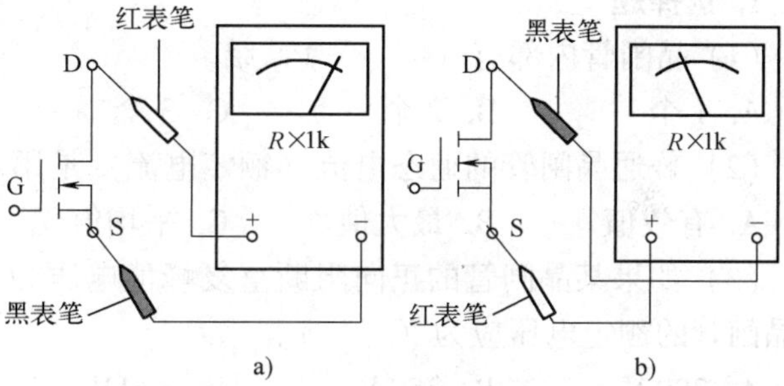

图 1-43 判别场效应晶体管的源极 S 和漏极 D 的方法
a）电阻较小 b）电阻较大

如果被测管子为 P 沟道型管，则 S、D 极间电阻大小规律与上述 N 沟道型管相反。因此，通过测量 S、D 极间正向和反向电阻，就可以判别管子的导电沟道的类型。这是因为场效应晶体管的 S 极与 D 极之间有一个 PN 结，其正、反向电阻存在差别的缘故。

2. 判别功率场效应晶体管好坏的简单方法

对于内部无保护二极管的功率场效应晶体管，将万用表拨至 $R\times1\,k\Omega$ 档，将栅极 G 和源极 S 用导线连接一下，然后断开，把红、黑表笔分别接触漏极 D 和源极 S，此时测得的阻值应为几千欧；再把栅极 G 和源极 S 用导线连接起来，将万用表拨至 $R\times10\,k\Omega$ 档，把红、黑表笔对调一下，测得的阻值应为无穷大，否则说明该场效应晶体管的质量性能较差或已坏。

下述检测方法则不论内部有无保护二极管的管子均适用。以 N 沟道场效应晶体管为例，具体操作如下。

1）将万用表置于 $R\times1\,k\Omega$ 档，再将被测管 G 极与 S 极短接一下，然后将红表笔接被测管的 D 极，黑表笔接 S 极，此时所测电阻应为数千欧，检测功率场效应晶体管源、漏极正向电阻的方法如图 1-44 所示。如果阻值为 0 或∞，说明管子已坏。

2）将万用表置于 $R\times10\,k\Omega$ 档，再将被测管 G 极与 S 极用导线短接好，然后将红表笔接被测管的 S 极，黑表笔接 D 极，此时万用表指示应接近无穷大（∞），检测功率场效应晶体管漏、源极反向电阻的方法如图 1-45 所示。否则说明被测 VMOS 管内部 PN 结的反向特性比较差。如果阻值为 0，说明被测管已经损坏。

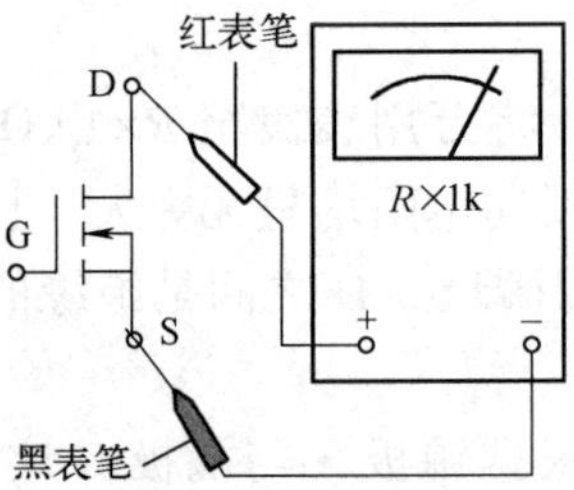

图 1-44 检测功率场效应晶体管源、漏极正向电阻的方法

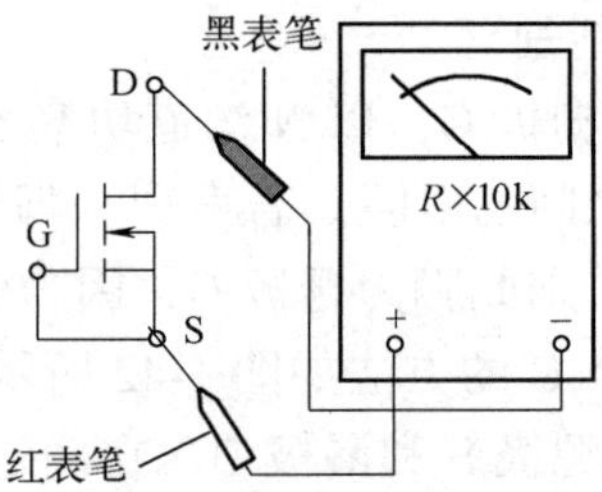

图 1-45 检测功率场效应晶体管漏、源极反向电阻的方法

1.10 习题

1. 选择题

(1) 晶闸管内部有（　　）PN 结。

A. 1 个　　B. 2 个　　C. 3 个　　D. 4 个

(2) 普通晶闸管的通态电流（额定电流）是用电流的（　　）来表示的。

A. 有效值　　B. 最大值　　C. 平均值

(3) 如果某晶闸管的正向阻断重复峰值电压为 745 V，反向重复峰值电压为 825 V，则该晶闸管的额定电压应为（　　）。

A. 700 V　　B. 750 V　　C. 800 V　　D. 850 V

(4) 双向晶闸管用于交流电路中，其外部有（　　）电极。

A. 一个　　B. 两个　　C. 三个　　D. 四个

2. 判断题

(1) 给晶闸管加上正向阳极电压它就会导通。（　　）

(2) 双向晶闸管额定电流的定义，与普通晶闸管的定义相同。（　　）

(3) KP2-5 表示的是额定电压 200 V，额定电流 500 A 的普通型晶闸管。（　　）

(4) 双向晶闸管额定电流的定义与普通晶闸管不一样，双向晶闸管的额定电流是用电流有效值来表示的。（　　）

(5) 双向晶闸管的结构与普通晶闸管不一样，它是由 5 层半导体材料构成的。（　　）

(6) 普通晶闸管外部有 3 个电极，分别是基极、发射极和集电极。（　　）

(7) 只要让加在晶闸管阳阴极两端的电压减小到零，晶闸管就会关断。（　　）

(8) 型号为 KS50-7 的半导体器件，是一个额定电流为 50 A 的普通晶闸管。（　　）

(9) 双向触发二极管中电流也只能单方向流动。（　　）

(10) 两只反并联的 50 A 的普通晶闸管可以用一只额定电流为 100 A 的双向晶闸管来替代。（　　）

3. 填空题

(1) 普通晶闸管内部有____PN 结，外部有 3 个电极，分别是____极____极和____极。

(2) 晶闸管在其阳极与阴极之间加上____电压的同时，门极加上____电压，晶闸管就导通。

（3）某器件的型号为 KP50-7，其中 KP 表示该器件的名称为____，50 表示____，7 表示____。

（4）晶闸管的工作状态有正向____状态，正向____状态和反向____状态。

（5）只有当阳极电流小于____电流时，晶闸管才会由导通转为截止。

（6）请在下划线上标出下列器件的英文大写简称：电力晶体管____；门极关断（GTO）晶闸管____；功率场效应晶体管____；绝缘栅双极型晶体管____；IGBT 是____和____的复合管。

（7）晶闸管在触发开通过程中，当阳极电流小于____电流之前，如去掉____脉冲，晶闸管又会关断。

（8）由波形系数可知，晶闸管在额定情况下的有效值电流 I_{Tn} 等于____倍 $I_{T(AV)}$，如果 $I_{T(AV)}=100$ A，则它允许的有效电流为____A。通常在选择晶闸管时还要留出____倍的裕量。

（9）有一晶闸管的型号为 KK200-9，请说明 KK 表示____；200 表示____，9 表示____。

（10）型号为 KS100-8 的元件表示____晶闸管，它的额定电压为____V，额定电流为____A。

（11）双向晶闸管的图形符号是____，3 个电极分别是____，____和____；双向晶闸管的触发方式有____、____、____、____。

（12）目前常用的具有自关断能力的电力电子元件有____、____、____、____几种。并写出它们的电气符号。

4. 问答题

（1）晶闸管的导通条件是什么？导通后流过晶闸管的电流和负载上的电压由什么决定？

（2）晶闸管的关断条件是什么？如何实现？晶闸管处于阻断状态时其两端的电压大小由什么决定？

（3）试说明晶闸管有哪些派生器件？

（4）请简述光控晶闸管的有关特征。

（5）双向晶闸管有哪几种触发方式？用得最多的有哪两种？

（6）GTO 晶闸管和普通晶闸管同为 PNPN 结构，为什么 GTO 晶闸管能够自关断，而普通晶闸管不能？

5. 计算题

（1）图 1-46 中阴影部分为晶闸管处于通态区间的电流波形，各波形的电流最大值均为 I_m，试计算各波形的电流平均值 I_{d1}、I_{d2}、I_{d3} 与电流有效值 I_1、I_2、I_3。

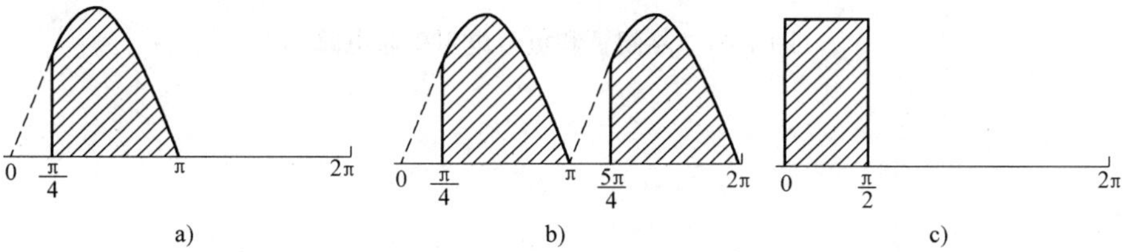

图 1-46　晶闸管导电波形

（2）上题中如果不考虑安全裕量，问 100 A 的晶闸管能送出的平均电流 I_{d1}、I_{d2}、I_{d3} 各为多少？这时，相应的电流最大值为 I_{m1}、I_{m2}、I_{m3}。

（3）型号为 KP100-3，维持电流 $I_H = 4\ mA$ 的晶闸管，使用在图 1-47 所示电路中是否合理，为什么？（暂不考虑电压、电流裕量）

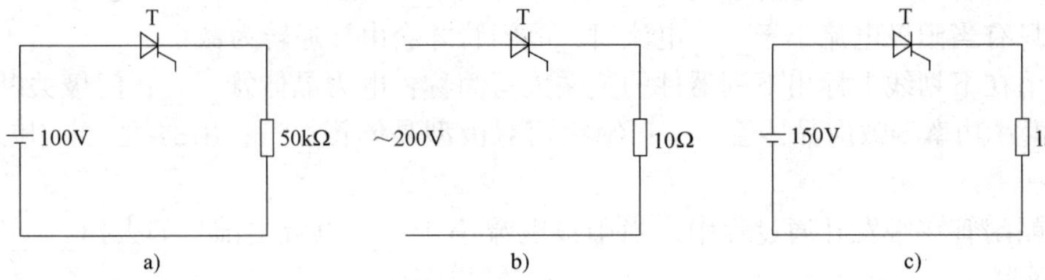

图 1-47　题（3）图

（4）如图 1-48 所示，试画出负载 R_d 上的电压波形（不考虑管子的导通压降）。

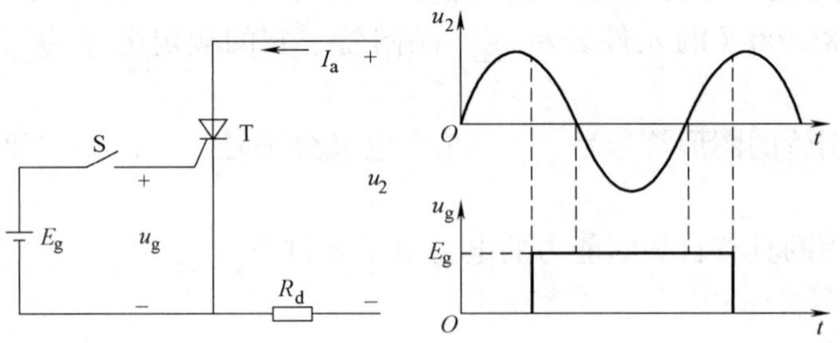

图 1-48　题（4）图

（5）单相正弦交流电源，晶闸管和负载电阻串联如图 1-49 所示，交流电源电压有效值为 220 V。

1）考虑安全余量，应如何选取晶闸管的额定电压？

2）当电流的波形系数为 $K_f = 2.22$ 时，通过晶闸管的有效电流为 100 A，考虑晶闸管的安全裕量，应如何选择晶闸管的额定电流？

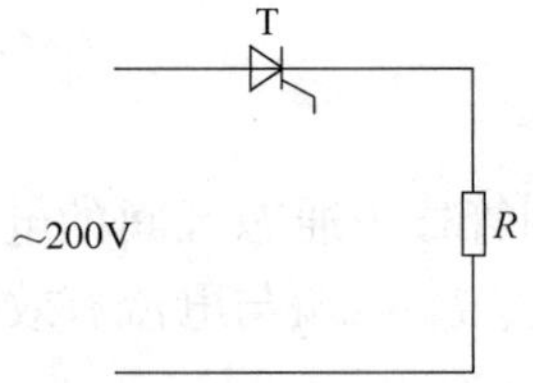

图 1-49　晶闸管和负载电阻串联电路

第 2 章　交流-直流变换电路及其仿真

交流-直流（AC-DC）变换电路的作用是将交流电能转换为直流电能，又称为整流电路或整流器。

整流电路种类很多，主要有下列几种分类方法。

1）按相数来分：可分为单相、三相和多相整流电路。

2）按整流电路的结构来分：可分为半波、全波和桥式整流电路。

3）按控制方式来分：可分为不可控整流、相控整流和 PWM（脉冲宽度调制）整流等形式。不可控整流采用功率二极管作为整流元件，输出的整流电压不可调；相控整流采用晶闸管作为主要的功率开关器件，通过控制晶闸管在一个交流电源周期内导通的相位角来实现电压调节。这种电路容量大、控制简单、技术成熟；PWM 整流技术是近年发展起来的一种新型 AC-DC 变换技术，它采用全控型功率器件和现代控制技术，由于性能优良而得到越来越多的重视和发展。

2.1　晶闸管单相可控整流电路

2.1.1　单相半波可控整流电路（电阻性负载）

电阻加热炉、电解和电镀等设备基本上是电阻负载。电阻性负载的特点是电压与电流成正比，波形同相位，电流可以突变。另外，在分析电路工作原理前，首先假设：①开关元件是理想的，即开关元件（晶闸管）导通时，通态压降为零，关断时电阻为无穷大。②变压器是理想的，即变压器漏抗为零，绕组的电阻为零、励磁电流为零。

1. 电路结构

图 2-1a 是单相半波可控整流电路（电阻性负载）原理图，工作波形如图 2-1b 所示。

2. 工作原理

图 2-1b 给出了直流输出电压 u_d 和晶闸管两端电压 u_T 的理论分析波形，其中负载电流 i_d 和 u_d 的波形相位相同。不同触发延迟角 α 时的仿真和实验波形可参考图 2-56。

1）在电源电压正半波（0~π 区间），晶闸管承受正向电压，脉冲 u_G 在 $\omega t=\alpha$ 处触发晶闸管，晶闸管开始导通，形成负载电流 i_d，其途径为 $u_2(+)\rightarrow VT\rightarrow R\rightarrow u_2(-)$。负载上有输出电压和电流。

2）在 $\omega t=\pi$ 时刻，$u_2=0$，电源电压自然过零，晶闸管电流小于维持电流而关断，负载电流为零。

3）在电源电压负半波（π~2π 区间），晶闸管承受反向电压而处于关断状态，负载上没有输出电压，负载电流为零。

直到电源电压 u_2 下一周期的正半波，晶闸管在 $\omega t=2\pi+\alpha$ 处再次被触发导通，输出电压和电流又加在负载上，如此不断重复。

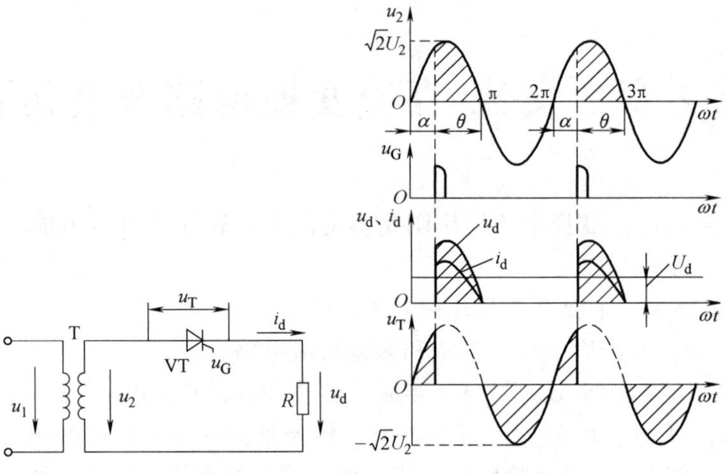

a) b)

图 2-1 单相半波可控整流电路（电阻性负载）

a）电路原理图 b）工作波形

表 2-1 列出了各区间晶闸管的导通/关断、负载电压和晶闸管端电压的情况。

表 2-1 各区间晶闸管的导通/关断、负载电压和晶闸管端电压的情况

ωt	$0\sim\alpha$	$\alpha\sim\pi$	$\pi\sim2\pi$	$2\pi\sim2\pi+\alpha$
晶闸管导通关断情况	VT 截止	VT 导通	VT 截止	VT 截止
u_d	0	u_2	0	0
i_d	0	u_2/R	0	0
u_T	u_2	0	u_2	u_2

通过改变触发脉冲触发延迟角 α 的大小，直流输出电压 u_d 的波形发生变化，负载上的输出电压平均值发生变化，显然 $\alpha=180°$时，平均电压 $U_d=0$。由于晶闸管只在电源电压正半波（$0\sim\pi$）区间内导通，输出电压 u_d 为极性不变但瞬时值变化的脉动直流，故称“半波”整流。

下面介绍几个名词术语和概念。

1）触发延迟角 α 与导通角 θ。触发延迟角 α 是指晶闸管从承受正向阳极电压开始到导通时为止之间的电角度。导通角 θ 是指晶闸管在一周期内处于通态的电角度。

单相半波可控整流电路电阻性负载情况下触发延迟角 α 与导通角 θ 的关系是：$\alpha+\theta=180°$。

2）移相。移相是指改变触发脉冲 u_G 出现的时刻，即改变触发延迟角 α 的大小。

3）移相范围。移相范围是指触发脉冲 u_G 的移动范围，它决定了输出电压的变化范围。

3. 基本数量关系

1）直流输出电压平均值 U_d 的物理含义是：输出电压的面积除以周期。即

$$U_d=\frac{1}{2\pi}\int_{\alpha}^{\pi}\sqrt{2}U_2\sin(\omega t)\mathrm{d}(\omega t)=\frac{\sqrt{2}U_2}{\pi}\frac{1+\cos\alpha}{2}=0.45U_2\frac{1+\cos\alpha}{2} \tag{2-1}$$

2）输出电流平均值 I_d 的物理含义是：直流输出电压平均值除以负载电阻。即

$$I_d=\frac{U_d}{R}=0.45\frac{U_2}{R}\frac{1+\cos\alpha}{2} \tag{2-2}$$

3）输出电压有效值 U 的物理含义是：输出电压的方均根值（有效值的定义）。即

$$U=\sqrt{\frac{1}{2\pi}\int_{\alpha}^{\pi}[\sqrt{2}U_2\sin(\omega t)]^2\mathrm{d}(\omega t)}=U_2\sqrt{\frac{1}{4\pi}\sin2\alpha+\frac{\pi-\alpha}{2\pi}} \tag{2-3}$$

4）输出电流有效值 I 的物理含义是：输出电压有效值除以负载电阻。即

$$I=\frac{U}{R}=\frac{U_2}{R}\sqrt{\frac{1}{4\pi}\sin(2\alpha)+\frac{\pi-\alpha}{2\pi}} \tag{2-4}$$

5）晶闸管电流平均值 I_{dT}，从电路图分析可知：它与输出电流平均值 I_d 相等。即

$$I_{dT}=I_d=\frac{U_d}{R}=0.45\frac{U_2}{R}\frac{1+\cos\alpha}{2} \tag{2-5}$$

6）晶闸管电流有效值 I_T、变压器二次电流有效值 I_2，从电路图分析可知：它们与输出电流有效值 I 相等。即

$$I_T=I_2=I=\frac{U_2}{R}\sqrt{\frac{1}{4\pi}\sin(2\alpha)+\frac{\pi-\alpha}{2\pi}} \tag{2-6}$$

7）移相范围的物理含义是：输出电压平均值从最大 U_{dmax} 变化到最小 U_{dmin} 所对应的 α 变化范围，本电路移相范围为 0°~180°。

8）导通角 θ，其值是 $\theta=180°-\alpha$。

9）整流电路功率因数 $\cos\varphi$ 的物理含义是：变压器二次侧有功功率与视在功率的比值。即

$$\cos\varphi=\frac{P}{S}=\frac{UI}{U_2I_2}=\frac{UI_2}{U_2I_2}=\sqrt{\frac{1}{4\pi}\sin(2\alpha)+\frac{\pi-\alpha}{2\pi}} \tag{2-7}$$

10）晶闸管承受的最大正反向电压是相电压峰值，即

$$U_{TM}=\sqrt{2}U_2 \tag{2-8}$$

【例 2-1】 单相半波可控整流电路如图 2-1 所示，带电阻性负载，电源电压 U_2 为 220 V，要求的直流输出平均电压为 50 V，直流输出平均电流为 20 A，试计算：

1）晶闸管的触发延迟角。

2）输出电流有效值。

3）电路功率因数。

4）晶闸管的额定电压和额定电流。

解：1）由式（2-1）计算输出平均电压 50 V 时的晶闸管触发延迟角 α：

$$\cos\alpha=\frac{2U_d}{0.45U_2}-1=\frac{2\times50}{0.45\times220}-1\approx0\text{，则 }\alpha=90°$$

2）负载电阻：

$$R=\frac{U_d}{I_d}=\frac{50}{20}\Omega=2.5\Omega$$

当 $\alpha=90°$ 时，输出电流有效值：

$$I=\frac{U}{R}=\frac{U_2}{R}\sqrt{\frac{1}{4\pi}\sin(2\alpha)+\frac{\pi-\alpha}{2\pi}}=44\mathrm{A}$$

3）电路功率因数：

$$\cos\varphi=\frac{P}{S}=\frac{UI}{U_2I_2}=\frac{UI_2}{U_2I_2}=\frac{44\times50\div20}{220}=0.5$$

4）晶闸管的电流有效值 I_T 与输出电流有效值 I 相等，即

$$I_T=I$$

则 $I_{T(AV)}=(1.5\sim2)\frac{I_T}{1.57}$，取两倍安全裕量，晶闸管的额定电流为 $I_{T(AV)}=56\ \mathrm{A}$；考虑（2~3）倍安全裕量，晶闸管的额定电压为 $U_{Tn}=(2\sim3)U_{TM}=(2\sim3)\times311\ \mathrm{V}=622\sim933\ \mathrm{V}$。式中，$U_{TM}=\sqrt{2}U_2=\sqrt{2}\times220\ \mathrm{V}=311\ \mathrm{V}$。

根据计算结果可以选取满足要求的晶闸管。

2.1.2　单相半波可控整流电路（阻-感性负载）

1. 电路结构

单相半波可控整流电路（阻-感性负载）如图 2-2a 所示。属于阻-感性负载的有电动机的励磁线圈和负载串联电抗器等。阻-感性负载的等效电路可以用一个电感和电阻的串联电路来表示。图中其他元器件的作用与电阻性负载相同。

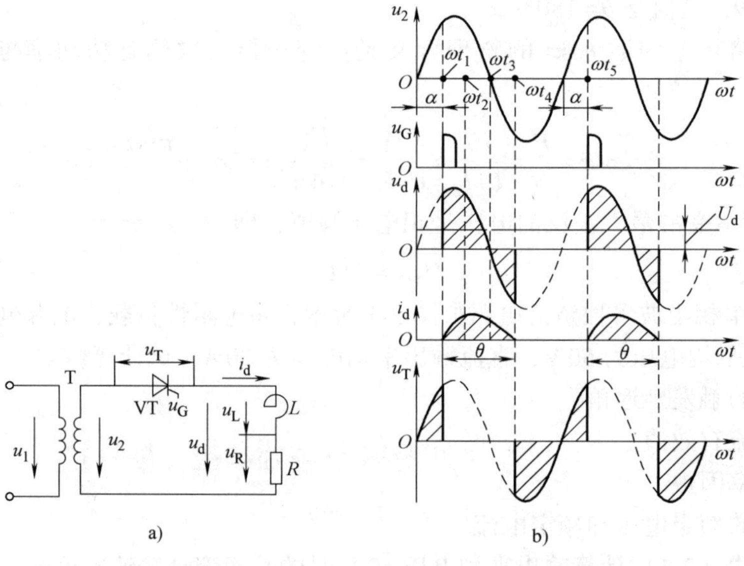

图 2-2　单相半波可控整流电路（阻-感性负载）

a）电路原理图　b）工作波形

2. 工作原理

其输出电压、电流及晶闸管元件电压的理论分析波形如图 2-2b 所示。仿真波形可参考图 2-59。

1）在 $\omega t=0\sim\alpha$ 期间：晶闸管承受正向阳极电压，但没有触发脉冲，晶闸管处于正向关

断状态，输出电压、电流都等于零。

2）在 $\omega t=\alpha(\omega t_1)$ 时刻，触发延迟极加上触发脉冲，晶闸管被触发导通，输出电压 $u_d=u_2$。由于电感的存在，在 u_d的作用下，负载电流 i_d只能从零按指数规律逐渐上升，其途径为$u_2(+)\rightarrow VT\rightarrow L\rightarrow R\rightarrow u_2(-)$。

3）在 $\omega t=\omega t_1\sim\omega t_2$期间：输出电流 i_d从零增至最大值。在 i_d的增长过程中，电感产生的感应电势力图阻止电流增大，电感电压 $u_L=L\mathrm{d}i/\mathrm{d}t$，方向上正下负。电源提供的能量一部分供给负载电阻，另一部分转变为电感的储能。

4）在 $\omega t=\omega t_2\sim\omega t_3$期间：负载电流从最大值开始下降，电感电压 u_L 改变方向，变为下正上负。电感释放能量，企图阻止电流下降。

5）在 $\omega t=\pi$ 时，交流电压 u_2过零，但由于电感电压的存在，晶闸管阳、阴极间的电压 u_{AK}仍大于零，晶闸管继续导通，此时电感储存的磁能一部分释放变成电阻的热能，同时另一部分磁能变成电能送回电网，电感的储能全部释放完后，晶闸管在 u_2反向电压作用下截止。

直到下一个周期的正半周，即在 $\omega t=2\pi+\alpha$ 时，晶闸管再次被触发导通，如此循环下去。

表 2-2 列出了各区间晶闸管的导通/关断、负载电压和晶闸管端电压的情况。

表 2-2　各区间晶闸管的导通/关断、负载电压和晶闸管端电压的情况

项目 \ ωt 范围	$0\sim\alpha(\omega t_1)$	$\alpha\sim\pi(\omega t_3)$	$\pi\sim\omega t_4$	$\omega t_4\sim2\pi$	$2\pi\sim(2\pi+\alpha)(\omega t_5)$
晶闸管导通/关断情况	VT 截止	VT 导通	VT 导通	VT 截止	VT 截止
u_d	0	$u_2>0$	$u_2<0$	0	0
i_d	0	有	有	0	0
u_T	u_2	0	0	u_2	u_2

3. 电路特点

与电阻性负载相比，负载电感的存在，使得晶闸管的导通角增大，在电源电压由正到负的过零点也不会关断，输出电压出现了负波形，输出电压和电流的平均值减小；大电感负载时输出电压正负面积趋于相等，输出电压平均值趋于零。

2.1.3　单相半波可控整流电路（阻-感性负载加续流二极管）

1. 电路结构

为了解决电感性负载输出电压出现负波形使输出电压平均值减小的问题，必须在负载两端并联续流二极管，把输出电压的负向波形去掉。阻-感性负载加续流二极管的电路如图 2-3a所示。

2. 工作原理

图 2-3b 给出了直流负载电压 u_d、负载电流 i_d、晶闸管两端电压 u_T、流过晶闸管的电流 i_T和续流二极管电流 i_D的理论分析波形。不同 α 时阻-感性负载加续流二极管的仿真和实验波形可参考图 2-63。

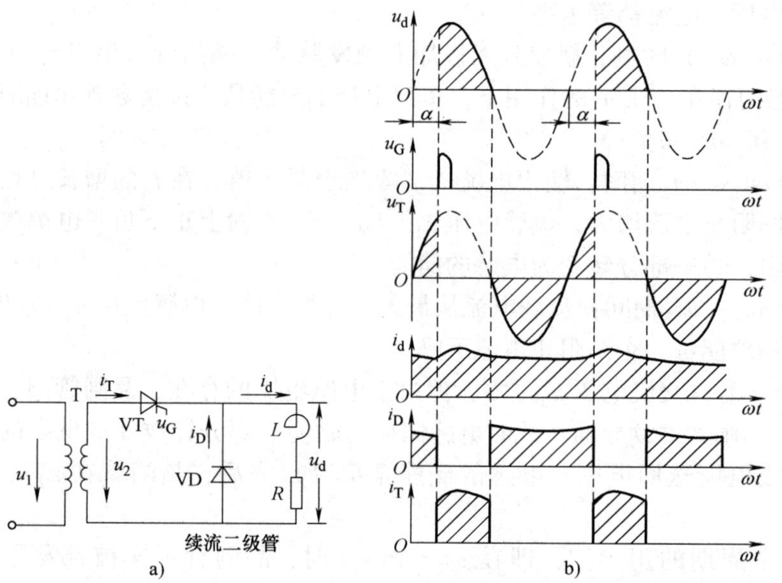

图 2-3　单相半波可控整流电路（阻-感性负载加续流二极管）

a）电路原理图　b）工作波形

1）在电源电压正半波（0~π 区间），晶闸管承受正向电压。脉冲 u_G 在 $\omega t=\alpha$ 处触发晶闸管使其导通，形成负载电流 i_d，负载上有输出电压和电流，在此期间续流二极管 VD 承受反向阳极电压而关断。

2）在电源电压负半波（π~2π 区间），电感的感应电压使续流二极管 VD 受正向电压而导通续流，此时电源电压 $u_2<0$，u_2通过续流二极管 VD 使晶闸管承受反向阳极电压而关断，负载两端的输出电压仅为续流二极管的管压降。如果电感较小，电流 i_d是断续的；电感较大时续流二极管一直导通到下一周期晶闸管导通，使 i_d连续，且 i_d波形为一条脉动线；电感无穷大时，电流 i_d连续，为一平直线。

表 2-3 列出了电感无穷大时各区间晶闸管的导通/关断、负载电压和晶闸管端电压的情况。

表 2-3　各区间晶闸管的导通/关断、负载电压和晶闸管端电压的情况

项目 \ ωt 范围	0~α	α~π	π~2π	2π~2π+α
晶闸管导通/关断情况	VT 截止	VT 导通	VT 截止	VT 截止
u_d	0	u_2	0	0
i_d	一条直线			
u_T	u_2	0	u_2	u_2
i_D	矩形波	0	矩形波	矩形波
i_T	0	矩形波	0	0

3. 基本数量关系（大电感负载）

1）输出电压平均值 U_d 的物理含义是：输出电压的面积除以周期。即

$$U_{\mathrm{d}} = \frac{1}{2\pi}\int_{\alpha}^{\pi}\sqrt{2}U_2\sin(\omega t)\mathrm{d}(\omega t) = \frac{\sqrt{2}U_2}{\pi}\frac{1+\cos\alpha}{2} = 0.45U_2\frac{1+\cos\alpha}{2} \tag{2-9}$$

电路的移相范围为0°~180°。

2）输出电流平均值 I_{d} 的物理含义是：直流输出电压平均值除以负载电阻。即

$$I_{\mathrm{d}} = \frac{U_{\mathrm{d}}}{R} = 0.45\frac{U_2}{R}\cdot\frac{1+\cos\alpha}{2} \tag{2-10}$$

3）晶闸管的电流平均值 I_{dT} 的物理含义是：输出电流的面积除以周期，而面积为 $(\pi-\alpha)I_{\mathrm{d}}$。即

$$I_{\mathrm{dT}} = \frac{\pi-\alpha}{2\pi}I_{\mathrm{d}} \tag{2-11}$$

4）晶闸管电流有效值 I_{T} 的物理含义是：流过晶闸管的电流的方均根值。一个周期中，晶闸管在（$\pi-\alpha$）区间长度中有幅值为 I_{d} 的电流流过。它的系数是平均值电流系数的平方根。即

$$I_{\mathrm{T}} = \sqrt{\frac{1}{2\pi}\int_{\alpha}^{\pi}I_{\mathrm{d}}^2\mathrm{d}(\omega t)} = \sqrt{\frac{\pi-\alpha}{2\pi}}I_{\mathrm{d}} \tag{2-12}$$

续流二极管电流的平均值和有效值的情况与晶闸管类似，它们分别如下所示。

5）续流二极管的电流平均值：

$$I_{\mathrm{dD}} = \frac{\pi+\alpha}{2\pi}I_{\mathrm{d}} \tag{2-13}$$

6）续流二极管的电流有效值：

$$I_{\mathrm{D}} = \sqrt{\frac{1}{2\pi}\int_{0}^{\pi+\alpha}I_{\mathrm{d}}^2\mathrm{d}(\omega t)} = \sqrt{\frac{\pi+\alpha}{2\pi}}I_{\mathrm{d}} \tag{2-14}$$

7）晶闸管和续流二极管承受的最大正反向电压均为电源电压的峰值：

$$U_{\mathrm{TM}} = \sqrt{2}U_2$$

4. 电路特点

阻-感性负载加续流二极管后，输出电压波形与电阻性负载波形相同，续流二极管起到了提高输出电压的作用。在电感无穷大时，负载电流波形为一直线，流过晶闸管和续流二极管的电流波形是矩形波。阻-感性负载加续流二极管的单相半波可控整流也有 $\alpha+\theta=180°$ 的关系。

该单相半波可控整流电路的优点是电路简单，调整方便，容易实现；但整流电压脉动大，每周期脉动一次。变压器二次侧流过单方向的电流，存在直流磁化、利用率低的问题，为使变压器不饱和，必须增大铁心截面，这样就导致设备体积增大。

【例 2-2】 具有续流二极管的单相半波可控整流电路对大电感负载供电，如图 2-4 所示，其中电阻 $R=7.5\ \Omega$，电源电压 220 V。计算触发延迟角 30°时，负载平均电压和平均电流值，晶闸管和续流二极管的平均电流值和有效值。

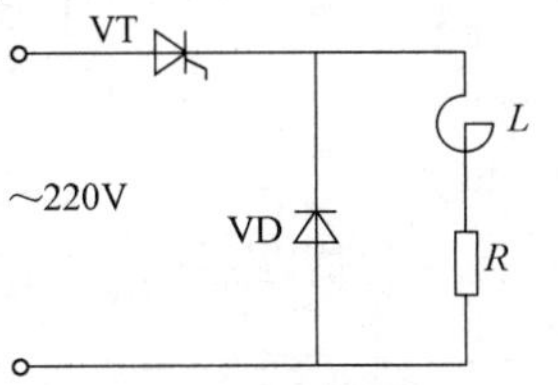

图 2-4　例 2-2 例题图

解：当 $\alpha=30°$时，输出电压平均值：

$$U_d = 0.45U_2\frac{1+\cos\alpha}{2} = 0.45\times220\times\frac{1+\cos30°}{2}\text{V} = 92.4\text{V}$$

输出电流平均值：

$$I_d = \frac{U_d}{R} = \frac{92.4}{7.5}\text{A} = 12.3\text{A}$$

流过晶闸管的电流平均值：

$$I_{dT} = \frac{\pi-\alpha}{2\pi}I_d = \frac{180°-30°}{360°}\times12.3\text{A} = 5.1\text{A}$$

流过晶闸管的电流有效值：

$$I_T = \sqrt{\frac{\pi-\alpha}{2\pi}}I_d = \sqrt{\frac{180°-30°}{360°}}\times12.3\text{A} = 7.9\text{A}$$

流过续流二极管 VD 的电流平均值：

$$I_{dD} = \frac{\pi+\alpha}{2\pi}I_d = \frac{180°+30°}{360°}\times12.3\text{A} = 7.2\text{A}$$

流过续流二极管 VD 的电流有效值：

$$I_D = \sqrt{\frac{\pi+\alpha}{2\pi}}I_d = \sqrt{\frac{180°+30°}{360°}}\times12.3\text{A} = 9.4\text{A}$$

2.1.4 单相桥式全控整流电路（电阻性负载）

1. 电路结构

图 2-5a 为典型的单相桥式全控整流电路（电阻性负载），共用了 4 个晶闸管，两只晶闸管接成共阴极，两只晶闸管接成共阳极，桥式整流电路的工作特点是整流元件必须成对导通以构成回路，负载为电阻性。

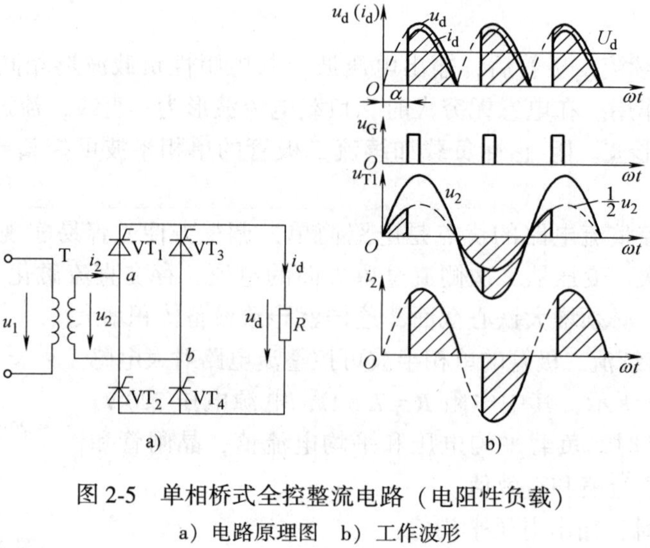

图 2-5 单相桥式全控整流电路（电阻性负载）

a）电路原理图 b）工作波形

2. 工作原理

晶闸管 VT_1、VT_4和 VT_2、VT_3在对应时刻不断地周期性交替导通、关断，图 2-5b 给出了直流负载电压 u_d、负载电流 i_d、晶闸管两端电压 u_T、变压器二次电流 i_2的理论分析波形。不同 α 时电阻性负载的仿真和实验波形可参考图 2-70。

1）在 u_2正半波的（$0\sim\alpha$）区间。晶闸管 VT_1、VT_4承受正向电压，但无触发脉冲，晶闸管 VT_2、VT_3承受反向电压。因此在 $0\sim\alpha$ 区间，4 个晶闸管都不导通。假设 4 个晶闸管的漏电阻相等，则 $u_{T1.4}=u_{T2.3}=1/2u_2$。

2）在 u_2正半波的（$\alpha\sim\pi$）区间。在 $\omega t=\alpha$ 时刻，触发晶闸管 VT_1、VT_4使其导通。则负载电流沿 $a\rightarrow VT_1\rightarrow R\rightarrow VT_4\rightarrow b\rightarrow$T 的二次绕组$\rightarrow a$ 流通，此时负载上有电压（$u_d=u_2$）和电流输出，两者波形相位相同，且 $u_{T1.4}=0$。此时电源电压反向施加到晶闸管 VT_2、VT_3上，使其承受反向电压而处于关断状态，则 $u_{T2.3}=u_2$。晶闸管 VT_1、VT_4一直导通到 $\omega t=\pi$ 为止，此时因电源电压过零，晶闸管阳极电流下降为零而关断。

3）在 u_2负半波的（$\pi\sim\pi+\alpha$）区间：晶闸管 VT_2、VT_3承受正向电压，因无触发脉冲而处于关断状态，晶闸管 VT_1、VT_4承受反向电压也不导通。此时，$u_{T2.3}=u_{T1.4}=1/2u_2$。

4）在 u_2负半波的（$\pi+\alpha\sim2\pi$）区间：在 $\omega t=\pi+\alpha$ 时刻，触发晶闸管 VT_2、VT_3使其导通，负载电流沿 $b\rightarrow VT_3\rightarrow R\rightarrow VT_2\rightarrow a\rightarrow$T 的二次绕组$\rightarrow b$ 流通，电源电压沿正半周期的方向施加到负载电阻上，负载上有输出电压（$u_d=-u_2$）和电流，且波形相位相同。此时电源电压反向施加到晶闸管 VT_1、VT_4上，使其承受反向电压而处于关断状态。晶闸管 VT_2、VT_3一直导通到 $\omega t=2\pi$ 为止，此时电源电压再次过零，晶闸管 VT_2、VT_3阳极电流也下降为零而关断。

表 2-4 列出了各区间晶闸管的导通/关断、负载电压和晶闸管端电压的情况。

表 2-4　各区间晶闸管的导通/关断、负载电压和晶闸管端电压的情况

项目 \ ωt 范围	$0\sim\alpha$	$\alpha\sim\pi$	$\pi\sim\pi+\alpha$	$\pi+\alpha\sim2\pi$	$2\pi\sim2\pi+\alpha$
晶闸管导通/关断情况	$VT_{1.4}$截止 $VT_{2.3}$截止	$VT_{1.4}$导通 $VT_{2.3}$截止	$VT_{1.4}$截止 $VT_{2.3}$截止	$VT_{1.4}$截止 $VT_{2.3}$导通	$VT_{1.4}$截止 $VT_{2.3}$截止
u_d	0	u_2	0	u_2	0
i_d	0	u_2/R	0	u_2/R	0
i_2	0	u_2/R	0	$-u_2/R$	0
u_T	$u_{T1.4}=(1/2)u_2$ $u_{T2.3}=(1/2)u_2$	$u_{T1.4}=0$ $u_{T2.3}=u_2$	$u_{T1.4}=(1/2)u_2$ $u_{T2.3}=(1/2)u_2$	$u_{T1.4}=u_2$ $u_{T2.3}=0$	$u_{T1.4}=(1/2)u_2$ $u_{T2.3}=(1/2)u_2$

3. 基本数量关系

1）输出电压平均值 U_d 的物理含义是：输出电压的面积除以周期 π。即

$$U_d=\frac{1}{\pi}\int_{\alpha}^{\pi}\sqrt{2}U_2\sin(\omega t)\mathrm{d}(\omega t)=\frac{2\sqrt{2}U_2}{\pi}\frac{1+\cos\alpha}{2}=0.9U_2\frac{1+\cos\alpha}{2} \tag{2-15}$$

当 $\alpha=0°$时，输出电压最高；$\alpha=180°$时，输出电压最低，因此其移相范围是 $0°\sim180°$。

2）输出电流平均值 I_d 的物理含义是：直流输出电压平均值除以负载电阻。即

$$I_d = \frac{U_d}{R} = 0.9\frac{U_2}{R}\frac{1+\cos\alpha}{2} \tag{2-16}$$

3）输出电压有效值 U 的物理含义是：输出电压的方均根值（有效值的定义）。即

$$U = \sqrt{\frac{1}{\pi}\int_{\alpha}^{\pi}[\sqrt{2}U_2\sin(\omega t)]^2 \mathrm{d}(\omega t)} = U_2\sqrt{\frac{1}{2\pi}\sin2\alpha + \frac{\pi-\alpha}{\pi}} \tag{2-17}$$

4）输出电流有效值 I 的物理含义是：负载输出电压有效值除以负载电阻。从电路可见，变压器二次电流 I_2 与输出电流有效值 I 相同。所以

$$I = I_2 = \frac{U}{R} = \frac{U_2}{R}\sqrt{\frac{1}{2\pi}\sin(2\alpha) + \frac{\pi-\alpha}{\pi}} \tag{2-18}$$

5）晶闸管的平均电流 I_{dT}：从电路可见，4 个晶闸管成对交替工作，每对晶闸管串联，流过相同的电流，为负载电流平均值 I_d 的一半，即

$$I_{dT} = \frac{1}{2}I_d = 0.45\frac{U_2}{R}\frac{1+\cos\alpha}{2} \tag{2-19}$$

6）晶闸管电流有效值是输出电流有效值的 $1/\sqrt{2}$，它的系数是平均值电流系数的平方根。即

$$I_T = \frac{U_2}{R}\sqrt{\frac{1}{4\pi}\sin(2\alpha) + \frac{\pi-\alpha}{2\pi}} = \frac{1}{\sqrt{2}}I \tag{2-20}$$

7）功率因数：

$$\cos\varphi = \frac{P}{S} = \frac{UI}{U_2I_2} = \frac{UI_2}{U_2I_2} = \sqrt{\frac{1}{2\pi}\sin(2\alpha) + \frac{\pi-\alpha}{\pi}} \tag{2-21}$$

8）晶闸管承受的最大反向电压是相电压峰值的 $\sqrt{2}U_2$，承受的最大正向电压是 $U_2/\sqrt{2}$。

4. 电路特点

尽管整流电路的输入电压 u_2 是交变的，但负载上正负两个半波内均有相同方向的电流流过，输出电压一个周期内脉动两次，由于桥式整流电路在正、负半周均能工作，变压器二次绕组在正、负半周内均有大小相等、方向相反的电流流过，消除了变压器的直流磁化，提高了变压器的有效利用率。

【例 2-3】 单相桥式全控整流电路向电阻性负载供电，该装置可输出连续可调平均电压，输出最高平均电压为 30 V，触发电路最小触发延迟角 $\alpha_{min} = 20°$，平均电压 U_d 在 12 ~ 30 V 范围内变化时，输出平均电流 I_d 均可达 20 A。求整流变压器二次电压和电流、晶闸管额定电压和额定电流。

解：根据最高输出电压 $U_d = 30$ V 和最小触发延迟角 $\alpha_{min} = 20°$，由式（2-15）可求得整流变压器二次电压为

$$U_2 = \frac{2U_d}{0.9(1+\cos\alpha_{min})} = \frac{2\times30}{0.9\times(1+\cos20°)}\text{V} = 34.37\text{ V}$$

变压器二次电流 I_2 应按最大电流工作条件考虑。在输出功率一定的情况下，输出电压低时其电流大。故以输出平均电压 $U_d = 12$ V、输出平均电流 $I_d = 20$ A 为依据。先求 $U_d = 12$ V 时的触发延迟角 α_{max}，由式（2-16）可得

$$\cos\alpha = \frac{2U_d}{0.9U_2} - 1 = \frac{2\times 12}{0.9\times 34.37} - 1 = -0.224，则\ \alpha = 103°$$

将 α 代入式（2-16）和式（2-18）求得

$$I_2/I_d = 1.714，则\ I_2 = 1.714I_d = 34.3\ \text{A}$$

此时流过晶闸管的电流有效值为

$$I_T = \frac{1}{\sqrt{2}}I = \frac{1}{\sqrt{2}}I_2 = 24.25\ \text{A}$$

则晶闸管的通态平均电流为

$$I_{T(AV)} = (1.5\sim 2)\frac{I_T}{1.57} = 23.2\sim 30.9\ \text{A}$$

晶闸管的额定电压应为

$$U_{Tn} = (2\sim 3)\sqrt{2}U_2 = 97.2\sim 145.8\ \text{V}$$

所以可选用 KP30-2 型晶闸管。

2.1.5 单相桥式全控整流电路（阻-感性负载）

1. 电路结构

单相桥式全控整流电路（阻-感性负载）电路原理图如图 2-6a 所示。

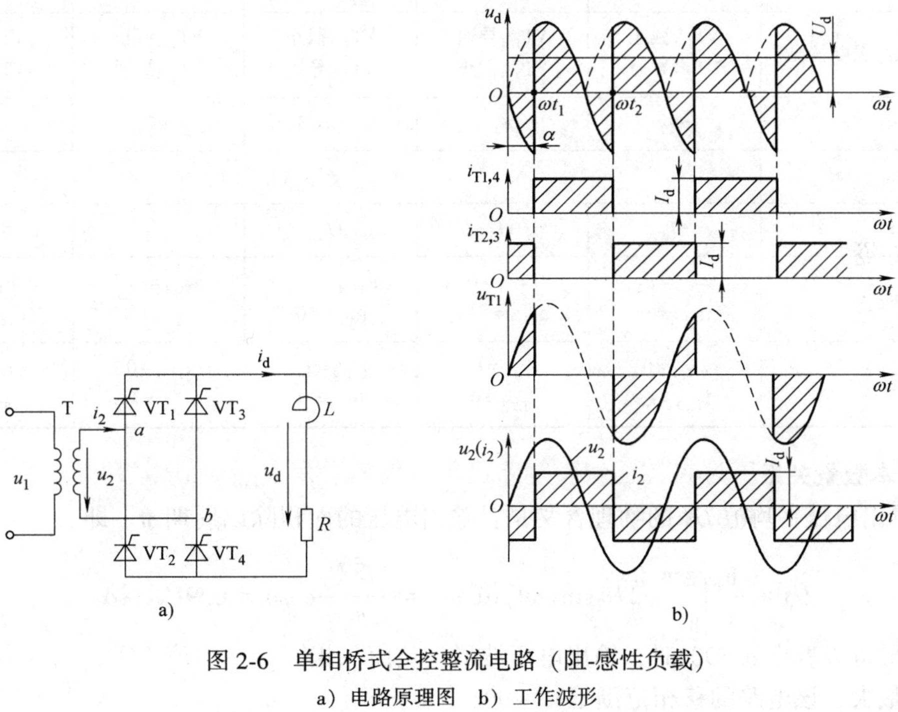

图 2-6 单相桥式全控整流电路（阻-感性负载）

a）电路原理图 b）工作波形

2. 工作原理

单相桥式全控整流电路（阻-感性负载）的工作波形如图 2-6b 所示。

1）在电压 u_2 正半波的（0~α）区间。晶闸管 VT_1、VT_4 承受正向电压，但无触发脉冲，

VT_1、VT_4处于关断状态。假设电路已经工作在稳定状态，则在 $0\sim\alpha$ 区间由于电感的作用，晶闸管 VT_2、VT_3维持导通，此时 $u_{T1.4}=u_2$。

2）在 u_2正半波的（$\alpha\sim\pi$）区间。在 $\omega t=\alpha$ 时刻，触发晶闸管 VT_1、VT_4使其导通，负载电流沿 $a\rightarrow VT_1\rightarrow L\rightarrow R\rightarrow VT_4\rightarrow b\rightarrow$T 的二次绕组$\rightarrow a$ 流通，此时负载上有输出电压（$u_d=u_2$）和电流。电压 u_2反向施加到晶闸管 VT_2、VT_3上，使其承受反向电压而处于关断状态。

3）在电压 u_2负半波的（$\pi\sim\pi+\alpha$）区间。当 $\omega t=\pi$ 时，电源电压自然过零，感应电势使晶闸管 VT_1、VT_4继续导通。在电源电压负半波，晶闸管 VT_2、VT_3承受正向电压，因无触发脉冲，VT_2、VT_3处于关断状态。

4）在 u_2负半波的（$\pi+\alpha\sim2\pi$）区间。在 $\omega t=\pi+\alpha$ 时刻，触发晶闸管 VT_2、VT_3使其导通，负载电流沿 $b\rightarrow VT_3\rightarrow L\rightarrow R\rightarrow VT_2\rightarrow a\rightarrow$T 的二次绕组$\rightarrow b$ 流通，电源电压沿正半周期的方向施加到负载上，负载上有输出电压（$u_d=-u_2$）和电流。此时电源电压反向施加到晶闸管 VT_1、VT_4上，使其承受反向电压而关断。晶闸管 VT_2、VT_3一直要导通到下一周期 $\omega t=2\pi+\alpha$ 处再次触发晶闸管 VT_1、VT_4为止。

表 2-5 列出了各区间晶闸管的导通/关断、负载电压和晶闸管端电压的情况。

表 2-5　各区间晶闸管的导通/关断、负载电压和晶闸管端电压的情况

项目 \ ωt 范围	$0\sim\alpha$	$\alpha\sim\pi$	$\pi\sim\pi+\alpha$	$\pi+\alpha\sim2\pi$	$2\pi\sim2\pi+\alpha$
晶闸管导通/关断情况	$VT_{1.4}$截止 $VT_{2.3}$导通	$VT_{1.4}$导通 $VT_{2.3}$截止	$VT_{1.4}$截止 $VT_{2.3}$导通	$VT_{1.4}$截止 $VT_{2.3}$导通	$VT_{1.4}$导通 $VT_{2.3}$截止
u_d	$-u_2$	u_2	$-u_2$	u_2	$-u_2$
i_d	$+I_d$				
i_2	$-I_d$	$+I_d$	$+I_d$	$-I_d$	$-I_d$
u_T	$u_{T1.4}=u_2$ $u_{T2.3}=0$	$u_{T1.4}=0$ $u_{T2.3}=-u_2$	$u_{T1.4}=-u_2$ $u_{T2.3}=0$	$u_{T1.4}=-u_2$ $u_{T2.3}=0$	$u_{T1.4}=0$ $u_{T2.3}=-u_2$
i_T	$i_{T1.4}=0$ $i_{T2.3}=I_d$	$i_{T1.4}=I_d$ $i_{T2.3}=0$	$i_{T1.4}=I_d$ $i_{T2.3}=0$	$i_{T1.4}=0$ $i_{T2.3}=I_d$	$i_{T1.4}=0$ $i_{T2.3}=I_d$

3. 基本数量关系

1）输出电压平均值 U_d 的物理含义是：输出电压的面积除以周期 π。即

$$U_d=\frac{1}{\pi}\int_{\alpha}^{\pi+\alpha}\sqrt{2}U_2\sin(\omega t)\mathrm{d}(\omega t)=\frac{2\sqrt{2}U_2}{\pi}\cos\alpha=0.9U_2\cos\alpha \tag{2-22}$$

从波形可以看出 $\alpha=90°$时，输出电压波形正负面积相同，平均值为零；当 $\alpha=0°$时，电压平均值最大，该电路的移相范围是 $0°\sim90°$。

2）输出电流平均值 I_d 的物理含义是：直流输出电压平均值除以负载电阻。即

$$I_d=\frac{U_d}{R}=\frac{0.9U_2\cos\alpha}{R} \tag{2-23}$$

大电感时，输出电流波形是一条水平线。

3）晶闸管的平均电流 I_{dT}，由于晶闸管轮流交替导电，流过每个晶闸管的平均电流是负载平均电流的一半。即

$$I_{dT}=\frac{1}{2}I_d \tag{2-24}$$

4）晶闸管的电流有效值 I_T，由于每个晶闸管轮流交替导通180°，则

$$I_T=\sqrt{\frac{1}{2\pi}\int_{\alpha}^{\pi+\alpha}I_d^2\mathrm{d}(\omega t)}=\sqrt{\frac{\pi}{2\pi}}I_d=\frac{1}{\sqrt{2}}I_d \tag{2-25}$$

通态平均电流为

$$I_{T(AV)}=\frac{I_T}{1.57}$$

5）变压器二次电流 I_2 的波形是对称的正负矩形波。其有效值为

$$I_2=\sqrt{\frac{1}{2\pi}\int_{\alpha}^{2\pi+\alpha}I_d^2\mathrm{d}(\omega t)}=\sqrt{\frac{1}{2\pi}\left[\int_{\alpha}^{\pi+\alpha}I_d^2\mathrm{d}(\omega t)+\int_{\pi+\alpha}^{2\pi+\alpha}I_d^2\mathrm{d}(\omega t)\right]}=\sqrt{2}I_T=I_d \tag{2-26}$$

6）晶闸管承受的最大正反向电压为

$$U_{TM}=\sqrt{2}U_2$$

4. 电路特点

由于电感的作用，输出电压出现负波形；当电感无限大时，触发延迟角 α 在 0°~90°变化，晶闸管导通角 $\theta=\pi$，导通角 θ 与触发延迟角 α 无关。输出电流近似平直，流过晶闸管和变压器二次侧的电流为矩形波，如图 2-6b 所示。阻-感性负载不同 α 时的仿真和实验波形可参考图 2-72。

【例 2-4】 将例 2-3 中的电阻性负载改为阻-感性负载，且电感 L 足够大，其他条件相同，试选择变压器的二次电压和电流、晶闸管的额定电压和电流，计算额定输出电压 $U_d=12\text{ V}$ 和 $U_d=30\text{ V}$ 时的功率因数 $\cos\varphi$。

解：根据最高输出电压 $U_d=30\text{ V}$ 和最小触发延迟角 $\alpha_{min}=20°$，由式（2-22）可求得整流变压器二次电压、电流为

$$U_2=\frac{U_d}{0.9\cos\alpha_{min}}=\frac{30}{0.9\times\cos 20°}=35.5\text{ V};I_2=I_d=20\text{ A}$$

晶闸管的额定电压为

$$U_{Tn}=(2\sim3)\sqrt{2}U_2=100.4\sim150.6\text{ V}$$

由于大电感的作用，流过负载的电流近似为一直线，所以

$$I_T=\frac{1}{\sqrt{2}}I_d=14\text{ A}$$

晶闸管的额定电流为

$$I_{T(AV)}=(1.5\sim2)\frac{I_T}{1.57}=13.5\sim18\text{ A}$$

可选用 KP20-2 型晶闸管。

功率因数：当 $U_d=12\text{ V}$ 时，$\cos\varphi=\frac{U_d}{U_2}=0.34$；当 $U_d=30\text{ V}$ 时，$\cos\varphi=\frac{U_d}{U_2}=0.85$。

2.1.6 单相桥式全控整流电路（反电动势负载）

1. 电阻性反电势负载的情况

蓄电池充电电路是典型的电阻性反电势负载。反电势负载的特点是：只有整流电压的瞬时值 u_d 大于反电势 E 时，晶闸管才能承受正向电压而导通，这使得晶闸管导通角减小，其电路原理图如图 2-7a 所示。晶闸管导通时，$u_d=u_2$，$i_d=\dfrac{u_d-E}{R}$，晶闸管关断时，$u_d=E$，如图 2-7b 所示。与电阻负载相比，晶闸管提前了电角度 δ 停止导电，在 α 相同情况下，i_d 波形在一周期内为 0 的时间较电阻性负载时长，δ 称作停止导电角。

$$\delta=\arcsin\frac{E}{\sqrt{2}U_2} \tag{2-27}$$

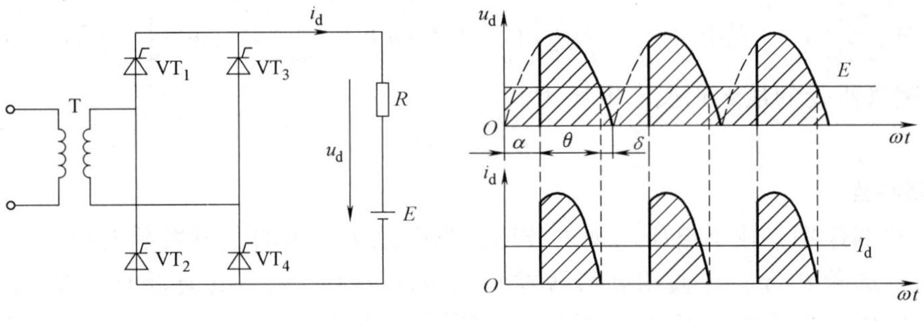

图 2-7 单相桥式全控整流电路（反电势负载）（$L=0$）

a）电路原理图 b）工作波形

当 $\alpha<\delta$，触发脉冲到来时，晶闸管承受负电压，不可能导通。为了使晶闸管可靠导通，要求触发脉冲有足够的宽度，保证当 $\omega t=\alpha$ 时刻晶闸管开始承受正电压时，触发脉冲仍然存在。这样，相当于触发延迟角被推迟，即

$$\alpha=\delta$$

2. 阻-感性反电势负载的情况

在图 2-7 中，若负载为直流电动机，此时负载性质为阻-感性反电动势负载（电枢电阻、电枢电感、感应电势分别为电阻、电感和反电动势负载）。当电枢电感不足够大时，输出电流波形断续，使晶闸管-电动机系统的机械特性变软。为此，通常在负载回路串接平波电抗器以减小电流脉动，延长晶闸管导通时间；如果电感足够大，电流就能连续，在这种条件下其工作情况与电感性负载相同。

单相桥式全控整流电路与单相半波可控整流电路相比，整流电压脉动减小，每周期脉动两次。变压器二次侧流过正反两个方向的电流，不存在直流磁化，利用率高。

2.1.7 单相桥式半控整流电路（阻-感性负载、不带续流二极管）

单相桥式全控整流电路中，每个工作区间有两个晶闸管导通，每个导电回路由两个晶闸管同时控制。实际上，对单个导电回路进行控制只需一个晶闸管就可以了。为此，可在每个

导电回路中，一个仍用晶闸管进行控制，另一个则用大功率整流二极管代替，从而简化了电路。把图 2-6a 中的晶闸管 VT_2、VT_4换成二极管 VD_2、VD_4即成为单相桥式半控整流电路。

在电阻性负载下，单相桥式半控整流电路和单相桥式全控整流电路的 u_d、i_d、i_2等波形完全相同，因而一些计算公式也相同。不同 α 时电阻性负载的工作波形可参考图 2-78。

下面主要讨论阻-感性负载时的工作情况。

1. 电路结构

单相桥式半控整流电路带大电感负载时的电路原理图如图 2-8a 所示。负载电感理论上为无穷大，电路中电流平直。

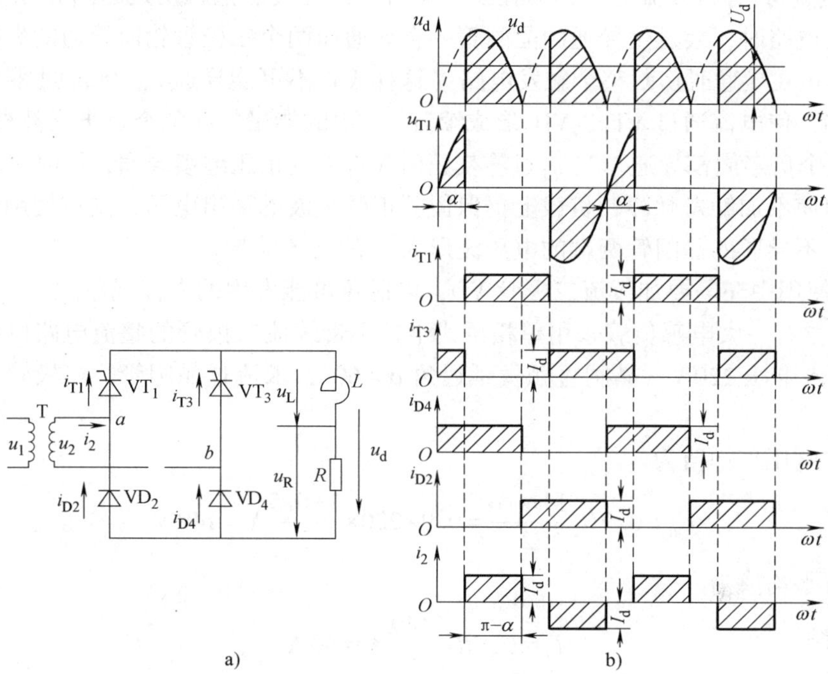

图 2-8　单相桥式半控整流电路带大电感负载时的电路原理图和电压、电流波形

a）电路原理图　b）工作波形

2. 工作原理

单相桥式半控整流电路带大电感负载时电路的电压、电流波形如图 2-8b 所示，不同 α 时带阻-感性负载且电感为有限值时的仿真和实验波形可参考图 2-80。

1）当 u_2正半周时，在 $\omega t=\alpha$ 时刻触发晶闸管 VT_1使其导通，电流途径为 $a \to VT_1 \to L \to R \to VD_4 \to b$ 端向负载供电。

2）u_2过零变负时，因电感 L 的作用使电流连续，VT_1继续导通。但因 a 点电位低于 b 点电位，使得电流从 VD_4转移至 VD_2，VD_4关断。电流途径为 $a \to VT_1 \to L \to R \to VD_2 \to a$ 端，电流不再流经变压器二次绕组，而是经 VT_1 和 VD_2续流。此阶段，忽略器件的通态压降，则 $u_d=0$，不像全控桥电路那样出现 u_d为负的情况。

3）在 u_2负半周 $\omega t=\pi+\alpha$ 时刻，触发 VT_3使其导通，则 VT_1承受反压而关断，电流途径为 $b \to VT_3 \to L \to R \to VD_2 \to a$ 端向负载供电。

4）u_2过零变正时，VD_4导通，VD_2关断。电流途径为$b \to VT_3 \to L \to R \to VD_4 \to b$端，$VT_3$和$VD_4$续流，$u_d$又为零。

此后重复以上过程。

3. 电路特点

1）晶闸管在触发时刻换流，二极管则在电源电压过零时刻换流。所以单相半控桥式整流电路即使直流输出端不接续流二极管，由于桥路二极管内部的续流作用，负载端与接续流二极管一样，U_d、I_d的计算公式与电阻性负载相同。流过晶闸管和二极管的电流都是宽度为180°的方波且与触发延迟角无关，变压器的二次电流为正负对称的交变方波。

2）尽管电路具有自续流能力，但在实际运行时，当突然把触发延迟角α增大到180°或突然切断触发电路时，会发生导通的晶闸管一直导通而两个二极管轮流导通的失控现象。

例如VT_1正在导通时切断整个触发电路（这样VT_3不可能导通），当u_2过零变负时，因电感L的作用，使电流通过VT_1、VD_2形成续流。L中的能量如在整个负半周都没有释放完，就使VT_1在整个负半周都导通。当u_2过零变正时VT_1承受正压继续导通，同时VD_2关断VD_4导通。因此即使不加触发脉冲，负载上仍保留了正弦半波的输出电压，这在使用时是不允许的。失控时，不导通的晶闸管两端的电压波形为u_2的交流波形。

3）实际使用中还需要加续流二极管VD，以避免可能发生的失控现象。

【例 2-5】 有一大电感负载采用单相桥式半控不带续流二极管的整流电路供电，负载电阻为5Ω，输入电压220 V，晶闸管触发延迟角$\alpha=60°$，求流过晶闸管、二极管的电流平均值及有效值。

解： 输出电压平均值为

$$U_d = 0.9U_2\frac{1+\cos\alpha}{2} = 0.9\times220\times\frac{1+0.5}{2}\text{ V} = 149\text{ V}$$

负载电流平均值为

$$I_d = U_d/R = \frac{149}{5}\text{ A} \approx 30\text{ A}$$

晶闸管及整流二极管每周期的导电角为

$$\theta_T = 180°$$

晶闸管及整流二极管的电流平均值为

$$I_{dT} = I_{dD} = \frac{180°}{360°}I_d = 15\text{ A}$$

晶闸管及整流二极管的电流有效值为

$$I_T = I_D = \sqrt{\frac{180°}{360°}}I_d = 21.2\text{ A}$$

2.1.8 单相桥式半控整流电路（带续流二极管）

1. 电路结构

单相桥式半控整流电路（带续流二极管）的电路原理图和电压、电流波形如图 2-9 所示。

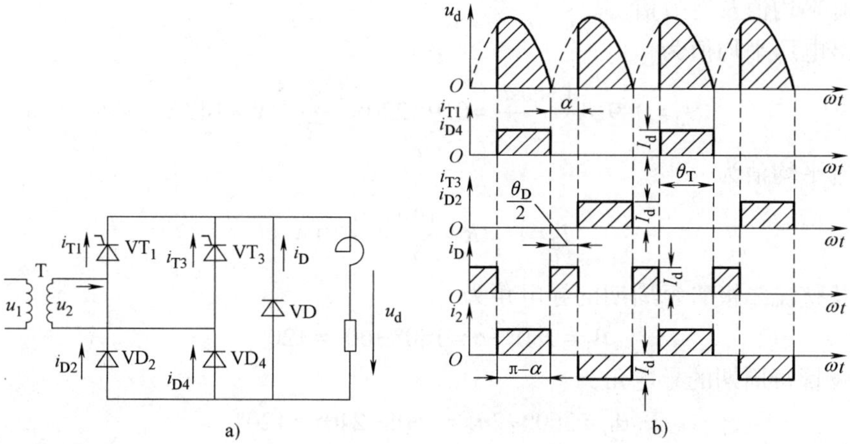

图 2-9　单相桥式半控整流电路（带续流二极管）的电路原理图和电压、电流波形

a）电路原理图　b）工作波形

2. 工作原理

接上续流二极管后，当电源电压降到零时，负载电流经续流二极管续流，使桥路直流输出端只有 1 V 左右的压降，迫使晶闸管与二极管串联电路中的电流减小到维持电流以下，使晶闸管关断，这样就不会出现失控现象了。

3. 数量关系

上述电路的输出直流电压、电流平均值、有效值计算与单相桥式全控整流电路（阻-感性负载）相同。因续流二极管的分流作用，晶闸管的电流不同。触发延迟角为 α 时每个晶闸管的导通角为

$$\theta_T = 180° - \alpha$$

1）流经晶闸管和整流管的平均电流为

$$I_{dT} = \frac{\theta_T}{2\pi} I_d = \frac{\pi - \alpha}{2\pi} I_d \tag{2-28}$$

流经晶闸管和整流管的电流有效值为

$$I_T = \sqrt{\frac{\pi - \alpha}{2\pi}} I_d \tag{2-29}$$

2）流经续流二极管的平均电流为

$$I_{dD} = \frac{\theta_D}{2\pi} I_d = \frac{2\alpha}{2\pi} I_d = \frac{\alpha}{\pi} I_d \tag{2-30}$$

流经续流二极管的电流有效值为

$$I_D = \sqrt{\frac{\alpha}{\pi}} I_d \tag{2-31}$$

变压器电流的平均值为 0，电流有效值是流经晶闸管和整流管电流有效值的 $\sqrt{2}$ 倍，即

$$I_2 = \sqrt{2} I_T$$

【例 2-6】　有一大电感负载采用单相桥式半控带续流二极管的整流电路供电，电路如图 2-9a 所示。负载电阻为 5 Ω，输入电压 220 V，晶闸管触发延迟角 $\alpha = 60°$，求流过晶闸管、

二极管的电流平均值及有效值。

解： 输出电压平均值为

$$U_d = 0.9U_2\frac{1+\cos\alpha}{2} = 0.9\times220\times\frac{1+0.5}{2}\text{ V} = 149\text{ V}$$

负载电流平均值为

$$I_d = U_d/R = \frac{149}{5}\text{ A} \approx 30\text{ A}$$

晶闸管及整流二极管每周期的导电角为

$$\theta_T = 180° - \alpha = 180° - 60° = 120°$$

续流二极管每周期的导电角为

$$\theta_D = 360° - 2\theta_T = 360° - 240° = 120°$$

晶闸管及整流二极管的电流平均值为

$$I_{dT} = I_{dD} = \frac{120°}{360°}I_d = 10\text{ A}$$

晶闸管及二极管的电流有效值为

$$I_T = I_D = \sqrt{\frac{120°}{360°}}I_d = 17.3\text{ A}$$

由上述计算可知，单相桥式半控整流电路接大电感负载时，流过晶闸管元件的平均电流与元件的导通角成正比。当导通角为 120°时，流过续流二极管和晶闸管的平均电流相等。当导通角小于 120°时，流过续流二极管的平均电流比流过晶闸管的电流大，导通角越小，前者大得越多。因此续流二极管的容量必须考虑在续流二极管中实际流过的电流的大小，有时可以与晶闸管的额定电流相同，有时应选得比晶闸管额定电流大一级的元件。

4. 电路改进

单相桥式半控整流电路的另一种接法如图 2-10a 所示，相当于把图 2-6a 中的 VT_3和 VT_4换成二极管 VD_3和 VD_4，这样可以省去续流二极管 VD，续流由 VD_3和 VD_4来实现。因此，即使不外接续流二极管，电路也不会出现失控现象。但这种电路的二极管既要参与整流又要参与续流，其负担增加。此时，两个晶闸管阴极电位不同，VT_1和 VT_2触发电路要隔离。这种电路的电流和电压波形如图 2-10b 所示。

【例 2-7】 有一大电感负载采用单相桥式半控不带续流二极管的整流电路供电，电路如图 2-10a 所示。负载电阻为 5 Ω，输入电压 220 V，晶闸管触发延迟角 $\alpha = 60°$，求流过晶闸管、二极管的电流平均值及有效值。

解： 输出电压平均值为

$$U_d = 0.9U_2\frac{1+\cos\alpha}{2} = 0.9\times220\times\frac{1+0.5}{2}\text{ V} = 149\text{ V}$$

负载电流平均值为

$$I_d = U_d/R = \frac{149}{5}\text{ A} \approx 30\text{ A}$$

晶闸管每周期的导电角为

$$\theta_T = 180° - \alpha = 180° - 60° = 120°$$

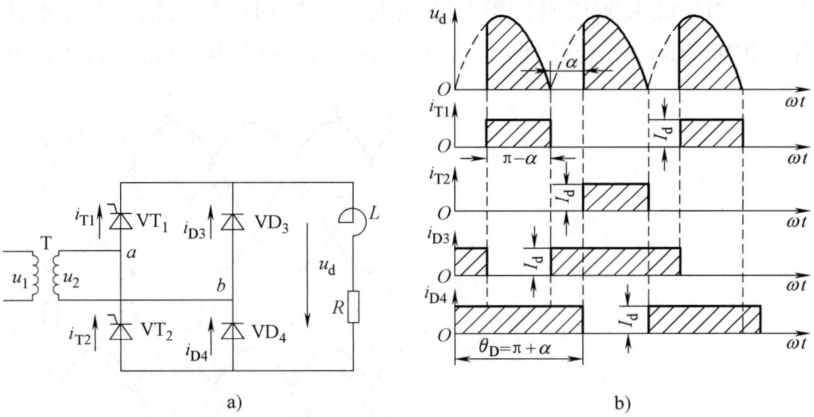

图 2-10　晶闸管串联的单相桥式半控整流电路及其电流和电压波形

a）电路原理图　b）工作波形

整流二极管每周期的导电角为

$$\theta_D = 180° + \alpha = 180° + 60° = 240°$$

晶闸管电流的平均值为

$$I_{dT} = I_{dD} = \frac{120°}{360°} I_d = 10\ A$$

整流二极管电流的平均值为

$$I_{dD} = \frac{240°}{360°} I_d = 20\ A$$

晶闸管电流的有效值为

$$I_T = \sqrt{\frac{120°}{360°}} I_d = 17.3\ A$$

整流二极管电流的有效值为

$$I_D = \sqrt{\frac{240°}{360°}} I_d = 24.5\ A$$

从计算结果可以看出，这种电路中的二极管既要参与整流又要参与续流，其要求的容量比例 2-5、例 2-6 的容量都大。

2.2　三相半波可控整流电路

2.2.1　三相半波可控整流电路（电阻性负载）

1. 电路结构

三相半波可控整流电路（电阻性负载）如图 2-11 所示，为了得到零线，整流变压器 T 的二次绕组接成星形；为了给三次及其倍数次谐波电流提供通路，减少其对电网的影响，变压器一次绕组接成三角形；图中 3 个晶闸管的阴极连在一起，称为共阴极接法。3 个晶闸管的触发脉冲相位互差 120°，在三相整流电路中，通常规定 $\omega t = 30°$ 为触发延迟角 α 的起点，称为自然换相点。三相半波共阴极可控整流电路的自然换相点是三相电源相电压正半周波形的相交点，在各相相电压的30°处，即ωt_1、ωt_2、ωt_3点。自然换相点之间相位互差120°。

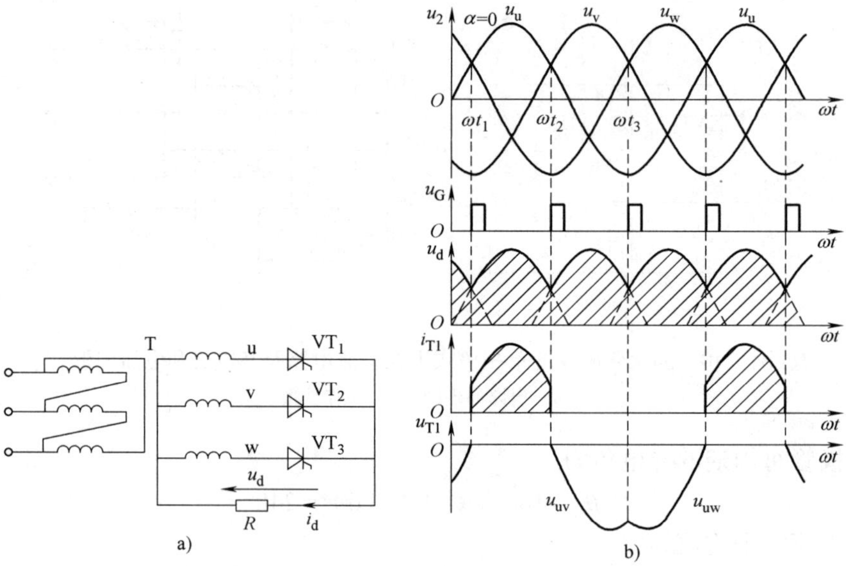

图 2-11　三相半波可控整流电路（电阻性负载）

a）电路原理图　b）工作波形

2. 工作原理

在图2-11中，假设电路已经正常工作，以电阻性负载$\alpha=0°$为例进行分析。

1）在$\omega t_1\sim\omega t_2$区间，有$u_u>u_v$、$u_u>u_w$，u相电压最高，VT_1承受正向电压。在ωt_1时刻触发VT_1使其导通，导通角$\theta=120°$，输出电压$u_d=u_u$。其他两个晶闸管承受反向电压而不能导通。VT_1通过的电流i_{T1}与变压器二次侧u相电流波形相同，大小相等，可在负载电阻R两端测得。

2）在$\omega t_2\sim\omega t_3$区间，有$u_v>u_u$，v相电压最高，VT_2承受正向电压。在ωt_2时刻触发VT_2，则VT_2导通，$u_d=u_v$。VT_1两端电压$u_{T1}=u_u-u_v=u_{uv}<0$，晶闸管VT_1承受反向电压关断。

3）在$\omega t_3\sim\omega t_4$区间，有$u_w>u_v$，w相电压最高，VT_3承受正向电压。在ωt_3时刻触发VT_3，则VT_3导通，$u_d=u_w$。VT_2两端电压$u_{T2}=u_v-u_w=u_{vw}<0$，晶闸管VT_2承受反向电压关断。在VT_3导通期间VT_1两端电压$u_{T1}=u_u-u_w=u_{uw}<0$。这样在一个周期内，VT_1只导通120°，在其余240°时间承受反向电压而处于关断状态。

3. 电路波形

电阻性负载$\alpha=30°$、60°时的输出电压、晶闸管电压和电流的理论波形如图2-12a、b所示。

从图2-12a的波形可以看出：$\alpha=30°$是输出电压、电流连续和断续的临界点。当$\alpha<30°$时输出电压、电流连续，后一相的晶闸管导通使前一相的晶闸管关断，当$\alpha>30°$时输出电压、电流断续，前一相的晶闸管由于交流电压过零变负而关断后，后一相的晶闸管未到触发时刻，此时3个晶闸管都不导通，输出电压$u_d=0$，直到后一相的晶闸管被触发导通，输出电压为该相电压。图2-12b是$\alpha=60°$时的波形。显然，$\alpha=150°$时输出电压为零，所以三相半波整流电路电阻性负载的移相范围是 0°~150°。

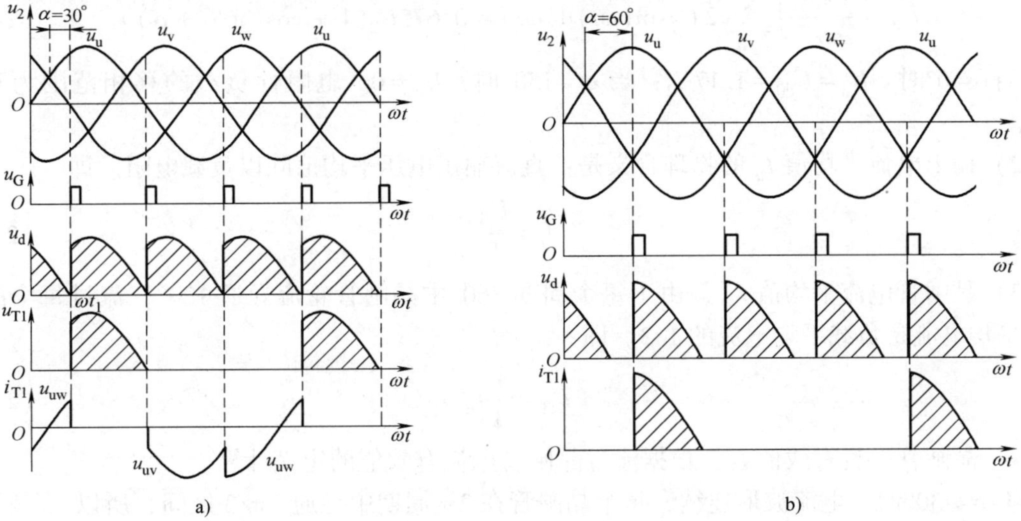

图 2-12　三相半波可控整流电路电阻性负载不同触发延迟角时的输出电压、晶闸管电压和电流的理论波形

a) α=30°　b) α=60°

不同 α 时的仿真波形和实验波形可参考图 2-87。从理论分析波形、仿真波形和实验波形三者的对比看，基本是一致的。

各区间晶闸管的导通/关断情况、晶闸管的电流和电压、负载电压情况见表 2-6。

表 2-6　各区间晶闸管的导通/关断情况、晶闸管的电流和电压、负载电压情况

项目 \ 范围	$\omega t_1 \sim \omega t_2$	$\omega t_2 \sim \omega t_3$	$\omega t_3 \sim \omega t_4$
晶闸管导通/关断情况	VT_1导通 VT_2、VT_3截止	VT_2导通 VT_1、VT_3截止	VT_3导通 VT_1、VT_2截止
i_{T1}	u_u/R	0	0
u_{T1}	0	u_{uv}	u_{uw}
u_d	u_u	u_v	u_w

4. 数量关系

1）输出电压平均值 U_d

U_d 的物理含义是：输出电压一个波头的面积除以周期 2π/3。因为 α=30°是 u_d波形连续和断续的分界点。α≤30°，输出电压 u_d波形连续，α>30°，u_d波形断续，因此，计算输出电压平均值 U_d时应分两种情况进行。

① α≤30°时，一个周期中有 3 个相同的波形，或每 120°有 1 个波形。因此计算 U_d 的表达式为

$$U_d = \frac{3}{2\pi}\int_{\frac{\pi}{6}+\alpha}^{\frac{5\pi}{6}+\alpha}\sqrt{2}U_2\sin(\omega t)\,d(\omega t) = \frac{1}{2\pi/3}\int_{\frac{\pi}{6}+\alpha}^{\frac{5\pi}{6}+\alpha}\sqrt{2}U_2\sin(\omega t)\,d(\omega t) = 1.17U_2\cos\alpha \quad (2\text{-}32)$$

② $\alpha>30°$时，波形在 π 处结束，所以 U_d 表达式的积分上限为 π，即

$$U_d = \frac{1}{2\pi/3}\int_{\frac{\pi}{6}+\alpha}^{\pi}\sqrt{2}U_2\sin(\omega t)\mathrm{d}(\omega t) = 0.675U_2(1+\cos(\pi/6+\alpha)) \tag{2-33}$$

当 $\alpha=0°$时，$U_d=U_{d0}=1.17U_2$；当 $\alpha=150°$时，$U_d=0$。电阻性负载的移相范围为 0°～150°。

2）输出电流平均值 I_d 的物理含义是：直流输出电压平均值除以负载电阻。即

$$I_d=\frac{U_d}{R} \tag{2-34}$$

3）晶闸管电流平均值 I_{dT}，由于每个周期 360°中晶闸管轮流导通 120°，流过每个晶闸管的平均电流是负载平均电流的 1/3。即

$$I_{dT}=\frac{1}{3}I_d \tag{2-35}$$

4）晶闸管电流有效值 I_T，根据流过晶闸管电流有效值的定义计算。

① $\alpha\leqslant30°$时，电流波形连续，每个晶闸管在 2π 周期中导通 2π/3 区间，所以

$$I_T=\sqrt{\frac{1}{2\pi}\int_{\frac{\pi}{6}+\alpha}^{\frac{5\pi}{6}+\alpha}\left(\frac{\sqrt{2}U_2\sin(\omega t)}{R}\right)^2\mathrm{d}(\omega t)}=\frac{U_2}{R}\sqrt{\frac{1}{2\pi}\left(\frac{2\pi}{3}+\frac{\sqrt{3}}{2}\cos(2\alpha)\right)} \tag{2-36}$$

② $\alpha>30°$时，电流波形在 π 处断续，所以 I_T 表达式的积分上限为 π，每个周期中有一个波形，所以：

$$I_T=\sqrt{\frac{1}{2\pi}\int_{\frac{\pi}{6}+\alpha}^{\pi}\left(\frac{\sqrt{2}U_2\sin(\omega t)}{R}\right)^2\mathrm{d}(\omega t)}=\frac{U_2}{R}\sqrt{\frac{1}{2\pi}\left(\frac{5\pi}{6}-\alpha+\frac{\sqrt{3}}{4}\cos(2\alpha)+\frac{1}{4}\sin(2\alpha)\right)}$$

$$=\frac{U_2}{R}\sqrt{\frac{1}{2\pi}\left(\frac{5\pi}{6}-\alpha+\frac{1}{2}\sin\left(\frac{\pi}{3}+(2\alpha)\right)\right)} \tag{2-37}$$

5）晶闸管承受的最大正反向电压 U_{TM}。

从上述波形图可以看出：晶闸管承受的最大正向电压是变压器二次相电压的峰值，即晶闸管阳极与零线间的最高电压，$U_{FM}=\sqrt{2}U_2$；承受的最大反向电压是二次线电压的峰值，$U_{RM}=\sqrt{2}\times\sqrt{3}U_2=\sqrt{6}U_2$。因此，在选择晶闸管的额定电压时，应考虑到承受最大反向电压的峰值情况。

5. 电路特点

1）任一时刻，只有承受最高电压的晶闸管元件才能被触发导通，输出电压 u_d 波形是三相电源相电压正半波完整的包络线，输出电流 i_d 与输出电压 u_d 波形成比例，且相位相同（$i_d=u_d/R$）。

2）$\alpha=0°$时，输出整流电压最大；增大 α 时，波形的面积减小，即整流电压减小；当 $\alpha=150°$时，整流电压为零。所以，电阻性负载触发延迟角 α 的移相范围为 0°～150°。

3）当 $\alpha\leqslant30°$时，负载电流连续，每个晶闸管在一个周期中持续导通120°；当 $\alpha>30°$时，负载电流断续，晶闸管的导通角为 $\theta=150°-\alpha$。

4）流过晶闸管的电流等于变压器的二次电流。

5）晶闸管承受的最大电压是变压器二次线电压的峰值 $\sqrt{6}U_2$。

6）输出整流电压 u_d 的脉动频率为 3 倍的电源频率。

【例 2-8】 三相半波可控整流电路向电阻性负载供电，已知 $U_2=220\text{ V}$，$R=11.7\ \Omega$。计算 $\alpha=60°$时，负载电流 I_d、晶闸管电流 I_{dT}、变压器二次电流 i_2 的平均值、有效值和晶闸管上最大可能的正向阻断电压值。

解： 由于 $\alpha>30°$时 u_d 波形断续，每相晶闸管导电区间为 α 至本相电压的正变负过零点，故有整流输出电压平均值为

$$U_d=\frac{1}{2\pi/3}\int_{\frac{\pi}{6}+\alpha}^{\pi}\sqrt{2}U_2\sin(\omega t)\mathrm{d}(\omega t)=0.675U_2[1+\cos(\pi/6+\alpha)]=148.6\text{ V}$$

负载电流平均值为

$$I_d=\frac{U_d}{R}=148.6/11.7\text{ A}=12.7\text{ A}$$

负载电流有效值为

$$I=\sqrt{\frac{3}{2\pi}\int_{\frac{\pi}{6}+\alpha}^{\pi}\left(\frac{\sqrt{2}U_2\sin(\omega t)}{R}\right)^2\mathrm{d}(\omega t)}=\frac{U_2}{R}\sqrt{\frac{3}{2\pi}\left(\frac{5\pi}{6}-\alpha+\frac{1}{2}\sin\left(\frac{\pi}{3}+2\alpha\right)\right)}=16.3\text{ A}$$

晶闸管电流的平均值 I_{dT} 为

$$I_{dT}=\frac{U_d}{3R}=4.2\text{ A}$$

晶闸管电流的有效值为

$$I_T=\sqrt{\frac{1}{2\pi}\int_{\frac{\pi}{6}+\alpha}^{\pi}\left(\frac{\sqrt{2}U_2\sin(\omega t)}{R}\right)^2\mathrm{d}(\omega t)}=\frac{U_2}{R}\sqrt{\frac{1}{2\pi}\left(\frac{5\pi}{6}-\alpha+\frac{1}{2}\sin\left(\frac{\pi}{3}+2\alpha\right)\right)}=9.4\text{ A}$$

变压器二次电流平均值为

$$I_{2d}=I_{dT}=\frac{U_d}{3R}=4.2\text{ A}$$

变压器二次电流有效值为

$$I_2=I_T=9.4\text{ A}$$

由于 $\alpha>30°$时，负载电流出现断续，所以电路可能出现的最大正向阻断电压值为

$$U_{FM}=\sqrt{2}U_2=\sqrt{2}\times 220\text{V}=311\text{ V}$$

2.2.2 三相半波可控整流电路（阻-感性负载）

1. 电路结构

三相半波可控整流电路（阻-感性负载）及波形（$\alpha=60°$）如图 2-13 所示。

2. 工作原理

当 $\alpha\leqslant30°$时，相邻两相的换流是在原导通相的交流电压过零变负之前，其工作情况与电阻性负载相同，输出电压 u_d 波形、u_T 波形也相同。由于负载电感的储能作用，输出电流 i_d 是近似平直的直流波形，晶闸管中分别流过幅度 I_d、宽度 120°的矩形波电流，导通角 $\theta=120°$。

当 $\alpha>30°$时，假设 $\alpha=60°$，VT_1 已经导通，在 u 相交流电压过零变负后，由于未到 VT_2 的触发时刻，VT_2 未导通，VT_1 在负载电感产生的感应电势作用下继续导通，输出电压 u_d<

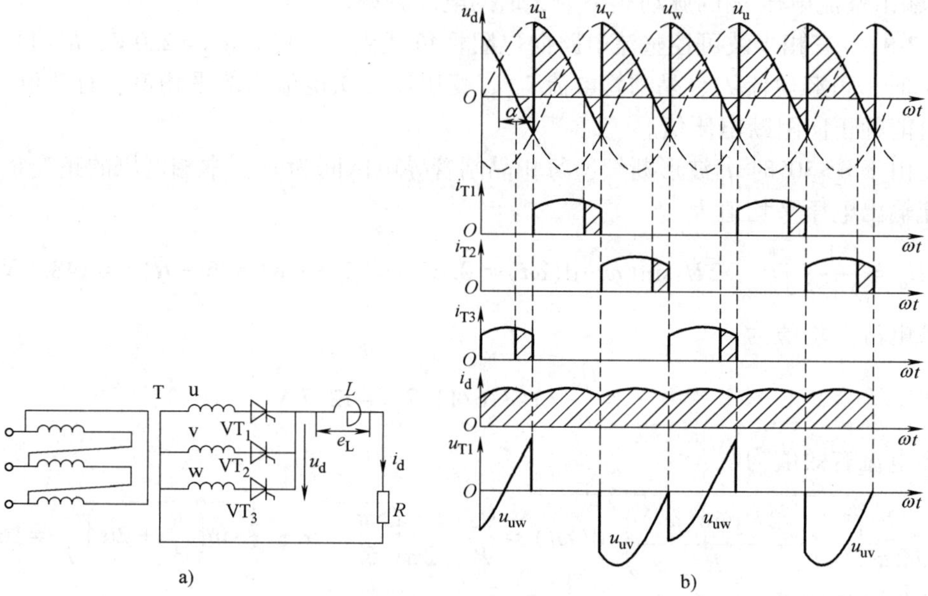

图 2-13　三相半波可控整流电路（阻-感性负载）及波形（α =60°）

a）电路原理图　b）工作波形

0，直到 VT_2被触发导通，VT_1承受反向电压而关断，输出电压 $u_d=u_v$，然后重复 u 相的过程。

不同 α 时阻-感性负载的仿真波形和实验波形可参考图 2-89。读者可以就理论分析波形、仿真波形、实验波形进行比较分析。

3. 数量关系

1）输出电压平均值 U_d 的物理含义是：输出电压的面积除以周期 2π/3。由于 u_d波形是连续的，所以计算输出电压 U_d时只需一个计算公式：

$$U_d = \frac{1}{2\pi/3}\int_{\frac{\pi}{6}+\alpha}^{\frac{5\pi}{6}+\alpha}\sqrt{2}U_2\sin(\omega t)\,\mathrm{d}(\omega t) = 1.17U_2\cos\alpha \tag{2-38}$$

当 α=90°时输出电压为零，所以三相半波整流电路阻-感性负载（电流连续）的移相范围是 0°~90°。

2）输出电流平均值 I_d 的物理含义是：直流输出电压平均值除以负载电阻。即

$$I_d = \frac{U_d}{R} = 1.17\frac{U_2}{R}\cos\alpha \tag{2-39}$$

3）晶闸管电流平均值 I_{dT}，由于每个周期 2π 中晶闸管轮流导通 2π/3，流过每个晶闸管的平均电流是负载平均电流的 1/3。即

$$I_{dT} = \frac{1}{3}I_d \tag{2-40}$$

4）晶闸管电流有效值 I_T根据流过晶闸管电流有效值的定义计算。电流波形连续时，每个晶闸管在 2π 周期中导通 2π/3 区间，所以

$$I_T = \sqrt{\frac{1}{2\pi}\int_{\frac{\pi}{6}+\alpha}^{\frac{5\pi}{6}+\alpha}I_d^2\,\mathrm{d}(\omega t)} = \sqrt{\frac{2\pi/3}{2\pi}}I_d = \frac{1}{\sqrt{3}}I_d = 0.577I_d \tag{2-41}$$

并且 I_T 和变压器二次电流有效值 I_2 相等，即

$$I_T = I_2$$

5）晶闸管承受的最大正反向电压是变压器二次侧线电压的峰值

$$U_{TM} = U_{FM} = U_{RM} = \sqrt{2}\sqrt{3}\,U_2 = \sqrt{6}\,U_2 \tag{2-42}$$

三相半波可控整流电路带阻-感性负载时，也可接续流二极管，削去 u_d 中的负波，提高输出电压的平均值。

2.2.3　三相半波共阳极可控整流电路

把 3 只晶闸管的阳极接成公共端连在一起，就构成了共阳极接法的三相半波可控整流电路。由于晶闸管只有在阳极电位高于阴极电位时才能导通，因此在共阳极接法中，工作在整流状态的晶闸管只有在电源相电压负半周才能被触发导通，换相总是换到阴极电位更负的那一相。其工作情况、波形和数量关系与共阴极接法时相仿，仅输出极性相反。三相半波可控整流电路共阳极接法及波形如图 2-14 所示。

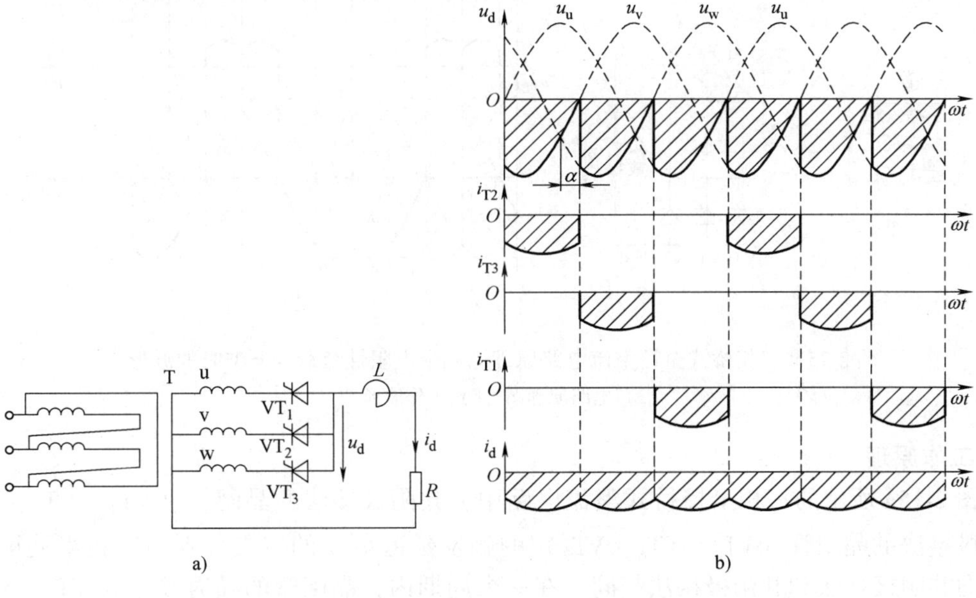

图 2-14　三相半波可控整流电路共阳极接法及波形

a）电路原理图　b）工作波形

2.3　三相桥式全控整流电路

2.3.1　三相桥式全控整流电路（电阻性负载）

1. 电路结构

三相全控桥式整流电路可以看作是共阴极接法的三相半波（VT_1、VT_3、VT_5）和共阳极接法的三相半波（VT_4、VT_6、VT_2）的串联组合，如图 2-15a 所示。由于共阴极组在正半

周导电，流经变压器的是正向电流；而共阳极组在负半周导电，流经变压器的是反向电流。因此变压器绕组中没有直流磁通，且每相绕组正负半周都有电流流过，提高了变压器的利用率。共阴极组的输出电压是输入电压的正半周，共阳极组的输出电压是输入电压的负半周，总的输出电压是正负两个输出电压的串联。

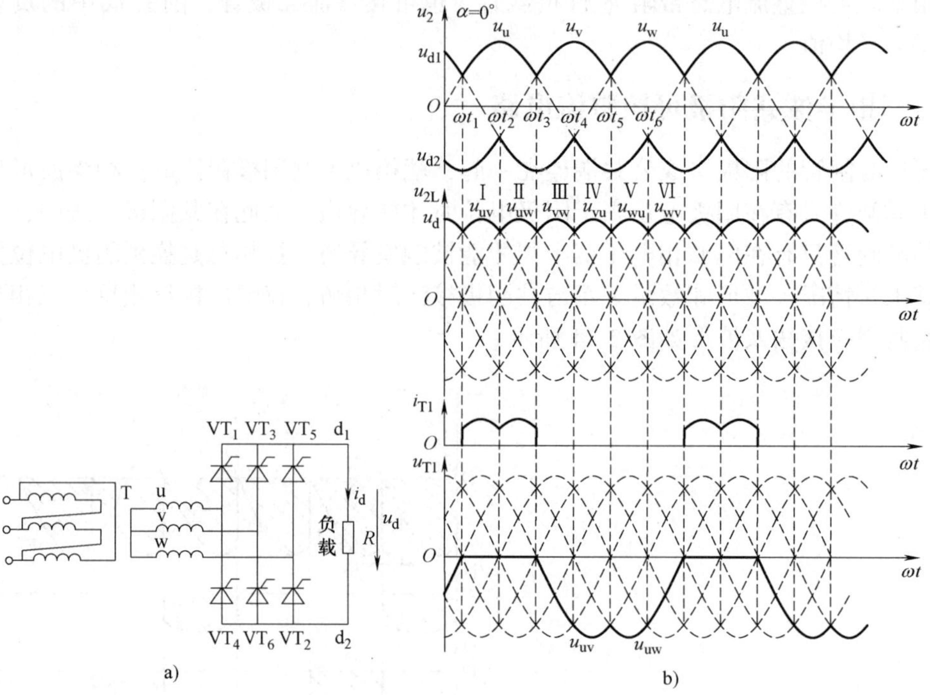

图 2-15　三相桥式全控整流电路原理图和带电阻性负载 α =0°时的波形

a）电路原理图　b）工作波形

2. 工作原理

在图 2-15a 所示的三相全控桥式整流电路中，共阴极接法的晶闸管（VT_1、VT_3、VT_5）和共阳极接法的晶闸管（VT_4、VT_6、VT_2）的触发延迟角 α 的定义分别与三相半波可控整流电路的共阴极接法和共阳极接法相同。在一个周期内，晶闸管的导通顺序为 $VT_1 \to VT_2 \to VT_3 \to VT_4 \to VT_5 \to VT_6$。我们首先分析 $\alpha = 0°$时电路的工作情况。如图 2-15b 所示，将一周期相电压分为以下 6 个区间。

1）在 $\omega t_1 \sim \omega t_2$区间：u 相电压最高，$VT_1$被触发导通，v 相电压最低，$VT_6$被触发导通，加在负载上的输出电压 $u_d = u_u - u_v = u_{uv}$。

2）在 $\omega t_2 \sim \omega t_3$区间：u 相电压最高，$VT_1$被触发导通，w 相电压最低，$VT_2$被触发导通，加在负载上的输出电压 $u_d = u_u - u_w = u_{uw}$。

3）在 $\omega t_3 \sim \omega t_4$区间：v 相电压最高，$VT_3$被触发导通，w 相电压最低，$VT_2$被触发导通，加在负载上的输出电压 $u_d = u_v - u_w = u_{vw}$。

4）在 $\omega t_4 \sim \omega t_5$区间：v 相电压最高，$VT_3$被触发导通，u 相电压最低，$VT_4$被触发导通，加在负载上的输出电压 $u_d = u_v - u_u = u_{vu}$。

5）在 $\omega t_5 \sim \omega t_6$区间：w 相电压最高，$VT_5$被触发导通，u 相电压最低，$VT_4$被触发导通，

加在负载上的输出电压 $u_d=u_w-u_u=u_{wu}$。

6）在 $\omega t_6\sim\omega t_7$（图中没画出）区间：w 相电压最高，VT_5被触发导通，v 相电压最低，VT_6被触发导通，加在负载上的输出电压 $u_d=u_w-u_v=u_{wv}$。

3. 电路波形

工作波形如图 2-15b 所示，当 $\alpha>0$ 时，晶闸管从自然换相点后移 α 角度开始换流，工作过程与 $\alpha=0$ 基本相同。电阻性负载 $\alpha\leqslant60°$时的 u_d波形连续，$\alpha>60°$时 u_d波形断续。$\alpha=60°$和 $\alpha=90°$时的波形如图 2-16a、b 所示。不同 α 时的仿真波形和实验波形可参考图 2-93。从理论分析波形、仿真波形和实验波形三者的对比看，基本是一致的。

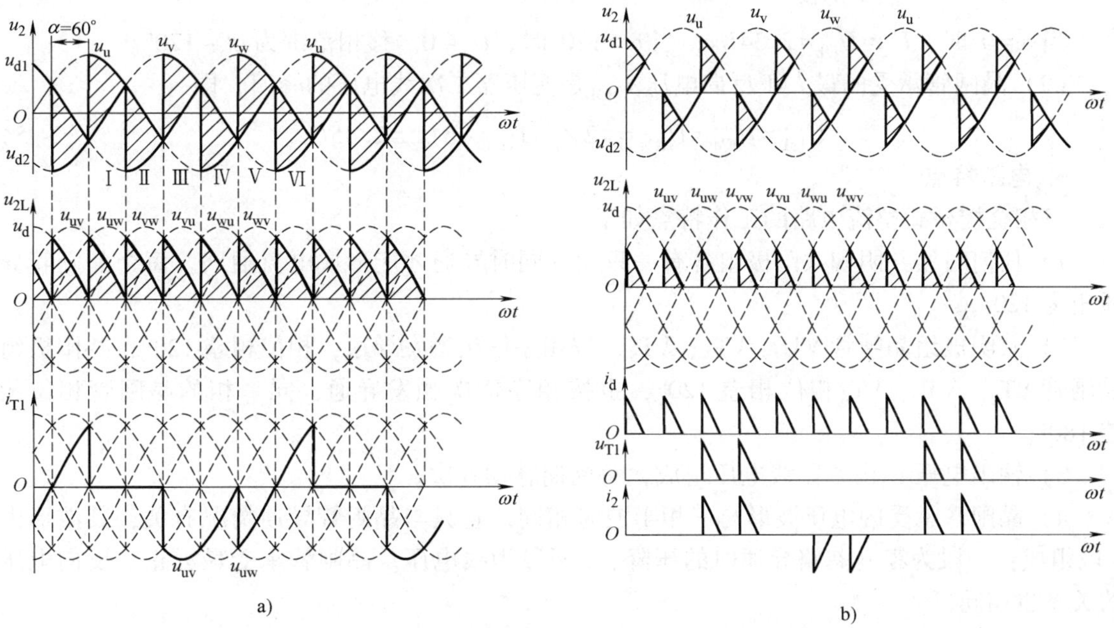

图 2-16　三相桥式全控整流电路带电阻性负载对应不同触发延迟角时的波形

a）$\alpha=60°$　b）$\alpha=90°$

三相桥式全控整流电路输出电压、晶闸管导通情况见表 2-7。

表 2-7　三相桥式全控整流电路输出电压、晶闸管导通情况表

项目 \ 范围	$\omega t_1\sim\omega t_2$	$\omega t_2\sim\omega t_3$	$\omega t_3\sim\omega t_4$	$\omega t_4\sim\omega t_5$	$\omega t_5\sim\omega t_6$	$\omega t_6\sim\omega t_7$
输出电压	u_{uv}	u_{uw}	u_{vw}	u_{vu}	u_{wu}	u_{wv}
导通晶闸管	VT_1、VT_6	VT_1、VT_2	VT_2、VT_3	VT_3、VT_4	VT_4、VT_5	VT_5、VT_6

4. 基本数量关系

（1）输出电压平均值 U_d

输出电压平均值的物理含义是：输出电压一个波头的面积除以周期 π/3，同时 α 的起点离开所对应的正弦波线电压零点为 π/3。因为 $\alpha=60°$是 u_d波形连续和断续的分界点。$\alpha\leqslant60°$时，输出电压 u_d波形连续，$\alpha>60°$时，u_d波形断续，因此，计算输出电压平均值 U_d时应分两种情况进行。

1）$\alpha\leqslant60°$时，一个2π周期中有6个相同的波形，或每60°有1个波形。因此计算U_d的表达式为

$$U_d=\frac{6}{2\pi}\int_{\frac{\pi}{3}+\alpha}^{\frac{2\pi}{3}+\alpha}\sqrt{3}\sqrt{2}U_2\sin(\omega t)\mathrm{d}(\omega t)=\frac{1}{\pi/3}\int_{\frac{\pi}{3}+\alpha}^{\frac{2\pi}{3}+\alpha}\sqrt{3}\sqrt{2}U_2\sin(\omega t)\mathrm{d}(\omega t)$$
$$=2.34U_2\cos\alpha=1.35U_{21}\cos\alpha \tag{2-43}$$

2）$\alpha>60°$时，波形在π处结束，U_d表达式的积分上限为π，所以

$$U_d=\frac{1}{\pi/3}\int_{\frac{\pi}{3}+\alpha}^{\pi}\sqrt{3}\sqrt{2}U_2\sin(\omega t)\mathrm{d}(\omega t)=2.34U_2(1+\cos(\pi/3+\alpha)) \tag{2-44}$$

当$\alpha=0°$时，$U_d=U_{d0}=2.34U_2$；当$\alpha=120°$时，$U_d=0$。移相范围为0°~120°。

（2）晶闸管承受的最大正反向电压U_{TM}是变压器二次线电压的峰值，即

$$U_{TM}=U_{FM}=U_{RM}=\sqrt{2}\times\sqrt{3}U_2=\sqrt{6}U_2=2.45U_2 \tag{2-45}$$

5. 电路特点

三相全控桥式整流电路的工作特点如下。

1）任何时候共阴和共阳极组各有一只元件同时导通才能形成电流通路。每个晶闸管导通角为120°。

2）共阴极组晶闸管VT_1、VT_3、VT_5，按相序依次触发导通，相位相差120°，共阳极组晶闸管VT_2、VT_4、VT_6相位相差120°，也按相序依次触发导通，同一相的晶闸管相位相差180°。

3）输出电压u_d由6段线电压组成，每周期脉动6次。

4）晶闸管承受的电压波形与三相半波时相同，它只与晶闸管导通情况有关，其波形由3段组成：一段为零（忽略导通时的压降），两段为线电压。晶闸管承受最大正、反向电压的关系也相同。

5）变压器二次绕组流过正、负两个方向的电流，消除了变压器的直流磁化，提高了利用率。

6）对触发脉冲宽度的要求：整流桥正常工作时，需保证同时导通的两个晶闸管均有脉冲，常用的方法有两种：一种是宽脉冲触发，它要求触发脉冲的宽度大于60°（一般为80°~100°），另一种是双窄脉冲触发，即触发一个晶闸管时，向小一个序号的晶闸管补发一个脉冲。宽脉冲触发要求触发功率大，易使脉冲变压器饱和，所以多采用双脉冲触发。

2.3.2 三相桥式全控整流电路（阻-感性负载）

1. 工作情况和电路波形

1）当$\alpha\leqslant60°$时，三相全控桥式整流电路的u_d波形连续，工作情况与带电阻性负载时相似，各晶闸管的通断情况、输出整流电压u_d波形、晶闸管承受的电压波形都一样；区别在于：由于负载电感的存在，同样的输出整流电压加到负载上，得到的负载电流i_d波形不同。由于电感的作用，使得负载电流波形变得平直，当电感足够大的时候，负载电流的波形可近似为一条水平线。$\alpha=0°$时的波形如图2-17a所示。

2）$\alpha>60°$时，电感性负载时的工作情况与电阻负载时不同，电阻负载时u_d波形不会出

现负的部分，波形断续，而电感性负载时，由于负载电感感应电势的作用，u_d波形会出现负的部分。图 2-17b 为带电感性负载 $\alpha=90°$时的波形，可以看出：$\alpha=90°$时，u_d波形上下对称，平均值为零，因此带电感性负载三相桥式全控整流电路的 α 角移相范围为 0°~90°。

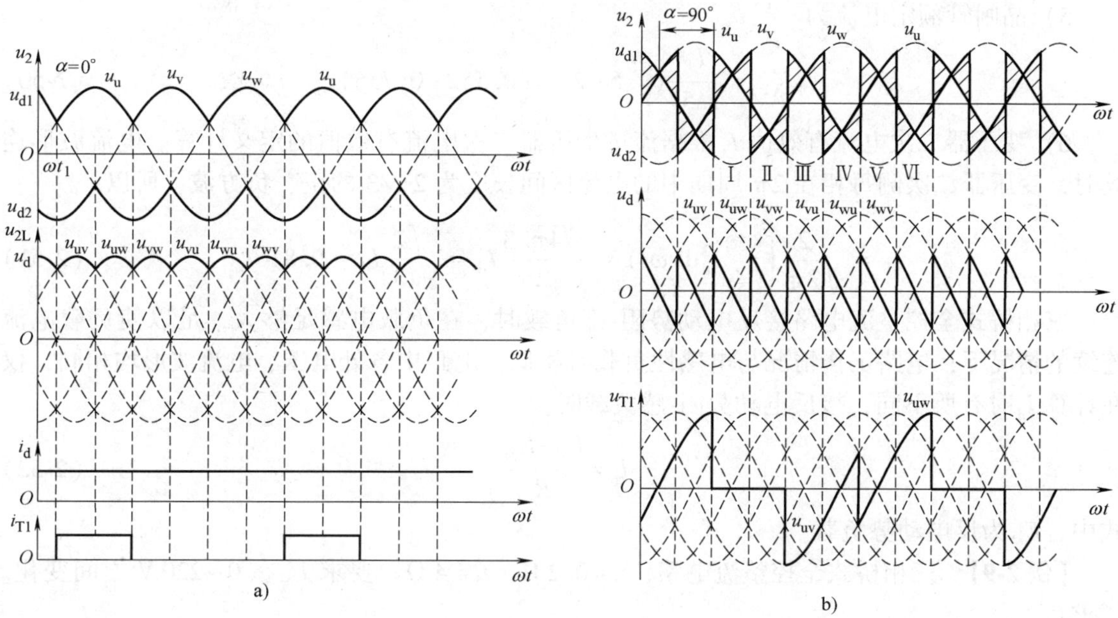

图 2-17　三相桥式全控整流电路带阻-感性负载在不同触发延迟角时的波形

a）$\alpha=0°$　b）$\alpha=90°$

不同 α 时阻-感性负载的仿真和实验波形可参考图 2-95。从理论分析波形、仿真波形和实验波形三者的对比看，基本是一致的。

2. 基本数量关系

1）输出电压平均值 U_d 的计算与电阻性负载相同，对于电感性负载，u_d波形总是连续的，所以输出电压平均值的表达式只用一个。其物理含义是：输出电压一个波头的面积除以周期 $\pi/3$，触发延迟角 α 的起点离开所对应的正弦波线电压零点为 $\pi/3$。1 个 2π 周期中有 6 个相同的波形，或每 60°有 1 个波形。因此计算 U_d 的表达式为

$$U_d=\frac{6}{2\pi}\int_{\frac{\pi}{3}+\alpha}^{\frac{2\pi}{3}+\alpha}\sqrt{3}\sqrt{2}U_2\sin(\omega t)\mathrm{d}(\omega t)=\frac{1}{\pi/3}\int_{\frac{\pi}{3}+\alpha}^{\frac{2\pi}{3}+\alpha}\sqrt{3}\sqrt{2}U_2\sin(\omega t)\mathrm{d}(\omega t)$$
$$=2.34U_2\cos\alpha=1.35U_{2L}\cos\alpha \tag{2-46}$$

2）输出电流平均值为

$$I_d=2.34\frac{U_2}{R}\cos\alpha \tag{2-47}$$

3）晶闸管电流平均值 I_{dT}，由于每个周期 360°中，6 个晶闸管分成 3 对轮流导通 120°，流过每个晶闸管的平均电流是负载平均电流的 1/3。即

$$I_{dT}=\frac{1}{3}I_d \tag{2-48}$$

4）晶闸管电流有效值 I_T根据流过晶闸管电流有效值的定义计算。电流波形连续时，每

个晶闸管在 2π 周期中导通 2π/3 区间，所以

$$I_T = \sqrt{\frac{1}{2\pi}\int_{\frac{\pi}{6}+\alpha}^{\frac{5\pi}{6}+\alpha} I_d^2 d(\omega t)} = \sqrt{\frac{2\pi/3}{2\pi}} I_d = \frac{1}{\sqrt{3}} I_d = 0.577 I_d \tag{2-49}$$

5）晶闸管额定电流为

$$I_{T(AV)} = \frac{I_T}{1.57}(1.5\sim2) = (0.552\sim0.736) I_d \tag{2-50}$$

6）变压器二次电流有效值 I_T根据流过变压器二次电流有效值的定义计算。电流波形连续时，变压器二次侧每相在 2π 周期中的电流区间长度为 2π/3 的正、负方波，所以

$$I_T = \sqrt{\frac{2}{2\pi}\int_{\frac{\pi}{6}+\alpha}^{\frac{5\pi}{6}+\alpha} I_d^2 d(\omega t)} = \sqrt{\frac{4\pi/3}{2\pi}} I_d = \sqrt{\frac{2}{3}} I_d = 0.816 I_d \tag{2-51}$$

三相桥式全控整流电路接反电动势阻-感负载时，在负载电感足够大，足以使负载电流连续的情况下，电路工作情况与电感性负载时相似，电路中各处电压、电流波形均相同，仅在计算 I_d时有所不同，接反电动势阻-感负载时：

$$I_d = \frac{U_d - E_M}{R} \tag{2-52}$$

式中，E_M为反电动势负载。

【例 2-9】 三相桥式全控整流电路，$L=0.2\ \mathrm{H}$，$R=4\ \Omega$。要求 U_d在 0~220 V 之间变化。试求：

1）整流变压器二次相电压 U_2。

2）计算晶闸管电压、电流额定值，如果电压、电流按安全系数 2 计算，选择晶闸管。

3）变压器二次电流有效值 I_2。

4）计算整流变压器二次容量 S_2。

解： 计算得 $\omega L = 2\pi f L = 62.8\ \Omega$，而 $R=4\ \Omega$，所以按大电感负载情况计算。当 U_d电压最大时，三相桥式全控整流电路触发延迟角最小，为 $\alpha_{min}=0$。

1）计算整流变压器二次侧相电压 U_2：

$$U_d = 2.34 U_2, \text{则 } U_2 = 220/2.34\ \mathrm{V} = 94\ \mathrm{V}$$

2）晶闸管承受的最大峰电压为

$$U_{TM} = \sqrt{6} U_2 = 230.25\ \mathrm{V}$$

按安全系数 2 计算，则 $U_{Tn} = 2U_{TM} = 460.5\ \mathrm{V}$，选额定电压 500 V 晶闸管。

负载电流平均值 $I_d = U_d/R = 55\ \mathrm{A}$，晶闸管电流平均值 $I_{dT} = \frac{1}{3} I_d = 55/3\ \mathrm{A} = 18.3\ \mathrm{A}$，则

$$I_T = \frac{1}{\sqrt{3}} I_d = 55/\sqrt{3}\ \mathrm{A} = 31.75\ \mathrm{A}$$

按安全系数 2 计算，则 $I_{T(AV)} = 2\times\frac{1}{1.57} I_T = 2\times31.75/1.57\ \mathrm{A} = 40.4\ \mathrm{A}$，选额定通态平均电流为 50 A 的晶闸管。

3）计算变压器二次电流有效值 I_2为

$$I_2 = \sqrt{2/3}\, I_d = 44.9\ \mathrm{A}$$

4）计算整流变压器二次容量 S_2 为

$$S_2 = 3U_2I_2 = 3\times94\times44.9\ \text{V}\cdot\text{A} = 12.66\ \text{kV}\cdot\text{A}$$

【例 2-10】 三相桥式全控整流电路，$U_2 = 220\ \text{V}$，$\alpha = \pi/3$。反电势负载，$E_M = 100\ \text{V}$，$R = 20\ \Omega$，L 值极大。根据上述情况，计算直流输出电压 U_d、电流 I_d、变压器二次电流有效值 I_2。

解： 带反电势负载时，直流输出电压平均值为

$$U_d = 2.34U_2\cos\alpha = 2.34\times220\times\cos\frac{\pi}{3}\ \text{V} = 257.4\ \text{V}$$

直流输出电流平均值为

$$I_d = \frac{U_d - E_M}{R} = \frac{257.4-100}{20}\ \text{A} = 7.87\ \text{A}$$

变压器二次电流有效值为

$$I_2 = \sqrt{\frac{2}{3}}I_d = \sqrt{\frac{2}{3}}\times7.87\ \text{A} = 6.43\ \text{A}$$

2.4 三相桥式半控整流电路

2.4.1 三相桥式半控整流电路（电阻性负载）

1. 电路结构

三相桥式半控整流电路（电阻性负载）如图 2-18a 所示，它由共阴极接法的三相半波可控整流电路与共阳极接法的三相半波不可控整流电路串联而成，因此这种电路兼有可控与不可控两者的特性。共阳极组的 3 个整流二极管总是在自然换流点换流，使电流换到阴极电位更低的一相中去；而共阴极组的 3 个晶闸管则要在触发后才能换到阳极电位高的那一相中去。输出整流电压 u_d 的波形是二组整流电压波形之和，改变共阴极组晶闸管的触发延迟角 α，可获得 0~2.34U_2 的直流可调电压。

2. 工作原理和电路波形

1）当触发延迟角 $\alpha = 0°$时，触发脉冲在自然换流点出现，共阴极接法的晶闸管整流电路输出电压最大，其数值为 2.34U_2，三相半控桥式整流电路的输出电压 u_d 的波形与三相全控桥式整流电路在 $\alpha = 0°$时输出的电压波形一样。

2）当 $\alpha \leqslant 60°$时，图 2-18b 所示为 $\alpha = 30°$时的波形。在 ωt_1 时，u_{g1}触发VT_1 管导通，电源电压 u_{uv}通过VT_1、VD_6 加于负载。在 ωt_2 时，共阳极组二极管自然换流，所以 ωt_2 之后，VD_2 导通，VD_6 自关断，电源电压 u_{uw}通过VT_1、VD_2 加于负载。在 ωt_3 时刻，由于 u_{g3}还未出现，VT_3 不能导通，VT_1 维持导通，到 ωt_4 时刻，触发VT_3 管，VT_3 导通后使VT_1 管承受反向电压而关断，电路转为VT_3 与VD_2 导通，依次类推，负载 R 上得到的是 3 个间隔波头完整、3 个波头缺角的脉动波形。

3）当 $\alpha = 60°$时，u_d 波形只剩下 3 个波头，波形刚好维持连续，如图 2-18c 所示。

4）当 $\alpha > 60°$时，u_d波形断续。图 2-18d 是 $\alpha = 120°$时 u_d的波形。

不同 α 角电阻性负载时的仿真波形可参考图 2-98。对照理论分析波形来看，它们是一致的。

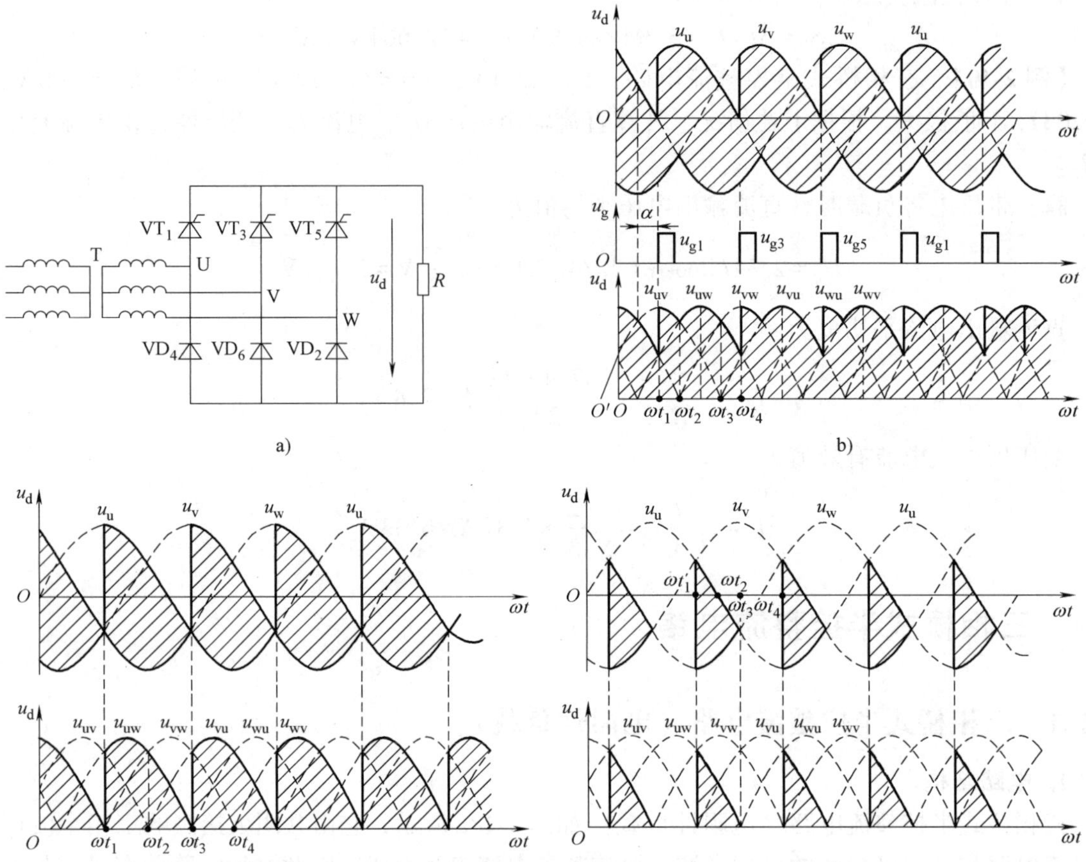

图 2-18　三相桥式半控整流电路（电阻性负载）及其电压、电流波形

a）电路图　b）$\alpha=30°$　c）$\alpha=60°$　d）$\alpha=120°$

2.4.2　三相桥式半控整流电路（阻-感性负载）

三相桥式半控整流电路与单相桥式半控整流电路一样，桥路内部二极管有续流作用，因此在带电感性负载时，输出 u_d 波形和平均电压 U_d 值与带电阻性负载时一样，不会出现负电压。

大电感负载若负载端不加接续流二极管，当突然切断触发信号或把触发延迟角突然调到180°以外时，与单相桥式半控整流电路时一样，也会发生某个导通着的晶闸管不关断，而共阳极组的 3 个整流二极管轮流导通的失控现象。为了避免这种现象，在三相桥式半控整流电路带电感性负载时，必须并联续流二极管。

三相桥式半控整流电路与三相桥式全控整流电路各有优点，现比较如下。

1）三相桥式全控整流电路能工作于有源逆变状态，而三相半控桥式整流电路只能作可控整流，不能工作于逆变状态（逆变原理后面再讲）。

2）三相桥式全控整流电路输出电压脉动小，基波频率为 300 Hz，比三相桥式半控整流电路高一倍，在同样的脉动要求下，桥式全控整流电路要求平波电抗器的电感量可小些。

3）三相桥式半控整流电路只用 3 个晶闸管，只需 3 套触发电路，不需要宽脉冲或双脉冲触发，因此线路简单经济，调整方便。

4）三相桥式全控整流电路控制增益大、灵敏度高，其控制滞后时间（改变电路的 α 角后，直流输出电压相应变化的时间）为 3.3ms，而三相桥式半控整流电路为 6.6ms，因此三相桥式全控整流电路的动态响应比桥式半控整流电路好。

2.5 变压器漏抗对整流电路的影响

前面介绍整流电路时，曾经假设变压器为理想变压器，变压器的漏抗、绕组电阻和励磁电流都可忽略；曾经假设晶闸管元件是瞬时动作的理想开关。但实际的电源变压器存在漏电抗和电阻，由于电感对电流的变化起阻碍作用，电感电流不能突变，因此晶闸管元件的换相过程是不可能瞬时完成的。

1. 换相过程与换相重叠角

考虑变压器漏抗后的三相半波可控整流电路如图 2-19a 所示，其中三相漏抗相等，忽略交流侧的电阻，并假设负载回路电感足够大，负载电流连续且平直。

下面以三相半波可控整流电路为例，来讨论晶闸管从 u 相到 v 相的换相过程。在 u 到 v 相的换流前，VT_1仍导通，换流时触发 VT_2，由于变压器漏抗的作用，VT_1不能立即关断，i_u从 I_d逐渐减小到零；同样 VT_2也不能立即导通，i_v从零逐渐增加到 I_d，电流有一个换相重叠过程，换相重叠角为γ。换相过程中，两个晶闸管同时导通，相当于 u、v 两相短路，在 u_{vu}电压作用下产生短路电流 i_k，u 相电流 $i_u=I_d-i_k$，v 相电流 $i_v=i_k$。当$i_u=0$，$i_v=I_d$时，u 相和 v 相之间完成了换流，如图 2-19b 所示。

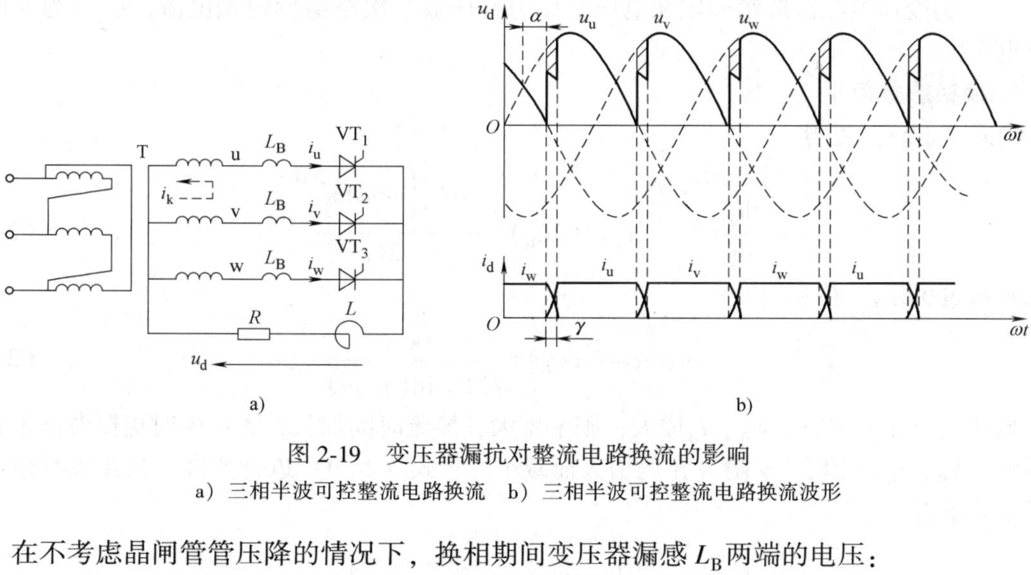

图 2-19 变压器漏抗对整流电路换流的影响

a）三相半波可控整流电路换流 b）三相半波可控整流电路换流波形

在不考虑晶闸管管压降的情况下，换相期间变压器漏感 L_B两端的电压：

$$u_v-u_u=2L_B\frac{di_k}{dt}$$

$$L_B\frac{di_k}{dt}=\frac{1}{2}(u_v-u_u) \tag{2-53}$$

2. 换相期间的整流电压

$$u_d = u_u + L_B \frac{di_k}{dt} = u_v - L_B \frac{di_k}{dt} = \frac{1}{2}(u_u + u_v) \tag{2-54}$$

3. 换相压降

由图 2-19 的波形可以看出：与不考虑变压器漏抗的情况比较，整流电压波形少了一块（图中的阴影部分），以 m 相计算，缺少部分的计算如下：

$$\Delta u_d = \frac{1}{2\pi/m}\int_{\alpha}^{\alpha+\gamma}(u_v - u_d)d(\omega t) = \frac{1}{2\pi/m}\int_{\alpha}^{\alpha+\gamma} L_B \frac{di_k}{dt}d(\omega t) = \frac{m}{2\pi}\int_0^{I_d}\omega L_B di_k = \frac{m}{2\pi}X_B I_d \tag{2-55}$$

式中，X_B是漏感为 L_B的变压器每相折算到二次侧的漏电抗 $X_B=\omega L_B$；m 是每周期换相次数。

说明：

1）单相双半波电路 $m=2$，三相半波电路 $m=3$，三相桥式电路 $m=6$。

2）需要特别说明的是，对于单相桥式全控整流电路，换相压降的计算上述通式不成立，因为单相全控桥虽然每周期换相两次（$m=2$），但换相过程中 i_k是从$-I_d$增加到 I_d，所以对于单相全控桥有

$$\Delta U_d = \frac{4}{2\pi}X_B I_d \tag{2-56}$$

3）换相压降可看成在整流电路直流侧增加一只等效内电阻，负载电流在它上面产生的压降，区别仅在于这个内阻并不消耗有功功率。它可以根据变压器的铭牌参数计算，有

$$X_B = \frac{U_2}{I_2}\cdot\frac{U_K\%}{100} \tag{2-57}$$

式中，U_2 为变压器二次绕组额定相电压，I_2 为变压器二次绕组额定相电流，$U_K\%$为变压器阻抗电压比。

4. 换相重叠角 γ

由式（2-53）可得

$$\frac{di_k}{dt} = (u_v - u_u)/(2L_B) = \frac{\sqrt{6}U_2\left(\sin\omega t - \frac{5\pi}{6}\right)}{2L_B} \tag{2-58}$$

对上式两边积分，可得

$$\cos\alpha - \cos(\alpha+\gamma) = \frac{X_B I_d}{\sqrt{2}U_2\sin(\pi/m)} \tag{2-59}$$

显然，当 α 一定时，X_B、I_d增大，则 γ 增大，换流时间加长，大电流时更要考虑重叠角的影响。X_B、I_d一定时，γ 随 α 角的增大而减小。将式（2-59）进行变换，换相重叠角可直接由下式求得：

$$\gamma = \cos^{-1}\left(\cos\alpha - \frac{X_B I_d}{\sqrt{2}U_2\sin(\pi/m)}\right) - \alpha$$

式中，m 为每周期换相次数。单相双半波电路 $m=2$，三相半波电路 $m=3$。需要说明的是：

1）对于单相全控桥，因为换相过程中，i_k是从$-I_d$增加到 I_d，式（2-59）中 I_d 代以 $2I_d$，m 取 2。所以对于单相全控桥有

$$\cos\alpha-\cos(\alpha+\gamma)=\frac{2I_dX_B}{\sqrt{2}U_2} \tag{2-60}$$

2）对于三相桥式电路，虽然有 $m=6$，但式（2-59）仅适用于六相半波整流电路，这里需要把三相桥式电路等效为相电压为$\sqrt{3}U_2$ 的六相半波整流电路，将这些数值代入式（2-59），有

$$\cos\alpha-\cos(\alpha+\gamma)=\frac{2I_dX_B}{\sqrt{6}U_2} \tag{2-61}$$

表 2-8 列出了几种整流电路换相压降和换相重叠角的计算公式，表中所列 m 脉波整流电路的公式为通用公式，可适用于各种整流电路，对于表中未列出的电路可用该公式导出。

表 2-8　几种整流电路换相压降和换相重叠角的计算公式

电路形式	单相全波	单相全控桥	三相半波	三相全控桥	m 脉波整流电路
ΔU_d	$\frac{X_B}{\pi}I_d$	$\frac{2X_B}{\pi}I_d$	$\frac{3X_B}{2\pi}I_d$	$\frac{3X_B}{\pi}I_d$	$\frac{mX_B}{2\pi}I_d$
$\cos\alpha-\cos(\alpha+\gamma)$	$\frac{I_dX_B}{\sqrt{2}U_2}$	$\frac{2I_dX_B}{\sqrt{2}U_2}$	$\frac{2I_dX_B}{\sqrt{6}U_2}$	$\frac{2I_dX_B}{\sqrt{6}U_2}$	$\frac{X_BI_d}{\sqrt{2}U_2\sin(\pi/m)}$

由此可见，变压器漏感的存在会引起电网波形畸变，出现电压缺口，使 du/dt 加大，成为干扰源，影响其他负载；另外，变压器漏感的存在会使功率因数降低，整流电路的工作状态增多（既有 2 个元件同时导通又有 3 个元件同时导通），输出电压脉动增大。当然，变压器的漏感 L_B 也不是一无是处，它的存在可以限制短路电流，限制电流变化率 di/dt。

2.6　晶闸管相控电路的驱动控制

2.6.1　晶闸管的门极驱动（触发）

晶闸管的门极驱动又称为触发，相应的门极驱动电路又称为触发电路。它决定了晶闸管的导通时刻，是晶闸管变流装置中不可缺少的重要组成部分。

1. 对触发电路的要求

晶闸管触发主要有移相触发、过零触发和脉冲列调制触发等。对触发脉冲的要求如下。

1）为减小门极损耗，广泛采用脉冲触发信号。

2）触发脉冲应有足够的功率，并留有一定的裕量。

3）触发脉冲应有一定的宽度，脉冲的前沿应尽可能陡，使元件在触发导通后，阳极电流能迅速上升超过擎住电流而维持导通。对于电感性负载，由于电感会抵制电流上升，因而触发脉冲的宽度应更大一些或采用双窄脉冲，有些则需要强触发脉冲。

4）触发脉冲必须与晶闸管的阳极电压同步，脉冲移相范围必须满足电路要求。

2. 常用的触发脉冲信号

常用的触发脉冲波形如图 2-20 所示。

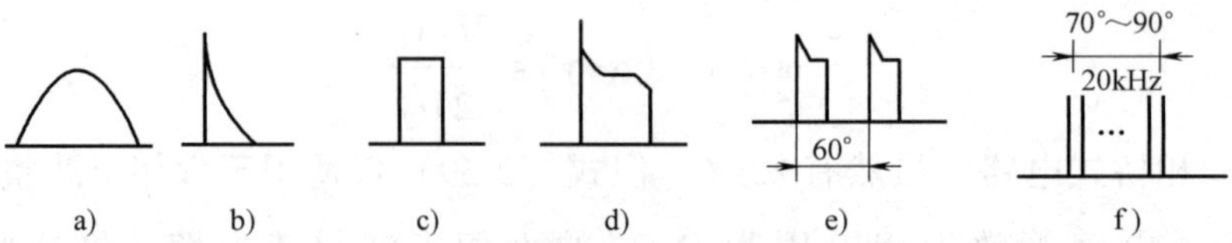

图 2-20　常用的触发脉冲波形

a）为正弦波触发脉冲信号。由于前沿不陡，触发准确性差，仅用在触发要求不高的场合

b）为尖脉冲。生成较容易，电路简单，也用于触发要求不高的场合

c）为矩形脉冲，较常用

d）为强触发脉冲。前沿陡，宽度可变，有强触发功能，适用于大功率场合

e）为双窄脉冲。有强触发功能，变压器耦合效率高，用于控制精度较高，感性负载的装置

f）为脉冲列脉冲。具有双窄脉冲的优点，应用广泛

3. 脉冲触发电路与晶闸管的连接方式

（1）直接连接

主电路和触发电路采用导线直接连接，如图 2-21a 所示。由于主电路电压较高，采用直接连接易造成操作不安全，主电路又往往干扰触发电路，所以这种连接常用在一些简单设备中。

（2）光电耦合器连接

光电耦合器是一种将电信号转换为光信号，又将光信号转换为电信号的半导体器件。它将发光和受光的元件密封在同一管壳里，以光为媒介传递信号。光电耦合器的发光源通常选砷化镓发光二极管，而受光部分采用硅光电二极管及光电晶体管。光电耦合器具有可实现输入和输出间电隔离，绝缘性能好，抗干扰能力强的优点。在用微机组成的触发电路中经常采用，如图 2-21b 所示。

（3）脉冲变压器耦合连接

脉冲变压器能够很好地把一次侧的脉冲信号传输到二次绕组，二次绕组与晶闸管连接，主电路与控制电路有良好的电气绝缘。图 2-21c 是采用脉冲变压器隔离的电路形式，VD_1、VD_2用来消除负半周波，为晶闸管提供正向触发脉冲，起抗干扰作用，发光二极管用来指示脉冲是否正常。

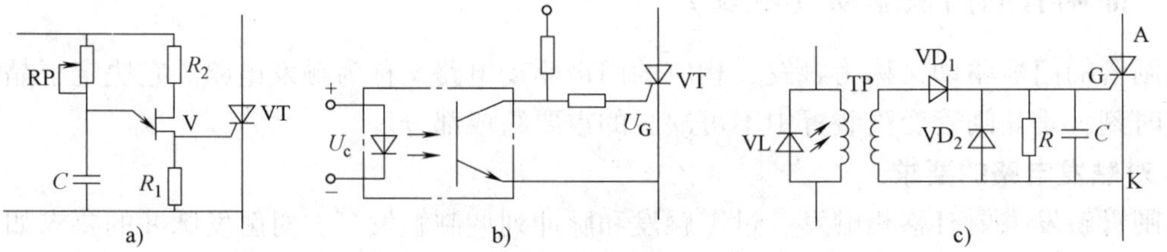

图 2-21　触发电路与晶闸管的连接方式

一般的小功率变流器较多采用单结晶体管触发电路；大、中功率的变流器，对触发电路的精度要求较高，对触发功率要求较大，故广泛应用晶体管触发电路和集成触发电路，其中以同步信号为锯齿波的触发电路应用最多。

2.6.2　单结晶体管触发电路

单结晶体管触发电路，具有简单、可靠、触发脉冲前沿陡、抗干扰能力强等优点，在单相与要求不高的三相晶闸管变流装置中得到广泛应用。

1. 单结晶体管

（1）单结晶体管的结构

单结晶体管的原理结构如图 2-22a 所示。它有 3 个电极，E 为发射极，B_1为第一基极，B_2为第二基极。因为只有一个 PN 结，故称为“单结晶体管”，又因为有两个基极，所以又称为“双基二极管”。

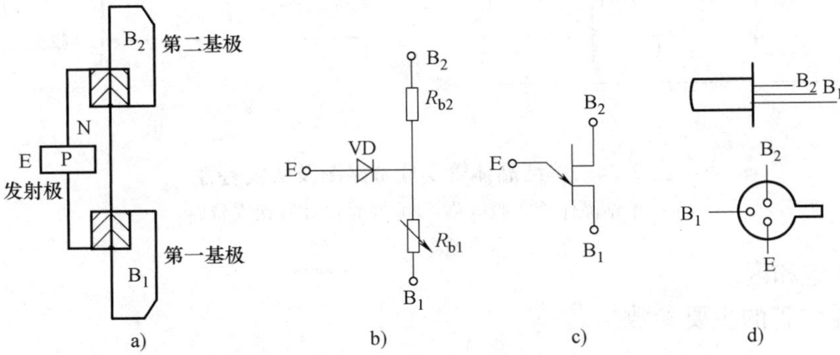

图 2-22　单结晶体管的结构、等效电路、图形符号及引脚排列

a）原理结构图　b）等效电路　c）图形符号　d）外形与引脚排列

单结晶体管等效电路如图 2-22b 所示，两个基极间的电阻 $R_{bb}=R_{b1}+R_{b2}$，一般为 2～12 kΩ。在正常工作时，R_{b1}是随发射极电流大小而变化的，相当于一个可变电阻。PN 结可等效为二极管 VD，它的正向导通压降通常为 0.7 V。单结晶体管的图形符号如图 2-22c 所示。触发电路常用的国产单结晶体管型号主要有 BT31、BT33、BT35，其外形与引脚排列如图2-22d 所示。单结晶体管实物图及引脚如图 2-23所示。

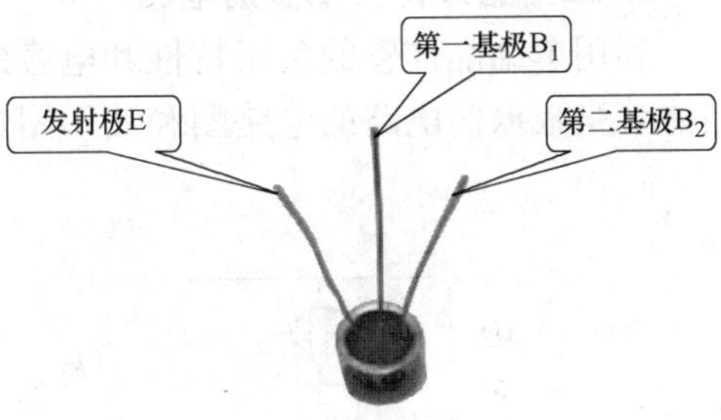

图 2-23　单结晶体管实物图及引脚

（2）单结晶体管的伏安特性及主要参数

1）单结晶体管的伏安特性。

单结晶体管的伏安特性：当两基极 B_1和 B_2间加某一固定直流电压 U_{bb}时，发射极电流 I_e 与发射极正向电压 U_e之间的关系曲线称为单结晶体管的伏安特性 $I_e=f(U_e)$，单结晶体管实验电路图及伏安特性如图 2-24 所示。当开关 S 断开，I_{bb}为零，加发射极电压 U_e时，得到如图 2-24b①所示伏安特性曲线，该曲线与二极管伏安特性曲线相似。

在伏安特性曲线上：

① *ap* 段为截止区。其中 *ab* 段只有很小的反向漏电流，*bp* 段出现正向漏电流。*p* 点为截止状态进入导通状态的转折点。*p* 点所对应的电压称为峰点电压 U_p，所对应的电流称为峰点电流 I_p。

② *pv* 段为负阻区。随着 I_e 增大 U_e下降，R_{b1}呈现负电阻特性。曲线上的 *v* 点 U_e最小，*v* 点称为谷点。谷点所对应的电压和电流称为谷点电压 U_v 和谷点电流 I_v。

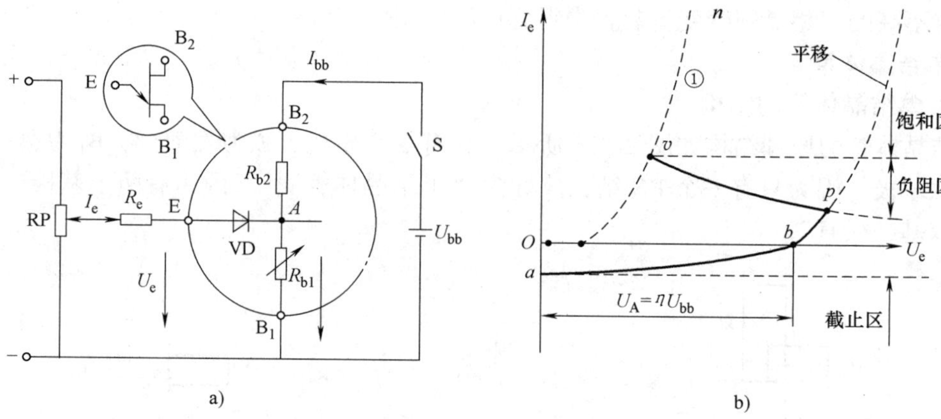

图 2-24　单结晶体管实验电路图及伏安特性

a）单结晶体管实验电路　b）单结晶体管伏安特性

③ vn 段为饱和区。

2）单结晶体管的主要参数。

单结晶体管的主要参数有基极间电阻 R_{bb}、分压比 $\eta=\dfrac{R_{b1}}{R_{b1}+R_{b2}}$、峰点电流 I_p、谷点电压 U_v、谷点电流 I_v 及耗散功率等。

2. 单结晶体管张弛振荡电路

利用单结晶体管的负阻特性和电容的充放电，可以组成单结晶体管张弛振荡电路。单结晶体管张弛振荡电路的电路图和波形图如图 2-25 所示。

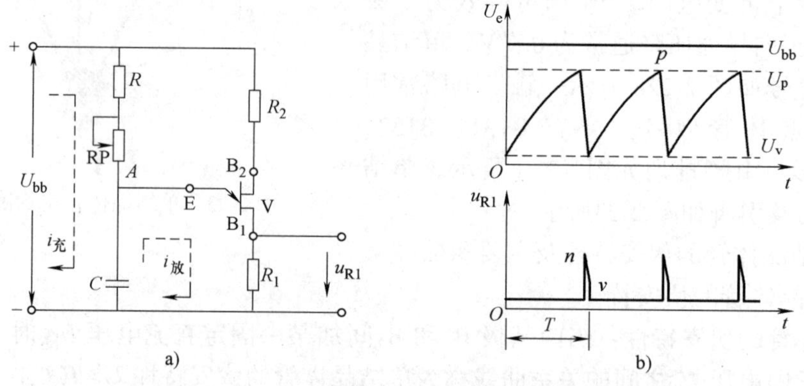

图 2-25　单结晶体管张弛振荡电路的电路图和波形图

a）电路图　b）波形图

设电容器初始没有电压，电路接通以后，单结晶体管是截止的，电源经电阻 R、电位器 RP 对电容 C 进行充电，电容电压从零起按指数规律上升；当电容两端电压达到单结晶体管的峰点电压 U_p时，单结晶体管导通，电容开始放电，由于放电回路的电阻很小，因此放电很快，放电电流在电阻 R_1上产生了尖脉冲。随着电容放电，电容电压降低，当电容电压降到谷点电压 U_v以下，单结晶体管截止，接着电源又重新对电容进行充电，如此周而复始，在电容 C 两端会产生一个锯齿波，在电阻 R_1两端将产生一个尖脉冲波，如图 2-25b 所示。

3. 单结晶体管触发电路

上述单结晶体管张弛振荡电路输出的尖脉冲可以用来触发晶闸管，但不能直接作为触发电路，还必须解决触发脉冲与主电路的同步问题。

图 2-26 所示为单结晶体管同步触发电路，是由同步电路、脉冲移相与形成两部分组成的。

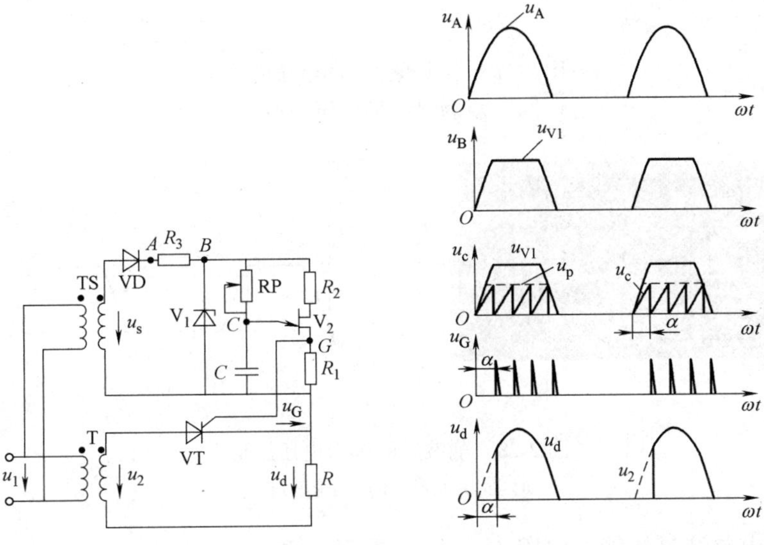

a) b)

图 2-26 单结晶体管同步触发电路

（1）同步电路

1）什么是同步。触发信号和电源电压在频率和相位上相互协调的关系叫同步。例如，在单相半波可控整流电路中，触发脉冲应出现在电源电压正半周范围内，而且每个周期的 α 角相同，确保电路输出波形不变，输出电压稳定。

2）同步电路组成。同步电路由同步变压器 TS、整流二极管 VD、限流电阻 R_3 及稳压管 V_1 组成。同步变压器一次侧与晶闸管整流电路接在同一电源上，交流电压经同步变压器降压、单相半波整流后再经过稳压管稳压削波，形成一梯形波电压，作为触发电路的供电电压。梯形波电压零点与晶闸管阳极电压过零点一致，从而实现触发电路与整流主电路的同步。

3）波形分析。单结晶体管触发电路的调试以及使用过程中的检修，主要是通过几个点的典型波形来判断某个元器件是否正常。为此我们通过理论波形与实测波形的比较来进行分析。

① 半波整流后脉动电压的波形（图 2-26 中“A”点）。

实测波形如图 2-27a 所示，理论分析波形如图 2-27b 所示，可进行对照比较。

② 削波后梯形电压波形（图 2-26 图中“B”点）。

经稳压管削波后的梯形电压波如图 2-28 所示，图 2-28a 为实测波形、b 为理论波形，可进行对照比较。

（2）脉冲移相与形成

1）电路组成。

脉冲移相与形成电路实际上就是上述的张弛振荡电路。脉冲移相由电位器 RP 和电容 C

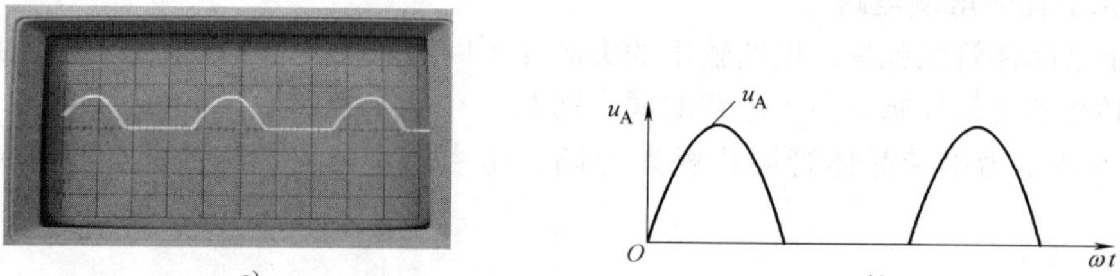

a)　　　　　　　　b)

图 2-27　半波整流后的电压波形

a）实测波形　b）理论波形

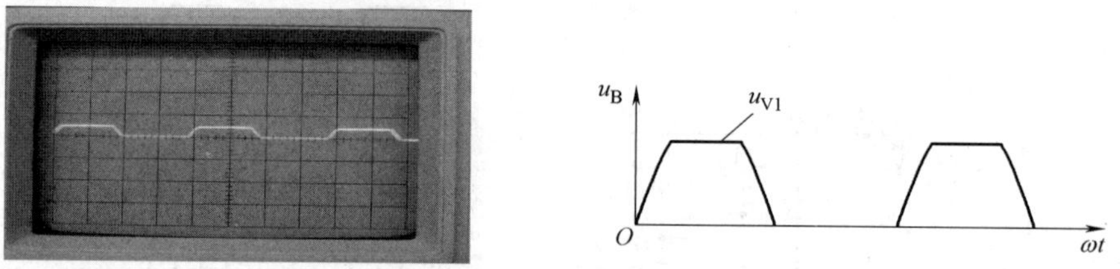

a)　　　　　　　　b)

图 2-28　削波后的梯形电压波形

a）实测波形　b）理论波形

组成，脉冲形成由单结晶体管、电阻 R_2、输出电阻 R_1 组成。

改变张弛振荡电路中给电容 C 的充电电阻的阻值，就可以改变充电的时间常数，图中用电位器 RP 来实现这一变化，例如：

RP $\uparrow \rightarrow \tau_C \uparrow \rightarrow$ 出现第一个脉冲的时间后移 $\rightarrow \alpha \uparrow \rightarrow U_d \downarrow$

2）波形分析。

① 电容电压的波形（图 2-26 中“C”点）。

C 点的实测波形如图 2-29a 所示。由于电容每半个周期在电源电压过零点从零开始充电，当电容两端的电压上升到单结晶体管峰点电压时，单结晶体管导通，触发电路送出脉冲，电容的容量和充电电阻 RP 的大小决定了电容两端的电压从零上升到单结晶体管峰点电压的时间，因此本触发电路无法实现在电源电压过零点即 $\alpha = 0°$ 时送出触发脉冲。图 2-29b 为理论波形，调节电位器 RP 的旋钮，可观察 C 点波形的变化范围。

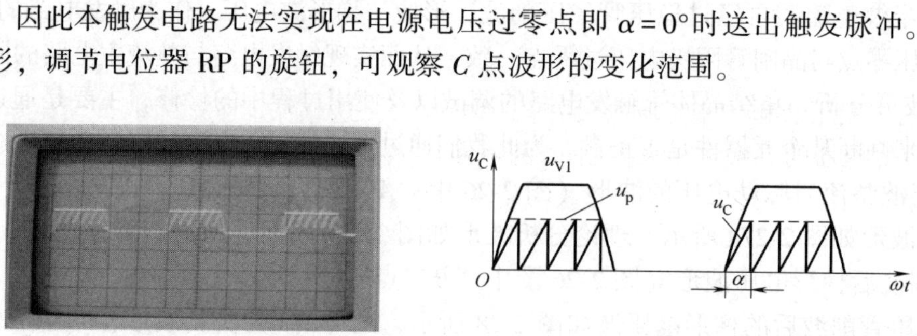

a)　　　　　　　　b)

图 2-29　电容两端电压波形

a）实测波形　b）理论波形

② 输出脉冲的波形（图 2-26 中“G”点）。

测得 G 点的波形如图 2-30a 所示。单结晶体管导通后，电容通过单结晶体管的 EB_1迅速向输出电阻 R_1 放电，在 R_1 上得到很窄的尖脉冲。图 2-30b 为理论波形，可对照进行比较。调节电位器 RP 的旋钮，观察 G 点波形的变化范围。

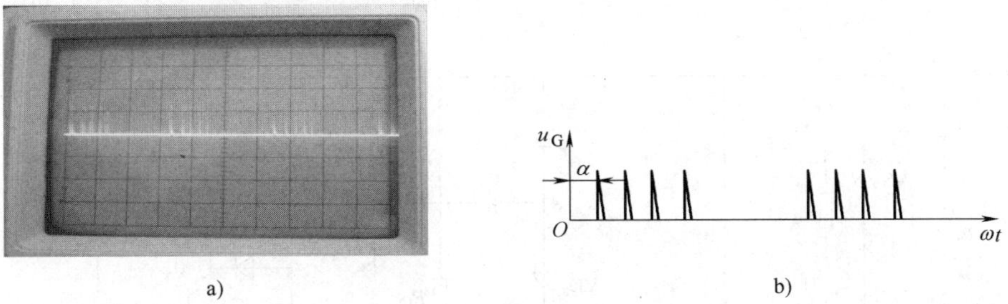

图 2-30 输出波形

a）实测波形 b）理论波形

从上面分析可见，单结晶体管触发电路只能产生窄脉冲。对于电感较大的负载，由于晶闸管在触发导通时阳极电流上升较慢，在阳极电流还未达到管子擎住电流时，触发脉冲已经消失，使晶闸管在触发期间导通后又重新关断。所以单结晶体管如不采取脉冲扩宽措施，是不宜触发电感性负载的。

单结晶体管触发电路一般用于触发带电阻性负载的小功率晶闸管。为满足三相桥式整流电路中晶闸管的导通要求，触发电路应能输出双窄脉冲或宽脉冲。下面讨论能够输出双窄脉冲或宽脉冲的触发电路。

2.6.3 同步信号为锯齿波的触发电路

同步信号为锯齿波的触发电路，由于采用锯齿波同步电压，所以不受电网电压波动的影响，电路的抗干扰能力强，在触发 200 A 以下的晶闸管变流电路中得到广泛应用。

锯齿波触发电路主要由同步环节、锯齿波形成和脉冲移相、脉冲形成与放大、双窄脉冲形成、脉冲封锁和强触发等环节组成，如图 2-31 所示。下面进行简单介绍，详细说明见有关专门资料。

1. 同步环节

图 2-31 中的同步环节由同步变压器 TS、VD_1、VD_2、C_1、R_1和用作同步开关的晶体管 V_2组成。同步变压器和整流变压器接在同一电源上，这就保证了触发脉冲与主电路电源同步。用同步变压器的二次电压来控制 V_2的通断，V_2在一个正弦波周期内，有截止与导通两个状态，对应锯齿波波形恰好是一个周期。对锯齿波触发电路而言，与主电路同步就是要求锯齿波的频率与主电路电源的频率相同且相位关系确定。

2. 锯齿波形成和脉冲移相环节

锯齿波电压形成采用了恒流源电路方案，由 V_1、V_2、V_3和 C_2等元件组成，其中 V_1、VS、RP_2和 R_3为一恒流源电路。

从图 2-31 可知，锯齿波是由开关管 V_2控制的，V_2由导通变截止期间产生锯齿波，V_2截止状态维持的时间就是锯齿波的宽度，V_2的开关频率就是锯齿波的频率。可以看出，锯齿波的宽度是由充电时间常数 R_1C_1决定的。

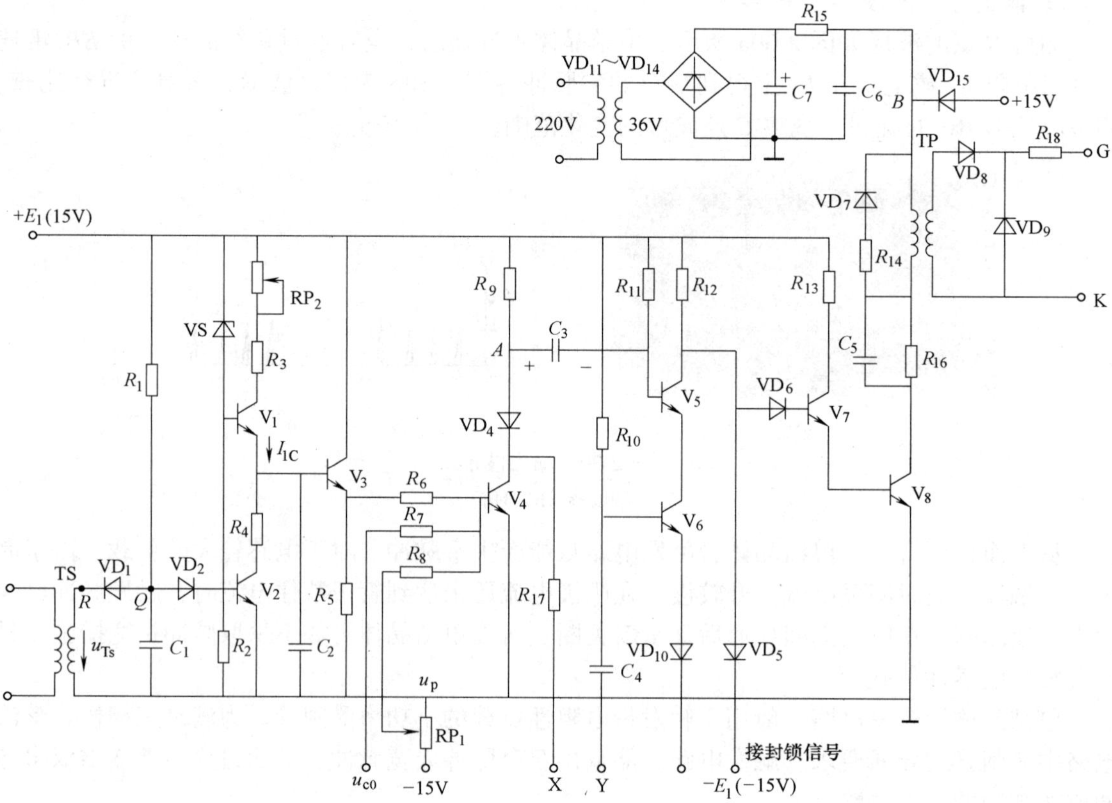

图 2-31　同步信号为锯齿波的触发电路

1）当 V_2截止时，恒流源电流 I_{1c}对电容 C_2充电，u_c（u_{b3}）按线性规律增长，形成锯齿波上升沿；调节电位器 RP_2，可改变 C_2的恒定充电电流 I_{1c}，可见 RP_2是用来调节锯齿波上升沿斜率的。

2）当 V_2导通时，因 R_4很小，所以 C_2迅速放电，使得 u_{b3}（u_c）的电位迅速降到零伏附近。当 V_2周期性地导通和关断时，u_{b3}便形成一锯齿波，同样 u_{e3}也是一个锯齿波。

3）V_4基极电位由锯齿波电压 u_{e3}、控制电压 u'_{c0}、直流偏移电压 u_p三者的叠加作用所决定，它们分别通过电阻 R_6、R_7、R_8与 V_4基极连接。

根据叠加原理，先设 u_h为锯齿波电压 u_{e3}单独作用在 V_4基极时的电压，u_h仍为锯齿波，但斜率比 u_{e3}低。直流偏移电压 u_p单独作用在 V_4基极时的电压 u'_p 也为一条与 u_p平行的直线，但绝对值比 u_p小。控制电压 u_{c0}单独作用在 V_4基极时的电压 u'_{c0}仍为一条与 u_{c0}平行的直线，但绝对值比 u_{c0}小。

如果 $u_{c0}=0$，u_p为负值时，b_4点的波形由 $u_h+u'_p$ 确定。当 u_{c0}为正值时，b_4点的波形由 $u_h+u'_p+u'_{c0}$确定。工作波形如图 2-32 所示。图中 M 点是 V_4由截止到导通的转折点，也就是脉冲的前沿。V_4经过 M 点时电路输出脉冲。因此当 u_p为某固定值时，改变 u_{c0}便可以改变 M 点的坐标，即改变了脉冲产生时刻，脉冲被移相。可见加 u_p的目的是确定控制电压$u_{c0}=0$时脉冲的初始相位。

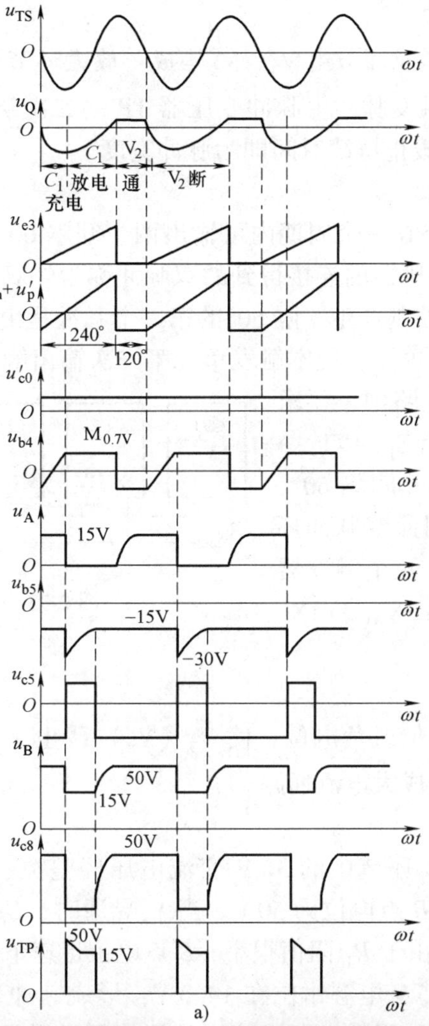

a)

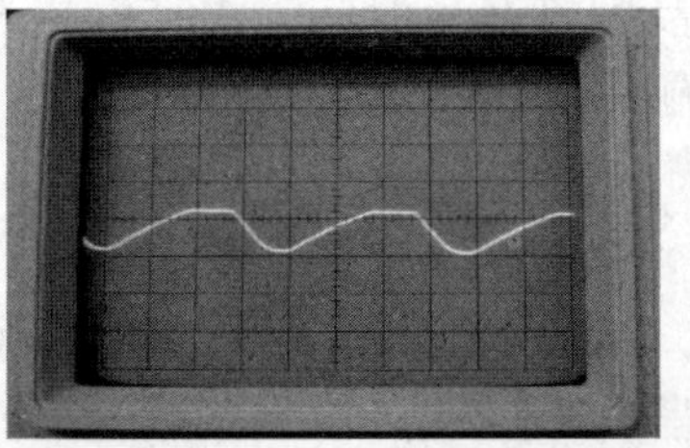

b)

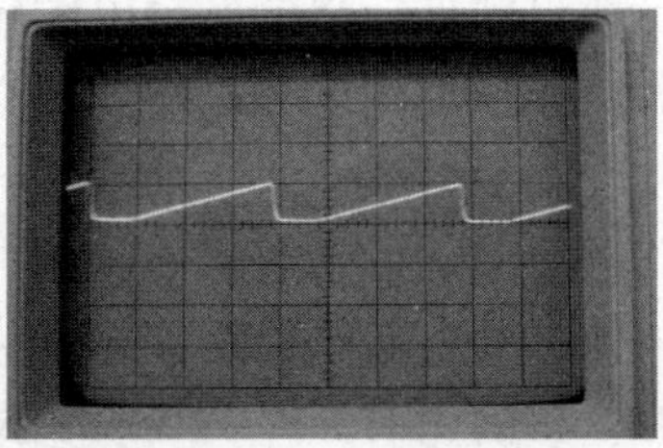

c)

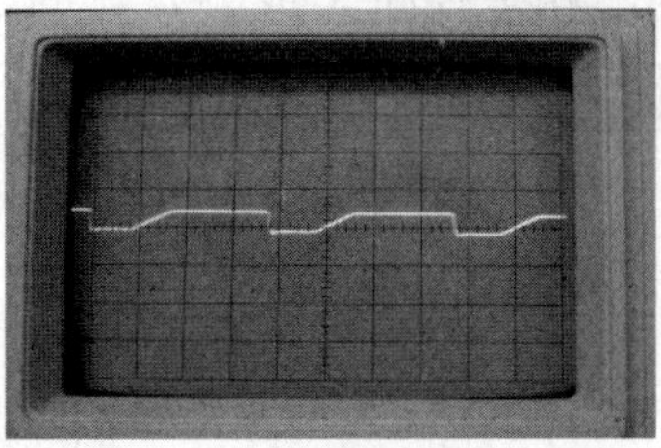

d)

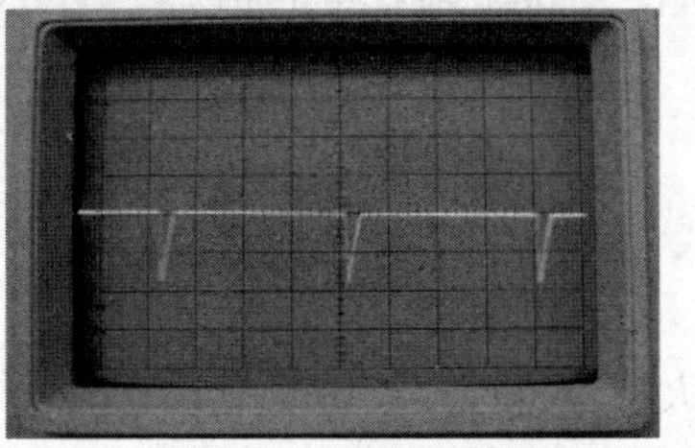

e)

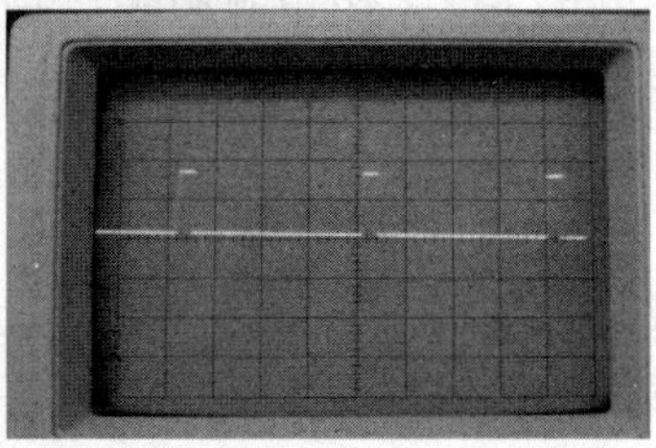

f)

图 2-32　同步信号为锯齿波的触发电路的工作波形

a）理论波形　b）u_Q 波形　c）u_{b3} 锯齿波波形　d）u_{b4} 波形　e）u_{b5} 波形　f）u_{c5} 波形

3. 脉冲形成与放大环节

如图 2-31 所示，脉冲形成环节由 V_4、V_5构成；放大环节由 V_7、V_8组成。控制电压 u_{c0}加在 V_4的基极上，电路的触发脉冲由脉冲变压器 TP 的二次绕组输出。脉冲前沿由 V_4导通时刻确定，V_5（或 V_6）的截止持续时间即为脉冲宽度。

4. 双窄脉冲形成环节

图 2-31 所示的触发电路在一个周期内可输出两个间隔 60°的脉冲，称为内双脉冲电路。而在触发器外部通过脉冲变压器的连接得到的双脉冲称为外双脉冲。内双脉冲电路的第一个脉冲由本相触发单元的 u_{c0}控制产生。隔 60°的第二个脉冲是由滞后 60°相位的后一相触发单元生成一个控制信号引至本单元，使本触发单元第二次输出触发脉冲。

在三相桥式全控整流电路中，要求晶闸管的触发导通顺序为 $VT_1 \to VT_2 \to VT_3 \to VT_4 \to VT_5 \to VT_6$，彼此间隔 60°，相邻器件成双触发导通。因此双脉冲环节的接线可按图 2-33 进行。6 个触发器的联结顺序是：1Y2X、2Y3X、3Y4X、4Y5X、5Y6X、6Y1X。

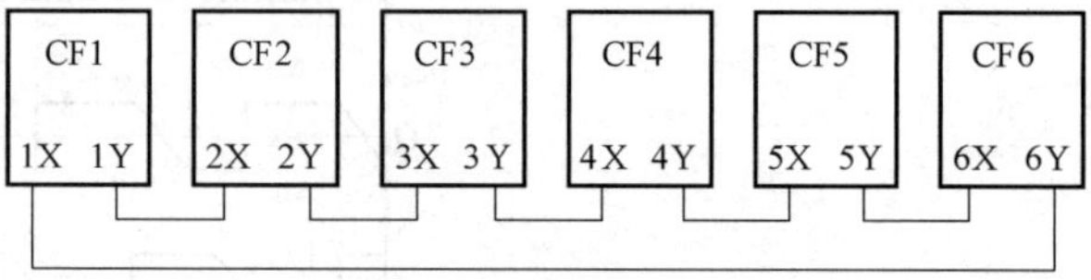

图 2-33 触发器的联结顺序

5. 脉冲封锁

二极管 VD_5阴极接零电位或负电位，使 V_7（V_8）截止，可以实现脉冲封锁。VD_5用来防止接地端与负电源之间形成大电流通路。

6. 强触发环节

如图 2-31 所示，强触发环节中的 36 V 交流电压经整流、滤波后得到 50 V 直流电压，50 V 电源经 R_{15}对 C_6充电，B 点电位为 50 V。当 V_8导通时，C_6经脉冲变压器一次侧 R_{16}、V_8迅速放电，形成脉冲尖峰，由于 R_{16}阻值很小，B 点电位迅速下降。当 B 点电位下降到 14. 3 V 时 VD_{15}导通，B 点电位被 15 V 电源钳位在 14. 3 V，形成脉冲平台。R_{14}、C_5组成加速电路，用来提高触发脉冲前沿陡度。强触发可以缩短晶闸管开通时间，提高电流上升率承受能力，有利于改善串、并联元件的均压和均流，提高触发可靠性。

2. 6. 4 集成触发电路

使用集成触发器可使触发电路更加小型化，结构更加标准统一，大大简化了触发电路的生产、调试及维修。目前国内生产的集成触发器有 KJ 系列和 KC 系列，下面简要介绍由 KC 系列的 KC04 移相触发器和 KC41C 六路双脉冲形成器所组成的三相全控桥集成触发器的工作原理。

1. KC04 移相触发器

KC04 移相触发器的内部线路与分立元件组成的锯齿波触发电路相似，也是由锯齿波形成、移相控制、脉冲形成及整形放大、脉冲输出等基本环节组成。由于集成触发电路内部无法看到，作为使用者来说，更关心的是芯片外部引脚的功能。KC04 移相触发器的引脚分布如图 2-34 所示。

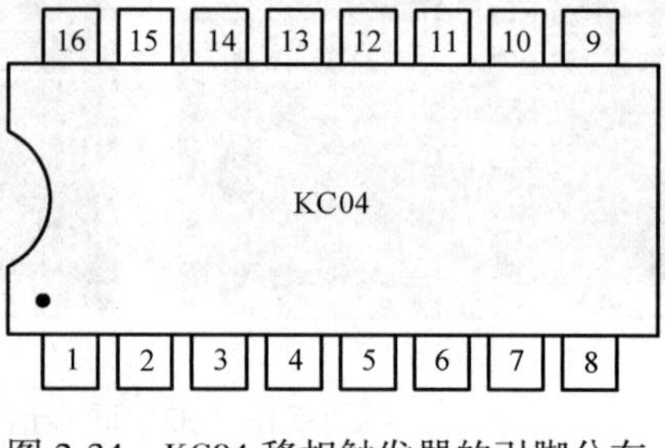

图 2-34 KC04 移相触发器的引脚分布

引脚1和引脚15之间输出双路脉冲，两路脉冲相位互差180°，它可以作为三相全控桥主电路同一相上下桥臂晶闸管的触发脉冲。可以与KC41双脉冲形成器、KC42脉冲列形成器构成六路双窄脉冲触发器。其引脚16接+15 V电源，引脚8输入同步电压u_s。引脚4形成的锯齿波可以通过调节电位器改变锯齿波斜率。引脚9为锯齿波、直流偏移电压$-U_b$和移相控制直流电压U_c综合比较输入端。引脚13可提供脉冲列调制和脉冲封锁的控制。KC04移相触发器各脚的波形如图2-35所示。

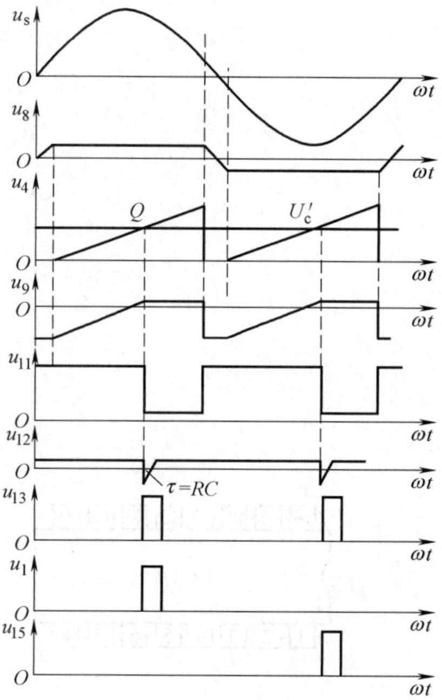

图2-35　KC04移相触发器各脚的波形

图2-36给出了KC04的一个典型应用电路，从芯片与外围电路的连接也可以看出部分引脚的功能。

KC04移相触发器主要用于单相或三相全控桥式装置。KC系列中还有KC01、KC09等。KC0l主要用于单相、三相半控桥等整流电路的移相触发，可获得60°的宽脉冲。KC09是KC04的改进型，两者可互换，适用于单相、三相全控式整流电路中的移相触发，可输出两路相位差180°的脉冲。它们都具有输出带负载能力大、移相性能好以及抗干扰能力强的特点。

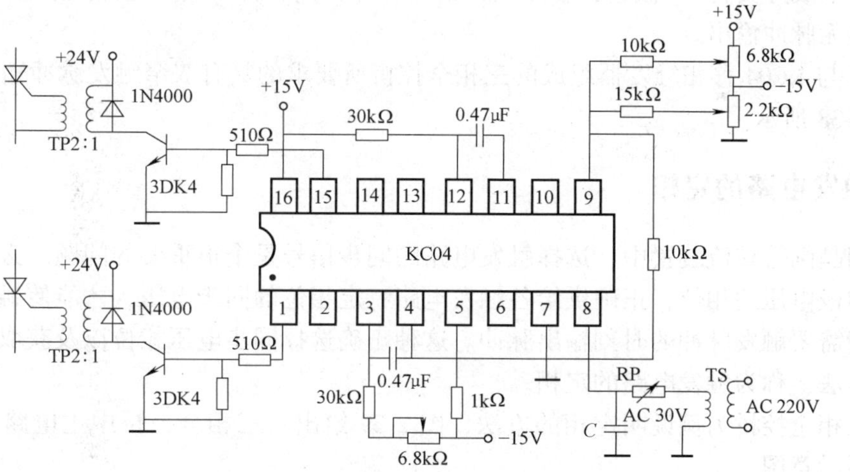

图2-36　KC04典型的应用电路

2. KC41C六路双窄脉冲形成器

KC41C是六路双脉冲形成集成电路。KC41C的外形和内部原理电路如图2-37所示。

KC41C的输入信号通常是KC04的输出，把三块KC04移相触发器的引脚1与引脚15产生的6个主脉冲分别接到KC41C集成块的引脚1~6，经内部集成二极管完成“或”功能，形成双窄脉冲，再由内部6个集成晶体管放大，从引脚10~15输出，还可以在外部设置V_1~

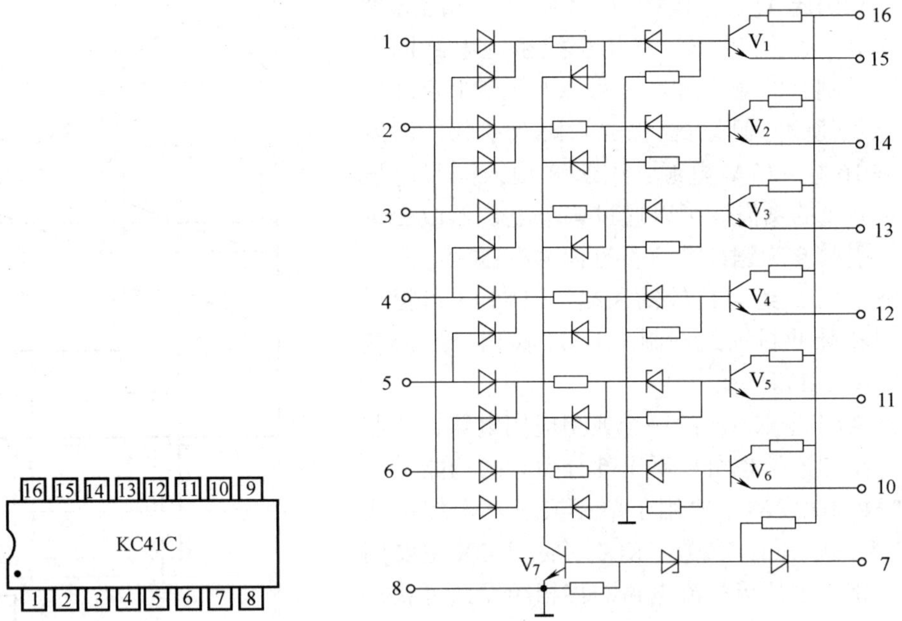

图 2-37　KC41C 的外形和内部原理电路

V_6晶体管作功率放大，可得到 800 mA 的触发脉冲电流，供触发大电流的晶闸管用。KC41C 不仅具有双窄脉冲形成功能，而且还具有电子开关控制封锁功能，当引脚 7 接地或处于低电位时，内部集成开关管 V_7 截止，各路正常输出脉冲；当引脚 7 接高电位或悬空时，V_7 饱和导通，各路无脉冲输出。

KC41C 与 KC04 移相触发器组成的三相全控桥所要求的具有双窄触发脉冲输出的触发电路，如图 2-38 所示。

2.6.5　触发电路的定相

在三相晶闸管整流装置中，选择触发电路的同步信号是个很重要的问题。必须根据被触发晶闸管阳极电压的相位，正确供给各触发电路特定相位的同步电压，才能使触发电路分别在各晶闸管需要触发脉冲的时刻输出脉冲。这种正确选择同步电压相位以及获取不同相位同步电压的方法，称为触发电路的定相。

现以三相全控桥为例说明定相的方法，图 2-39 给出了三相全控桥中主电路电压与同步电压的关系示意图。

对于图 2-15 中的晶闸管 VT_1，其阳极与交流侧电压 u_u 相接，可简单表示为 VT_1 所接主电路电压为 $+u_u$，VT_1 的触发脉冲从 0°～180°对应的范围为 $\omega t_1 \sim \omega t_2$。

采用锯齿波同步的触发电路时，同步信号负半周的起点对应于锯齿波的起点，通常使锯齿波的上升段为 240°，上升段起始的 30°和终了的 30°线性度不好，舍去不用，使用中间的 180°。锯齿波的中点与同步信号的 300°位置对应。

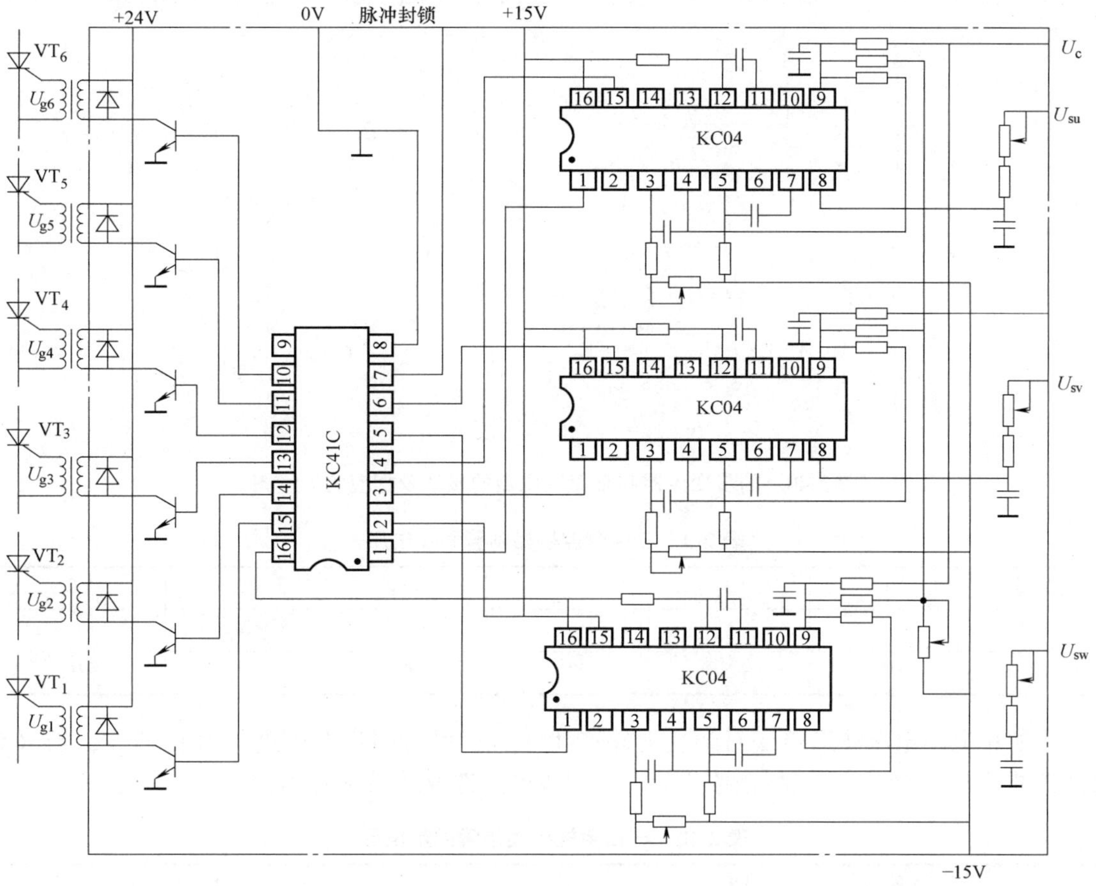

图 2-38　KC41C 与 KC04 组成的三相全控桥双窄脉冲输出的触发电路

三相桥整流电路大量用于直流电动机调速系统，且通常要求可实现再生制动，使 $U_d=0$ 的触发延迟角 α 为 90°。当 $\alpha<90°$ 时为整流工作，$\alpha>90°$ 时为逆变工作。将 $\alpha=90°$ 确定为锯齿波的中点，锯齿波向前向后各有 90° 的移相范围。于是 $\alpha=90°$ 与同步电压的 300° 对应，也就是 $\alpha=0°$ 与同步电压的 210° 对应。由图 2-39 及关于三相桥的介绍可知，$\alpha=0°$ 对应于 u_u 的 30° 的位置，则同步信号的 180° 与 u_u 的 0° 对应，说明 VT_1 的同步电压应滞后于 u_u 180°。对于其他 5 个晶闸管，也存在同样的关系，即同步电压滞后于主电路电压 180°。

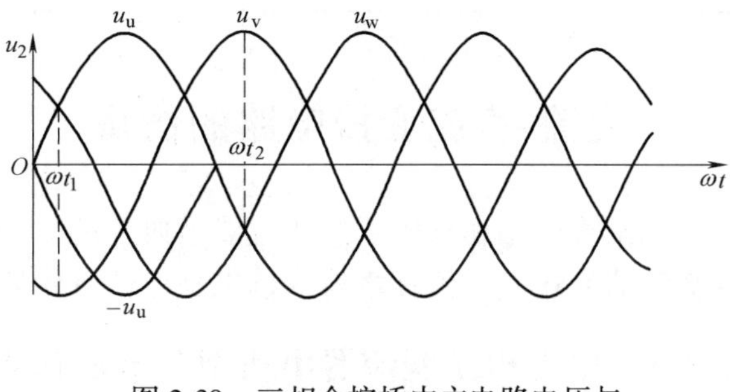

图 2-39　三相全控桥中主电路电压与同步电压关系示意图

以上分析了同步电压与主电路电压的关系，一旦确定了整流变压器和同步变压器的接法，即可选定每一个晶闸管的同步电压信号。

图 2-40 给出了同步变压器和整流变压器的接法及相应的矢量图，其中主电路整流变压器

为 D. y11 联结，同步变压器为 D. y5-11 联结。三相全控桥晶闸管同步电压的选取结果见表 2-9。

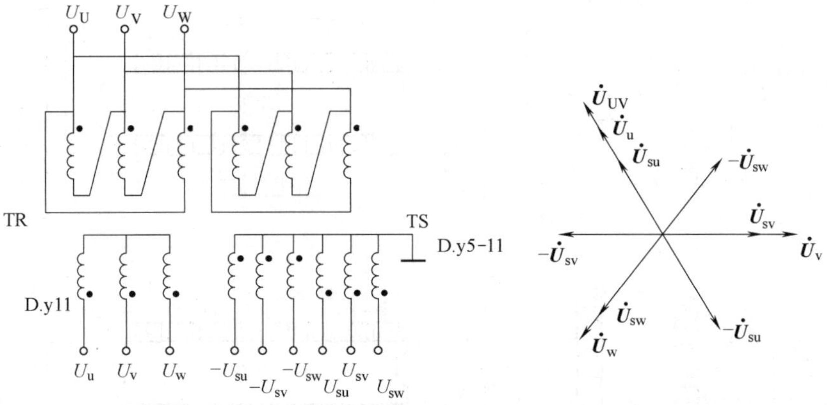

图 2-40　同步变压器和整流变压器的接法及相应的矢量图

表 2-9　三相全控桥晶闸管同步电压

晶闸管	VT_1	VT_2	VT_3	VT_4	VT_5	VT_6
主电路电压	$+U_u$	$-U_w$	$+U_v$	$-U_u$	$+U_w$	$-U_v$
同步电压	$-U_{su}$	$+U_{sw}$	$-U_{sv}$	$+U_{su}$	$-U_{sw}$	$+U_{sv}$

为防止电网电压波形畸变对触发电路产生干扰，可对同步电压进行 R-C 滤波，当 R-C 滤波器滞后角为 60°时，三相全控桥晶闸管同步电压选取结果见表 2-10。

表 2-10　三相全控桥晶闸管同步电压

晶闸管	VT_1	VT_2	VT_3	VT_4	VT_5	VT_6
主电路电压	$+U_u$	$-U_w$	$+U_v$	$-U_u$	$+U_w$	$-U_v$
同步电压	$+U_{sv}$	$-U_{su}$	$+U_{sw}$	$-U_{sv}$	$+U_{su}$	$-U_{sw}$

2.7　交流-直流变换电路的仿真

晶闸管单相和三相可控整流器是典型的“交流-直流”变换器，应用广泛。在讨论晶闸管整流器的建模与仿真之前，首先介绍仿真中要用到的一些基本环节的仿真模型。

2.7.1　电力电子变流器中典型环节的仿真模型

1. 同步 6 脉冲触发器的仿真模型

（1）同步 6 脉冲触发器仿真模块的功能和图标

同步 6 脉冲触发器模块用于触发三相全控整流器桥的 6 个晶闸管，模块的图标如图 2-41 所示。

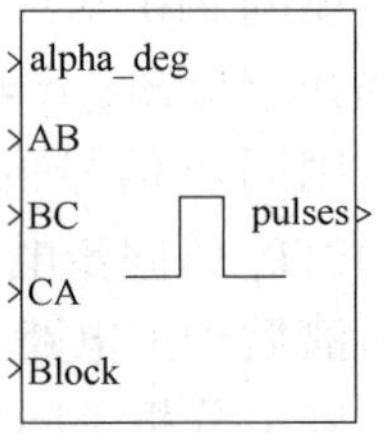

图 2-41　同步 6 脉冲触发器模块图标

同步 6 脉冲触发器可以给出双脉冲，双脉冲间隔为 60°，触发器输出的 1~6 号脉冲依次送给三相全控整流器桥对应编号的 6 个晶闸管。如果三相整流器桥模块使用 Power System 模块库中的“Universal

Bridge”模块（功率器件选用晶闸管），则同步6脉冲触发器的输出端直接与三相整流器桥的脉冲输入端相连接，如图2-42所示。

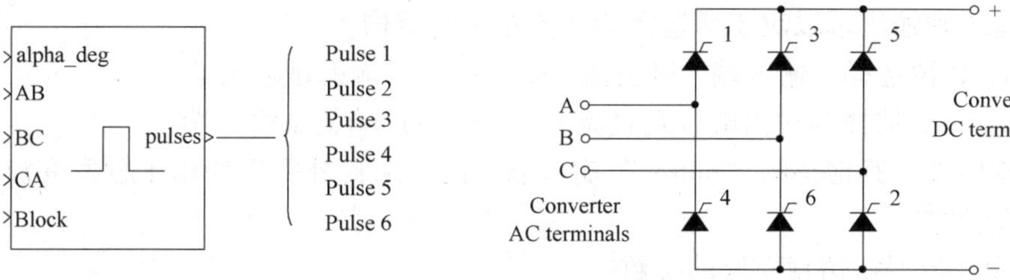

图2-42　同步6脉冲触发器和晶闸管整流器桥

如果用单个晶闸管元件自建三相晶闸管整流器桥，则同步6脉冲触发器的输出端输出的6维脉冲向量依次送给相应的6个晶闸管。

（2）同步6脉冲触发器的输入和输出

该模块有5个输入端，如图2-41所示。

1）输入alpha-deg是移相控制角信号输入端，单位为（度）。该输入端可与“常数”模块相连，用于设置移相控制角；也可与控制系统中的控制器输出端相连，从而对触发脉冲进行移相控制。

2）输入AB、BC、CA是同步电压U_{AB}、U_{BC}和U_{CA}输入端，同步电压就是连接到整流器桥的三相交流电压的线电压。

3）输入Block为触发器模块的使能端，用于对触发器模块的开通与封锁操作。当施加大于0的信号时，触发脉冲被封锁；当施加等于0的信号时，触发脉冲开通。

4）输出为一个6维脉冲向量，它包含6个触发脉冲。

移相控制角的起始点为同步电压的零点。

（3）同步6脉冲触发器的参数

同步6脉冲触发器的参数设置对话框如图2-43所示。

1）同步电压频率，单位为Hz，通常就是电网频率。

2）脉冲宽度，单位为度（°）。

3）双脉冲。这是个复选框，如果进行了勾选，触发器就能给出间隔60°的双脉冲。

2. 通用变流器桥的仿真模型

（1）通用变流器桥仿真模块的功能

通用变流器桥模块是由6个功率开关元件组成的三相桥式通用变流器模块。功率开关的类型和变流器的结构可通过对话框进行选择。功率开关和变流器的类型有：Diode桥、Thyristor桥、GTO-Diode桥、MOSFET-Diode桥、IGBT-Diode桥、Ideal switch桥。桥的结构有单相、

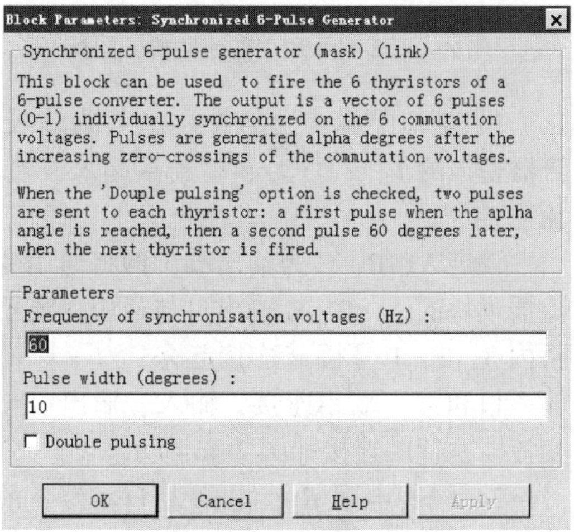

图2-43　同步6脉冲触发器的参数设置对话框

两相和三相。

（2）通用变流器桥仿真模块的图标、输入和输出

通用变流器桥的图标如图 2-44 所示。

模块的输入和输出端取决于所选择的变流器桥的结构：

当 A、B、C 被选择为输入端，则直流 DC（+　-）端就是输出端。

当 A、B、C 被选择为输出端，则直流 DC（+　-）端就是输入端。

除二极管桥外，其他桥的“pulses”输入端可接受来自外部模块用于触发变流器桥内功率开关的触发信号。

（3）通用变流器桥仿真模块的参数

通用变流器桥的参数设置对话框如图 2-45 所示。

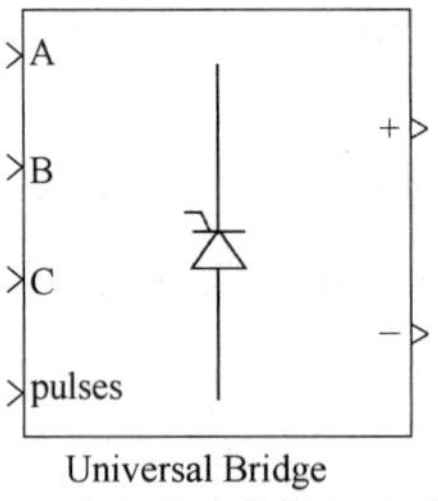

图 2-44　通用变流器桥的图标

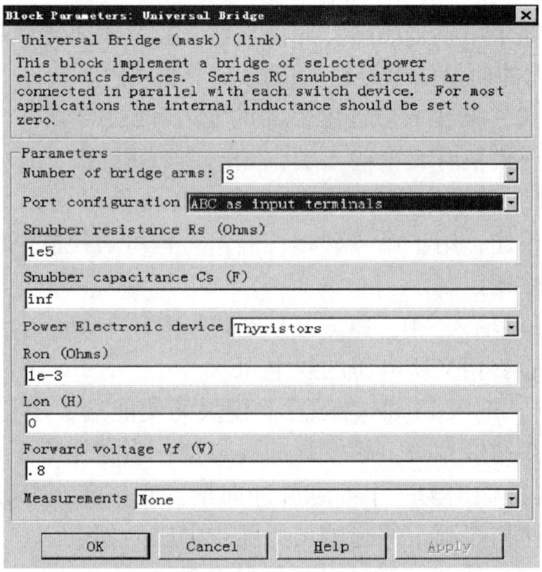

图 2-45　通用变流器桥的参数设置对话框

1）端口结构。设定 A、B、C 为输入端：即将通用桥模块的 A、B、C 输入口与通用变流器桥内的 1、2、3 号桥臂连接起来；模块的（+　-）输出口与变流器的直流（+　-）端相连接。

设定 A、B、C 为输出端：即将通用变流器模块的 A、B、C 输出口与通用变流器桥内 3、2、1 号桥臂连接起来；（+　-）输入口和直流端相连接，输入、输出口与变流器桥臂的连接如图 2-46 所示。

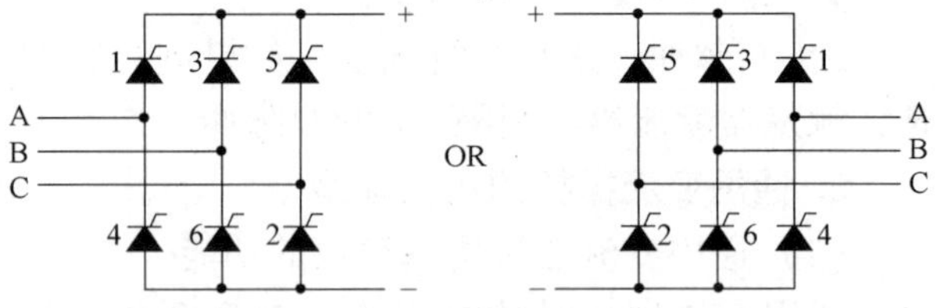

图 2-46　输入、输出口与变流器桥臂的连接

2）缓冲电阻 R_s，单位为 Ω。为了消除模块中的缓冲电路，可将缓冲电阻 R_s 的参数设定为 inf。

3）缓冲电容 C_s，单位为 F。为了消除模块中的缓冲电路，可将缓冲电容 C_s 参数设定为 0；为了得到纯电阻缓冲电路，可将缓冲电容 C_s 参数设定为 inf。

4）电力电子器件类型的选择。选择通用变流器桥中使用的电力电子器件的类型。

5）内电阻 R_{on}，单位为 Ω。通用变流器桥中使用的功率电子元件的内电阻。

6）内电感 L_{on}，单位为 H。变流器桥中使用的二极管、晶闸管、MOSFET 等功率元件的内电感。

7）功率元件的正向管压降 V_f，单位为 V。

2.7.2 晶闸管单相半波和双半波可控整流电路的仿真

1. 单相半波可控整流电路（电阻性负载）的仿真

本节采用基于电气原理结构图的图形化仿真方法对本章介绍的各种交流-直流变换电路进行仿真。该方法是根据变换电路的电气原理结构图搭建仿真模型，所以系统的建模要充分参考原变换电路。为了节省篇幅，电气原理结构图和原理分析不再重复，直接参考前面整流电路部分的内容。

单相半波可控整流电路带电阻性负载电气原理结构图如图 2-1 所示。

（1）电路的建模

从电气原理结构图可知，该系统由电压源、晶闸管、脉冲发生器及电阻负载等部分组成。图 2-47 是根据电气原理结构图搭建的仿真模型。

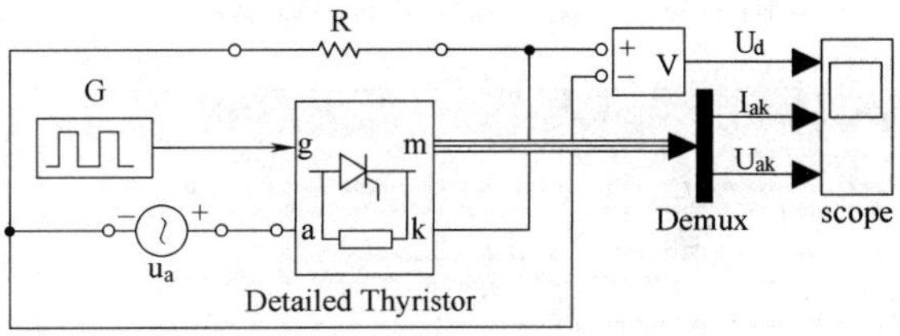

图 2-47　单相半波可控整流电路（电阻性负载）的仿真模型

1）仿真模型中使用的主要模块、提取途径和作用。

① 交流电压源模块：SimPower System/Electrical Source/AC Voltage Source，提供一个交流电压源，相当于变压器二次侧电源。

② 晶闸管模块：SimPower System/Power Electronics /Detailed Thyristor，作为可控开关元件。

③ 脉冲信号发生器模块：Simulink/Sources/Pulse Generator，产生脉冲信号，控制晶闸管的开通。

④ 负载电阻模块：SimPower System/Elements/Series RLC Branch，电路所带的电阻负载。

⑤ 电压测量模块：SimPower System/Measurements/Voltage Measurement，检测电压的大小。

⑥ 示波器模块：Simulink/Sinks/Scope，观察输入、输出信号的仿真波形。

⑦ 信号分解模块：Simulink/Commonly Used Block/Demux，将总线信号分解后输出。

2）典型模块的参数设置。

用鼠标双击相关模块的图标，这是打开该模块参数设置对话框的方法，后面不再赘述。

① 交流电源和负载电阻模块的参数设置。

交流电源模块和负载电阻模块的参数设置如图 2-48 和图 2-49 所示。

② 晶闸管模块的参数设置。

晶闸管模块的参数设置如图 2-50 所示。

③ 脉冲信号发生器的参数设置。

相位延迟 t 在所搭建的仿真模型里就是晶闸管的触发延迟角 α，它们的关系为 $t/T=\alpha/360°$。若要设置电路的触发延迟角 $\alpha=30°$，可以计算 t 为：$(1/50)\times(30/360)\text{s}=0.00167\text{s}$，

它的参数设置对话框如图 2-51 所示。同样可以计算得到，当 $\alpha=45°$时，$t=0.0025\,\text{s}$；当 $\alpha=60°$时，$t=0.00333\,\text{s}$；当 $\alpha=90°$时，$t=0.005\,\text{s}$。

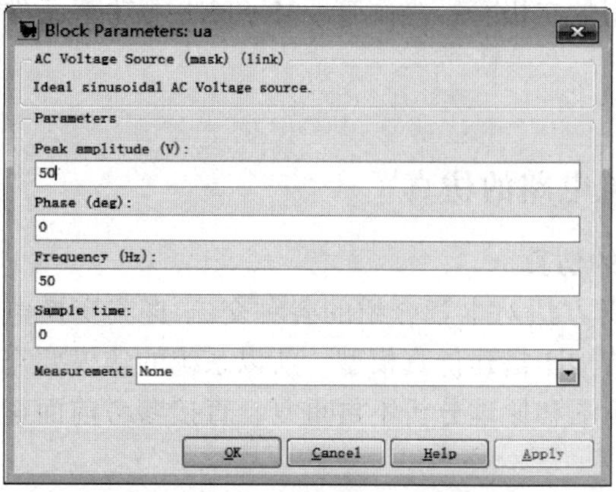

图 2-48　交流电源模块的参数设置

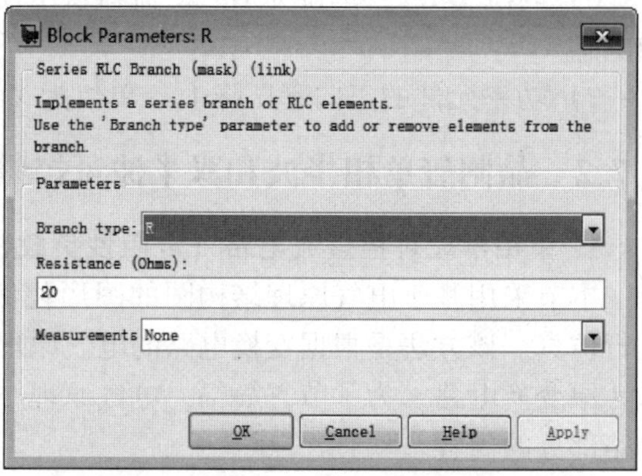

图 2-49　负载电阻模块的参数设置

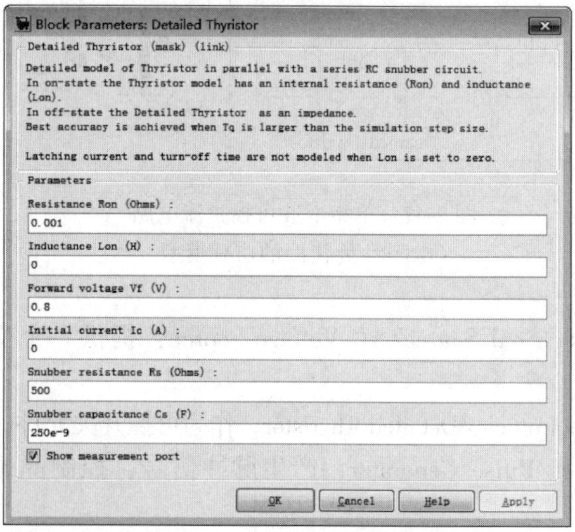

图 2-50　晶闸管模块的参数设置

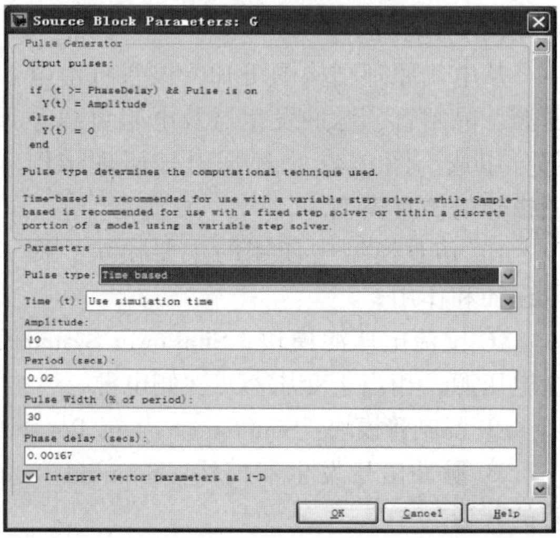

图 2-51　脉冲信号发生器的参数设置

④ 示波器模块和信号分解模块的参数设置分别如图 2-52 和图 2-53 所示。

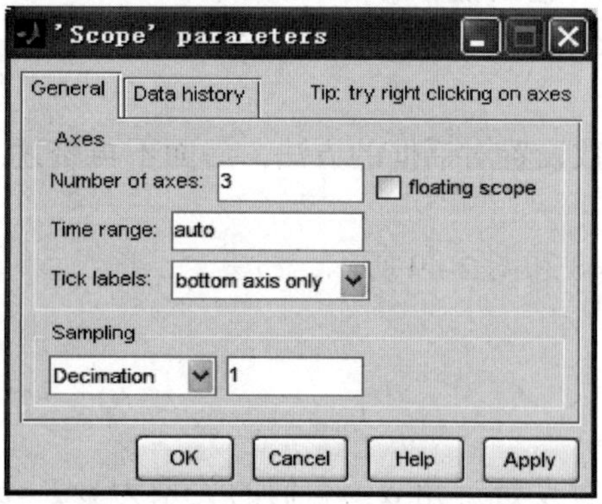

图 2-52　示波器模块的参数设置

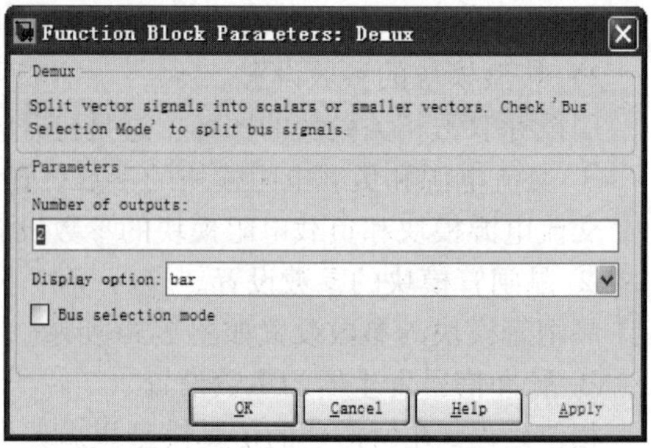

图 2-53　信号分解模块的参数设置

(2) 系统的仿真参数设置

在 MATLAB 的模型窗口中单击“Simulation”菜单，进行“Simulation Parameters”设置，仿真参数设置如图 2-54 所示。

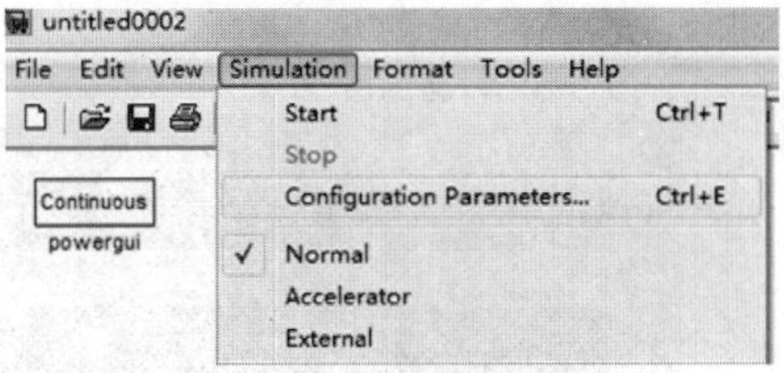

图 2-54　仿真参数设置

单击图 2-54 中“Configuration Parameters…”后，得到仿真参数设置对话框及参数设置，如图 2-55 所示，此仿真中所选择的算法为 ode23tb。现实中由于系统的多样性。使得不同的系统需要采用不同的算法，最终使用的算法，可通过仿真实践比较选择，相对误差设为1e-3。仿真 Start time 一般设为 0，Stop time 一般根据实际需要而定，这里设置为 0.08 s。

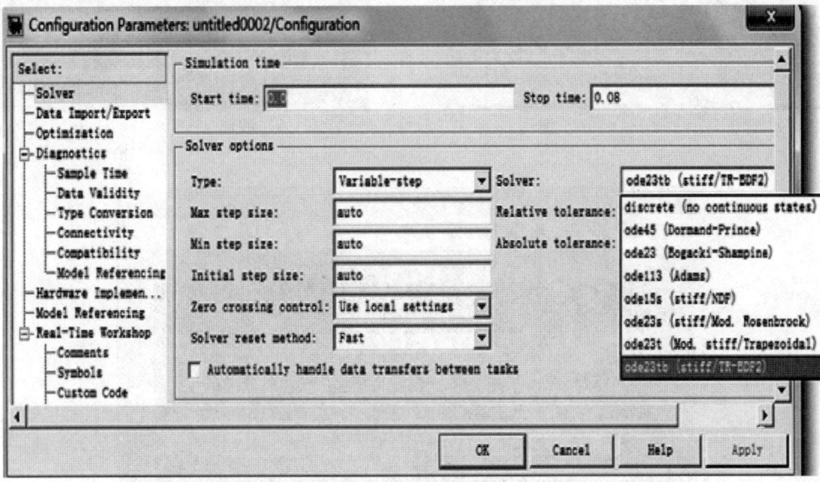

图 2-55　仿真参数设置对话框及参数设置

(3) 系统的仿真、仿真结果的输出及结果分析

当完成电路模型的搭建和参数设置后，则可以开始仿真。

1) 系统仿真。在 MATLAB 的模型窗口打开“Simulation”菜单，单击“Start”命令，或直接单击按钮，系统开始仿真。

2) 输出仿真结果。系统可以有多种输出方式，根据图 2-47 的模型，当使用“示波器”模块观测仿真输出结果时，只需用鼠标双击“示波器”模块的图标即可。图 2-56 是使用“示波器”模块输出时的波形图。

3) 仿真结果比较及分析。当 $\alpha=30°$、$60°$、$90°$时，单相半波整流电路带电阻性负载不同触发延迟角时的仿真波形和实物实验波形如图 2-56a、b 和 c 所示。

由图 2-56 所示波形可知，随着 α 角的增大，直流输出平均电压 U_d 值减小，输出电流平均值 I_d 也相应减小。

2. 单相半波可控整流电路（阻-感性负载）的仿真

单相半波可控整流电路带阻-感性负载电气原理图如图 2-2 所示。

(1) 电路的建模

图 2-57 是根据图 2-2 的电气原理结构图搭建的仿真模型。

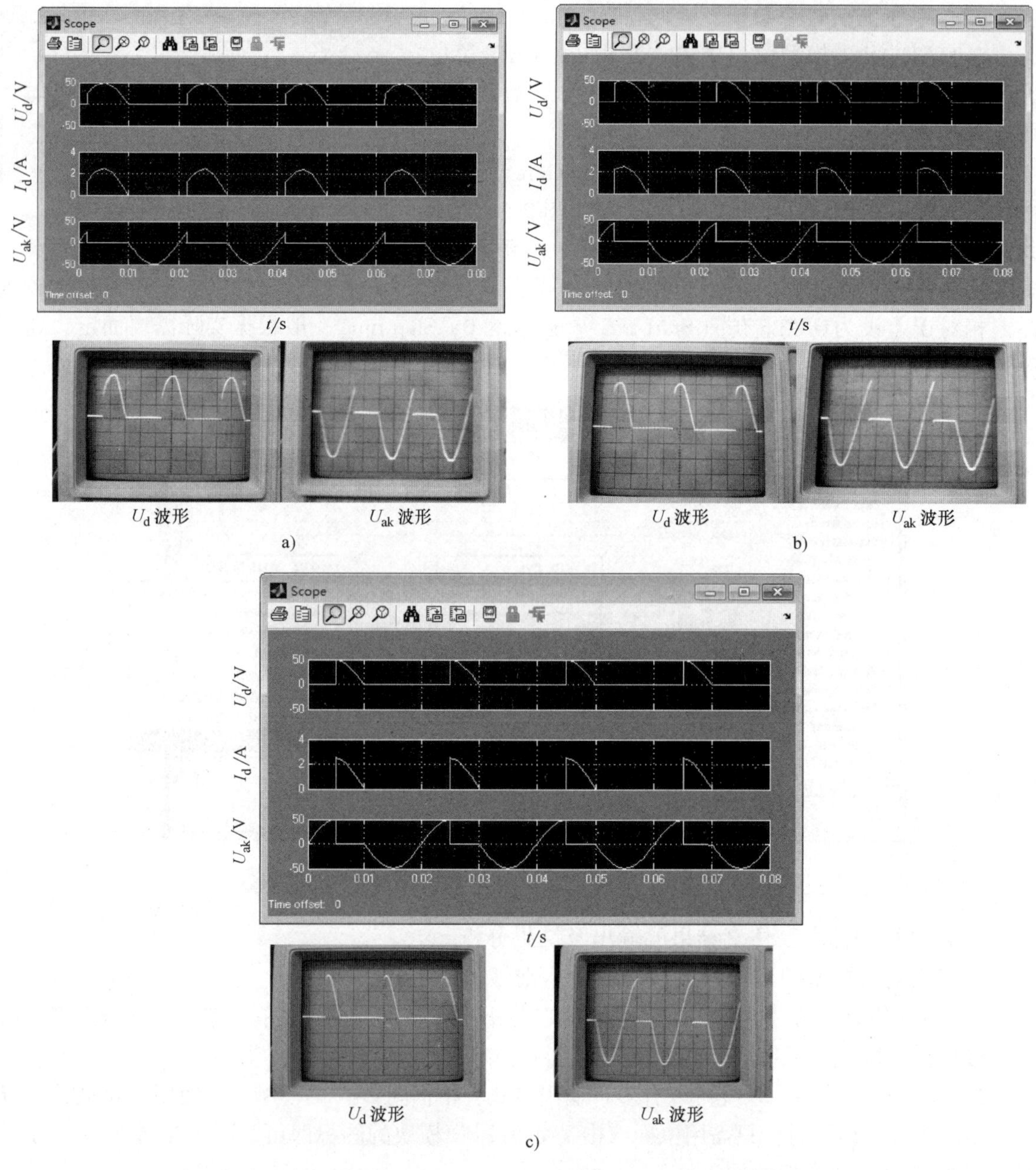

图 2-56　单相半波整流电路带电阻性负载在不同触发延迟角时的仿真波形和实物实验波形

a）$\alpha=30°$时　b）$\alpha=60°$时　c）$\alpha=90°$时

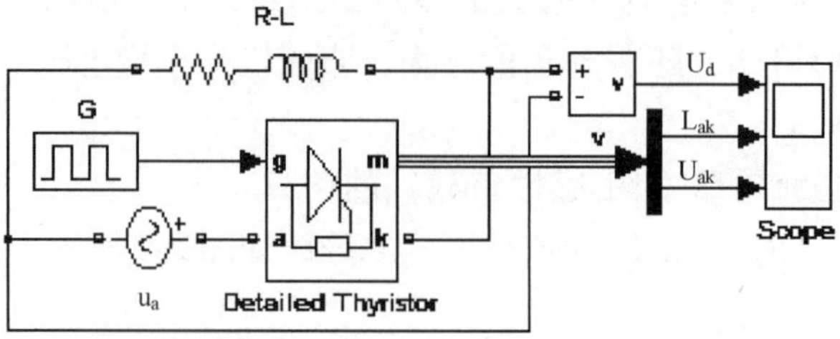

图 2-57　单相半波可控整流电路（阻-感性负载）的仿真模型

大部分模块的提取途径、作用及参数设置在电阻性负载电路中已经详细介绍过，此处只补充前面没有涉及的其他模块。

1）模型中新增的模块、提取途径及作用。

阻-感性负载模块：SimPower System/Elements/Series RLC Branch，电路所带的阻-感性负载。

2）模块的参数设置。

阻-感性负载模块的参数设置如图 2-58 所示，其他模块的参数设置与电阻性负载相同。

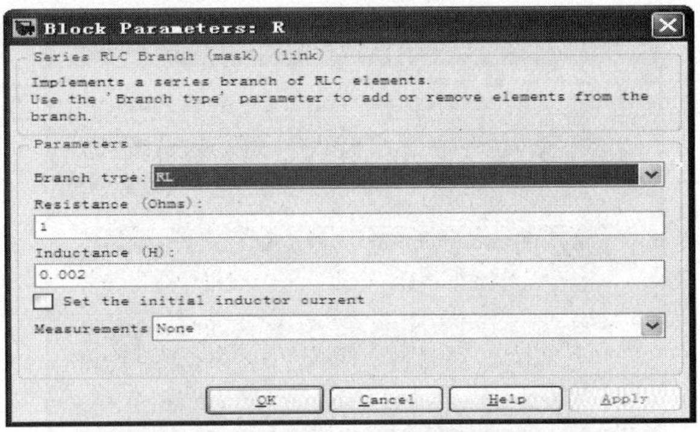

图 2-58　阻-感性负载模块的参数设置

（2）模型仿真参数、仿真结果的输出及结果分析

1）模型仿真参数。选 ode23tb 算法，相对误差设为 1e-3，仿真开始时间为 0，停止时间为 0. 08 s。

2）输出仿真结果。采用“示波器”输出方式。$\alpha=30°$、$60°$、$90°$时的仿真波形分别如图 2-59a、b、c 所示。

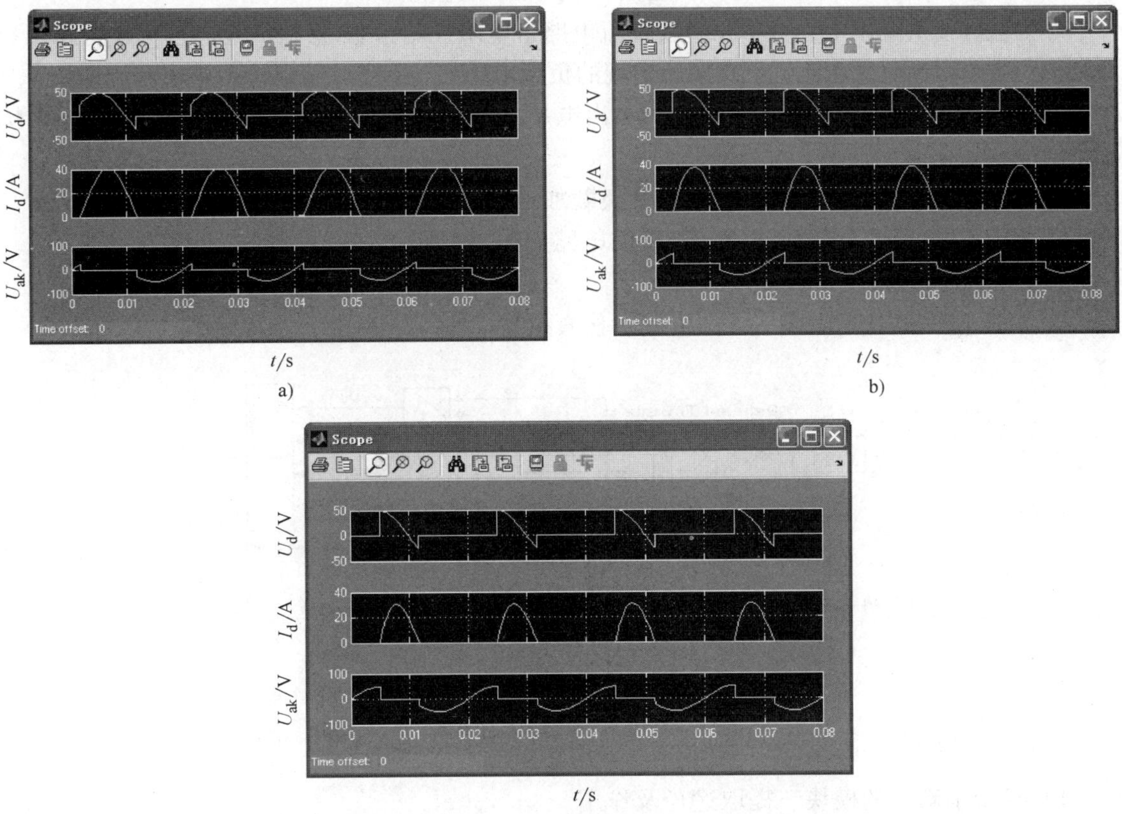

图 2-59　单相半波整流电路带阻-感性负载在不同触发延迟角时的仿真波形

a）$\alpha=30°$时　b）$\alpha=60°$时　c）$\alpha=90°$时

3）输出结果分析。当 $\alpha=60°$ 和电阻 $R=1\,\Omega$ 不变，改变负载电感 L 时，触发延迟角相同、不同负载电感时的单相半波整流电路阻-感性负载的仿真波形如图 2-60 所示。

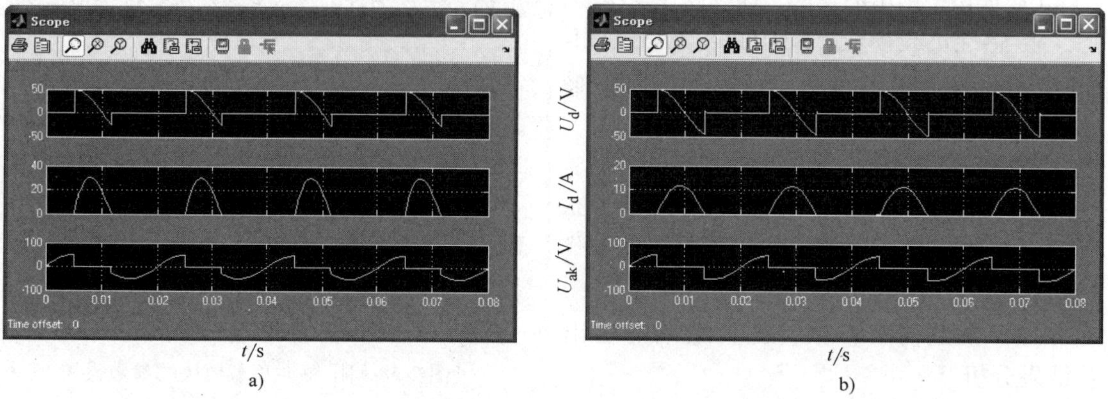

图 2-60　触发延迟角相同、不同负载电感时的单相半波整流电路阻-感性负载的仿真波形

a）$L=0.01$H　b）$L=0.02$H

结论：改变负载电感 L 的大小，会直接影响到负载平均电压 U_d，随着电感 L 的增大，负载电压的波形在负半周所占的面积越大，使得 U_d 的值越小。

在上述分析的基础上，将单相半波整流电路带电阻性与带阻-感性负载进行比较可得出以下结论：与电阻性负载相比，电路中所出现的负载电感 L，会使得晶闸管的导通时间加长，当 u_2 由正到零时，晶闸管并没有关断，使输出电压出现了负的部分，从而输出电压平均值 U_d 减小。

3. 单相半波可控整流电路（阻-感性负载加续流二极管）的仿真

单相半波阻-感性负载加续流二极管的电路如图 2-3 所示。

（1）电路的建模

图 2-61 是根据电气原理结构图搭建的仿真模型。

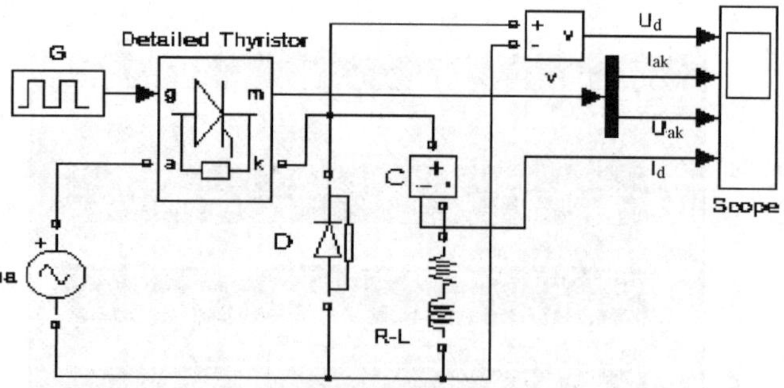

图 2-61　单相半波可控整流电路（阻-感性负载加续流二极管）的仿真模型

1）模型中新增的模块、提取途径及作用。

① 二极管模块：SimPower System/Power Electronics /Diode，作为续流二极管元件。

② 电流测量模块：SimPower System/Measurements/Current Measurement，用于检测电流的大小。

2）模块的参数设置 。续流二极管模块的参数设置如图 2-62 所示。

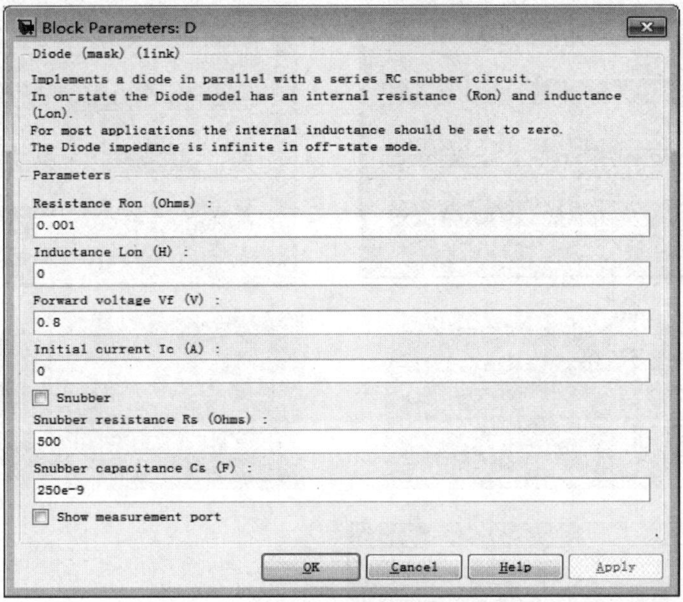

图 2-62　续流二极管模块的参数设置

（2）模型仿真参数、仿真结果的输出及结果分析

1）模型仿真参数。选 ode23tb 算法，相对误差设为 1e-3，仿真开始时间为 0，停止时间为 0.08 s。

2）输出仿真结果。当 $R=1\ \Omega$、$L=0.002$ H，使 $\alpha=30°$、60°、90°、120°、150°时，单相半波整流电路带阻-感性负载接续流二极管在不同触发延迟角时的仿真波形和实物实验波形如图 2-63a、b、c、d、e 所示。

3）输出结果分析。从仿真波形看，加续流二极管后，阻-感性负载的负载电压 U_d、晶闸管两端的电压 U_{ak} 波形与电阻性负载完全一致，没有负方向波形。只是负载电流受到电感的阻碍作用，波形上升和下降都变慢。

4. 单相双半波可控整流电路（电阻性负载）的仿真

（1）电气原理结构图

单相双半波可控整流电路电气原理结构图（电阻性负载）如图 2-64 所示。

单相双半波可控整流与单相半波可控整流电路相比，不同之处在于：在电源电压负半周时，晶闸管 VT_1 过零关断，但此时若有触发脉冲到来（即到达 $\pi+\alpha$ 处），会使得晶闸管 VT_2 导通，给负载电阻 R 供电，直到电源电压过零变正时，晶闸管 VT_2 关断。这样，随着电源电压的正负半周触发脉冲的到来，晶闸管 VT_1、VT_2 轮流导通，如此反复。

（2）电路的建模

根据电气原理结构图可得到图 2-65 的仿真模型。

1）新增模块的选择、提取途径及主要作用。

选择开关模块 Selector：Simulink/Signal Routing/Selector，建立输入和输出信号间的匹配连接关系。

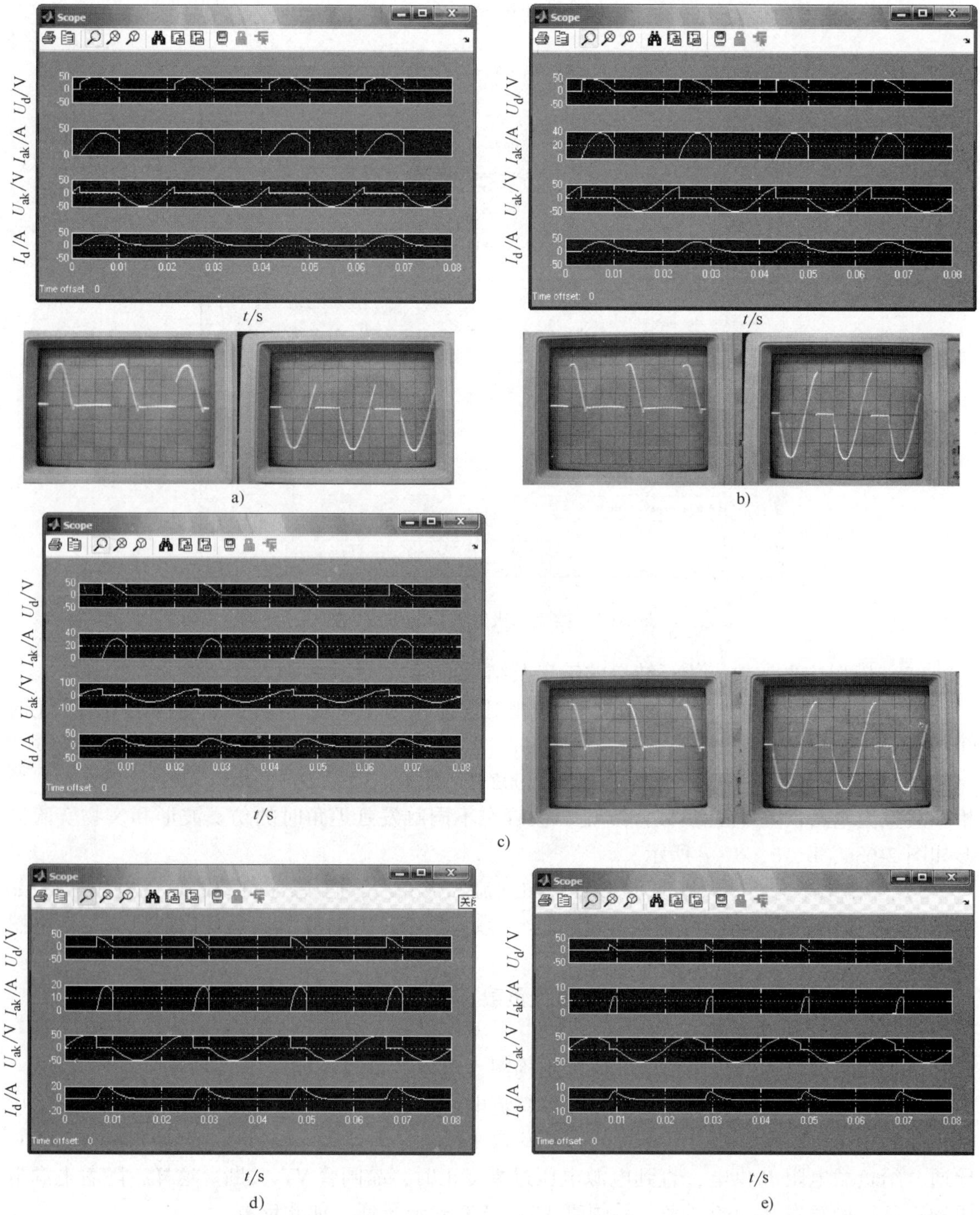

图 2-63　单相半波整流电路带阻-感性负载接续流二极管在不同触发延迟角时的仿真波形和实物实验波形

a）$\alpha=30°$时　b）$\alpha=60°$时　c）$\alpha=90°$时　d）$\alpha=120°$时　e）$\alpha=150°$时

2）典型模块的参数设置。

① 交流电源模块的参数设置。本模型中需要两个交流电源模块，在前面已经介绍过电

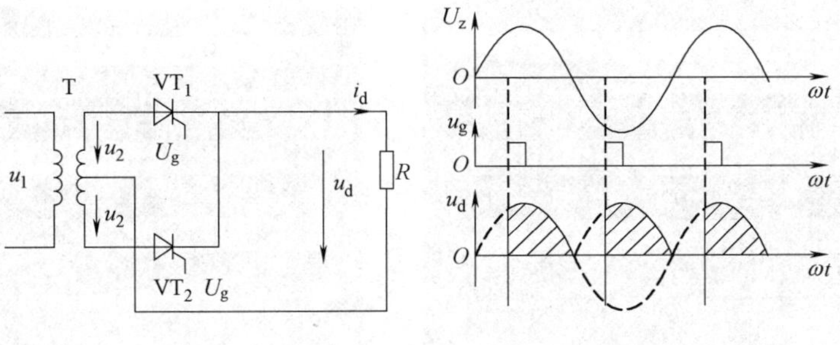

图 2-64　单相双半波可控整流电路原理结构图（电阻性负载）

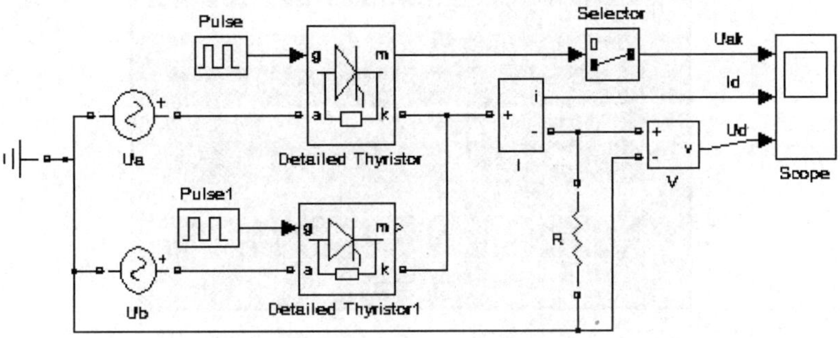

图 2-65　单相双半波可控整流电路（电阻性负载）仿真模型

源模块 U_a 的参数设置方法，唯一不同之处是 U_b 与 U_a 的初始相位互差 180°，即将 U_b 的初相位参数设置为 180°。

② 脉冲信号发生器的参数设置。本模型中使用了两个信号发生器，第 2 个信号发生器的相位延迟与第 1 个信号发生器互差 180°，在第 1 个信号发生器相位延迟设置值的基础上加上（1/50）×（180/360）s= 0. 01 s，即为第 2 个信号发生器的相位延迟设置值。

（3）模型仿真参数、仿真结果的输出及结果分析

1）模型仿真参数。选 ode23tb 算法，相对误差设为 1e−3，仿真开始时间为 0，停止时间为 0. 08 s。

2）输出仿真结果。图 2-66a、b、c 是 $R=2\Omega$，$\alpha=30°$、60°、90°时的负载电压、负载电流和晶闸管上的电压仿真波形。

3）输出结果分析。

在上述分析的基础上，将单相半波与单相双半波整流电路进行比较，可得出以下结论：单相双半波整流电路的负载平均电压 U_d 的值比半波时大，因为晶闸管 VT_1、VT_2 轮流导通，电压波形在一个周期内脉动两次，而单相半波输出电压波形每个周期脉动一次，且整流电压脉动大。

5. 单相双半波可控整流电路（阻-感性负载）的仿真

将电阻负载改为阻-感性负载，即得到了单相双半波可控整流电路（阻-感性负载）。图 2-67a、b、c 是 $R=2\,\Omega$，$L=0.02\,H$；$\alpha=30°$、60°、90°时的负载电压、负载电流和晶闸管上的电压仿真波形。

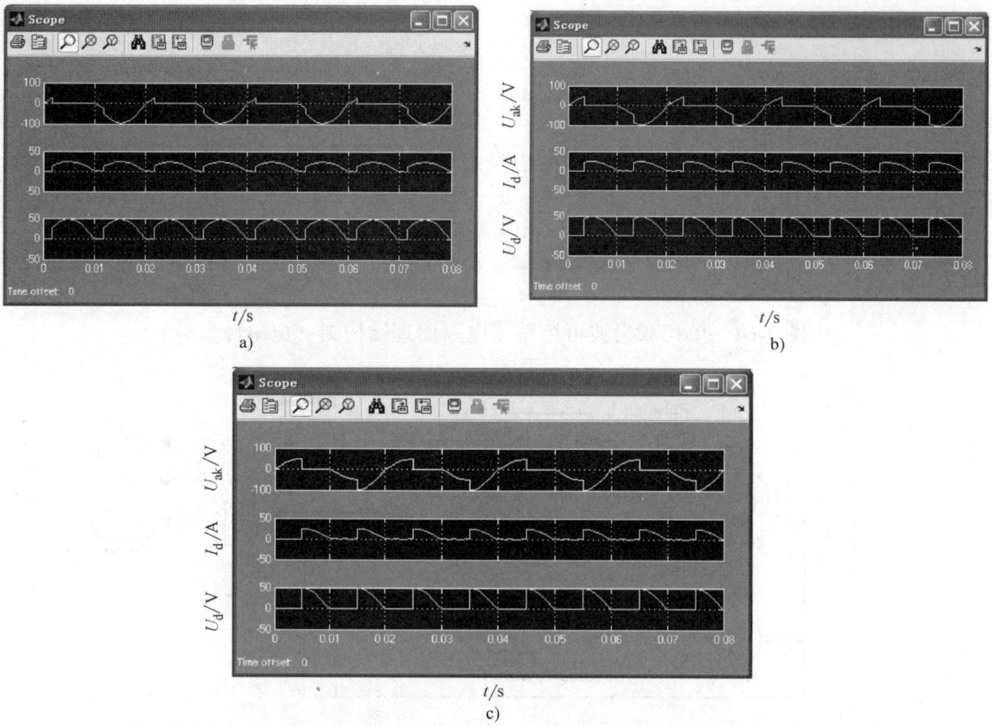

图 2-66　$R=2\Omega$ 不同 α 时的负载电压、负载电流和晶闸管电压仿真波形

a）$R=2\Omega$，$\alpha=30°$　b）$R=2\Omega$，$\alpha=60°$　c）$R=2\Omega$，$\alpha=90°$

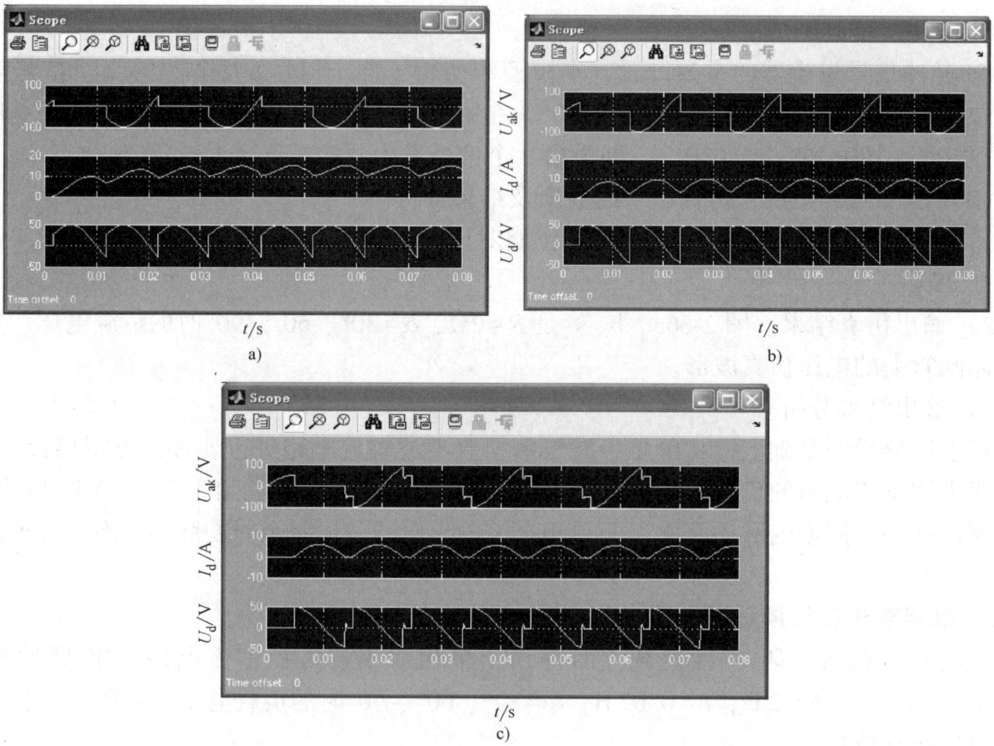

图 2-67　$R=2\Omega$，$L=0.02\text{H}$ 不同 α 时的负载电压、负载电流和晶闸管电压仿真波形

a）$R=2\Omega$，$L=0.02\text{H}$，$\alpha=30°$　b）$R=2\Omega$，$L=0.02\text{H}$，$\alpha=60°$　c）$R=2\Omega$，$L=0.02\text{H}$，$\alpha=90°$

结论：在本电路的阻-感性负载中，负载电压 U_d 出现了负半波，与电阻性负载相比，负载电流 I_d 从零按指数规律逐渐上升，波形变得平滑，且随着 α 角的增加，输出平均电压 U_d 减小。

2.7.3 晶闸管单相桥式可控整流电路的仿真

1. 单相桥式全控整流电路（电阻性负载）的仿真

单相桥式全控整流电路带电阻性负载电气原理结构图如图 2-5 所示。

（1）电路的建模

图 2-68 是根据电气原理结构图所搭建的系统仿真模型。

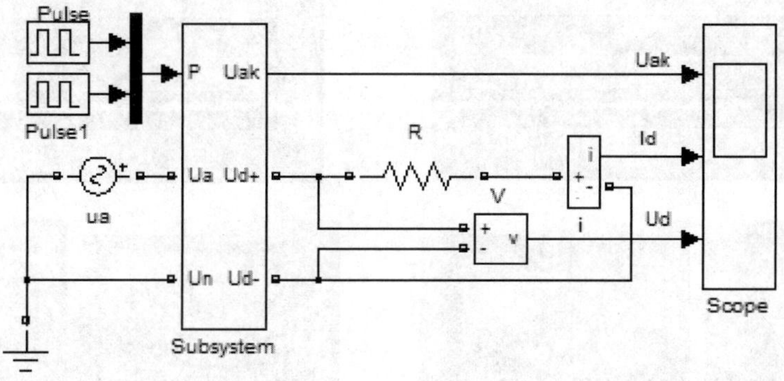

图 2-68 单相桥式全控整流电路（电阻性负载）仿真模型

1）模型中子系统的建立。本系统中主要是添加了单相桥式全控整流器子系统模型，它的具体模型及封装后的符号图如图 2-69 所示。

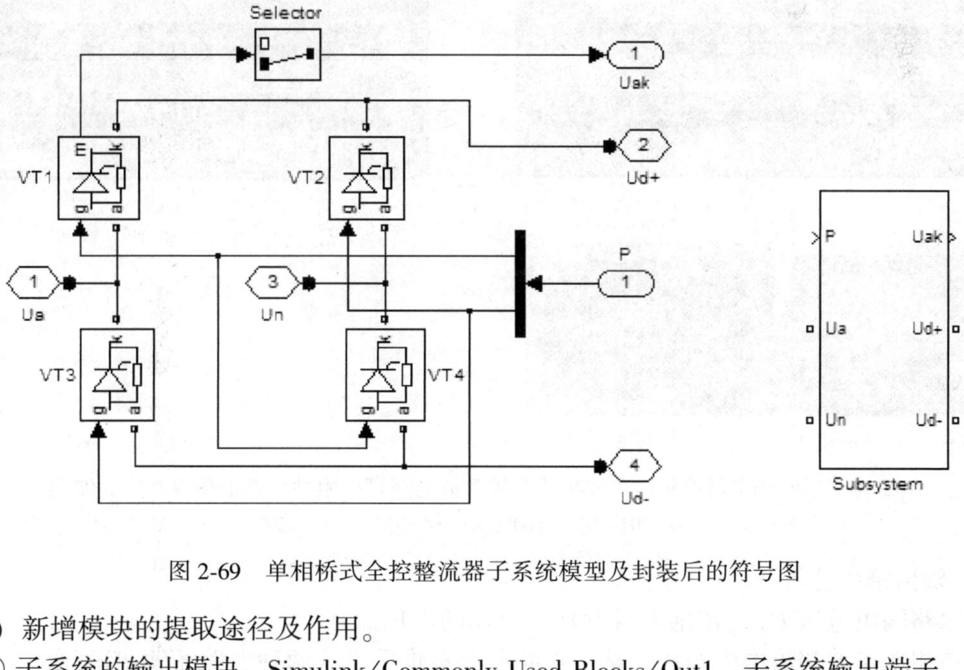

图 2-69 单相桥式全控整流器子系统模型及封装后的符号图

2）新增模块的提取途径及作用。

① 子系统的输出模块：Simulink/Commonly Used Blocks/Out1，子系统输出端子。

② 子系统的输入模块：Simulink/Commonly Used Blocks/In1，子系统输入端子。

（2）模型仿真参数、仿真结果的输出及结果分析

1）模型仿真参数。选 ode23tb 算法，相对误差设为 1e-3，仿真开始时间为 0，停止时间为 0.08 s。

2）输出仿真结果。图 2-70a、b、c、d 是 $\alpha=30°$、$60°$、$90°$、$120°$时的负载电压、负载电流和晶闸管上的电压仿真波形和实验波形。

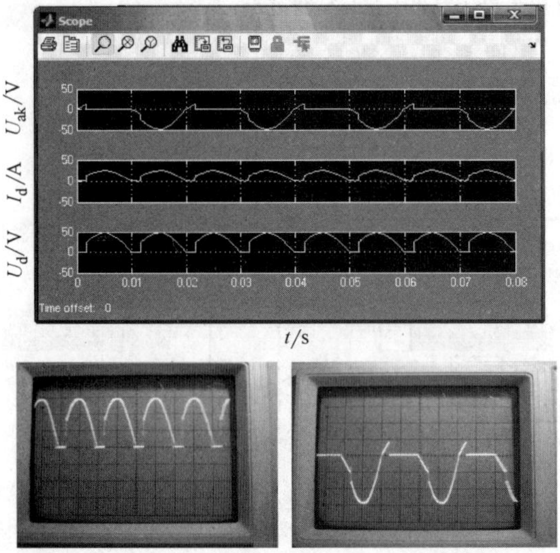

a)

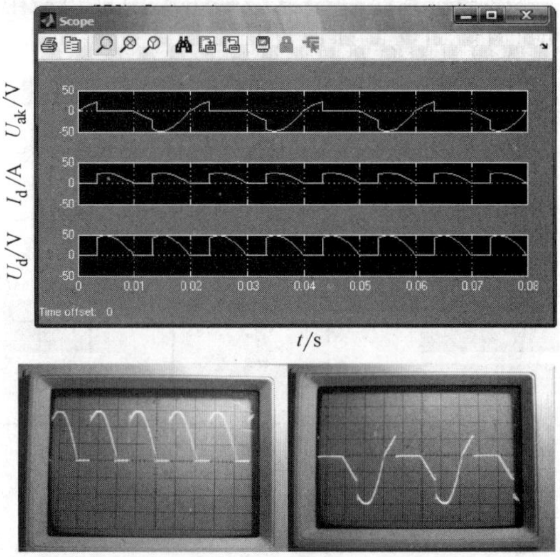

b)

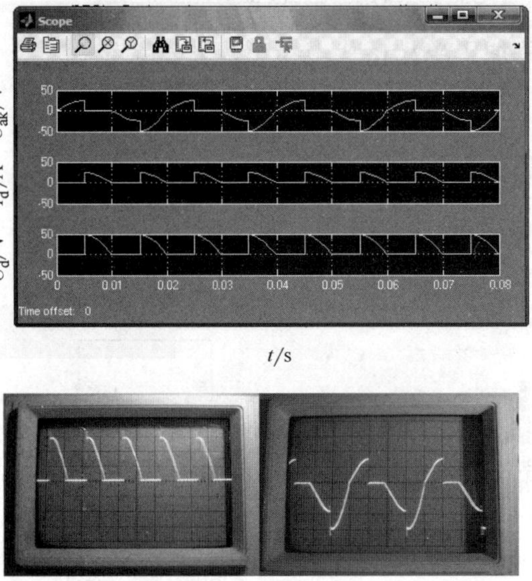

c)

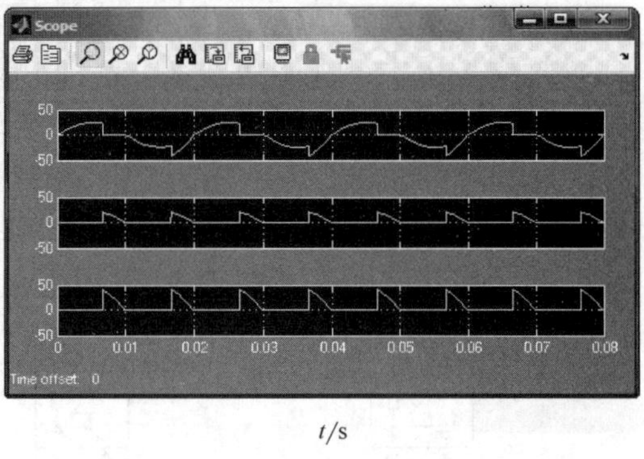

d)

图 2-70 不同触发延迟角时单相桥式全控整流电路带电阻性负载的仿真和实验波形

a）$\alpha=30°$ b）$\alpha=60°$ c）$\alpha=90°$ d）$\alpha=120°$

3）输出结果分析。

本电路输出电压 U_d 的值随着触发延迟角 α 的增加而减小。

与单相双半波整流电路相比，从仿真波形图不难看出，两种电路的输出电压 U_d 波形是

相同的，但两者的区别在于，单相双半波的变压器二次绕组是带中心抽头的，这种结构较单相桥式全控电路复杂。单相双半波比单相桥式全控少用两个晶闸管，这样使门极驱动电路也少了两个，且其晶闸管承受的最大电压是单相桥式全控的两倍。

2. 单相桥式全控整流电路（阻-感性负载）的仿真

单相桥式全控整流电路（阻-感性负载）电气原理结构图如图 2-6 所示。

（1）电路的建模

此系统的模型中只需将图 2-68 中的电阻负载改为阻-感性负载即可，如图 2-71 所示。

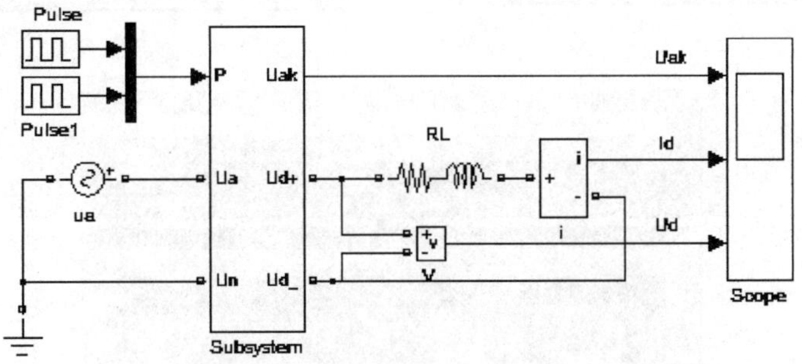

图 2-71　单相桥式全控整流电路（阻-感性负载）仿真模型

（2）模型仿真参数、仿真结果的输出及结果分析

1）模型仿真参数。选 ode23tb 算法，相对误差设为 1e−3，仿真开始时间为 0，停止时间为 0.08 s。

2）输出仿真结果。图 2-72a、b、c 是 $\alpha=30°$、60°、90°时的负载电压、负载电流和晶闸管上的电压仿真波形。

3）输出结果分析。

① 由于电感的作用，输出电压出现负波形；当电感无限大时，触发延迟角 α 在 0°~90°之间变化时，晶闸管导通角 $\theta=\pi$，导通角 θ 与触发延迟角 α 无关。输出电流近似平直，流过晶闸管和变压器二次侧的电流为矩形波。

② 图 2-72a、b、c 是 $\alpha=30°$、60°、90°时带阻-感性负载的仿真波形；此时的电感为有限值，晶闸管均不通期间承受 $\frac{1}{2}u_2$ 电压。

3. 单相桥式全控整流电路（带反电势负载）的仿真

单相桥式全控整流电路带反电势负载的电气原理结构图如图 2-7 所示。

（1）电路的建模

单相桥式全控整流电路带反电势负载的仿真模型如图 2-73 所示。

图中所增加的反电势 E 的参数设为 15 V。

（2）模型仿真参数、仿真结果的输出及结果分析

1）模型仿真参数。选 ode23tb 算法，相对误差设为 1e−3，仿真开始时间为 0，停止时间为 0.08 s。

2）输出仿真结果。采用“示波器”模块输出方式，单相桥式全控整流电路带反电势负载不同触发延迟角 α 时的仿真波形如图 2-74 所示。

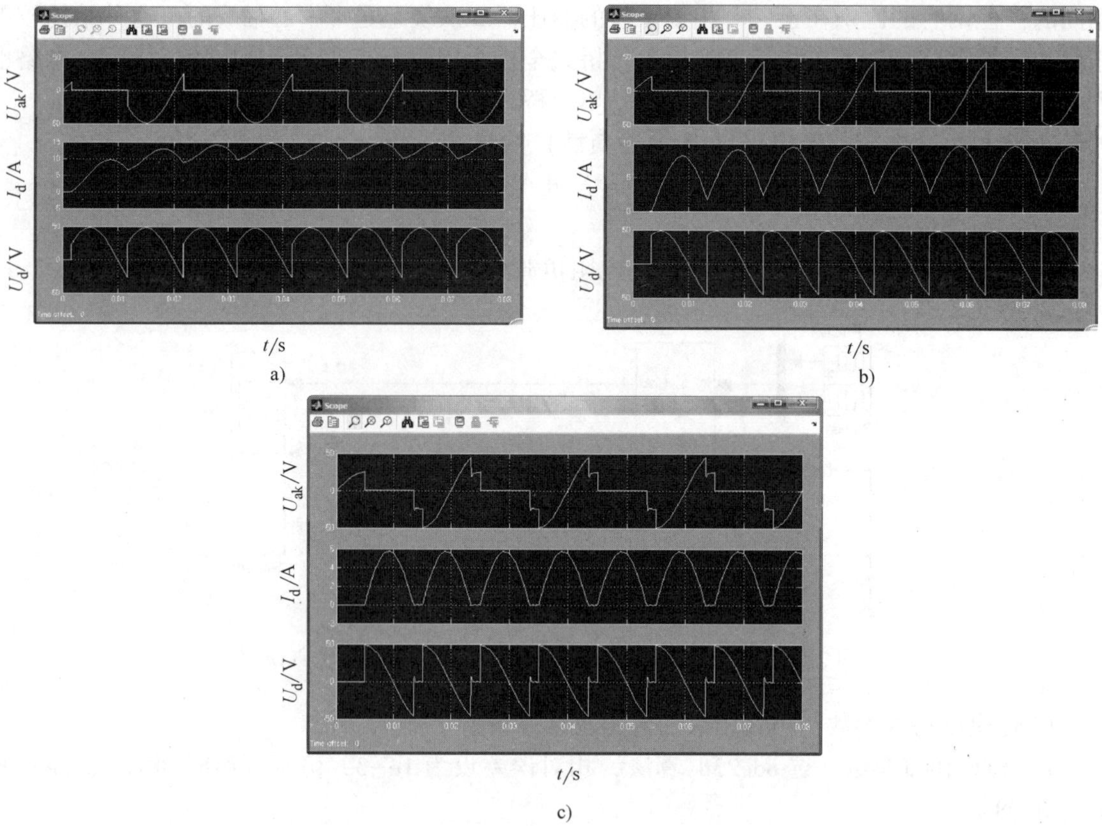

图 2-72　不同触发延迟角时单相桥式全控整流电路带阻-感性负载的仿真波形

a）$\alpha=30°$　b）$\alpha=60°$　c）$\alpha=90°$

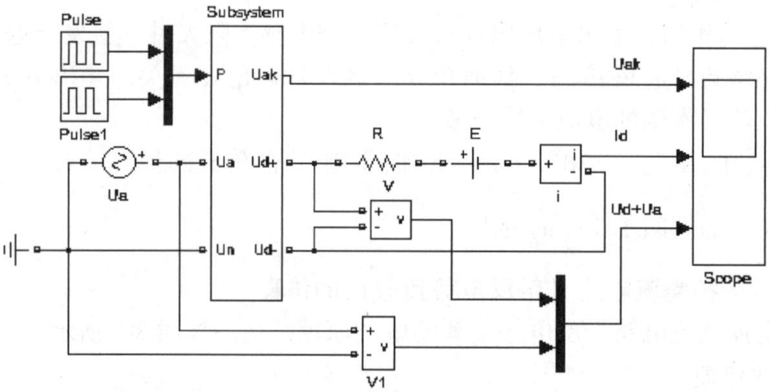

图 2-73　单相桥式全控整流电路带反电势负载的仿真模型

3）输出结果分析。随着 α 角的增大，平均电压 U_d 减小，在反电势 E 一定的情况下，输出电流 I_d 相应地减小。

将单相桥式全控整流电路带电阻性负载与带反电势负载进行比较可得出以下结论：从两种电路的仿真波形可以看出，加了反电势 E 后，电流 I_d 波形近似为脉冲状，且随着电动势 E 增大，I_d 波形的底部会变得更窄。若此时需输出相同的平均电流，则加反电势电路的峰值

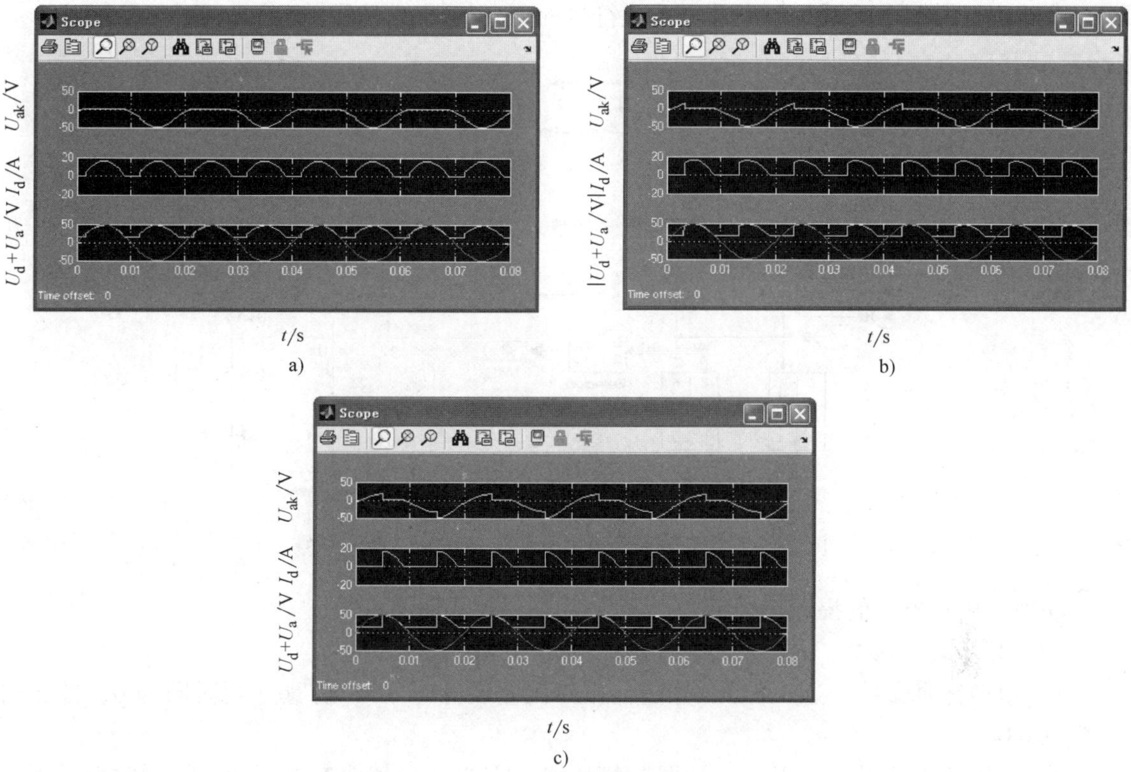

图 2-74 单相桥式全控整流电路带反电势负载在不同触发延迟角 α 时的仿真波形

a）$\alpha=30°$　b）$\alpha=60°$　c）$\alpha=90°$

会越大，进而 I_d 的有效值更大于平均值。

4. 单相桥式半控整流电路（电阻性负载）的仿真

（1）电气原理结构图

单相桥式半控整流电路带电阻性负载的电气原理结构图如图 2-75 所示。

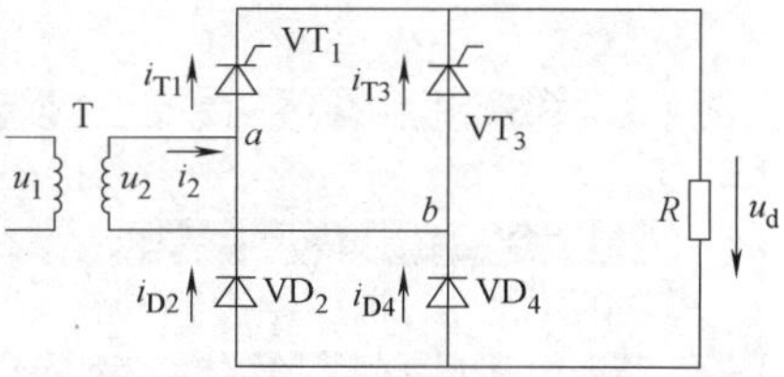

图 2-75 单相桥式半控整流电路带电阻性负载的电气原理结构图

（2）电路的建模

根据电气原理结构图建立的单相桥式半控整流电路带电阻性负载的仿真模型如图 2-76 所示。

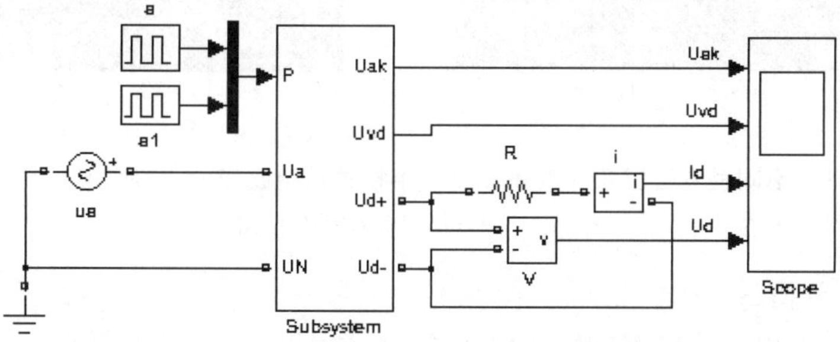

图 2-76 单相桥式半控整流电路带电阻性负载的仿真模型

电路仿真模型中子系统模型及子系统符号的建立如图 2-77 所示。

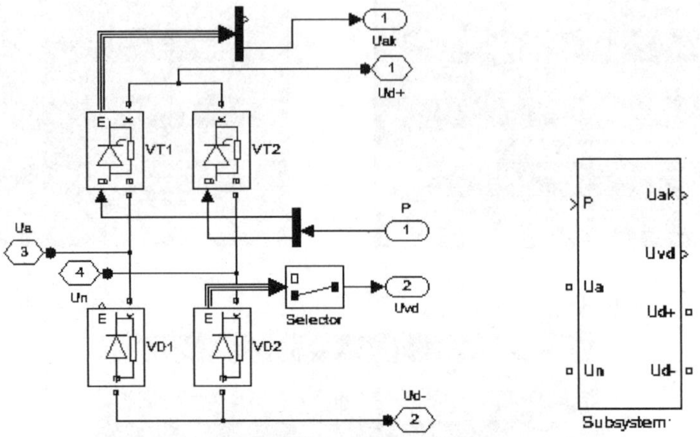

图 2-77 电路仿真模型中子系统模型及子系统符号

功率二极管模块的提取途径前面已经说明过，不再赘述。

（3）模型仿真参数、仿真结果的输出及结果分析

1）模型仿真参数。选 ode23tb 算法，相对误差设为 1e-3，仿真开始时间为 0，停止时间为 0.08 s。

2）输出仿真结果。采用“示波器”模块输出方式。当其他参数不变，不同触发延迟角 α 时单相桥式半控整流电路带电阻性负载的仿真波形如图 2-78 所示。

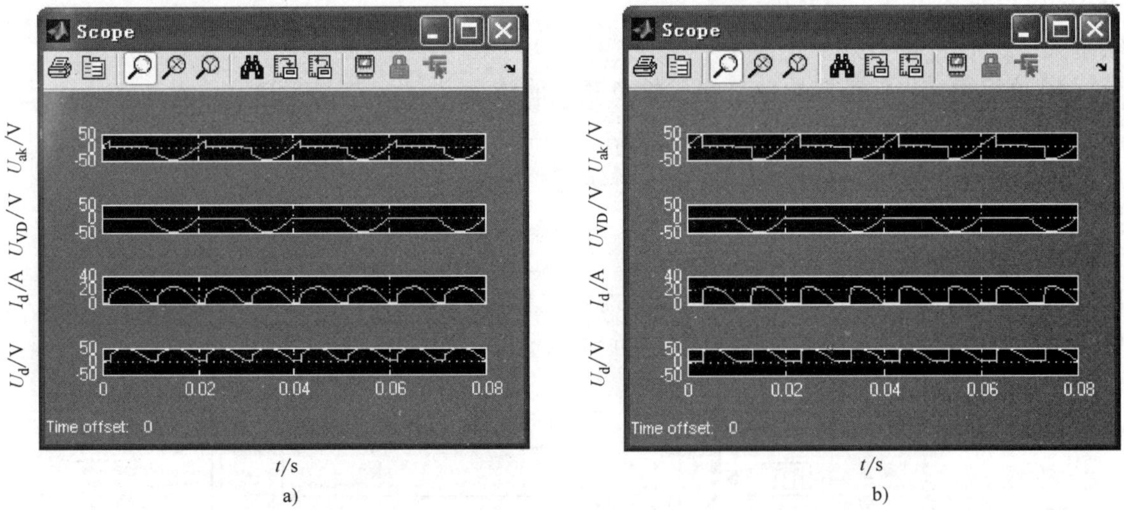

图 2-78 不同触发延迟角 α 时单相桥式半控整流电路带电阻性负载的仿真波形

a）$\alpha=30°$ b）$\alpha=60°$

3）输出结果分析。

从波形图可以看出，此电路的输出电压 U_d 和输出电流 I_d 的波形与单相桥式全控整流电路带电阻性负载时相同，输出电压随着触发延迟角 α 的增大而减小。

5. 单相桥式半控整流电路（阻-感性负载、不带续流二极管）的仿真

单相桥式半控整流电路带大电感负载时的电路原理结构图如图 2-8 所示。

（1）建模方法

只要将图 2-76 模型中的电阻性负载改为阻-感性负载即可，搭建的仿真模型如图 2-79 所示。

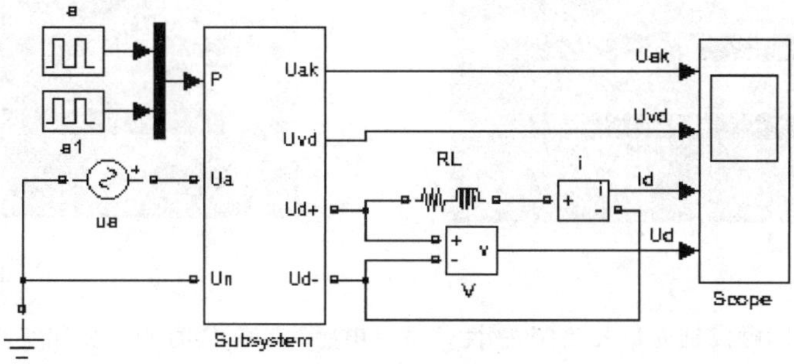

图 2-79　单相桥式半控整流电路带阻-感性负载的仿真模型

（2）模型仿真参数、仿真结果的输出及结果分析

1）模型仿真参数。选 ode23tb 算法，相对误差设为 1e−3，仿真开始时间为 0，停止时间为 0. 08 s。

2）输出仿真结果。当负载 $R=2\,\Omega$，$L=0.02\,\mathrm{H}$（即设为阻-感性负载），不同触发延迟角 α 带阻-感性负载且电感为有限值时的仿真和实验波形如图 2-80 所示。

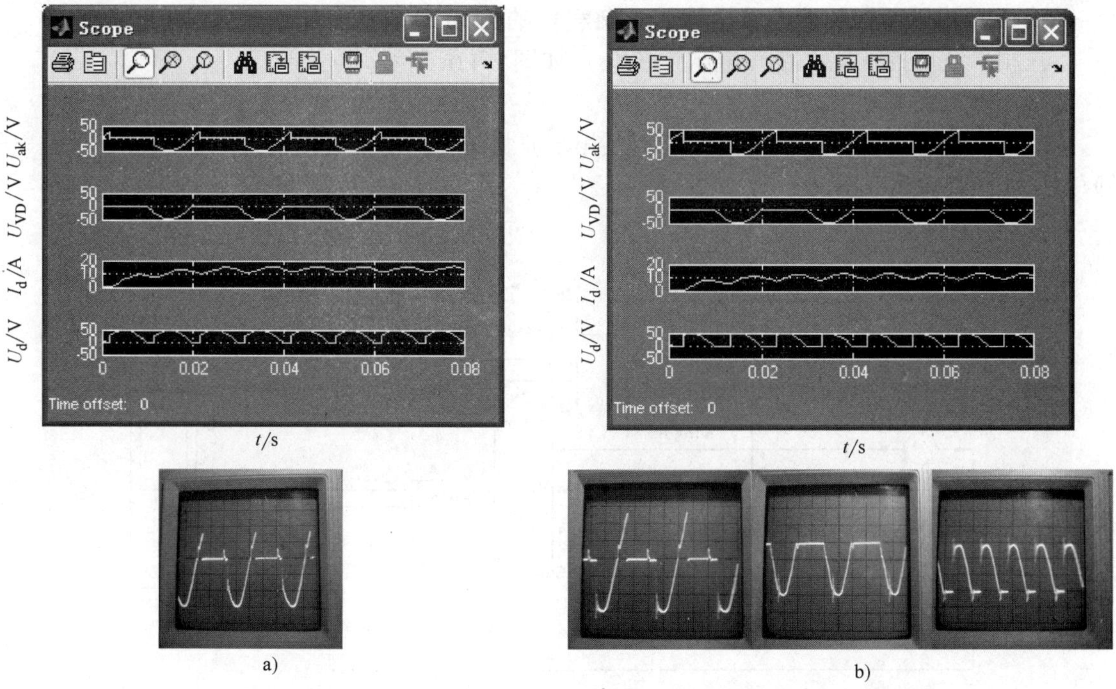

图 2-80　不同触发延迟角 α 带阻-感性负载且电感为有限值时的仿真和实验波形

a）$\alpha=30°$　b）$\alpha=60°$

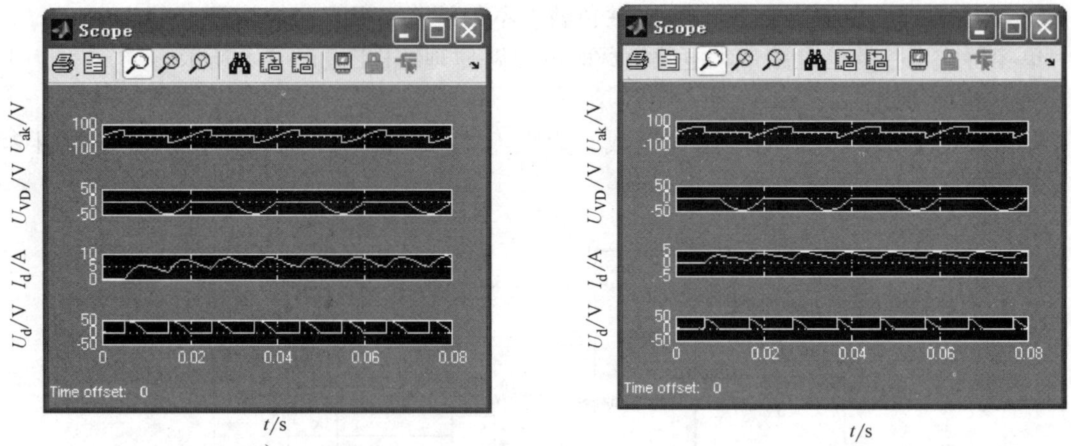

c) d)

图 2-80　不同触发延迟角 α 带阻-感性负载且电感为有限值时的仿真和实验波形（续）

c）$\alpha=90°$　d）$\alpha=120°$

3）输出结果分析。

从图 2-80 分析可知，该电路与电阻性负载时输出的 U_d 波形是一样的。该电路即使直流输出端不接有续流二极管，但由于桥路内部的续流作用，负载端与接续流二极管时的情况是一样的。

2.7.4　晶闸管三相可控整流电路的仿真

1. 三相半波可控整流电路（电阻性负载）的仿真

三相半波可控整流电路（电阻性负载）如图 2-11a 所示。

（1）电路的建模

从电气原理图分析可知，该系统由三相半波整流器、脉冲触发器等部分组成。根据电气原理结构图搭建的仿真模型如图 2-81 所示。

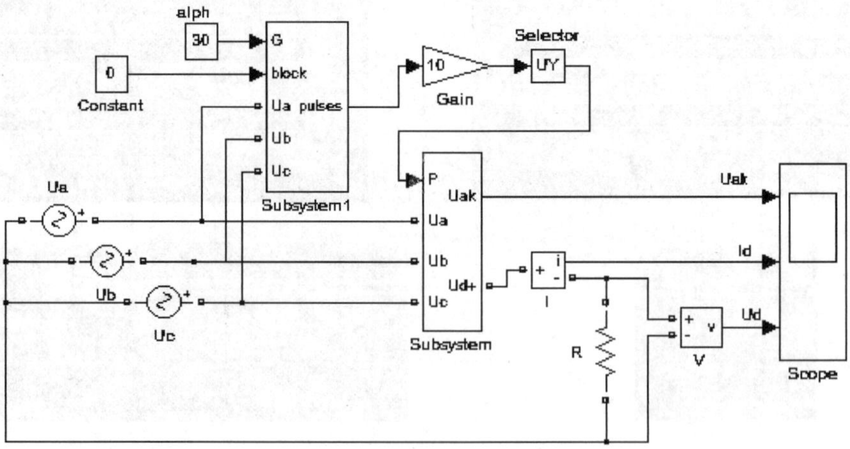

图 2-81　三相半波可控整流电路（电阻性负载）的仿真模型

1）模型中新增模块、提取途径和作用。

① 增益模块：Simulink/commonly used blocks/gain，输出 = 输入×增益。

② 同步 6 脉冲触发器模块：Simpower system/control blocks/Synchronized 6-Pulse generator，用于产生触发脉冲。

2）子系统的建模。系统中三相半波整流器子系统和同步 6 脉冲触发器子系统模型及封装符号如图 2-82 和图 2-83 所示。

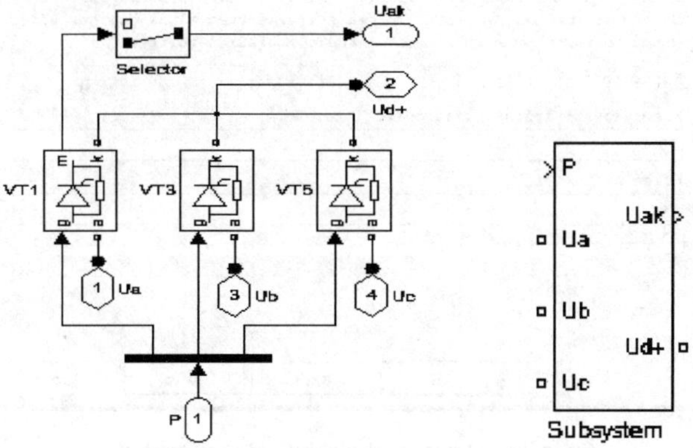

图 2-82　三相半波整流器子系统模型及封装符号

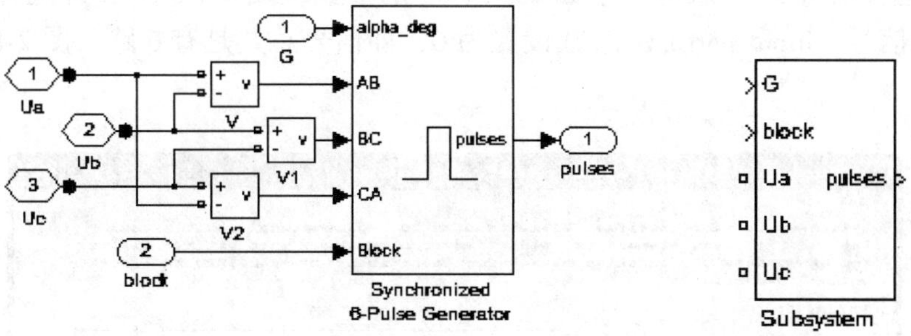

图 2-83　同步 6 脉冲触发器子系统模型及封装符号

（2）典型模块的参数设置

1）增益模块的参数设置如图 2-84 所示。

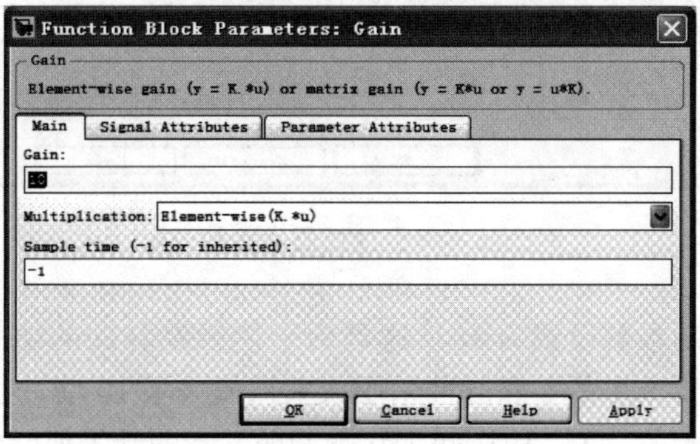

图 2-84　增益模块的参数设置

2）同步 6 脉冲触发器的参数设置如图 2-85 所示。

3）三相电源为对称的正弦交流电源，其幅值设为 50 V，频率设为 50 Hz，U_a、U_b、U_c 相的初始相位分别设置为 0°、−120°、−240°。

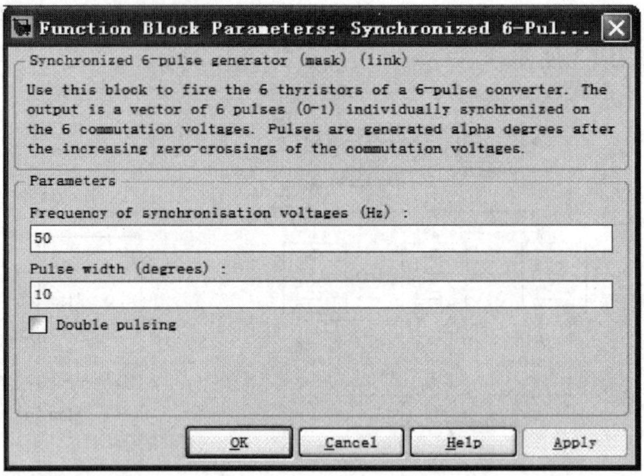

图 2-85　同步 6 脉冲触发器的参数设置

4）信号选择器（YU）Selector：Index vector 的参数改成［1 3 5］，即选择了第 1、3、5 信号作为输出信号；input port size 参数设置为 6，即信号总共是有 6 路。图 2-86 是信号选择器的参数设置。

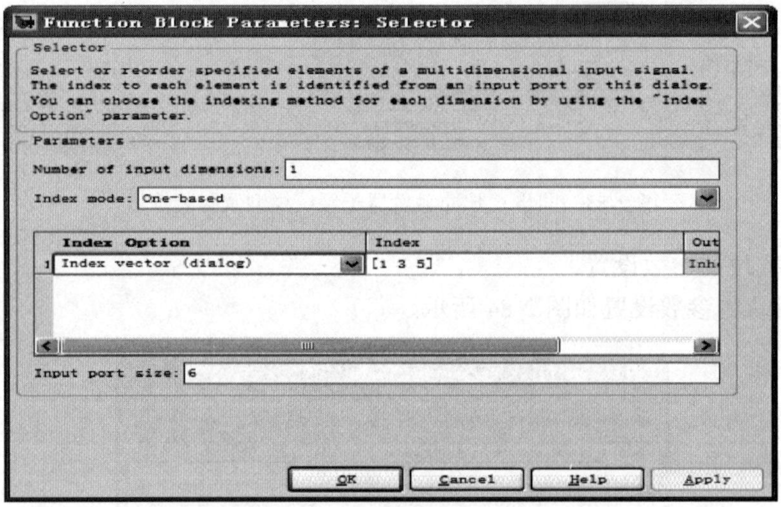

图 2-86　信号选择器的参数设置

5）增益模块 Gain 的参数设置为 10，这是为了使触发脉冲的功率满足晶闸管触发的要求，所以才将脉冲触发器产生的 6 路脉冲采用放大器放大了 10 倍。

6）constant 的参数设置为 0，用作同步 6 脉冲触发器的开关使能信号。

7）alph 的参数设置为 30 或其他数值，即触发脉冲 $\alpha=30°$或其他数值。

（3）模型仿真参数、仿真结果的输出及结果分析

1）模型仿真参数。选 ode23tb 算法，相对误差设为 1e−3，仿真开始时间为 0，停止时间为 0.1 s。

2）输出仿真结果。图 2-87a、b、c、d、e、f 是 $\alpha=0°$、30°、60°、90°、120°、150°时带电阻性负载（$R=2\,\Omega$）的仿真和实验波形。

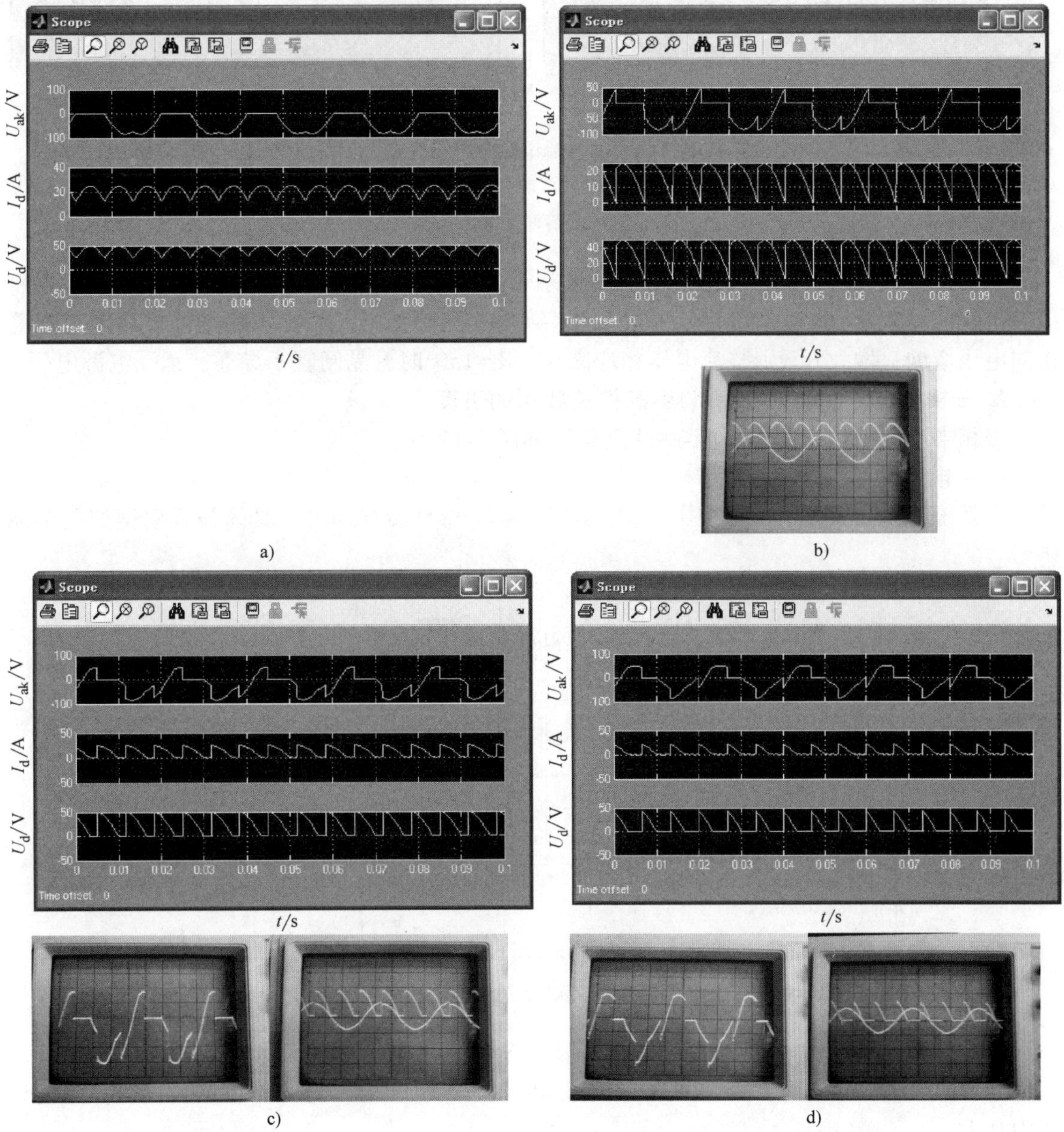

图 2-87　不同触发延迟角时三相半波整流电路带电阻性负载的仿真和实验波形

a）$\alpha=0°$　b）$\alpha=30°$　c）$\alpha=60°$　d）$\alpha=90°$

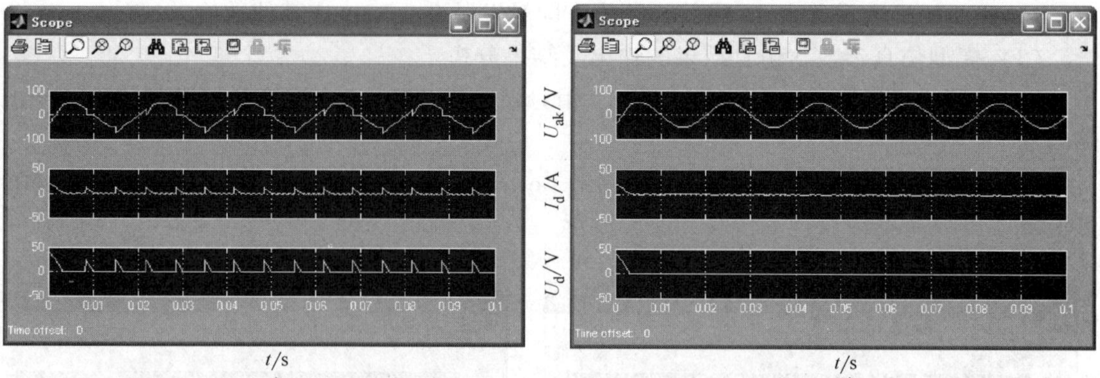

e)　　f)

图 2-87　不同触发延迟角时三相半波整流电路带电阻性负载的仿真和实验波形（续）

e）$\alpha=120°$　f）$\alpha=150°$

3）输出结果分析。

从理论分析波形、仿真波形和实验波形三者的对比看，基本是一致的。从图中还可以看出：电阻性负载 $\alpha=0°$时，VT_1 在 VT_2、VT_3 导通时仅受反压，随着 α 的增加，晶闸管承受正向电压增加；增大 α，则整流电压相应减小；$\alpha=150°$时，晶闸管不导通，承受电源电压。

2. 三相半波可控整流电路（阻-感性负载）的仿真

三相半波可控整流电路（阻-感性负载）如图 2-13 所示。

（1）电路的建模

本系统的模型只需将图 2-81 中电阻负载改为阻-感性负载即可，具体仿真模型如图 2-88 所示。

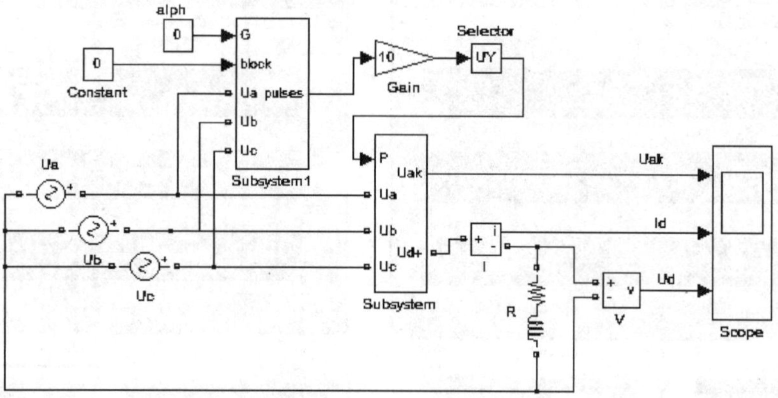

图 2-88　三相半波可控整流电路（阻-感性负载）的仿真模型

（2）模型仿真参数、仿真结果的输出及结果分析

1）模型仿真参数。选 ode23tb 算法，相对误差设为 1e-3，仿真开始时间为 0，停止时间为 0.1 s。

2）输出仿真结果。图 2-89a、b、c、d 是 $\alpha=0°$、30°、60°、90°阻-感性负载（$R=2\,\Omega$、$L=0.02\,H$）时的仿真和实验波形。从理论分析波形、仿真波形和实验波形三者的对比看，基本是一致的。

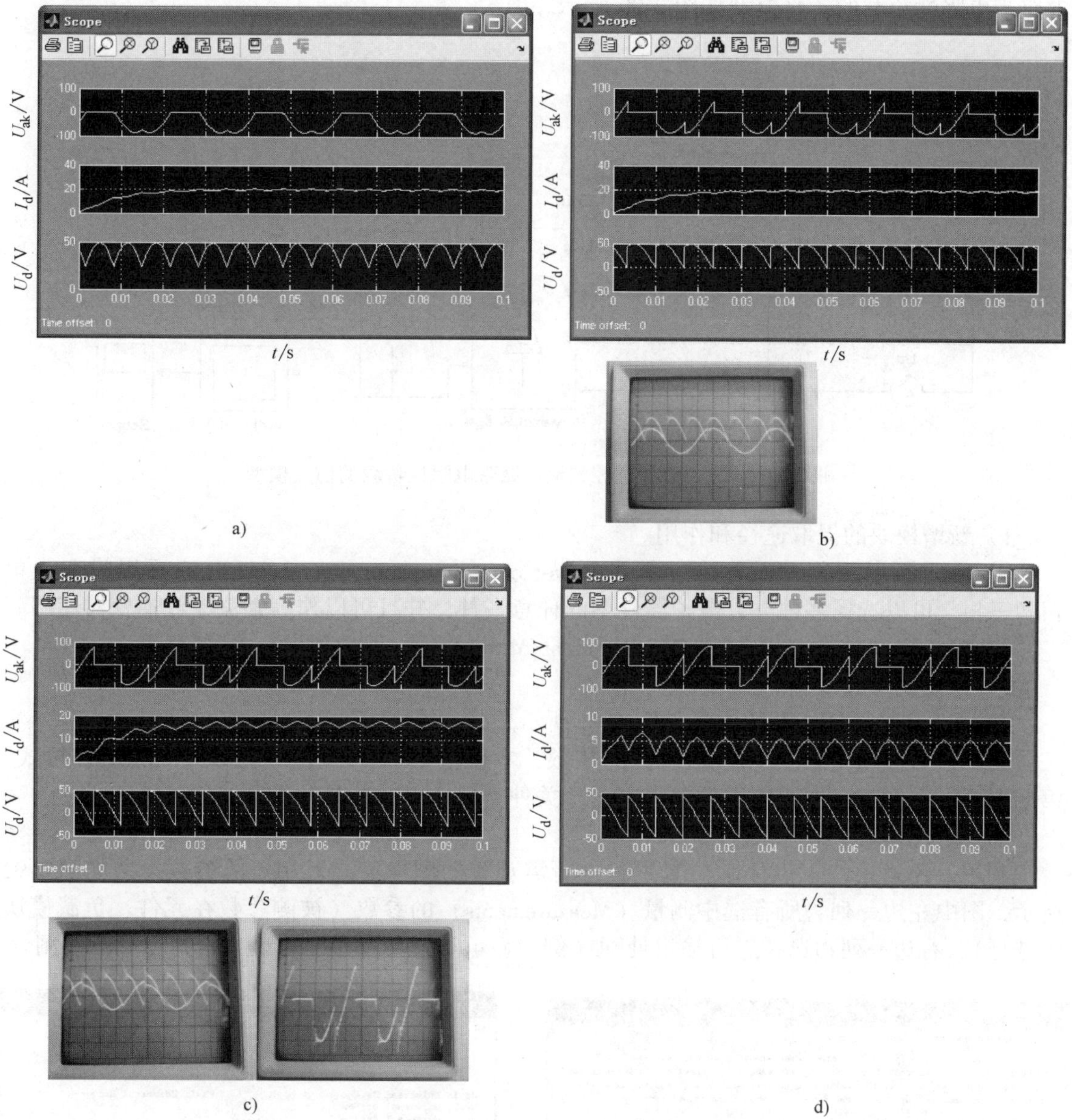

图 2-89　不同触发延迟角时三相半波整流电路阻-感性负载时的仿真和实验波形

a）$\alpha=0°$　b）$\alpha=30°$　c）$\alpha=60°$　d）$\alpha=90°$

3）输出结果分析。

由波形图可以看出，当 $\alpha\leqslant30°$时，由于电感的储能作用，使得电流 I_d 的波形接近水平线，其他波形情况与电阻性负载时相同。当 $\alpha>30°$时，由于电感的作用，负载电压出现了负半波，使得其平均值减小，当 $\alpha=90°$时，$U_d=0$。所以该电路触发延迟角 α 的取值范围是0°~90°。

3. 三相桥式全控整流电路（电阻性负载）的仿真

三相桥式全控整流电路带电阻性负载的电气原理结构图如图 2-15a 所示。

（1）电路的建模

此系统的模型是将三相半波整流器模块换成通用变换器桥模块即可，三相桥式全控整流电路带电阻性负载的仿真模型如图 2-90 所示。

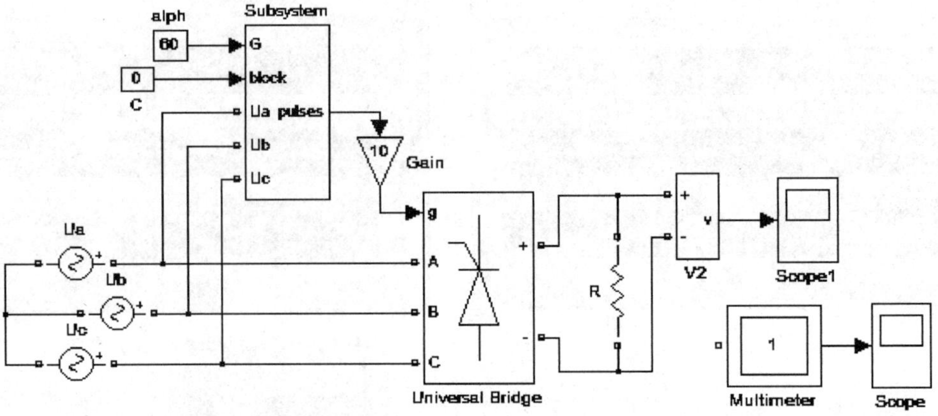

图 2-90　三相桥式全控整流电路带电阻性负载的仿真模型

1）新增模块的提取途径和作用。

① 通用变换器桥：Simpower system/power electronics/universal bridge，它可以设置为单相和三相，可以选择多种电力电子器件中的任意一种，并且可以作为整流器或逆变器使用。

② 万用表：Simpower system/Measurement/Multimeter，用于测量有关物理量。

2）模块的参数设置。

① 通用变换器桥的参数设置如图 2-91 所示。

图 2-91 中第一栏是选择模块桥臂的相数，本模型中选择“3”，它对应三相全控桥式。第四栏可以选择整流器所使用的电力电子开关种类，这里选择晶闸管“Thyristors”。

② 万用表模块的参数选择。

利用万用表模块可以显示仿真过程中所需观察的测量值。万用表的参数设置如图 2-92 所示，图中左边一列为所有选中测量（Measurements）的参数（被测参数在元件、负载模块中选择），右边一列为选择进行输出处理（例如显示等）的参数，本例中选择了测量晶闸管

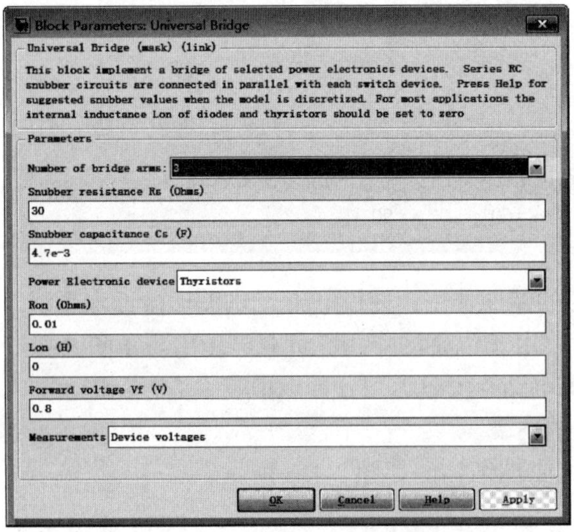

图 2-91　通用变换器桥的参数设置

图 2-92　万用表的参数设置

的电压量，所以在左边一列有 6 个晶闸管的电压参数，选中 1 号晶闸管后单击最上面一个按钮就可以将选定的参数添加到右边一列。中间的其他几个按钮分别为向上（Up）、向下（Down）、移除（Remove）和正负（+/-）调整功能。下面左侧的按钮功能为更新（Update）左侧备选测量参数。

（2）模型仿真参数、仿真结果的输出及结果分析

1）模型仿真参数。选 ode23tb 算法，相对误差设为 1e-3，仿真开始时间为 0，停止时间为 0.08 s。

2）输出仿真结果。图 2-93a、b、c、d 是 $\alpha=0°$、30°、60°、90°时带电阻性负载时的仿

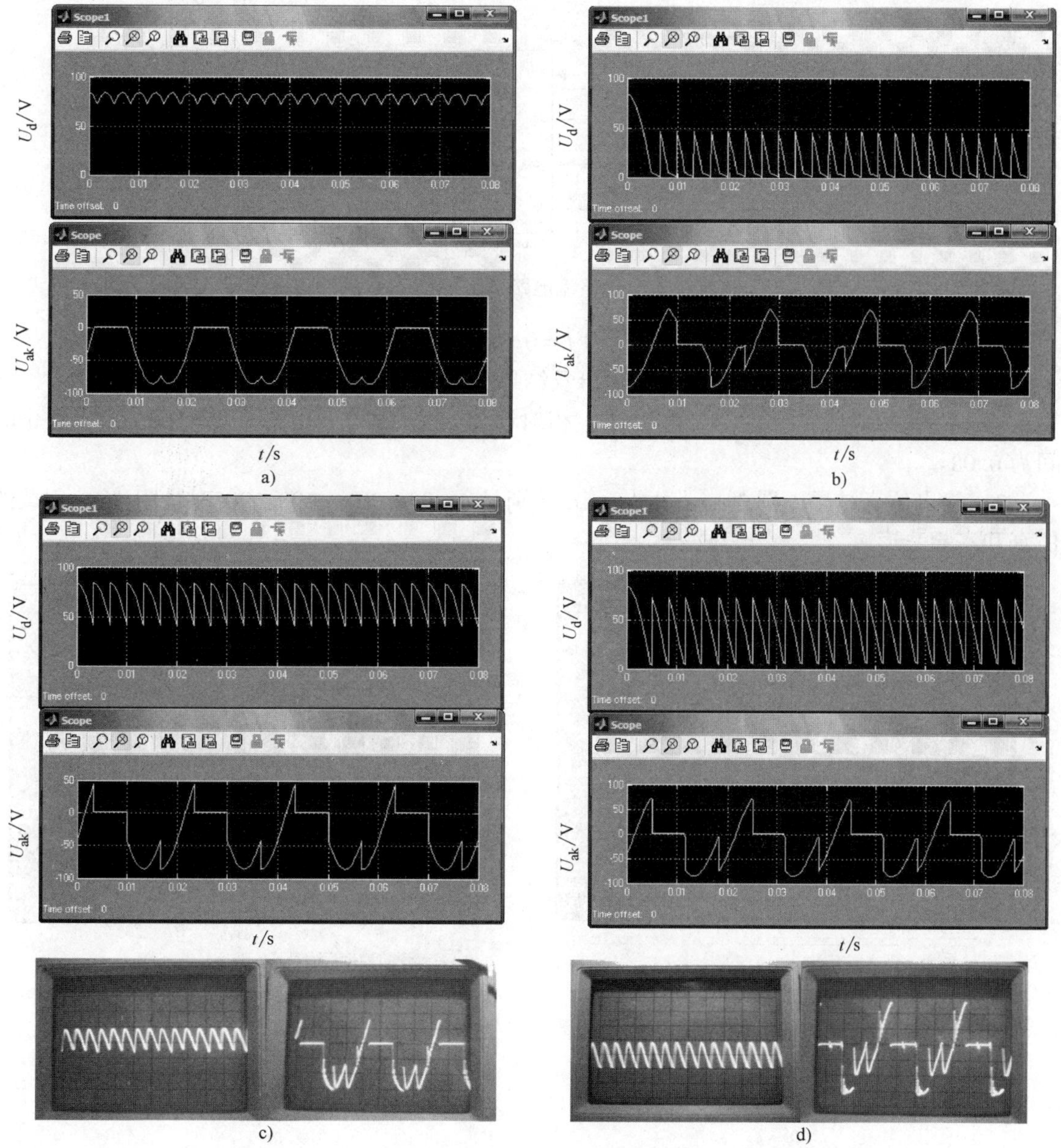

图 2-93　不同触发延迟角时三相全控桥整流电路带电阻性负载时的仿真和实验波形

a）$\alpha=0°$　b）$\alpha=90°$　c）$\alpha=30°$　d）$\alpha=60°$

真和实验波形。

3）输出结果分析。当 $\alpha \leqslant 60°$ 时的 U_d 波形连续；$\alpha > 60°$ 时的 U_d 波形断续。从理论分析波形、仿真波形和实验波形三者的对比看，基本是一致的。

4. 三相桥式全控整流电路（阻-感性负载）的仿真

（1）电路的建模

三相桥式全控整流电路带阻-感性负载后的仿真模型如图 2-94 所示。

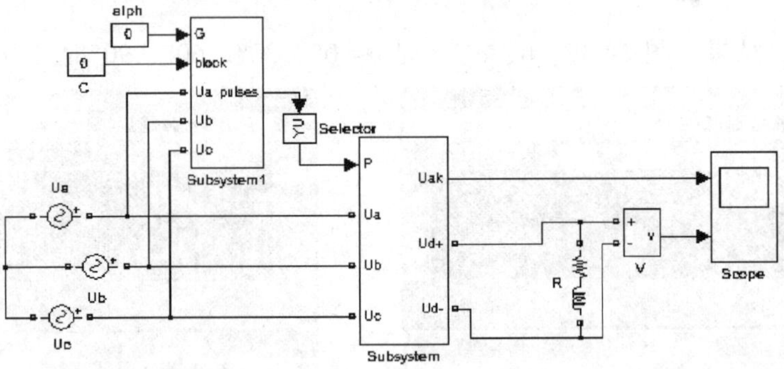

图 2-94　三相桥式全控整流电路带阻-感性负载后的仿真模型

模型中模块的选择和参数设置情况除 $L=0.02\,\mathrm{H}$ 外，其他与电阻性负载时相同。

（2）模型仿真参数、仿真结果的输出及结果分析

1）系统仿真参数。选 ode23tb 算法，相对误差设为 1e−3，仿真开始时间为 0，停止时间为 0.08s。

2）输出仿真结果。图 2-95a、b、c、d 分别是 $\alpha=0°$、30°、60°、90°时带阻-感性负载的仿真和实验波形。

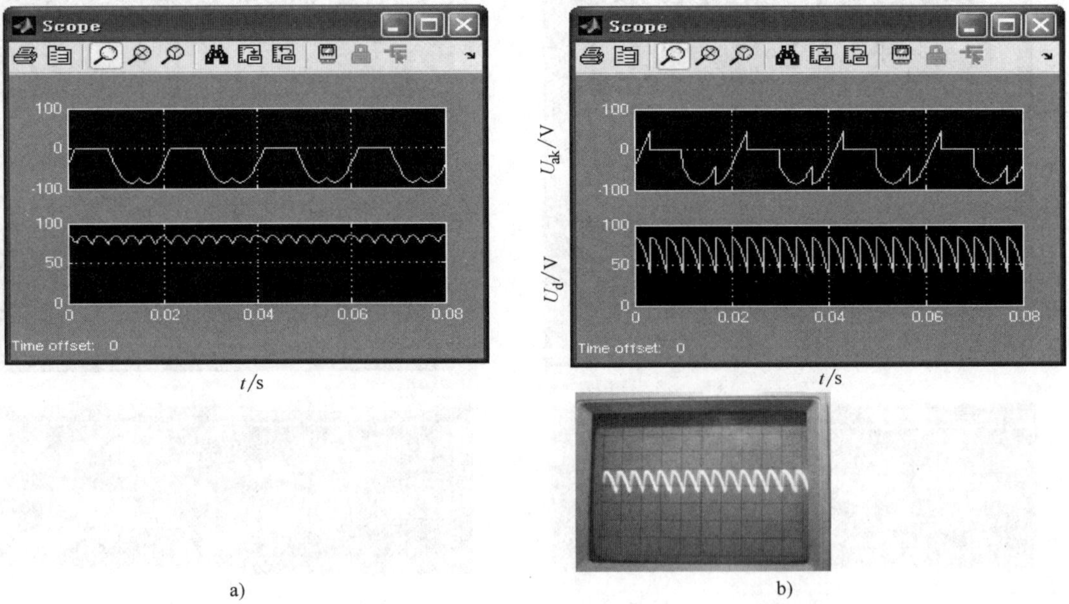

图 2-95　不同触发延迟角时三相全控桥整流电路带阻-感性负载时的仿真和实验波形

a）$\alpha=0°$　b）$\alpha=30°$

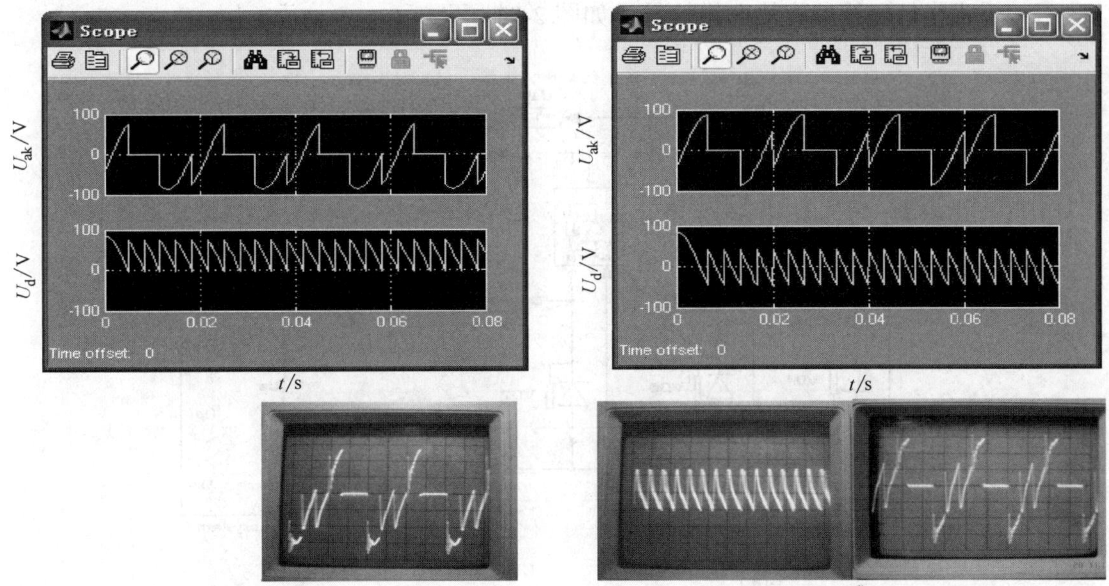

c) d)

图 2-95　不同触发延迟角时三相全控桥整流电路带阻-感性负载时的仿真和实验波形（续）

c）$\alpha=60°$　d）$\alpha=90°$

3）输出结果分析。当 $\alpha \leqslant 60°$时，U_d 波形均为正值，主要不同点在于电感的存在：当 $60°<\alpha<90°$时，由于电感的作用，U_d 的波形会出现负的部分，但是正的部分还是大于负的部分，平均电压 U_d 仍然为正值；当 $\alpha=90°$时，仿真出来的图形正负半周所占的面积基本一样，此时 $U_d=0$。则可得出，随着 α 角的增大平均电压 U_d 的值减小。

5. 三相桥式半控整流电路（电阻性负载）的仿真

三相桥式半控整流电路（电阻性负载）电气原理结构图如图 2-18a 所示，这种电路兼有可控与不可控两者的特性。

（1）电路的建模

三相桥式半控整流电路带电阻性负载仿真模型如图 2-96 所示。

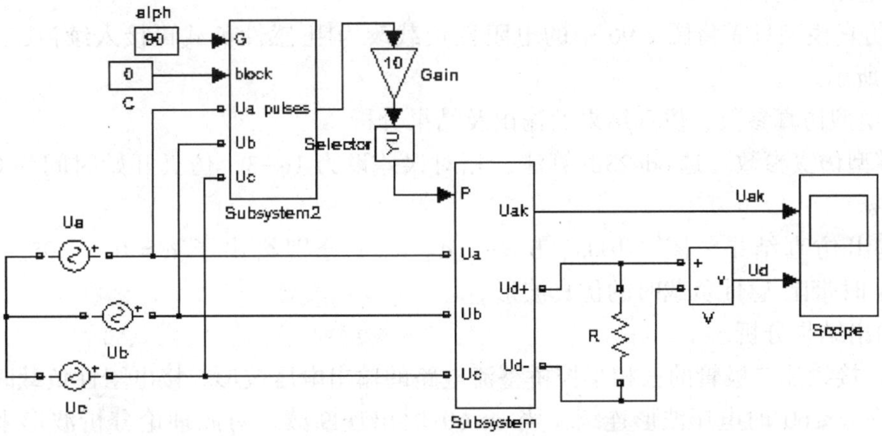

图 2-96　三相桥式半控整流电路电阻性负载仿真模型

三相桥式半控整流器模块和模块符号如图 2-97 所示。

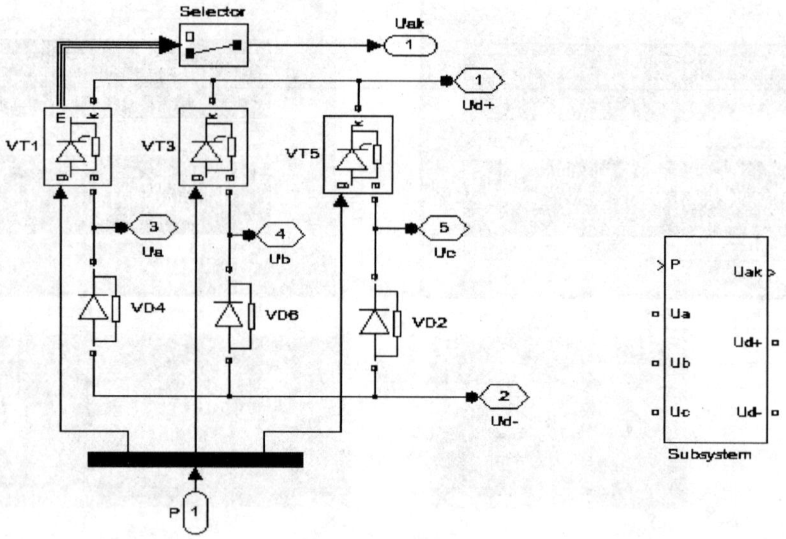

图 2-97　三相桥式半控整流器模块和模块符号

（2）模型仿真参数、仿真结果的输出及结果分析

1）模型仿真参数。选 ode23tb 算法，相对误差设为 1e-3，仿真开始时间为 0，停止时间为 0.08 s。

2）输出仿真结果。图 2-98a、b、c、d 分别给出了 $\alpha=0°$、30°、60°、90°时带电阻性负载时的仿真波形。

3）输出结果分析。对照理论分析波形来看，它们是一致的。由波形可知，当 $\alpha=60°$ 时，电路刚好维持电流连续；当 $\alpha>60°$时，输出电压 U_d 波形出现断续，且平均电压 U_d 随着 α 角的增加而减小，此电路触发延迟角 α 的取值范围是 0°~180°。

6. 三相桥式半控整流电路（阻-感性负载+续流二极管）的仿真

（1）电路的建模

系统仿真模型只需将图 2-96 中的电阻性负载改为阻-感性负载再接入续流二极管即可，如图 2-99 所示。

（2）模型仿真参数、仿真结果的输出及结果分析

1）模型仿真参数。选 ode23tb 算法，相对误差设为 1e-3，仿真开始时间为 0，停止时间为 0.08 s。

2）输出仿真结果。图 2-100a、b、c、d、e、f 分别给出了 $\alpha=0°$、30°、60°、90°、120°、150°时带阻-感性负载时的仿真波形。

3）输出结果分析。

结论：接续流二极管的三相半控桥整流电路的输出电压波形与接电阻性负载时的波形是一样的，在 $\alpha\leqslant60°$时电压波形连续，当 $\alpha>60°$时出现断续。对照理论分析波形来看，它们是一致的。

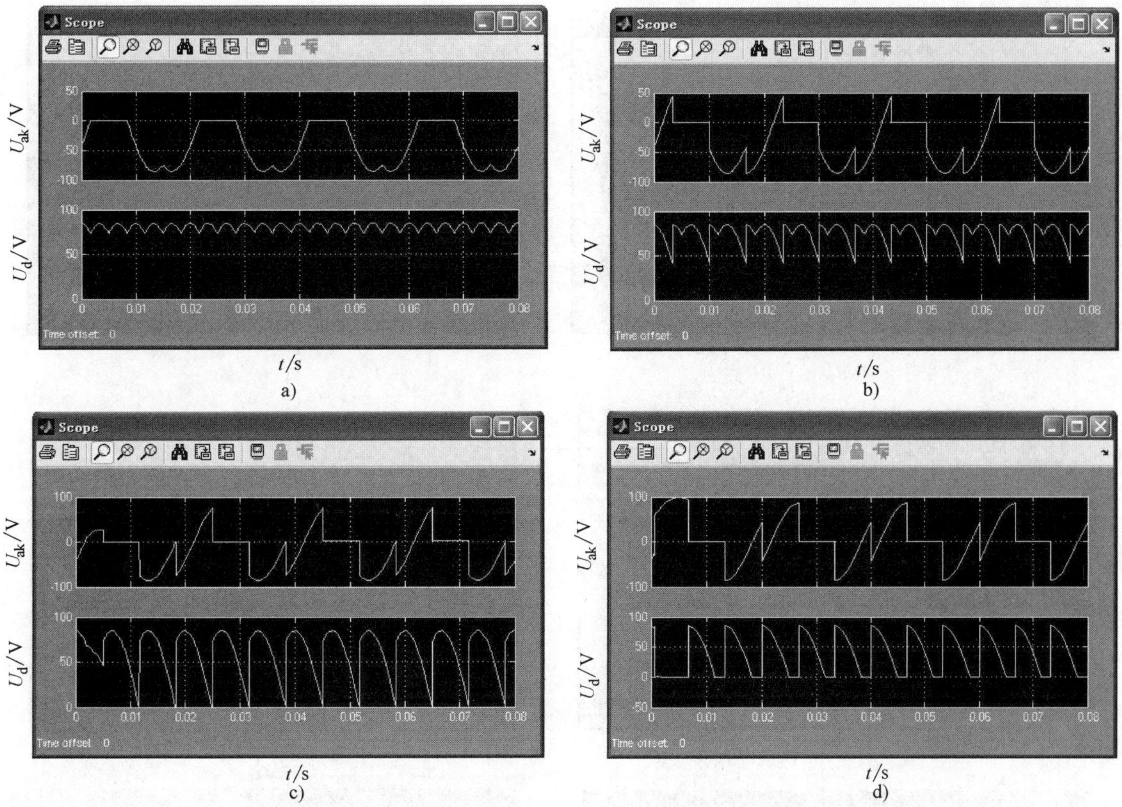

图 2-98　不同触发延迟角时三相桥式半控整流电路带电阻性负载时的仿真波形

a）$\alpha=0°$　b）$\alpha=30°$　c）$\alpha=60°$　d）$\alpha=90°$

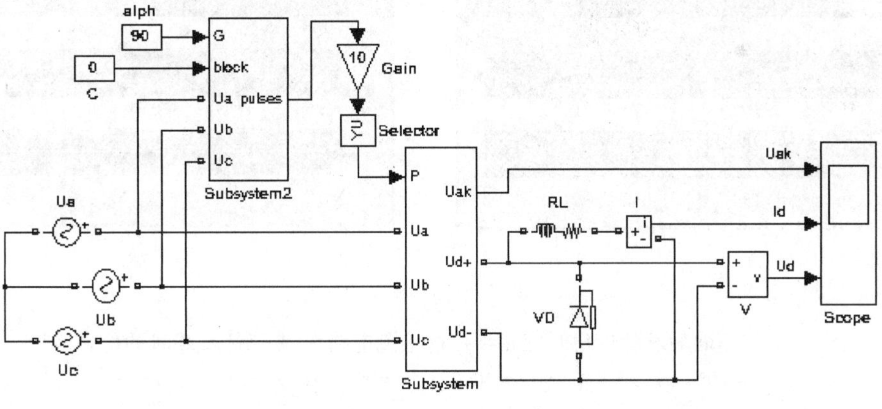

图 2-99　三相桥式半控整流电路带阻-感性负载接续流二极管的仿真模型

2.7.5　考虑变压器漏感时三相半波整流电路的仿真

1. 电路的组成

考虑变压器漏感时，只要在三相半波整流电路每一相的整流变压器与晶闸管之间串入电感 L_B。

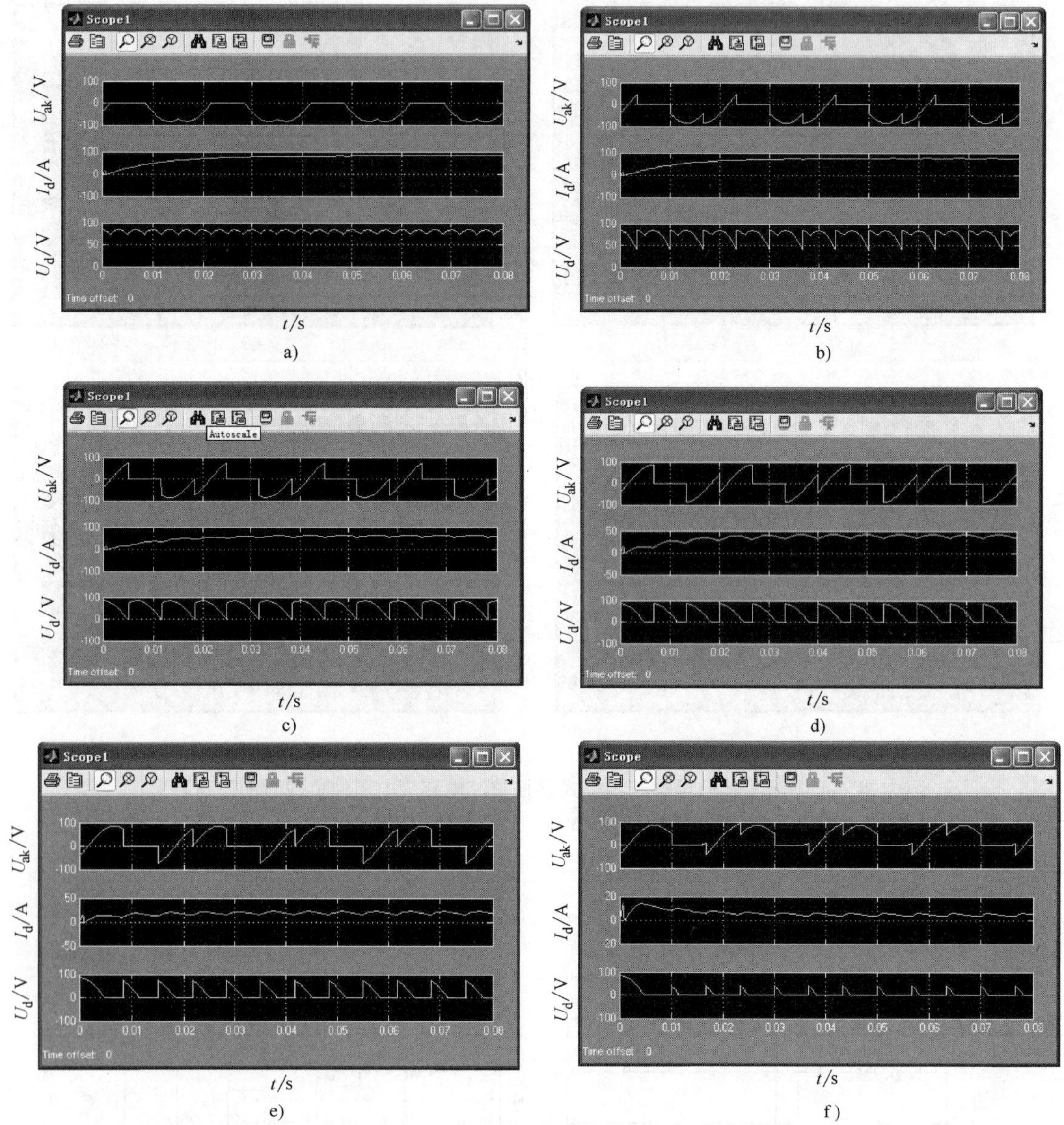

图 2-100　不同触发延迟角时三相半控桥整流电路带阻-感性负载时的仿真波形

a）$\alpha=0°$　b）$\alpha=30°$　c）$\alpha=60°$　d）$\alpha=90°$　e）$\alpha=120°$　f）$\alpha=150°$

2. 电路的建模

考虑变压器漏感时的三相半波整流电路的仿真模型如图 2-101 所示。

3. 典型模块的参数设置

1） 三相对称电源幅值为 80 V，频率为 50 Hz。

2） 漏感 $L_B=0.003$ H；负载电阻为 0.5 Ω，负载电感为 0.005 H。

3） A 相触发延迟角为 30°，B、C 相依次延迟 120°。

4） 晶闸管的参数设置如图 2-102 所示。

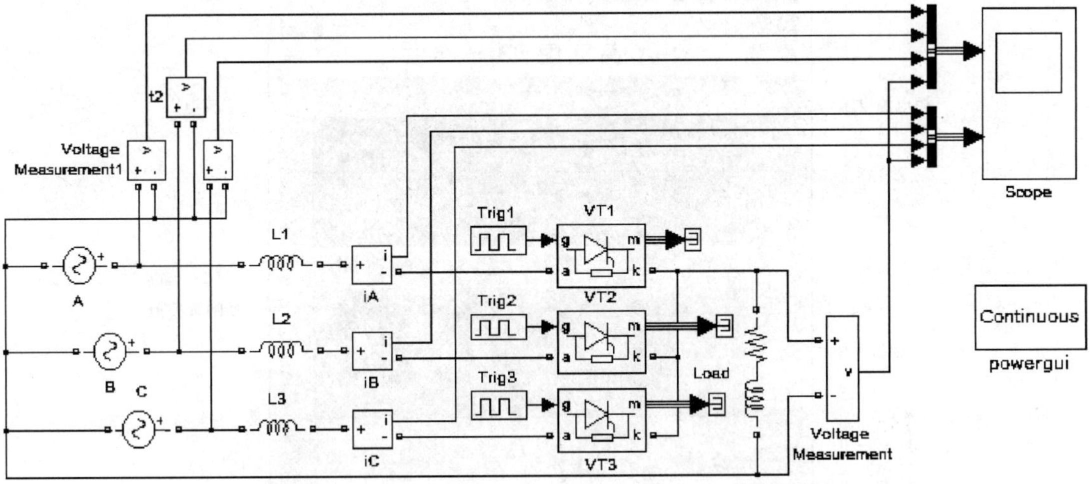

图 2-101　考虑变压器漏感时的三相半波整流电路的仿真模型

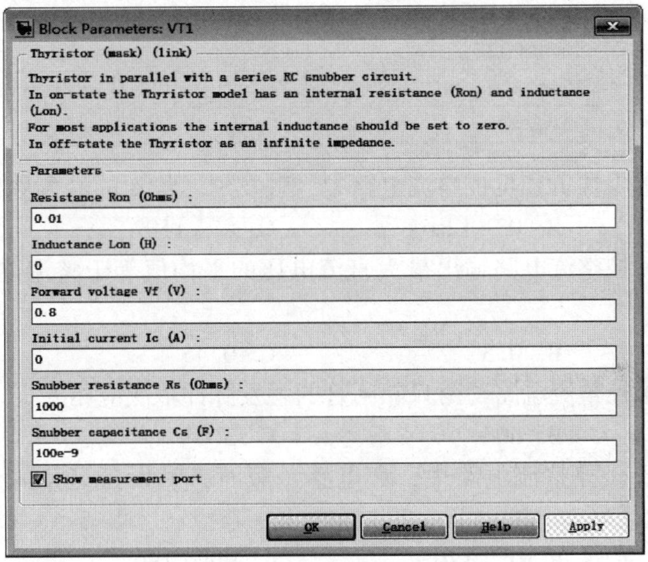

图 2-102　晶闸管的参数设置

4. 模型仿真参数、仿真结果的输出及结果分析

1）模型仿真参数。选 ode23tb 算法，相对误差设为 1e-3，仿真开始时间为 0，停止时间为 0.05 s。

2）输出仿真结果。采用“示波器”模块输出方式，触发延迟角 $\alpha=30°$ 考虑变压器漏感时三相半波整流电路带阻-感性负载时的仿真波形如图 2-103 所示。

3）输出结果分析。从仿真实验波形看，输出整流电压出现缺角，缺角出现期间恰好是晶闸管两相电流换流期间。

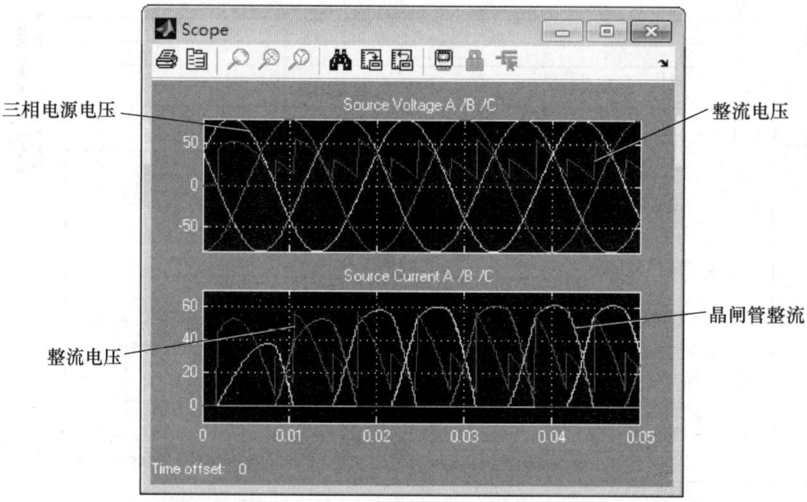

图 2-103　触发延迟角 $\alpha=30°$ 考虑变压器漏感时三相半波整流电路带阻-感性负载时的仿真波形

2.8　习题

1. 选择题

（1）单相半波电阻性负载可控整流电路中，触发延迟角 α 的最大移相范围是（　　）。

A. 0°~90°　　B. 0°~120°　　C. 0°~150°　　D. 0°~180°

（2）单相半波可控整流电路输出最大直流电压的平均值等于整流前交流电压有效值的（　　）倍。

A. 1　　B. 0.5　　C. 0.45　　D. 0.9

（3）单相桥式半控整流电路的两只晶闸管的触发脉冲依次应相差（　　）。

A. 180°　　B. 60°　　C. 360°　　D. 120°

（4）在单相桥式全控整流电路中，大电感负载时，触发延迟角 α 的有效移相范围是（　　）。

A. 0°~90°　　B. 0°~180°　　C. 90°~180°

（5）普通的单相桥式半控整流装置中一共用了（　　）晶闸管。

A. 一只　　B. 二只　　C. 三只　　D. 四只

（6）在单相桥式全控整流电路中，两对晶闸管的触发脉冲，应依次相差（　　）。

A. 180°　　B. 60°　　C. 360°　　D. 120°

（7）α 为（　　）时，三相半波可控整流电路电阻性负载输出电压波形处于连续和断续的临界状态。

A. 0°　　B. 60°　　C. 30°　　D. 120°

（8）晶闸管触发电路中，若改变（　　）的大小，则输出脉冲产生相位移动，达到移相控制的目的。

A. 同步电压　　B. 控制电压　　C. 脉冲变压器电压比

（9）三相半波可控整流电路的自然换相点是（　　）。

A. 交流相电压的过零点

B. 本相相电压与相邻相电压正、负半周的交点处

C. 比三相不控整流电路的自然换相点超前 30°

D. 比三相不控整流电路的自然换相点滞后 60°

(10) α=(   ) 时，三相桥式全控整流电路带电阻性负载电路，输出负载电压波形处于连续和断续的临界状态。

A. 0°　　B. 60°　　C. 30°　　D. 120°

(11) 三相桥式全控整流电路带大电感负载时，触发延迟角 α 的有效移相范围是 (   )。

A. 0°~90°　　B. 30°~120°　　C. 60°~150°　　D. 90°~150°

(12) 为了使晶闸管可控整流电感性负载电路正常工作，应在电路中接入 (   )。

A. 晶体管　　B. 续流二极管　　C. 熔丝

2. 判断题

(1) 在带大电感负载不加续流二极管的桥式半控整流电路中，电路出故障时会出现失控现象。 (   )

(2) 在三相半波可控整流电路中，电路输出电压波形的脉动频率为 300 Hz。 (   )

(3) 在桥式半控整流电路中，带大电感负载，不带续流二极管时，输出电压波形中没有负面积。 (   )

(4) 三相半波可控整流电路，不需要用大于 60°小于 120°的宽脉冲触发，也不需要相隔 60°的双脉冲触发，只用符合要求的相隔 120°的 3 组脉冲触发就能正常工作。 (   )

(5) 三相半波可控整流电路也必须采用双窄脉冲触发。 (   )

(6) 在三相桥式全控整流电路中，采用双窄脉冲触发晶闸管元件时，电源相序还要满足触发电路相序要求时才能正常工作。 (   )

3. 填空题

(1) 从晶闸管开始承受正向电压起到晶闸管导通之间的电角度称为____角，用____表示。

(2) 单相半波可控整流电路中，晶闸管承受的最大反向电压为____。三相半波可控整流电路中，晶闸管承受的最大反向电压为____。(电源相电压为 U_2)

(3) 单相全波可控整流电路中，晶闸管承受的最大反向电压为____。三相半波可控整流电路中，晶闸管承受的最大反向电压为____。(电源相电压为 U_2)

(4) 三相半波可控整流电路，输出平均电压波形脉动频率为____Hz；而三相全控桥整流电路，输出平均电压波形脉动频率为____Hz；这说明____电路的纹波系数比____电路要小。

(5) 三相半波可控整流电路电阻性负载时，电路的移相范围____，三相全控桥电阻性负载时，电路的移相范围____，三相半控桥电阻性负载时，电路的移相范围____。

(6) 要使三相全控桥式整流电路正常工作，对晶闸管触发方法有两种，一是用____触发；二是用____触发。

(7) 对三相桥式全控整流电路实施触发时，如采用单宽脉冲触发，单宽脉冲的宽度一般取____度较合适；如采用双窄脉冲触发时，双窄脉冲的间隔应为____度。

（8）三相桥式全控整流电路是由一组共____极3只晶闸管和一组共____极的3只晶闸管串联后构成的，晶闸管的换相是在同一组内的元件进行的。每隔____换一次相，在电流连续时每只晶闸管导通____度。要使电路工作正常，必须任何时刻要有____只晶闸管同时导通，一个是共____极的，另一个是共____极的元件，且要求不是____的两个元件。

（9）当晶闸管可控整流的负载为大电感负载时，负载两端的直流电压平均值会____，解决的办法就是在负载的两端____接一个____。

（10）工作于反电动势负载的晶闸管在每一个周期中的导通角____、电流波形不连续、呈____状、电流的平均值____。要求管子的额定电流值要____些。

（11）单结晶体管内部共有____个PN结，外部共有3个电极，它们分别是____极、____极和____极。

（12）当单结晶体管的发射极电压高于____电压时就导通；低于____电压时就截止。

（13）单结晶体管产生的触发脉冲是____脉冲；主要用于驱动____功率的晶闸管；锯齿波同步触发电路产生的脉冲为____脉冲；可以触发____功率的晶闸管。

（14）锯齿波触发电路主要是由____、____、____、____、____环节组成。

4. 问答题

（1）单相半波可控整流电路中，图2-104a为晶闸管内部短路情况，图2-104b为晶闸管内部开路情况，在下面的坐标中画出其直流输出电压 u_d 和晶闸管两端电压 u_T 的波形。

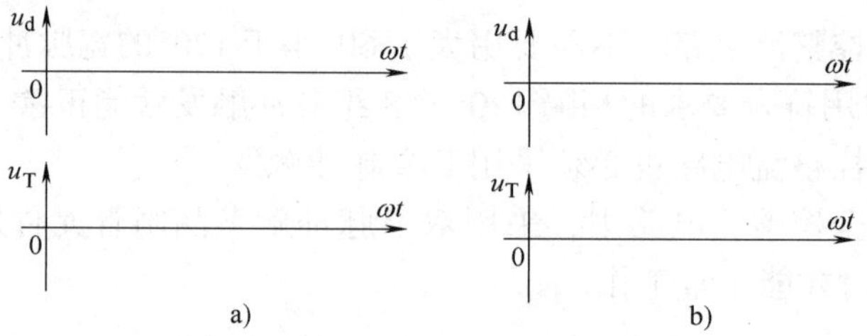

图2-104　单相半波可控整流电路

a）晶闸管内部短路　b）晶闸管内部开路

（2）单相半波可控整流电路中，如果：①晶闸管门极不加触发脉冲。②晶闸管内部短路。③晶闸管内部断开。试分析上述3种情况负载两端电压 u_d 和晶闸管两端电压 u_T 的波形。

（3）单相桥式半控整流电路，电阻性负载，如图2-105所示。当触发延迟角 $\alpha=90°$ 时，画出：负载电压 u_d、晶闸管 VT_1 电压 u_{VT1}、整流二极管 VD_2 电压 u_{VD2}，在一周期内的电压波形图。

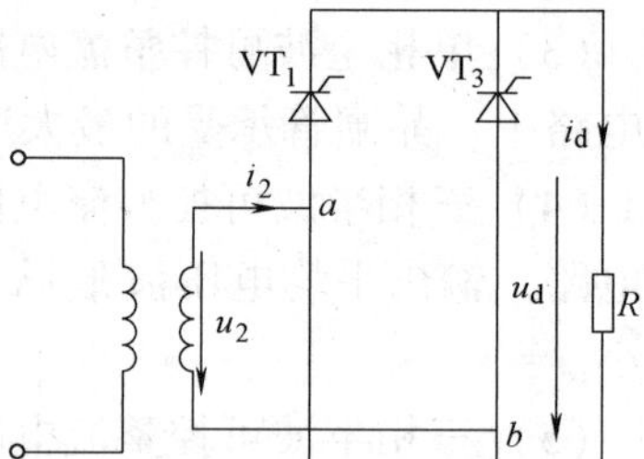

图2-105　单相桥式半控整流电路

（4）某单相桥式全控整流电路给电阻性负载和大电感负载供电，在流过负载电流平均值相同的情况下，哪一种负载的晶闸管额定电流应选择大一些？

（5）相控整流电路带电阻性负载时，负载电阻上的 U_d 与 I_d 的乘积是否等于负载有功功率，为什么？带大电感负载时，负载电阻 R_d 上的 U_d 与 I_d 的乘积是否等于负载有功功率，为什么？

（6）三相半波整流电路的共阴极接法与共阳极接法，U、V 两相的自然换相点是同一点吗？如果不是，它们在相位上差多少度？

5. 计算题

（1）某电阻性负载要求 0~24 V 直流电压，最大负载电流 $I_d=30\,A$，如采用 220 V 交流直接供电和由变压器降压到 60 V 供电的单相半波相控整流电路，是否两种方案都能满足要求？试比较两种供电方案的晶闸管的导通角、额定电压、额定电流、电源侧功率因数。

（2）阻感负载，电感极大，电阻 $R=5\,\Omega$，电路采用有续流二极管的单相桥式半控电路，输入电压 $U_2=220\,V$，当触发延迟角 $\alpha=60°$时，求流过晶闸管的电流平均值 I_{dT}和有效值 I_T，流过续流二极管的电流平均值 I_{dD}和有效值 I_D。

（3）单相桥式全控整流电路，$U_2=100\,V$，负载中 $R=2\,\Omega$，L 值极大。当 $\alpha=30°$时，要求：

① 作出 u_d、i_d 和 i_2 的波形。

② 求整流输出平均电压 U_d、平均电流 I_d，变压器二次电流有效值 I_2。

③ 考虑安全裕量，确定晶闸管的额定电压和额定电流。

（4）单相桥式全控整流电路，$U_2=100\,V$，负载 $R=2\,\Omega$，L 值极大，反电势 $E=60\,V$，当 $\alpha=30°$时，要求：

① 作出 u_d、i_d 和 i_2 的波形。

② 求整流输出平均电压 U_d、平均电流 I_d，变压器二次电流有效值 I_2。

③ 不考虑安全裕量，确定晶闸管的额定电压和额定电流。

（5）某电阻负载，$R=50\,\Omega$，要求 U_d 在 0~600 V 可调，用单相半波和单相全控桥两种整流电路来供给，分别计算：①晶闸管额定电压、电流值（不考虑安全裕量）。②负载电阻上消耗的最大功率。

（6）在三相半波整流电路中，如果 U 相的触发脉冲消失，试绘出在电阻性负载和电感性负载下整流电压 u_d 的波形。

（7）三相半波可控整流电路带大电感负载，$R=10\,\Omega$，相电压有效值 $U_2=220\,V$。求 $\alpha=45°$时负载直流电压 U_d、流过晶闸管的平均电流 I_{dT}和有效电流 I_T，画出 u_d、i_{T2}和 u_{T3}的波形。

（8）三相半波相控整流电路带电动机负载并串入足够大的电抗器，相电压有效值 $U_2=220\,V$，电动机负载电流为 40 A，负载回路总电阻 $R_L=0.2\,\Omega$，求当 $\alpha=60°$时流过晶闸管的电流平均值与有效值、电动机的反电势。

（9）在三相桥式全控电阻负载整流电路中，如果有一个晶闸管不能导通，此时的整流电压 u_d 波形如何？如果有一个晶闸管被击穿而短路，其他晶闸管受什么影响？

（10）三相桥式全控整流电路带大电感负载，负载电阻 $R=4\,\Omega$，要求 U_d 从 0~220 V 之间变化。试求：

① 不考虑触发延迟角裕量时，整流变压器二次线电压。

② 计算晶闸管电压、电流值，如电压、电流取两倍裕量，选择晶闸管型号。

第3章　直流-交流变换电路及其仿真

3.1　逆变的概念

将交流电能变换成直流电能的过程称为整流，而把直流电能变换成交流电能的过程称为逆变，它是整流的逆过程。

在逆变电路中，按照负载性质的不同，逆变分为有源逆变和无源逆变。如果把逆变电路的输出接到交流电源上，把经过逆变得到的与交流电源同频率的交流电能返送到该电源中，这样的逆变称作有源逆变，相应的装置称为有源逆变器。而把直流电能变换为交流电能，直接向非电源负载供电的电路，称之为无源逆变电路。

逆变电路经常和变频电路的概念联系在一起，两者既有联系又有区别。变频电路是将一种频率的交流电变换为另一种频率的交流电的电路，可分为交-交直接变频和交-直-交间接变频电路。交-直-交间接变频电路由交-直变换和直-交变换电路两部分组成，交-直变换电路即为整流电路，直-交变换电路即为逆变电路，直-交变换电路是间接变频电路的核心环节。

3.1.1　逆变电路的基本类型

逆变电路可按下列几种方法进行分类。

1）按逆变电能输出去向分类。

有源逆变电路：输出交流电能输向交流电源的逆变电路。

无源逆变电路：输出交流电能直接用于负载的逆变电路。

2）按直流电源的性质分类。

电压型逆变电路：直流侧并联大电容，使直流电源近似为恒压源的逆变电路。

电流型逆变电路：直流侧串联大电感，使直流电源近似为恒流源的逆变电路。

3）按逆变电路输出端相数分类。

它分为单相逆变电路、三相逆变电路和多相逆变电路。

一个实际的逆变装置往往涉及上述多个分类，如三相电压型无源逆变电路就涉及了1）、2）、3）三个分类。

3.1.2　逆变电路的换流方式

电路在工作过程中，电流从一个支路向另一个支路转移的过程称为换流，也称为换相。在逆变电路中有下列几种换流方式。

1. 电网电压换流

将电网的负电压施加到欲关断的晶闸管上使其关断的换流方式称为电网电压换流。可控整流电路、有源逆变电路、相控交-交变频电路等均采用电网电压换流。这种换流方式不需要全控型器件，也无须附加换流电路，但不适用于没有交流电网的电路。

2. 器件换流

在采用 IGBT、P-MOSFET、GTO 晶闸管和 GTR 等全控型器件的电路中，利用全控型器件的自关断能力进行换流称为器件换流。

3. 强迫换流

采用专门的换流电路，给要关断的晶闸管强迫施加反向电压或反向电流的换流方式称为强迫换流。强迫换流通常利用附加电容上所存储的能量来实现，因此也称为电容换流。

强迫换流可使逆变电路的输出频率不受电源频率的限制，但需增加换流电路，同时还要增加晶闸管的电压、电流定额，对晶闸管的动态特性要求也高。

在强迫换流方式中，由换流电路内的电容直接提供换流电压的方式称为直接耦合式强迫换流，其原理图如图 3-1 所示。在晶闸管 VT 处于通态时，预先给电容 C 充电（如图中所示极性）。合上开关 S，就可给晶闸管施加反向电压使其关断。这种给晶闸管加上反向电压使其关断的换流又称为电压换流。

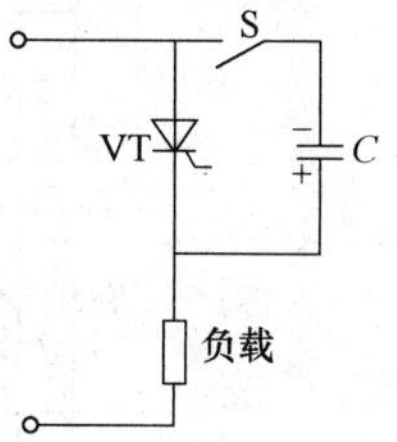

图 3-1　直接耦合式强迫换流原理图

4. 负载换流

由负载提供换流电压的方式称为负载换流，也称为负载谐振换流方式。凡是负载电流的相位超前于负载电压的场合，例如电容性负载，均可实现负载换流。

3.2　电网电压换流式有源逆变电路

3.2.1　单相双半波有源逆变电路

1. 电路结构

单相双半波电路工作于整流和逆变状态时的电路及电压波形如图 3-2 所示，它是一个单相双半波可控整流电路，该电路实际上是两个单相半波可控整流电路经过适当连接而成的。为保持逆变电流的连续，电路串接了大电感 L。下面讨论该电路是如何从整流状态转变为有源逆变状态的。

2. 工作原理

（1）整流状态（$0° \leq \alpha < 90°$）

当 α 等于零时，输出电压瞬时值 u_d 在整个周期内全部为正，当 $90° > \alpha > 0°$ 时，u_d 在整个周期内有正有负，但其正面积总是大于负面积，故平均值 U_d 为正值，其极性是上正下负，如图 3-2a 所示。通常 U_d 略大于 E，此时电流 I_d 从 U_d 的正端流出，从 E 的正端流进。因此电动机 M 吸收电能，做电动运行，电路把从电网吸收的交流电能转变成直流电能输送给电动机，电路工作在整流状态，电动机 M 工作在电动状态。这是在整流电路中大家熟悉的内容。

（2）逆变状态（$90° < \alpha \leq 180°$）

所谓逆变，就是要求电路把负载（电动机）吸收的直流电能转变成交流电能反馈回电网。由于晶闸管的单向导电性，负载电流 I_d 不能改变方向，为此只有将 E 反向，即电动机输出电能做发电运行才能回馈电能，为避免 U_d 与 E 顺接，此时要求将 U_d 的极性也反过来，

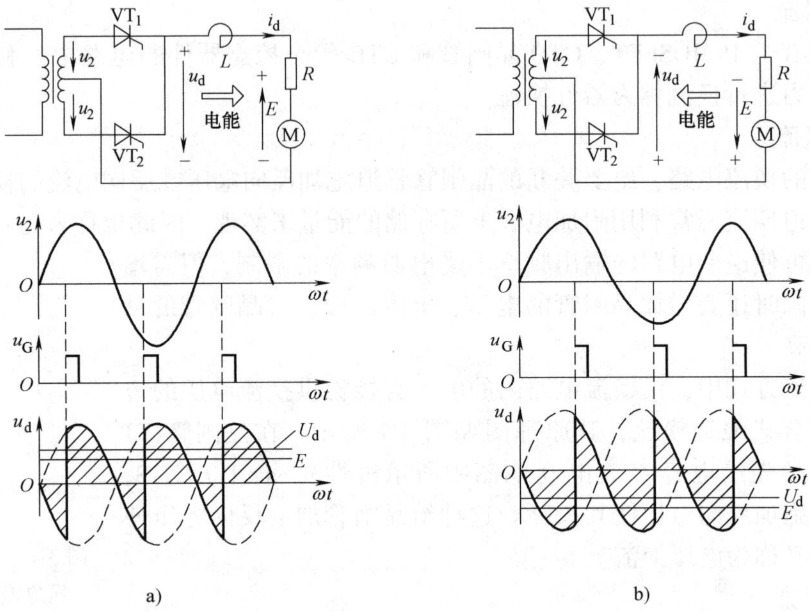

图 3-2　单相双半波电路工作于整流和逆变状态时的电路及电压波形

a）整流状态　b）逆变状态

如图 3-2b 所示。从 $U_d=0.9U_2\cos\alpha$ 可知，要使 U_d 反向，α 应该大于 90°。

当 α 在 $90°<\alpha\leqslant180°$ 范围内变动时，输出电压瞬时值 u_d 在整个周期内有正有负，但其负面积总是大于正面积，故平均值 U_d 为负值，其极性是上负下正，波形如图 3-2b 所示。此时 E 略大于 U_d，电流 I_d 的流向是从 E 的正端流出，从 U_d 的正端流入，电动机输出电能，逆变电路吸收从电动机反送来的直流电能，并将其转变成交流电能反馈回电网，这就是单相双半波电路的有源逆变工作状态。

从上述分析可以看出，要使整流电路工作在逆变状态，必须满足两个条件：

1）变流器的输出 U_d 能够改变极性（内部条件）。由于晶闸管的单向导电性，电流 I_d 不能改变方向，为实现有源逆变，必须改变 U_d 的极性。为此，变流器的触发延迟角 α 应该>90°。因此所有的半控和接有续流二极管的整流电路都不能用于有源逆变。

2）必须有外接的提供直流电能的电源 E。电源 E 也要能改变极性，且有 $|E|>|U_d|$（外部条件）。

上述条件必须同时满足，才能实现有源逆变。

（3）逆变角 β

当变流器工作在逆变状态时，常将触发延迟角 α 改用 β 表示，β 称为逆变角，规定以 $\alpha=\pi$ 处作为计量 β 角的起点，β 角的大小由计量起点向左计算。α 和 β 的关系满足 $\alpha+\beta=\pi$。例如 $\beta=30°$ 时，对应 $\alpha=150°$。

3.2.2　逆变失败与最小逆变角的限制

1. 逆变失败

可控整流电路运行在逆变状态时，一旦发生换相失败，电路又重新工作在整流状态，外接的直流电源就会通过晶闸管电路形成短路，使变流器的输出平均电压 U_d 和直流电动势 E 变成顺向串联，由于变流电路的内阻很小，将出现很大的短路电流流过晶闸管和负载，这种情况称为逆变失败，或称为逆变颠覆。

造成逆变失败的原因很多，主要有以下几种情况。

1）触发电路工作不可靠，不能适时、准确地给各晶闸管分配脉冲，如脉冲丢失、脉冲延时等，致使晶闸管不能正常换相。

2）晶闸管发生故障。在应该阻断期间，器件失去阻断能力，或在应该导通时间器件不能正常导通，造成逆变失败。

3）交流电源异常。在逆变工作时，电源发生断相或突然消失，由于直流电动势的存在，晶闸管仍可导通，此时可控整流电路的直流侧由于失去了同直流电动势极性相反的直流电压，因此直流电动势将经过晶闸管电路而短路。

4）换相的裕量角不足，引起换相失败。实际中应考虑变压器漏抗引起的换相重叠角对逆变电路换相的影响。以三相半波电路为例，交流侧电抗对逆变换相过程的影响如图 3-3 所示，如果 $\beta<\gamma$（见图 3-3 右下角的波形，VT_3 向 VT_1 换相），换相尚未结束，电路的工作状态到达自然换相点 P 点后，参加换相的 W 相电压 u_W 已经高于 U 相电压 u_U，应该导通的晶闸管 VT_1 反而关断，而应关断的晶闸管 VT_3 继续导通。这样会使得 u_d 波形中正的部分大于负的部分，从而使得 u_d 和 E 顺向串联，最终导致逆变失败。当 $\beta>\gamma$ 时（见图 3-3 左下角的波形；VT_3 与 VT_1 换相），经过换相过程后 U 相电压 u_U 仍然高于 W 相电压 u_W，在换相结束时，晶闸管 VT_3 仍然承受反压而关断。

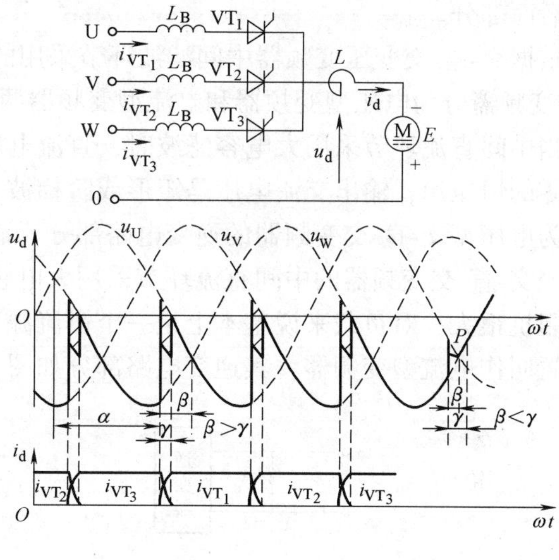

图 3-3 交流侧电抗对逆变换相过程的影响

为了防止换相失败，要求逆变电路有可靠的触发电路，选用可靠的晶闸管元件，设置快速的电流保护环节，同时还应对逆变角 β 进行严格的限制。

2. 最小逆变角 β 的确定方法

为防止逆变颠覆，必须限制最小逆变角。确定最小逆变角 β 的大小要考虑以下因素。

1）换相重叠角 γ。此值随电路形式、工作电流大小的不同而不同。γ 一般为 15°~20°电角度。

2）晶闸管关断时间 t_q 所对应的电角度 δ。折算后的电角度为 4°~5°。

3）安全裕量角 θ'。考虑到脉冲调整时不对称、电网波动、畸变与温度等影响，还必须留一个安全裕量角，一般取 θ' 为 10°左右。

综上所述，最小逆变角为：$\beta_{min}=\delta+\gamma+\theta'\approx 30°\sim 35°$。

有源逆变在晶闸管直流可逆调速系统和绕线式异步电动机串级调速系统中得到广泛应用。

3.3 器件换流式无源逆变电路

与有源逆变相比，无源逆变不是把变换后的交流电反馈到交流电网中去，而是供给无源负载使用。当用晶闸管等半控型电力电子器件构成无源逆变器且带感性负载时，就不可能像有源逆变那样，借助电网电压实现换流，而必须另设强迫换流电路来实现换流。当采用全控型器件构成逆变器主电路则相对简单得多。采用不同的全控型电力电子器件时（如采用 P-MOSFET、GTR、GTO 晶闸管、IGBT 等不同器件时），其主电路结构没有原则差别，差别主要在于门极（栅极）控制电路的不同。

3.3.1 电压型和电流型无源逆变电路

用于逆变的直流电通常由电网提供的交流电整流而来，经过中间滤波环节滤波后，再把直流电逆变成变压变频的交流电，这一过程称为交-直-交变频。无源逆变是交-直-交变频电路的后面部分。

根据交-直-交变压变频器中间滤波环节采用的是电容性元件还是电感性元件，可以将交-直-交变频器分为电压型变频器和电流型变频器两大类。

当中间直流环节采用大电容滤波时，直流电压波形比较平直，在理想情况下是一个内阻抗为零的恒压源，输出交流电压是矩形或阶梯波，这类变频装置叫作电压型变频器，图 3-4 所示为电压型交-直-交变频器的逆变电路部分，输入整流部分没有画出来。

当交-直-交变频器的中间直流环节采用大电感滤波时，直流电流波形比较平直，因而电源内阻抗很大，对负载来说基本上是一个恒流源，输出交流电流是矩形波或阶梯波，这类变频装置叫作电流型变频器，其逆变电路部分如图 3-5 所示。

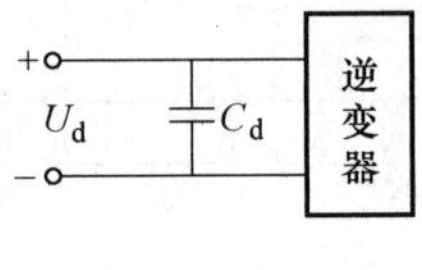

图 3-4 电压型逆变电路

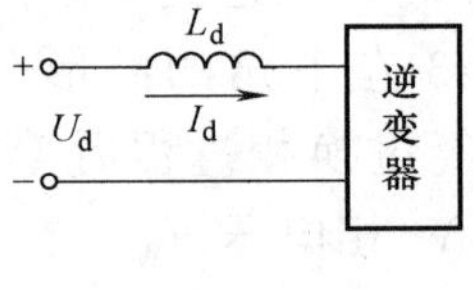

图 3-5 电流型逆变电路

3.3.2 器件换流式电压型无源逆变电路

器件换流式电压型逆变电路采用全控型器件作为主开关元件，不需要专门的换流电路。

无源逆变电路种类很多，最常见的有单相半桥逆变电路、单相全桥逆变电路、三相全桥逆变电路等。下面以电压型逆变电路为例说明它的工作原理。

1. 单相半桥逆变电路

（1）电路组成

桥式逆变电路的一种最简单结构如图 3-6a 所示，它是一种电压型半桥电路。半桥电路由一条桥臂和一个带有电压中点的直流电源组成，电压的中点可以由两个容量较大且数值相等的电容串联分压构成。若负载为纯电阻 R，VT_1、VT_2 轮流切换导通，可获得图 3-6b、c 所示的输出电压 u_{UN}、输出电流 i_O 波形。

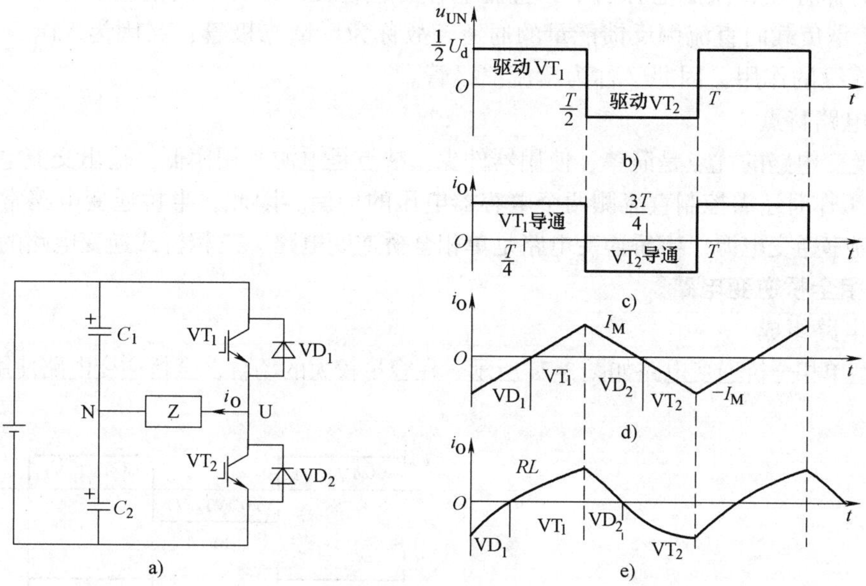

图 3-6　单相半桥逆变电路及电压电流波形

a）电路　b）电压波形　c）电阻负载电流波形　d）电感负载电流波形　e）阻-感负载电流波形

（2）工作原理

1）如果在 $0 \leqslant t < T/2$ 期间，VT_1 有触发信号，则 VT_1 导通，VT_2 截止，这时 $u_{UN} = +U_d/2$。

2）如果在 $T/2 \leqslant t < T$ 期间，VT_2 有触发信号，则 VT_2 导通，VT_1 截止，这时 $u_{UN} = -U_d/2$。则逆变器输出电压 u_{UN} 是：幅值为 $U_d/2$，宽度为 180°（$T/2$）的方波，如图 3-6b 所示。

改变开关管的门极驱动信号的频率，输出电压的频率也随着改变。值得注意的是：为保证逆变电路的正常工作，必须保证 VT_1 和 VT_2 两个开关管不同时导通，否则将出现直流电源短路的情况，这种情况被称为逆变器的贯穿短路。

当负载为纯电感 L 时：

1）在 $0 \leqslant t < T/2$ 期间，$u_{UN} = \dfrac{U_d}{2} = L\dfrac{di_O}{dt}$，$i_O$ 线性上升。

2）在 $T/2 \leqslant t < T$ 期间，$u_{UN} = -\dfrac{U_d}{2} = -L\dfrac{di_O}{dt}$，$i_O$ 线性下降，如图 3-6d 所示。

在图 3-6d 中第一个 $T/4$ 期间，若 VT_2 管关断，由于电感中电流不能突然改变方向，此时即使 VT_1 管加上驱动信号，负载电流 i_O 也必须通过 VD_1 管流通，直到 $i_O = 0$ 时，VT_1 管才导通，负载电流开始反向。同样，VT_1 管关断时，负载电流先要通过 VD_2 管流通，直至 $i_O = 0$ 时，VT_2 管才导通，负载电流开始又一次反向。当 VD_1 或 VD_2 管导通时，能量返回电源。

如果为阻-感负载，则电流波形如图 3-6e 所示。当 VT_1 或 VT_2 为通态时，负载电流和电压同方向，直流侧向负载提供能量；而当 VD_1 或 VD_2 为通态时，负载电流和电压反向，负载电感中储藏的能量向直流侧反馈，即负载电感将其吸收的无功能量反馈回直流侧。反馈回的能量暂时储存在直流侧电容器中，直流电容器起着缓冲这种无功能量的作用。因为二极管 VD_1、VD_2 是负载向直流侧反馈能量的通道，故称为反馈二极管；又因为 VD_1、VD_2 起着使负载电流连续的作用，因此又称为续流二极管。

（3）电路特点

半桥逆变电路的优点是简单、使用器件少；缺点是电源利用率低，输出交流电压的幅值仅为 $U_d/2$，工作时还需控制直流侧两个电容器电压的均衡。因此，半桥逆变电路常用于几千瓦以下的小功率逆变电源。半桥逆变电路是单相全桥逆变电路、三相桥式逆变电路的基本单元。

2. 单相全桥逆变电路

（1）电路组成

电压型单相全桥逆变电路如图 3-7a 所示。在容量较大的场合，全桥逆变电路使用极为普遍。

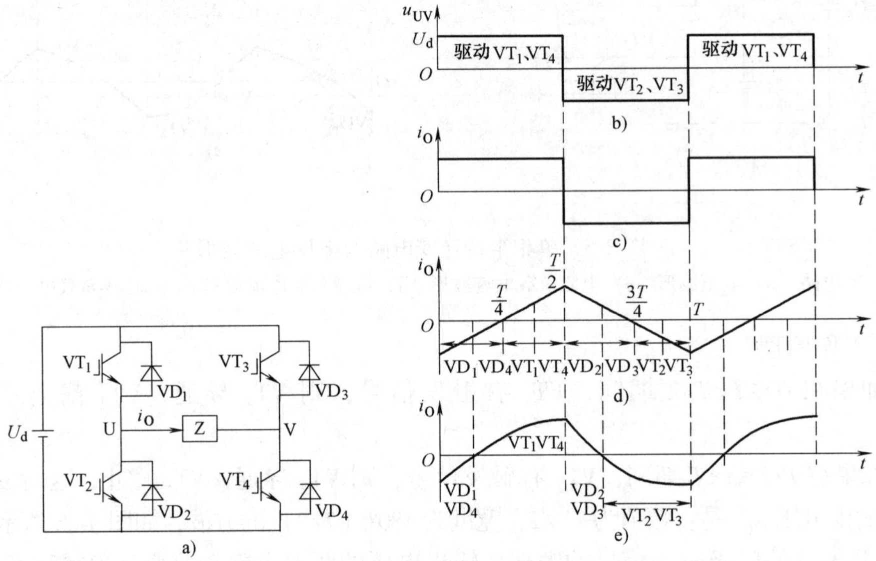

图 3-7　单相全桥逆变电路及电压、电流波形

a）电路　b）负载电压　c）电阻负载电流波形　d）电感负载电流波形　e）阻-感负载电流波形

（2）工作原理

1）在 $0 \leqslant t < T/2$ 期间，VT_1、VT_4 导通而 VT_2、VT_3 截止，这时 $u_{UV} = +U_d$。

2）在 $T/2 \leqslant t < T$ 期间，VT_1、VT_4 截止而 VT_2、VT_3 导通，这时 $u_{UV} = -U_d$。

逆变器输出电压 u_{UV} 为：幅值 U_d，宽度 180°（$T/2$）的方波，如图 3-7b 所示。带电阻、电感和阻-感负载时的电流波形分别如图 3-7c、d、e 所示。其电路工作原理与半桥逆变电路一样。

3. 三相桥式逆变电路

（1）电路组成

在需要进行大功率变换或者负载要求提供三相电源时，可采用三相桥式逆变电路，其主电路组成与单相全桥逆变电路相比较，只是较其多了一条桥臂。电压型三相桥式逆变电路主要采用 180°导电型，其电路原理图如图 3-8 所示。

（2）开关元件的导通规则及输出波形分析

逆变器中 6 个开关元件的导通顺序为 $VT_1 \rightarrow VT_2 \rightarrow VT_3 \rightarrow VT_4 \rightarrow VT_5 \rightarrow VT_6 \rightarrow VT_1$，各开关

元件的触发驱动间隔为60°。电压型逆变器通常采用180°导电型，即每个开关元件导通180°电角度后被关断，由同相的另一个开关元件换流导通。每组开关元件导电间隔为120°。按照每个开关元件触发间隔为60°，触发导通后维持180°才被关断的特征（180°导电型），可以得到6个开关元件在360°区间里的导通情况，见表3-1。

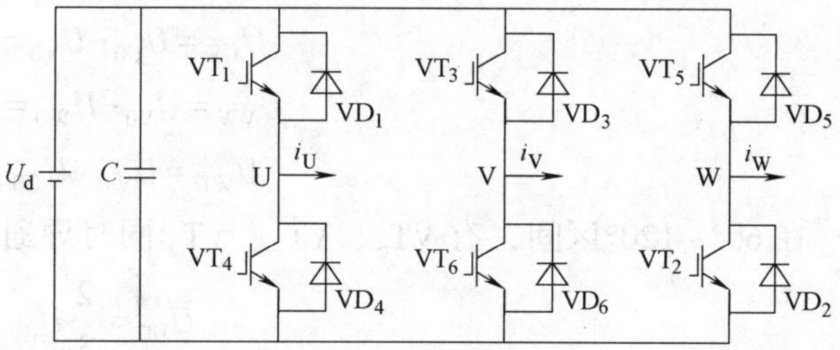

图3-8 三相桥式180°导电型的电压型逆变电路原理图

表3-1 逆变器中开关元件的导通情况（180°电压型）

区间 开关元件	0°~60°	60°~120°	120°~180°	180°~240°	240°~300°	300°~360°
VT_1	导通	导通	导通	—	—	—
VT_2	—	导通	导通	导通	—	—
VT_3	—	—	导通	导通	导通	—
VT_4	—	—	—	导通	导通	导通
VT_5	导通	—	—	—	导通	导通
VT_6	导通	导通	—	—	—	导通

根据每60°间隔中开关元件的导通情况，可以作出每个60°区间内负载连接的等效电路，如图3-9所示。由此可求出输出相电压和线电压，而线电压等于相电压之差。

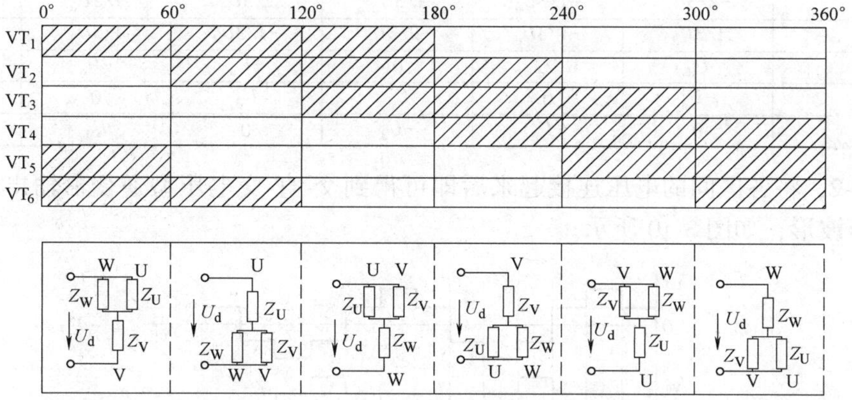

图3-9 每个60°区间内负载连接的等效电路

由表3-1知，在0°~60°区间，VT_5、VT_6、VT_1同时导通，等效电路如图3-9所示，三相负载分别为Z_U、Z_V、Z_W，且$Z_U=Z_V=Z_W=Z$。则输出相电压为

$$U_{U0}=U_d\frac{Z_U /\!/ Z_W}{(Z_U /\!/ Z_W)+Z_V}=\frac{1}{3}U_d$$

$$U_{V0}=-U_d\frac{Z_V}{(Z_U /\!/ Z_W)+Z_V}=-\frac{2}{3}U_d$$

$$U_{W0}=U_{U0}=\frac{1}{3}U_d$$

输出线电压为

$$U_{UV}=U_{U0}-U_{V0}=U_d$$

$$U_{VW}=U_{V0}-U_{W0}=-U_d$$

$$U_{WU}=U_{W0}-U_{U0}=0$$

在 60°~120°区间，有 VT_6、VT_1、VT_2 同时导通，该区间相电压计算值为

$$U_{U0}=\frac{2}{3}U_d$$

$$U_{V0}=-\frac{1}{3}U_d$$

$$U_{W0}=-\frac{1}{3}U_d$$

线电压为

$$U_{UV}=U_d$$

$$U_{VW}=0$$

$$U_{WU}=-U_d$$

同理，可求出后 4 个区间逆变器的相电压和线电压计算值，见表 3-2。

表 3-2　逆变器的相电压和线电压计算值（180°电压型）

区间 相、线电压	0°~60°	60°~120°	120°~180°	180°~240°	240°~300°	300°~360°
U_{U0}	$1/3U_d$	$2/3U_d$	$1/3U_d$	$-1/3U_d$	$-2/3U_d$	$-1/3U_d$
U_{V0}	$-2/3U_d$	$-1/3U_d$	$1/3U_d$	$2/3U_d$	$1/3U_d$	$-1/3U_d$
U_{W0}	$1/3U_d$	$-1/3U_d$	$-2/3U_d$	$-1/3U_d$	$1/3U_d$	$2/3U_d$
U_{UV}	U_d	U_d	0	$-U_d$	$-U_d$	0
U_{VW}	$-U_d$	0	U_d	U_d	0	$-U_d$
U_{WU}	0	$-U_d$	$-U_d$	0	U_d	U_d

按表 3-2，将各区间的电压连接起来后即可得到交-直-交电压型逆变器输出的相电压波形和线电压波形，如图 3-10 所示。

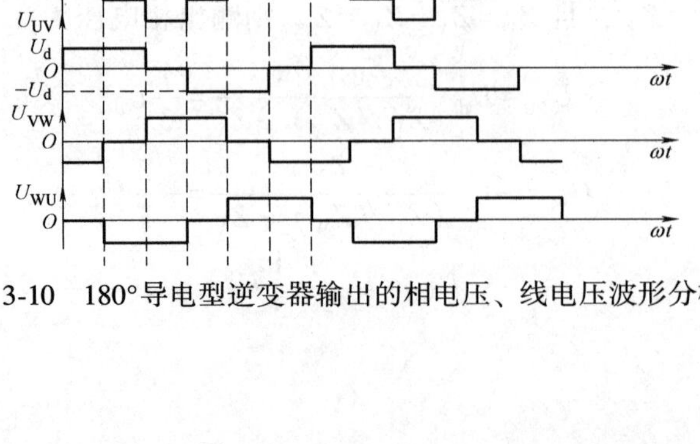

图 3-10　180°导电型逆变器输出的相电压、线电压波形分析

由图 3-10 可见：3 个相电压是相位互差 120°电角度的阶梯状交变电压波形，3 个线电压波形则为矩形波，三相交变电压为对称交变电压。图 3-10 所示相、线电压波形的有效值为

$$U_{U0}=U_{V0}=U_{W0}=\sqrt{\frac{1}{2\pi}\int_0^{2\pi}u_{U0}^2\mathrm{d}\omega t}=\frac{\sqrt{2}}{3}U_d=U_p$$

$$U_{UV}=U_{VW}=U_{WU}=\sqrt{\frac{1}{2\pi}\int_0^{2\pi}u_{UV}^2\mathrm{d}\omega t}=\sqrt{\frac{2}{3}}U_d=U_1$$

$$U_1=\sqrt{3}U_p$$

即线电压 U_1 为$\sqrt{3}$倍相电压 U_p。由上分析可知，线电压、相电压及二者关系的结论与正弦三相交流电是相同的。

现将 180°导电型逆变器工作规律总结如下。

1）每个脉冲间隔 60°区间内有 3 个开关元件导通，它们分属于逆变桥的共发射极组和共集电极组。

2）在 3 个导通元件中，若属于同一组的有两个元件，则元件所对应相的相电压为 $1/3U_d$，另 1 个元件所对应相的相电压为 $2/3U_d$。

3）共集电极组元件所对应相的相电压为正，共发射极组元件所对应相的相电压为负。

4）3 个相电压相位互差 120°；相电压之和为 0。

5）线电压等于相电压之差；3 个线电压相位互差 120°；线电压之和为 0。

6）线电压为$\sqrt{3}$倍相电压。

3.3.3 器件换流式电流型无源逆变电路

器件换流式电流型逆变电路也采用全控型器件作为主开关元件，不需要专门的换流电路。电流型无源逆变电路同样有单相桥式逆变电路、三相桥式逆变电路等。下面说明它们的工作原理。

1. 单相电流型逆变电路

（1）电路组成

采用全控型器件的单相电流型桥式逆变电路如图 3-11a 所示。逆变电路直流侧串联了一个大电感，由于大电感中的电流脉动很小，因此可近似看成直流电流源。

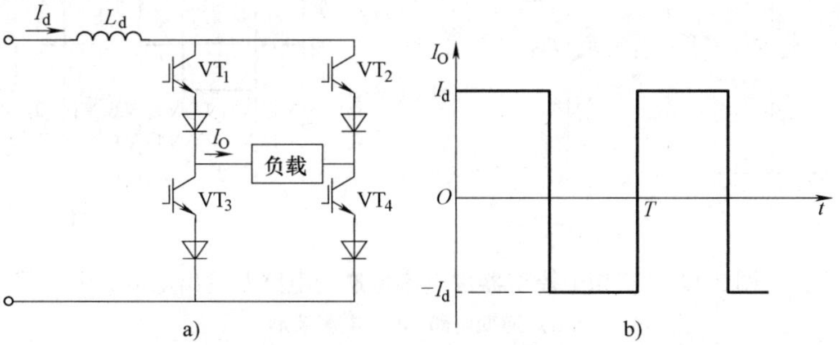

图 3-11 单相电流型桥式逆变电路及输出电流波形

a）单相电流型桥式逆变电路 b）电流波形

（2）工作原理

电路工作过程如下：当 VT_1、VT_4 导通，VT_2、VT_3 关断时，$I_O=I_d$；反之 $I_O=-I_d$，当以频率 f 交替切换开关管 VT_1、VT_4 和 VT_2、VT_3 时，则可在负载上获得图 3-11b 所示的电流波形。

电流型逆变电路的主要特点如下。

1）直流侧为电流源（串大电感，相当于电流源），直流侧电流基本无脉动，直流回路呈现高阻抗。

2）电路中开关器件的作用仅是改变直流电流的流通路径，因此交流侧输出电流为矩形波，同时与负载的性质无关，而输出电压波形由负载性质决定。

3）开关元件采用自关断器件时，其反向不能承受高电压，则需在各开关器件支路串入二极管。

2. 三相桥式电流型逆变电路

在 180°导电型的电压型逆变器中，开关元件的换流是在同一相中进行的。换流时，若应该关断的开关元件没能及时关断，它就会和换流后同一相上的元件形成通路，使直流电源发生短路，带来换流安全问题。为此，引入 120°导电型的电流型逆变器，该逆变器开关元件的换流是在同一组中进行的，不存在电源短路问题。

（1）电路组成

三相全控型器件电流型逆变电路及输出电流波形如图 3-12 所示，主电路与单相电流型逆变电路相比较，也是多了一条桥臂。采用 120°导电方式，任意瞬间只有两个桥臂导通，导通顺序为 $VT_1 \rightarrow VT_2 \rightarrow VT_3 \rightarrow VT_4 \rightarrow VT_5 \rightarrow VT_6$，依次间隔 60°，每个桥臂导通 120°。这样，每个时刻上桥臂组和下桥臂组中都各有一个臂导通。输出电流波形与负载性质无关，输出电压波形由负载性质决定。

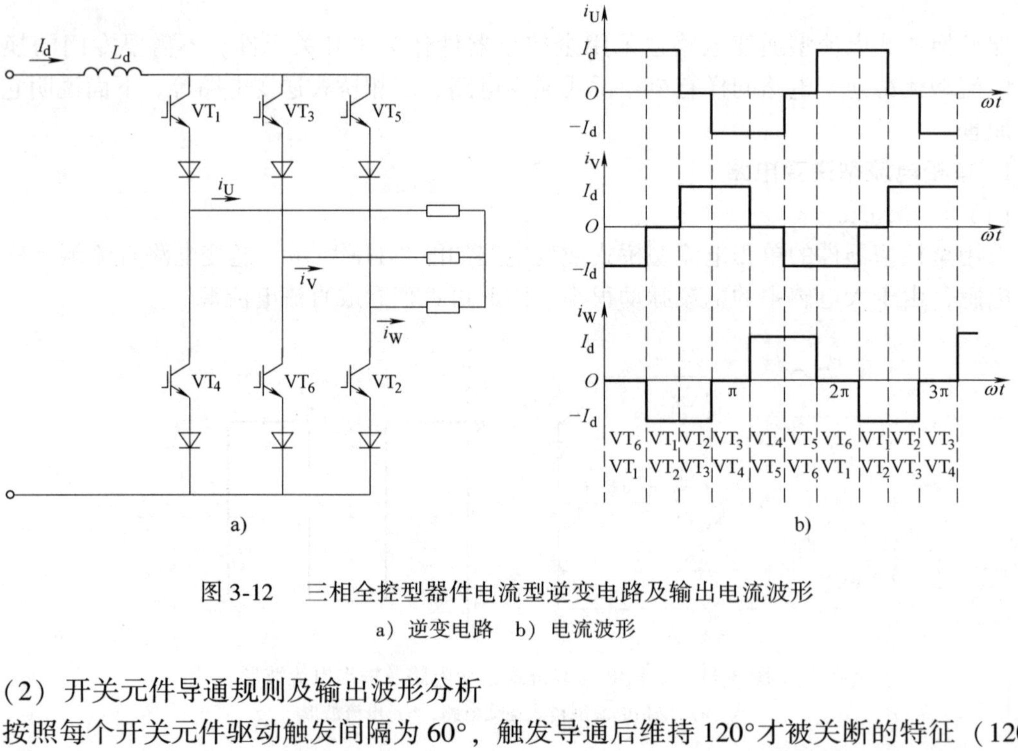

图 3-12 三相全控型器件电流型逆变电路及输出电流波形

a）逆变电路 b）电流波形

（2）开关元件导通规则及输出波形分析

按照每个开关元件驱动触发间隔为 60°，触发导通后维持 120°才被关断的特征（120°导电型)，可以得到逆变器中6个开关元件在360°区间里的导通情况，见表3-3。

表3-3　逆变器中开关元件的导通情况（120°电压型）

晶闸管＼区间	0°~60°	60°~120°	120°~180°	180°~240°	240°~300°	300°~360°
VT_1	导通	导通	—	—	—	—
VT_2	—	导通	导通	—	—	—
VT_3	—	—	导通	导通	—	—
VT_4	—	—	—	导通	导通	—
VT_5	—	—	—	—	导通	导通
VT_6	导通	—	—	—	—	导通

根据每60°间隔中开关元件的导通情况，可以作出每个60°区间内负载连接的等效电路，如图3-13所示。由此可求出输出的相电流和线电流。从表3-3和图3-13的等效电路可以很容易得到表3-4的逆变器相电流计算值。

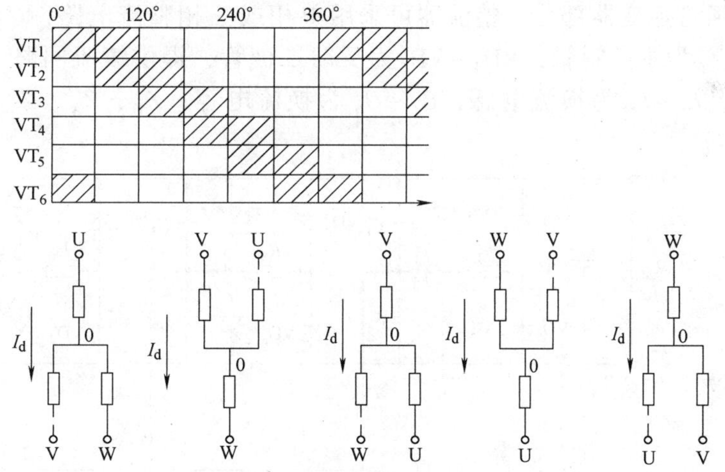

图3-13　每个60°区间内负载连接的等效电路

表3-4　逆变器的相电流计算值（120°电流型）

相电流＼区间	0°~60°	60°~120°	120°~180°	180°~240°	240°~300°	300°~360°
I_U	I_d	I_d	0	$-I_d$	$-I_d$	0
I_V	$-I_d$	0	I_d	I_d	0	$-I_d$
I_W	0	$-I_d$	$-I_d$	0	I_d	I_d

按表3-4，将各区间的相电流连接起来后即可得到电流型变频器输出的相电流波形，如图3-12b所示。3个相电流是相位互差120°电角度的矩形交变电流波形。

在星形对称负载中，线电流等于相电流；若是三角形对称负载，其线电流与相电流关系的分析与正弦电路类似。

与180°导电型类似，120°导电型逆变器导电规律总结如下。

1）每个脉冲间隔60°区间内有两个IGBT开关元件导通，它们分属于逆变桥的共发射极组和共集电极组。

2）在两个导通元件中，每个元件所对应相的相电流为 I_d。而不导通元件所对应相的相电流为0。

3）共集电极组中元件所通过的相电流为正，共发射极组元件所通过的相电流为负。

4）每个脉冲间隔60°内的相电流之和为0。

3.4 强迫换流式无源逆变电路

通过设置附加换流电路，给要关断的晶闸管强迫施加反向电压或反向电流的换流方式称为强迫换流。

3.4.1 180°导电型的晶闸管电压型逆变电路

图3-14是三相串联电感式交-直-交电压型变频器逆变部分的电路，图中只画出了滤波电容及晶闸管逆变器部分。整流器可采用单相或三相整流电路，C_d 为滤波电容，逆变器中 $VT_1 \sim VT_6$ 为主晶闸管，$VD_1 \sim VD_6$ 为反馈二极管，提供续流回路，R_U、R_V、R_W 为换流衰减电阻，$L_1 \sim L_6$ 为换流电感，$C_1 \sim C_6$ 为换流电容，Z_U、Z_V、Z_W 为逆变器的三相对称负载。

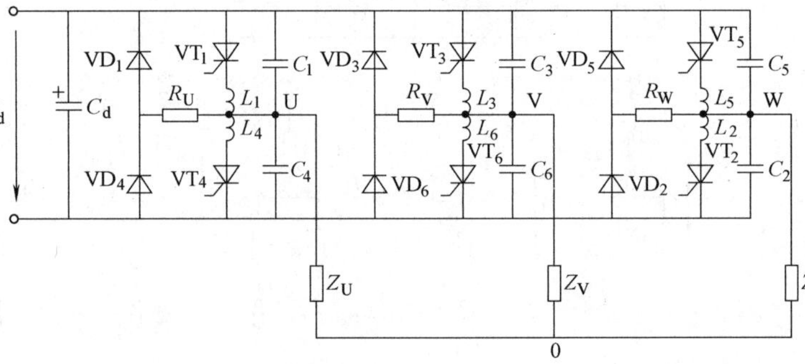

图3-14 三相串联电感式交-直-交电压型逆变电路

该逆变器部分没有调压功能，只要将6个晶闸管按一定的导通规则通断，就可以将滤波电容 C_d 送来的直流电压 U_d 逆变成频率可调的交流电。调压靠前级的可控整流电路完成。该电路的工作原理与180°导电型的器件换流式电路一样，半控型晶闸管元件构成的逆变电路强迫换流的过程可参看随附的电子资源。

3.4.2 120°导电型的晶闸管电流型逆变电路

在180°导电型的电压型逆变器中，需要外接换流衰减电阻、换流电感、换流电容等元件才能完成换流，使得逆变器体积增加、成本提高、换流损耗加大。而在120°导电型的电流型逆变器中，不需要换流衰减电阻和换流电感等元件。

因为三相变频器的负载通常是感应电动机，可以用感应电动机的定子电感来代替换流电路中的换流电感，并且省去衰减电阻。

经过对电动机等效电路的分析化简，电动机各相等效电压表达式可写成：

$$u_{相}=L_1\frac{\mathrm{d}i}{\mathrm{d}t}+e_1$$

式中，$L_1=L_{1s}+L'_{1r}$，为定子相漏感 L_{1s} 与折合到定子侧的转子相漏感 L'_{1r} 之和，e_1 表示定子各相基波感应电动势。

三相串联二极管式电流型变频器的主电路图如图 3-15 所示。图中 L_d 为整流与逆变两部分电路的中间滤波环节——直流平波电抗器，VT_1 ~ VT_6 为主晶闸管，C_{13}、C_{35}、C_{51}、C_{46}、C_{62}、C_{24} 为换流电容，VD_1 ~ VD_6 为隔离二极管。电动机的电感和换流电容组成换流电路。

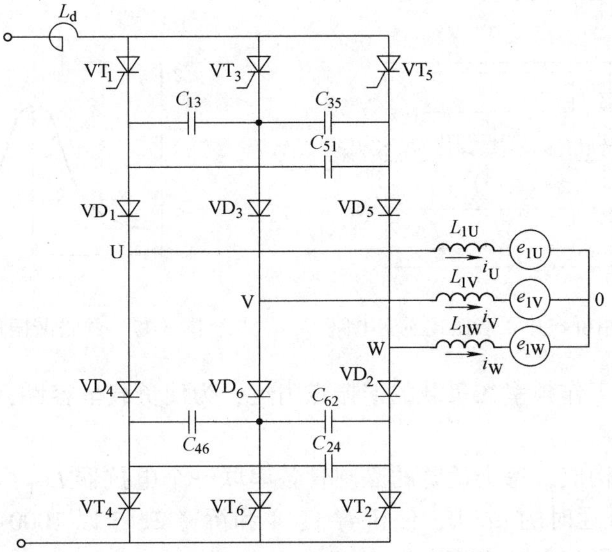

图 3-15　三相串联二极管式电流型变频器主电路图

图中负载电动机用上述简化后的各相等效电路表示。以 e_{1U}、e_{1V}、e_{1W} 分别表示各相基波电流感应电动势，L_{1U}、L_{1V}、L_{1W} 表示各相漏电感，则

$$u_U=L_{1U}\frac{\mathrm{d}i_U}{\mathrm{d}t}+e_{1U};\ u_V=L_{1V}\frac{\mathrm{d}i_V}{\mathrm{d}t}+e_{1V};$$

$$u_W=L_{1W}\frac{\mathrm{d}i_W}{\mathrm{d}t}+e_{1W}$$

换流过程分析可参看随附的电子资源。

3.5　负载换流式无源逆变电路

3.5.1　并联谐振式电流型逆变电路

并联谐振式逆变电路是一种单相桥式电流型逆变器，其负载是补偿电容与电感线圈的并联，逆变器的开关频率位于负载的谐振频率附近，因此称为单相桥式并联谐振式逆变器，其

主电路结构如图 3-16 所示。该电路主要用于金属的熔炼、淬火等感应加热设备中。

1. 电路组成

并联谐振式逆变电路的换流方式为负载换流，开关器件可采用半控型的晶闸管。为了实现负载换流，要求负载电流的相位略超前于负载电压，即负载略呈容性，因此补偿电容应使负载过补偿。

并联谐振负载阻抗值随频率不同而变化，其幅频特性如图 3-17 所示。由于逆变器的工作频率与负载的谐振频率很接近，谐振负载对外加矩形波电流的基波（频率约为 f_0）呈高阻抗，对高次谐波（频率约为 f_0 的奇数倍）呈低阻抗，甚至可看成短路，因此负载上主要是基波电压，非常接近正弦波。

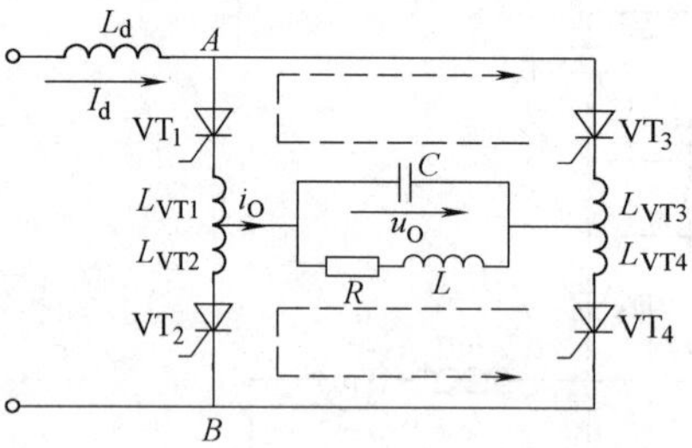

图 3-16 单相桥式并联谐振式逆变电路

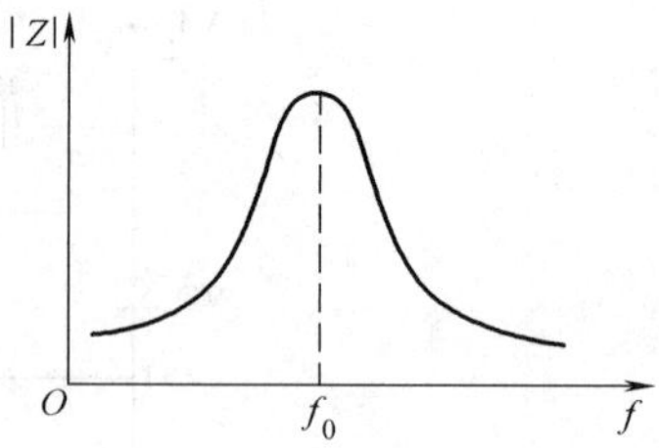

图 3-17 并联谐振负载幅频特性

由于逆变电路的工作频率在负载的谐振点附近，为使负载呈容性，工作频率应略高于谐振频率。

电路由 4 个桥臂构成，每个桥臂的晶闸管各串联一个电抗器 L_{VT}，L_{VT} 之间不存在互感。L_{VT} 用来限制晶闸管开通时的 di/dt，使桥臂 1、4 和桥臂 2、3 以 1000～2500 Hz 的中频轮流导通，由此在负载上得到中频交流电。

2. 工作原理

在图 3-16 所示的电路中，假设晶闸管之间的换流是理想的，即不存在换流过程，并且假设电路已经启动并进入稳态。并联谐振逆变电路理想工作波形如图 3-18 所示，在 i_O 的正半周，桥臂 1、4 同时导通；在 i_O 的负半周，桥臂 2、3 同时导通，两对桥臂交替导通，各导通 180°。由于直流侧为电流源，所以负载上流过的电流是正负交替的矩形波，其幅值为 I_d。

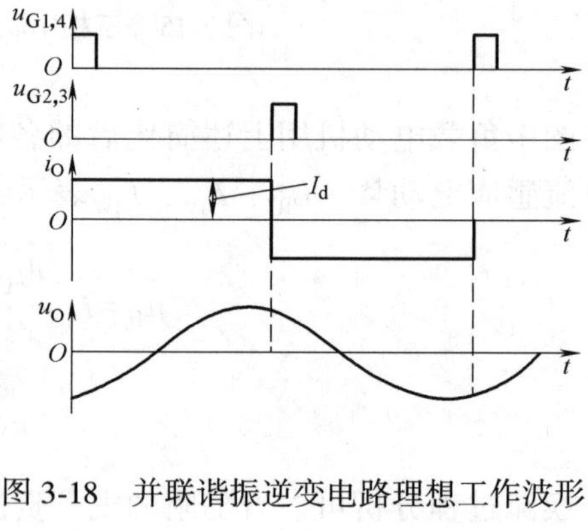

图 3-18 并联谐振逆变电路理想工作波形

由于逆变电路的工作频率略高于谐振频率，负载呈容性，所以负载两端的电压波形近似为正弦波，并且滞后于电流的相位一定角度。

3.5.2 串联谐振式电压型逆变电路

串联谐振式逆变电路是电压型单相逆变器，负载为电感线圈，串联电容 C 进行补偿。由串联谐振电路知识可知，若外加电源的频率等于谐振频率，电路处于谐振状态并且呈纯阻性；若电源频率小于谐振频率，则负载工作在接近于串联谐振状态而略呈容性。由于负载呈容性，可以进行负载换相，因此主开关器件可以采用半控型器件，如快速晶闸管等。主要用于金属淬火、锻件加热等场合。

1. 电路组成

串联谐振式逆变电路主电路的结构如图 3-19 所示。图中逆变主电路采用桥式结构，桥中每一导电臂由普通晶闸管及反并联二极管组成。

由于直流侧为电压源，故逆变器输出电压 u_O 为矩形波，与负载大小、性质无关，u_O 可分解为基波与各奇次谐波之和。

由于负载为 *RLC* 串联，在谐振频率 f_0 附近负载呈低阻抗，因此 u_O 的基波电压在负载上会产生很大的基波电流；而在其他频率时负载呈高阻抗，u_O 的谐波电压产生的谐波电流很小甚至可以忽略。所以当晶闸管的开关频率与谐振频率 f_0 接近时，负载中流过电流的是比较理想的正弦波。

2. 工作原理

负载电流有断续、临界及连续 3 种工作状态，下面仅讨论谐振电流 i_0 连续时的工作情况。

串联谐振式逆变电路的工作波形如图 3-20 所示。设晶闸管 VT_1、VT_4 导通，电流从 *A* 流向 *B*，u_O 左正右负。由于电流超前电压，当 $t=t_1$ 时，电流为零；当 $t>t_1$ 时，电流反向。由于 VT_2、VT_3 未导通，反向电流通过二极管 VD_1、VD_4 续流，VT_1、VT_4 承受反压关断。

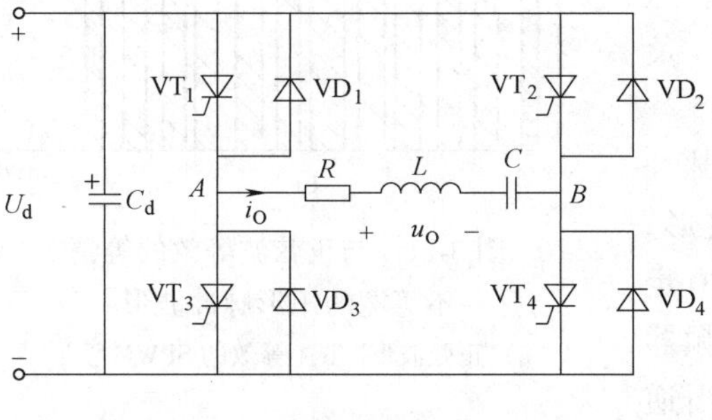

图 3-19 串联谐振式逆变电路主电路的结构

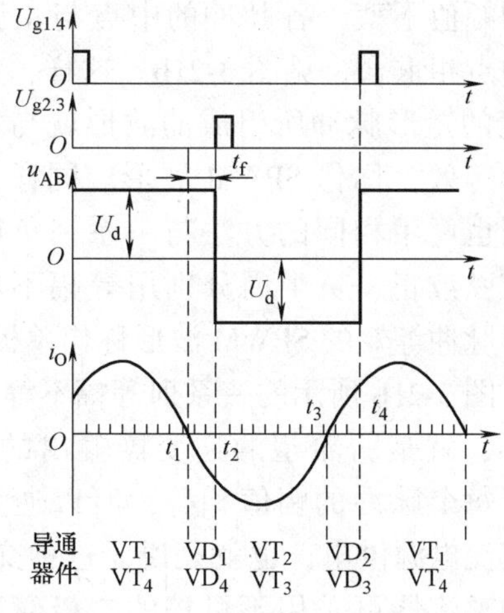

图 3-20 串联谐振式逆变电路的工作波形

当 $t=t_2$ 时，触发 VT_2、VT_3，负载两端电压极性反向，即左负右正，VD_1、VD_4 截止，电流从 VT_2、VT_3 中流过。当 $t>t_3$ 时，电流再次反向，电流通过 VD_2、VD_3 续流，VT_2、VT_3 承受反压关断。当 $t=t_4$ 时，再触发 VT_1、VT_4。二极管导通时间 t_f 即为晶闸管反压时间，要使晶闸管可靠关断，t_f 应大于晶闸管关断时间 t_q。

串联谐振式逆变电路具有主电路简单、启动性能好的优点，但负载适应性较差，故只适用于负载变化不大但又需要频繁启动的场合。

3.6 脉宽调制（PWM）逆变器技术

所谓脉宽调制（Pulse Width Modulation，PWM）技术是指利用全控型电力电子器件的导通和关断把直流电压变成一定形状的电压脉冲序列，实现变压、变频控制并且消除谐波的技术，简称为 PWM 技术。

目前，实际工程中主要采用的 PWM 技术是正弦 PWM（SPWM），这是因为逆变器输出的电压波形更接近于正弦波。SPWM 方案多种多样，归纳起来可分为电压 SPWM、电流 SPWM 和磁通 SPWM 等 3 种基本类型，其中电压 SPWM 和电流 SPWM 是从电源角度出发的 SPWM，磁通 SPWM（也称为电压空间矢量 PWM）是从电动机角度出发的 SPWM 方法。

3.6.1 电压正弦脉宽调制的工作原理

1. 电压正弦脉宽调制原理

电压 SPWM 逆变器的输出电压是正弦波形，它通过调节脉冲宽度来调节正弦电压的大小。

电压正弦脉宽调制法的基本原理是：用与正弦波等效的一系列等幅不等宽的矩形脉冲波来等效正弦波，如图 3-21 所示。具体是把一个正弦半波分作 n 等分，在图 3-21a 中 $n=12$，然后把每一等分正弦曲线与横轴所包围的面积都用一个与之面积相等的矩形脉冲来代替，矩形脉冲的幅值不变，各脉冲的中点与正弦波每一等分的中点相重合，见图 3-21b。这样，由 n 个等幅不等宽的矩形脉冲所组成的波形就与正弦波半周的波形等效，称作 SPWM 波形。同样，正弦波的负半周也可用相同的方法与一系列负脉冲等效。这种正弦波正、负半周分别用等幅不等宽的正、负矩形脉冲等效的 SPWM 波形称作单极式 SPWM。

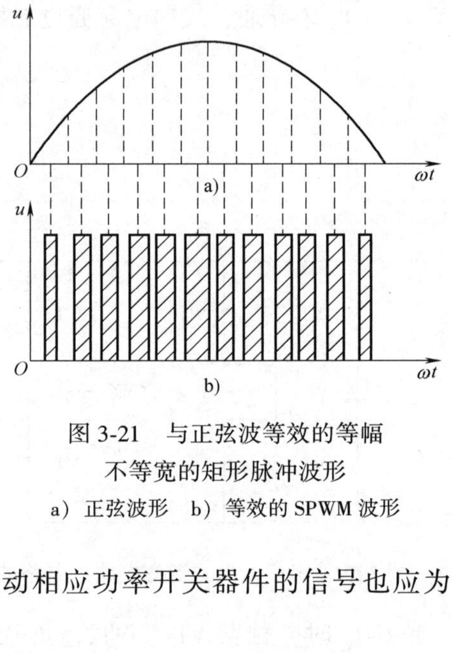

图 3-21　与正弦波等效的等幅不等宽的矩形脉冲波形

a）正弦波形　b）等效的 SPWM 波形

图 3-21b 所示的一系列等幅不等宽的矩形脉冲波形，就是所希望的逆变器输出的 SPWM 波形。由于每个脉冲的幅值相等，所以逆变器可由恒定的直流电源供电，也就是说，这种交-直-交变频器中的整流器可采用不可控的二极管整流器。当逆变器各功率开关器件都是在理想状态下工作时，驱动相应功率开关器件的信号也应为与图 3-21b 形状一致的一系列脉冲波形。

图 3-22 是 SPWM 变频器主电路的原理图。

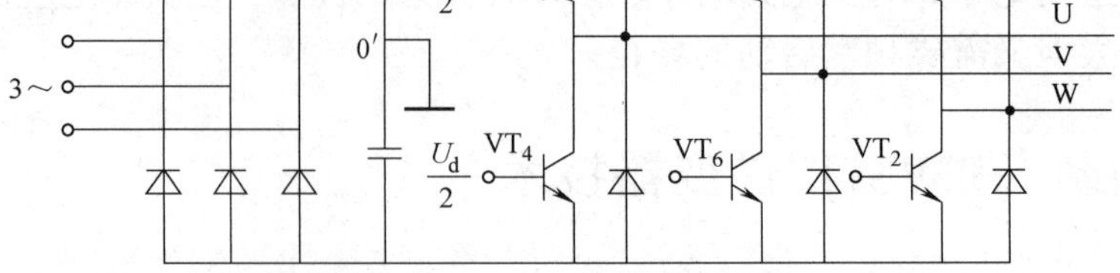

图 3-22　SPWM 变频器主电路原理图

图中 $VT_1 \sim VT_6$是逆变器的 6 个全控型功率开关器件，它们各有一个续流二极管反并联。整个逆变器由三相不可控整流器供电，所提供的直流恒值电压为 U_d。电容上所获得的相电压为 $U_d/2$。

图 3-23 绘出了单极式 SPWM 电压波形，其等效正弦波为 $U_m \sin\omega_s t$，而 SPWM 脉冲序列波的幅值为 $U_d/2$，各脉冲不等宽，但中心间距相同，都等于 π/n，n 为正弦波半个周期内的脉冲数。

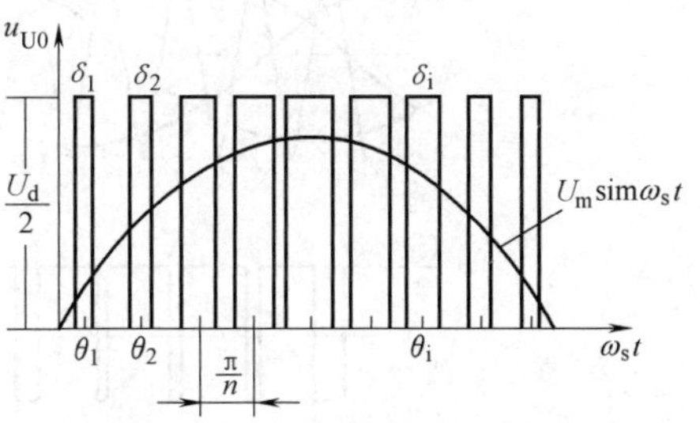

图 3-23　单极式 SPWM 电压波形

令第 i 个脉冲的宽度为 δ_i，其中心点相位角为 θ_i，则根据面积相等的等效原则，可得到

$$\delta_i \approx \frac{2\pi U_m}{nU_d}\sin\theta_i$$

这就是说，第 i 个脉冲的宽度与该处正弦波值近似成正比。因此，与半个周期正弦波等效的 SPWM 波是两侧窄、中间宽、脉宽按正弦规律逐渐变化的脉冲序列。

SPWM 通常是利用正弦波作为基准的调制波（Modulation Wave），受它调制的等腰三角波称为载波（Carrier Wave）。当调制波与载波相交时（见图 3-24），由它们的交点确定逆变器开关器件的通断时刻。具体的做法是，当 U 相的调制波电压 u_{rU}高于载波电压 u_t时，使相应的开关器件 VT_1 导通，输出正的脉冲电压，如图 3-24b 所示；当 U_{rU}低于 u_t时使 VT_1 关断，输出电压为零。在 u_{rU}的负半周中，可用类似的方法控制下桥臂的 VT_4，输出负的脉冲电压序列。改变调制波的频率时，输出电压基波的频率也随之改变；降低调制波的幅值（如 u'_{rU}）时，各段脉冲的宽度都将变窄，从而使输出电压基波的幅值也相应减小。

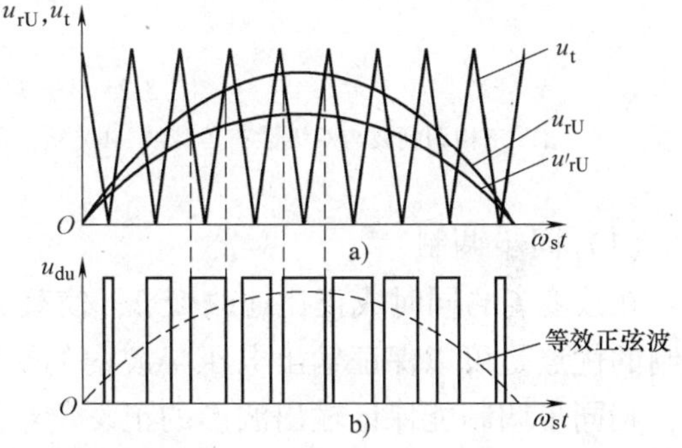

图 3-24　单极式脉宽调制波的形成

a）正弦调制波与三角载波　b）输出的 SPWM 波形

上述的单极式 SPWM 波形在半周内的脉冲电压只在“正”或“负”和“零”之间变化，主电路每相只有一个开关器件反复通断。如果让同一桥臂上、下两个开关器件交替地导通与关断，则输出脉冲在“正”和“负”之间变化，就得到双极式的 SPWM 波形。图 3-25 绘出了三相双极式 SPWM 波形，其调制方法和单极式相似，只是输出脉冲电压的极性不同。

双极性 SPWM 和单极性 SPWM 方法一样，对输出交流电压的大小调节要靠改变调制波的幅值来实现，而对输出交流电压的频率调节则要靠改变调制波的频率来实现。

2. SPWM 逆变器的同步调制和异步调制

SPWM 逆变器有一个重要参数——载波比 N，它被定义为载波频率 f_t与调制波频率 f_r之比，用 N 表示，即

$$N = \frac{f_t}{f_r}$$

视载波比的变化与否，有同步调制与异步调制之分。

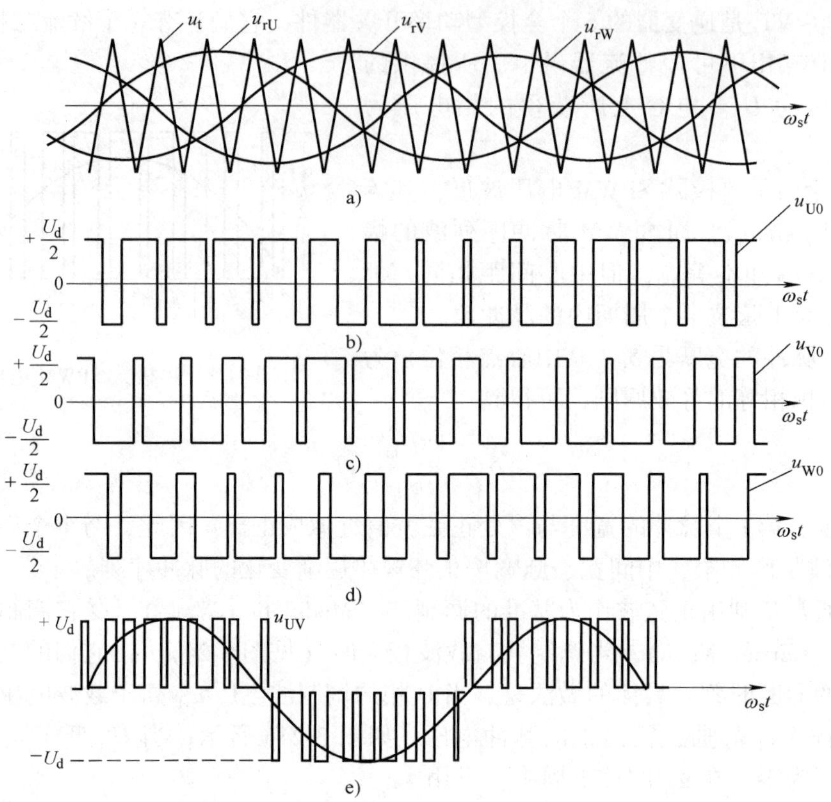

图 3-25　三相双极式 SPWM 波形

a）三相调制波与双极性三角载波　b）$u_{U0}=f(t)$　c）$u_{V0}=f(t)$　d）$u_{W0}=f(t)$　e）$u_{UV}=f(t)$

（1）同步调制

在改变f_r的同时成正比地改变f_t，使载波比 N= 常数，这就是同步调制方式。采用同步调制的优点是可以保证输出电压半波内的矩形脉冲数是固定不变的。如果取 N 等于 3 的倍数，则同步调制能保证输出波形的正、负半波始终保持对称，并能严格保证三相输出波形之间具有互差 120°的对称关系。但是，当输出频率很低时，由于相邻两脉冲间的间距增大，谐波会显著增加，这是同步调制方式在低频时的主要缺点。

（2）异步调制

采用异步调制方式是为了消除上述同步调制的缺点。在异步调制中，在变频器的整个变频范围内，载波比 N 不等于常数。一般在改变调制波频率f_r时保持三角载波频率f_t不变，因而提高了低频时的载波比。这样，输出电压半波内的矩形脉冲数可随输出频率的降低而增加，相应地改善了系统的低频工作性能。但异步调制方式在改善低频工作性能的同时，又失去了同步调制的优点。当载波比 N 随着输出频率的降低而连续变化时，它不可能总是 3 的倍数，必将使输出电压波形及其相位都发生变化，难以保持三相输出的对称性，因而引起电机工作不平稳。

（3）分段同步调制

为了扬长避短，可将同步调制和异步调制结合起来，成为分段同步调制方式，实用的 SPWM 变频器多采用此方式。具体地说，就是把整个变频范围划分成若干频段，每个频段内维持载波比

N 恒定，而对不同的频段取不同的 N 值，频率低时，N 值取大些，一般大致按等比级数安排。

分段同步调制虽比较麻烦，但在微电子技术迅速发展的今天，这种调制方式是很容易实现的。

3. SPWM 的控制方法

SPWM 的控制就是根据三角载波与正弦调制波比较后的交点来确定逆变器功率器件的开关时刻，常用的算法有：①自然采样法。②规则采样法。③指定谐波消除法。

3.6.2 电流正弦脉宽调制的工作原理

SPWM 变频器通常用于交流电动机的变频调速，而交流电动机的控制性能主要取决于转矩或者电流的控制质量（在磁通恒定的条件下），为了满足电动机控制的良好动态响应，经常采用电流 SPWM 技术。电流 SPWM 技术本质上是电流闭环控制，实现方法很多，主要有 PI 控制、滞环控制及无差拍预测控制等几种，都具有控制简单，动态响应快和电压利用率高的特点。

目前，实现电流 SPWM 控制的常用方法是 A. B. Plunkett 提出的电流滞环 SPWM，即把正弦电流参考波形和电流的实际波形通过滞环比较器进行比较，其结果决定逆变器桥臂上、下开关器件的导通和关断。这种方法的主要优点是控制简单，响应快，瞬时电流可以被限制，功率开关器件得到自动保护；这种方法的主要缺点是相对的电流谐波较大。下面重点介绍电流滞环 SPWM 技术。

电流滞环控制是一种非线性控制方法，电流滞环控制型逆变器一相（U 相）电流控制原理框图及波形图如图 3-26 所示。

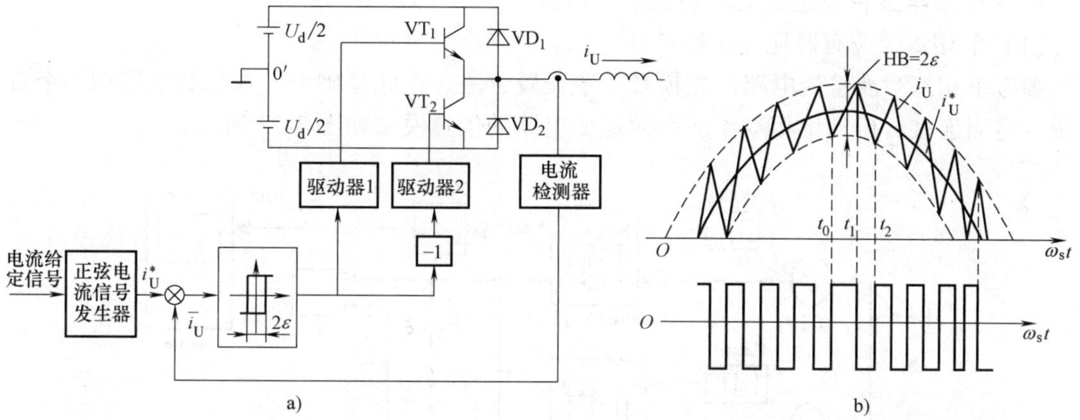

图 3-26　电流滞环控制逆变器一相（U 相）电流控制原理框图及波形图

a）滞环电流跟踪型 PWM 逆变器一相结构示意图　b）滞环电流跟踪型 PWM 逆变器输出电流、电压波形图

正弦电流信号发生器的输出信号作为相电流给定信号，与实际的相电流信号相比较后送入电流滞环控制器。设滞环控制器的环宽为 2ε，t_0 时刻，$i_U^* - i_U \geqslant \varepsilon$，则滞环控制器输出正电平信号，驱动上桥臂功率开关器件 VT_1 导通，使 i_U 增大。当 i_U 增大到与 i_U^* 相等时，虽然 $\Delta i_U = 0$，但滞环控制器仍保持正电平输出，VT_1 保持导通，i_U 继续增大；直到 t_1 时刻，$i_U = i_U^* + \varepsilon$，滞环控制器翻转，输出负电平信号，关断 VT_1，并经保护延时后驱动下桥臂器件 VT_2。但此时 VT_2 未必导通，因为电流 i_U 并未反向，而是通过续流二极管 VD_2 维持原方向

流通，其数值逐渐减小。直到 t_2 时刻，i_U 降到滞环偏差的下限值，又重新使 VT_1 导通。VT_1 与 VD_2 的交替工作使逆变器输出电流与给定值的偏差保持在 $\pm\varepsilon$ 范围之内，在给定电流上下作锯齿状变化。当给定电流是正弦波时，输出电流也十分接近正弦波。与此类似，负半周波形是 VT_2 与 VD_1 交替工作形成的。

显然，滞环控制器的滞环宽度越窄，则开关频率越高，可使定子电流波形更逼近给定基准电流波形，从而将有效地使电动机定子绕组获得正弦电流源供电效果。当开关频率超过功率器件的允许开关频率时，将不利于功率器件的安全工作；当开关频率过低时会造成电流波形畸变，导致电流谐波成分加大。

3.7 直流-交流变换电路的仿真

晶闸管有源逆变电路是典型的“直流-交流”变换电路之一，晶闸管有源逆变电路与整流电路相似，区别在于：逆变电路中要求触发延迟角 $\alpha>90°$ 和有一个幅值大于 U_d 的外加直流电源这两个条件。满足这两个条件，电路才可能工作于有源逆变状态，若 $\alpha<90°$ 电路则为整流电路。本节讨论几种晶闸管有源逆变电路的建模与仿真，建模的方法就是在第 2 章整流电路建模的基础上，在模型中增加一个直流电源，并且使触发延迟角 α 工作在大于 90°的区域。下面具体建模时，与整流电路相同的部分不再重复。

3.7.1 晶闸管有源逆变电路的仿真

1. 单相双半波有源逆变电路的建模与仿真

（1）单相双半波有源逆变电路的建模

参考单相双半波整流电路的建模及参数设置方法。在此基础上，在负载端增加一个直流电源，适当连接后得到单相双半波有源逆变电路的仿真模型如图 3-27 所示。

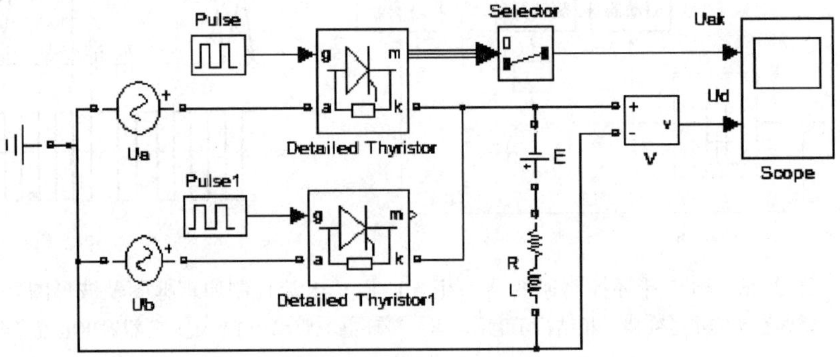

图 3-27 单相双半波有源逆变电路的仿真模型

（2）单相双半波有源逆变电路的仿真参数

选择 ode23tb 算法，将相对误差设置为 1e−3，仿真开始时间设置为 0，停止时间设置为 0.08 s。负载参数为 $R=2\,\Omega$，$L=0.02\,H$，直流电源 $E=40\,V$。

（3）单相双半波有源逆变电路的仿真结果

图 3-28a、b、c 分别为 $\alpha=90°$、120°、150°时阻-感负载加直流电源的仿真波形。图中

U_d 为负载电压，U_{ak} 为晶闸管端电压。

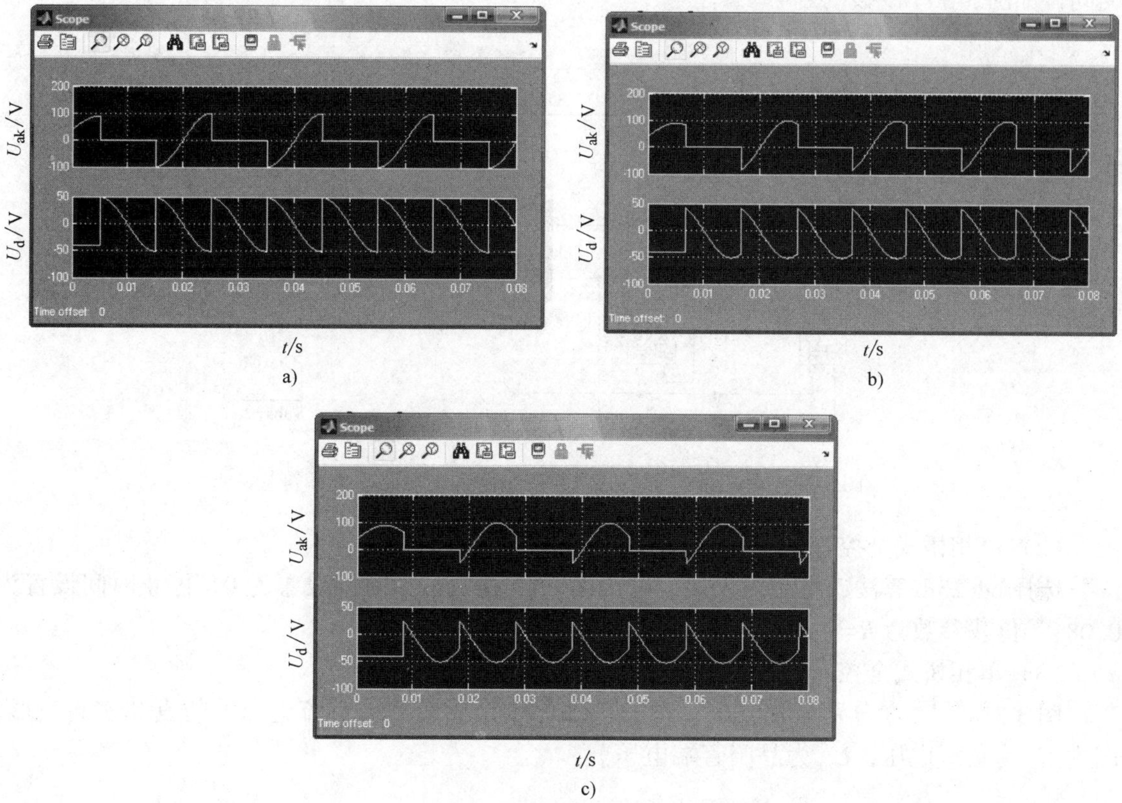

图 3-28　不同触发延迟角时单相双半波有源逆变电路带阻-感负载加直流电源的仿真波形

a）$\alpha=90°$　b）$\alpha=120°$　c）$\alpha=150°$

2. 单相桥式全控有源逆变电路的建模与仿真

（1）单相桥式全控有源逆变电路的建模

1）电路的建模：参考单相桥式全控整流电路的建模及参数设置方法。在此基础上，在负载端增加一个直流电源，适当连接后得到单相桥式全控有源逆变电路的仿真模型如图 3-29 所示。

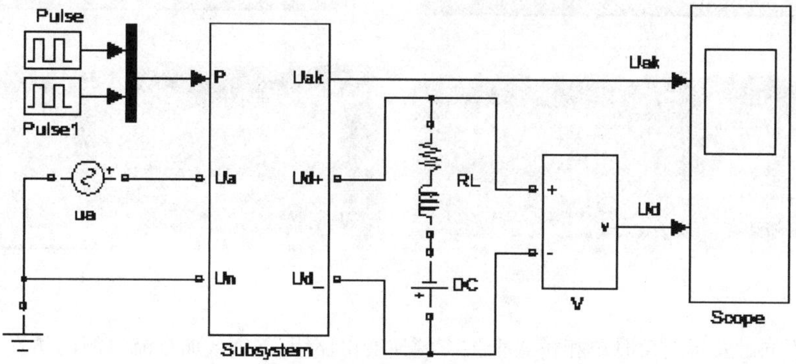

图 3-29　单相桥式全控有源逆变电路的仿真模型

2）子系统的建模：单相桥式全控有源逆变电路的主电路模型和符号与对应的整流电路相同，如图 3-30 所示。

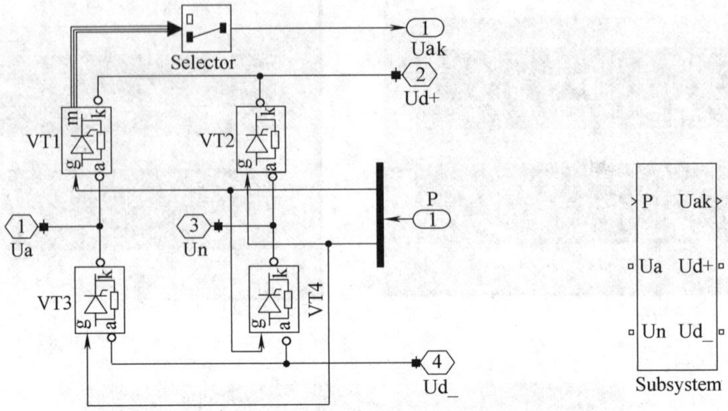

图 3-30　单相桥式全控有源逆变电路的主电路模型和符号

（2）单相桥式全控有源逆变电路的仿真参数

选择 ode23tb 算法，将相对误差设置为 1e−3，仿真开始时间设置为 0，停止时间设置为 0.08 s。负载参数为 $R=2\,\Omega$，$L=0.02\,\mathrm{H}$，直流电源 $E=40\,\mathrm{V}$。

（3）单相桥式全控有源逆变电路的仿真结果

图 3-31a、b、c 分别为 $\alpha=90°$、120°、150°时阻-感负载加直流电源的仿真和实验波形。图中 U_d 为负载电压，U_{ak}为晶闸管端电压。

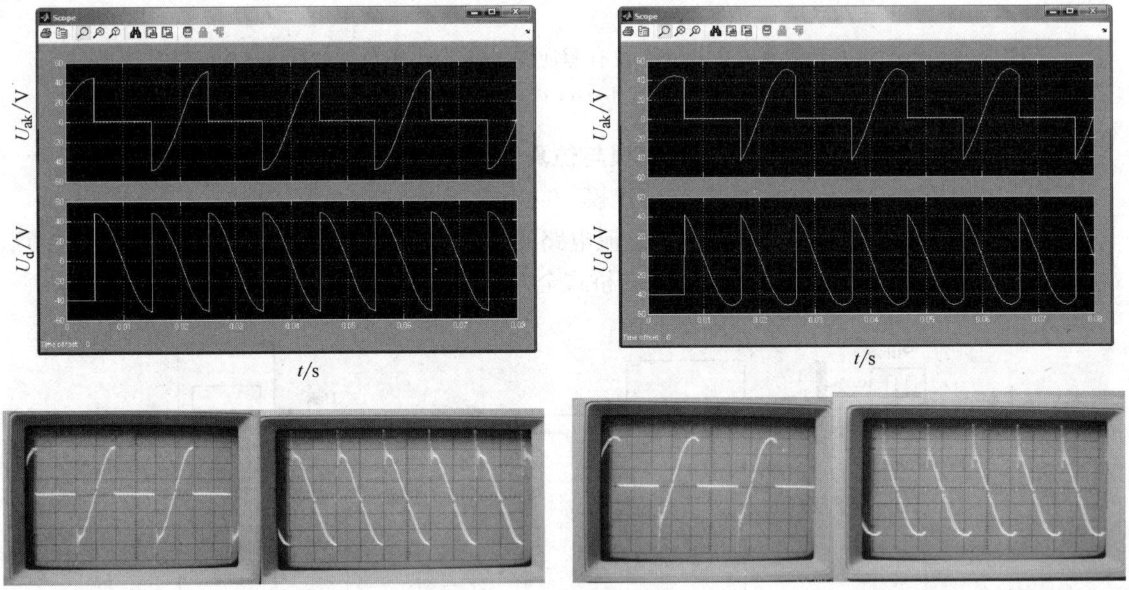

a)　　　　　b)

图 3-31　不同触发延迟角时单相桥式全控有源逆变电路阻-感负载加直流电源的仿真和实验波形

a）$\alpha=90°$　b）$\alpha=120°$

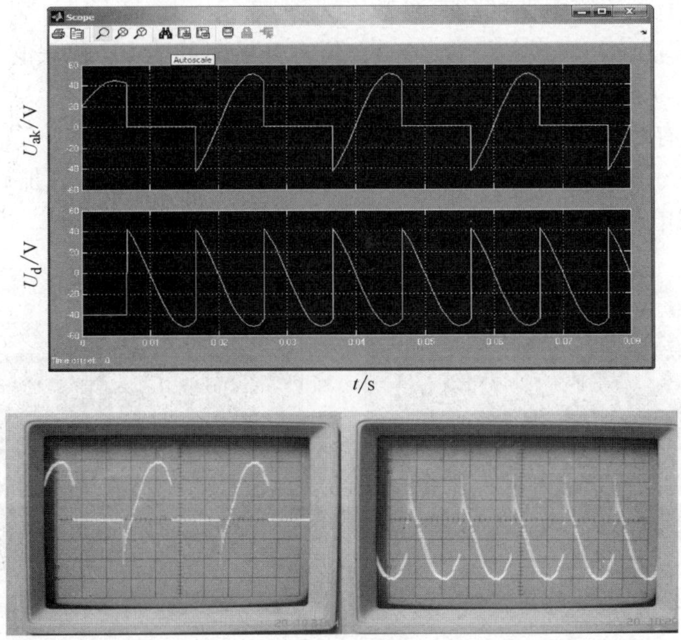

c)

图 3-31　不同触发延迟角时单相桥式全控有源逆变电路阻-感负载加直流电源的仿真和实验波形（续）

c）$\alpha=150°$

从仿真结果看：当 $\alpha>90°$时，输出电压 U_d 波形的负面积大于正面积，负载向电源回馈功率，符合有源逆变的概念。读者可改变 α 的值，观察不同 α 角时的波形情况。

3. 三相半波有源逆变电路的建模与仿真

（1）三相半波有源逆变电路的建模

在三相半波可控整流电路仿真模型的基础上，负载回路中增加直流电源，其电压为 40 V，适当连接后可搭建成图 3-32 所示的三相半波有源逆变电路的仿真模型。

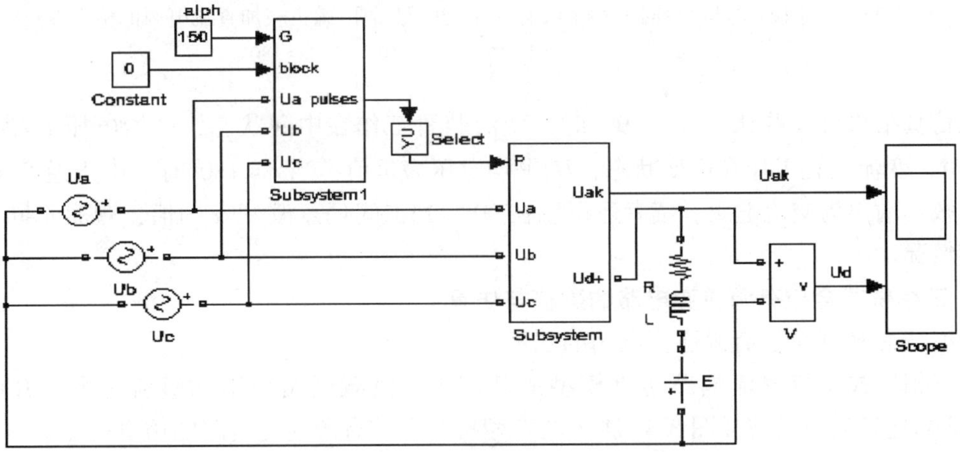

图 3-32　三相半波有源逆变电路的仿真模型

(2) 三相半波有源逆变电路的仿真参数

选择 ode23tb 算法，相对误差设为 1e-3，仿真开始时间为 0，停止时间为 0.08 s。其中负载参数：$R=2\,\Omega$，$L=0.02\,\mathrm{H}$。

(3) 三相半波有源逆变电路的仿真结果

图 3-33a、b、c、d 为 $\alpha=90°$、120°、150°、180°时，带阻-感负载加直流电源的仿真波形，图中 U_d为负载电压，U_{ak}为晶闸管的端电压。

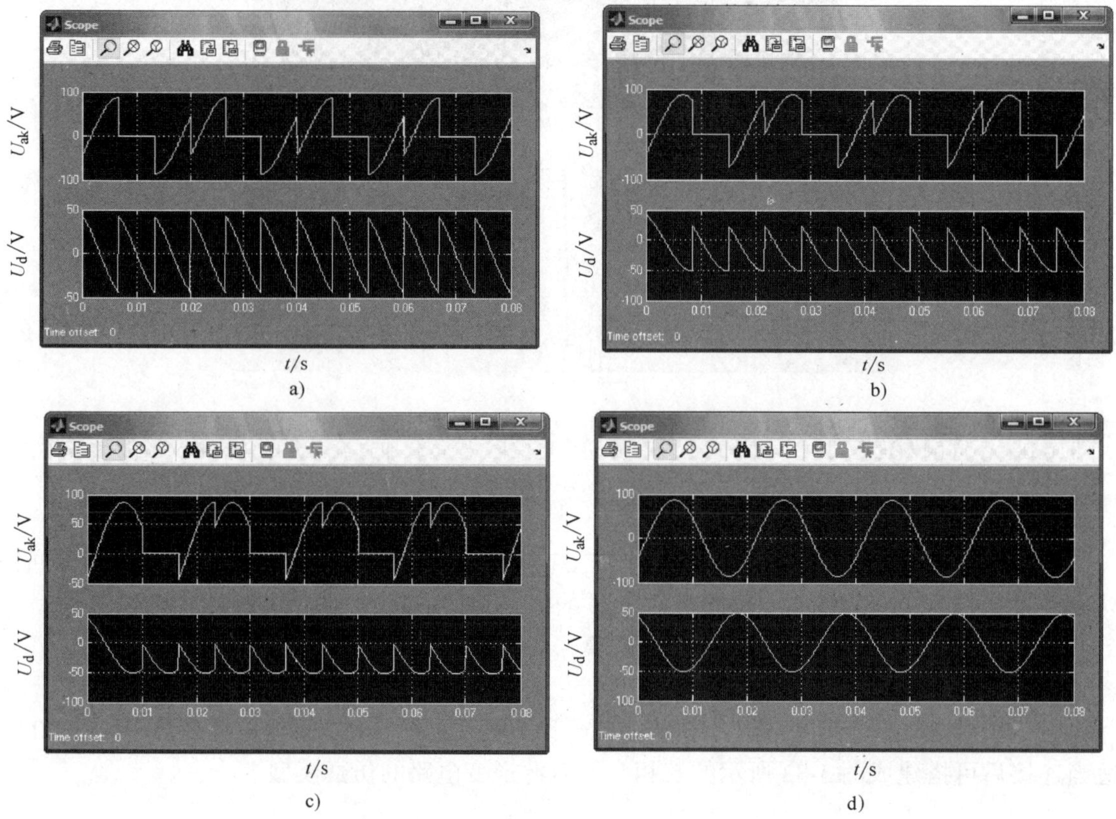

图 3-33　不同触发延迟角时三相半波有源逆变电路带阻-感负载加直流电源的仿真波形

a) $\alpha=90°$　b) $\alpha=120°$　c) $\alpha=150°$　d) $\alpha=180°$

从仿真结果可以看到：当 $\alpha=90°$时，变流装置工作在中间状态，平均电压 U_d为 0；当 $\alpha>90°$时，变流装置工作在逆变状态，U_d平均电压为负值；当 $\alpha=180°$时，由于逆变角很小，逆变失败，输出为交流电压。读者还可以在 90°~150°间任意改变 α 的值，观察不同 α 角时的波形情况。

4. 三相桥式全控有源逆变电路的建模与仿真

(1) 三相桥式全控有源逆变电路的建模

在三相桥式全控整流电路仿真模型的基础上，负载回路中增加直流电源，其电压为 40 V，适当连接后可搭建成图 3-34 所示的三相桥式全控有源逆变电路的仿真模型。

(2) 三相桥式全控有源逆变电路的仿真参数

选择 ode23tb 算法，相对误差设为 1e-3，仿真开始时间为 0，停止时间为 0.08 s。

（3）三相桥式全控有源逆变电路的仿真结果

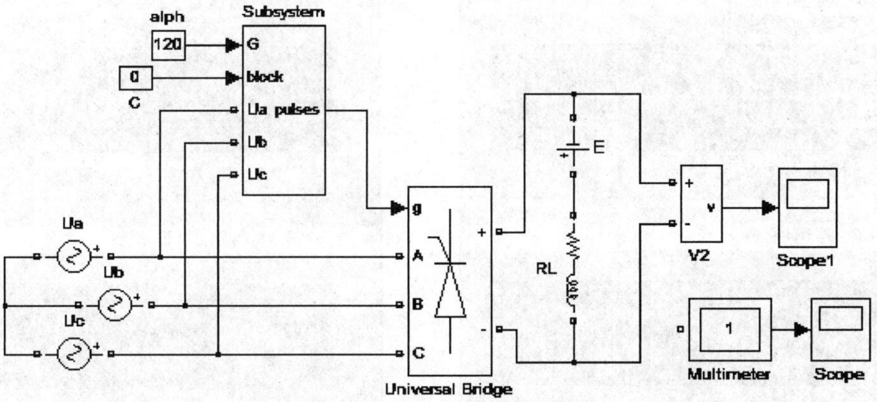

图 3-34　三相桥式全控有源逆变电路的仿真模型

图 3-35a、b、c 为 $\alpha=90°$、120°、150°时阻-感负载加直流电源的仿真和实验波形，其中负载 $R=2\,\Omega$，$L=0.02\,\mathrm{H}$。$\alpha=150°$的仿真波形中 E 取 80 V，其他取 40 V。实物实验波形图中左为晶闸管两端的电压波形，右为负载电压波形。

3.7.2　方波无源逆变电路的仿真

本章 3.3.2 节主要介绍了器件换流式无源逆变电路、三相桥式逆变电路（180°导电型电压源逆变器和 120°导电型电流源逆变器），下面进行 MATLAB 仿真分析。

1. 单相半桥逆变电路的仿真

单相半桥电压型逆变电路如图 3-6a 所示。

（1）电路的建模

图 3-36 是采用面向电气原理结构图方法构建的单相半桥无源逆变电路的仿真模型。

从电气原理图分析可知，该电路的实质性器件是直流电源、电力电子开关和负载等部分。

1）电路主要元件的提取途径和作用。

① 直流电源 U_d：SimPower System/Electrical Sources/DC Voltage Source，无源逆变用直流电源。

② 理想开关 IS：SimPower System/Power Electronics/Ideal Switch，逆变用开关，IS1 和 IS2 组成互补对称开关，分别对应于逆变电路中的 VT_1 和 VT_2。

③ 脉冲信号发生器 Pulse Generator：Simulink/Sources/Pulse Generator，控制理想开关的导通与关断。

④ 负载 RL：SimPower System/Elements/Serise RLC Branch，组成阻-感负载。

电压、电流测量以及示波器前面多次使用，电源支路上串联一个小电阻 R 是为了正常仿真的需要。

2）电路主要模块的参数设置。

① 直流电源 U_d 取 30 V，电容 C 取 1 F。

② 理想开关 IS 的参数设置如图 3-37 所示。

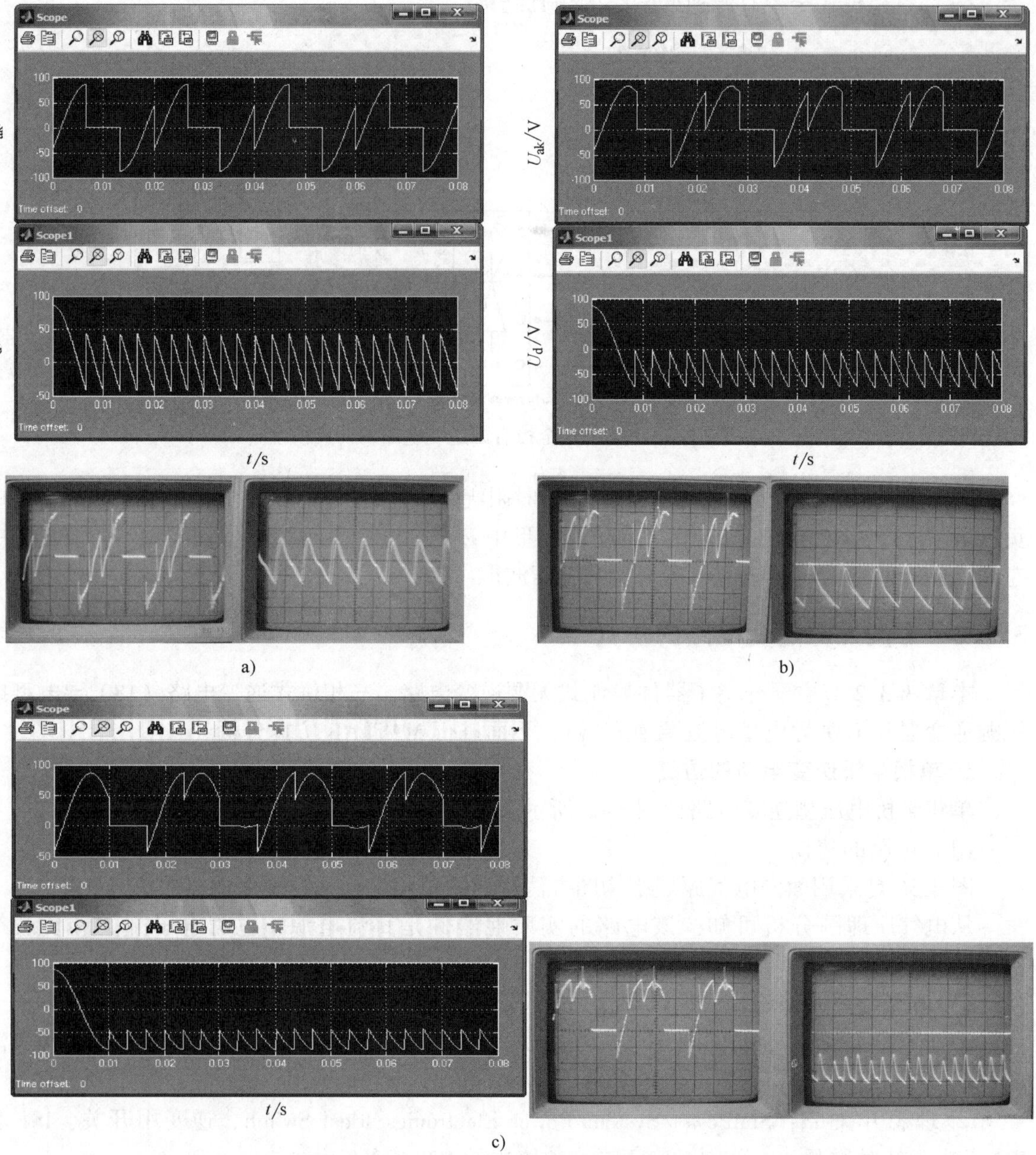

图 3-35　不同触发延迟角时三相桥式有源逆变电路带阻-感负载加直流电源的仿真和实验波形

a）$\alpha=90°$　b）$\alpha=120°$　c）$\alpha=150°$

③ 脉冲信号发生器模块，幅值设为 10，周期设为 0.02 s，即频率为 50 Hz，占空比设为 50%。IS1 使用脉冲信号发生器模块 Pulse，滞后 0 s；IS2 使用脉冲信号发生器模块 Pulse1；因为占空比取 50%，Pulse 和 Pulse1 互补工作，所以 Pulse1 滞后 0.01 s，脉冲信号发生器模块的参数设置如图 3-38 所示。

④ 负载 RL 取 $R=2\,\Omega$，$L=0.02\,\mathrm{H}$。

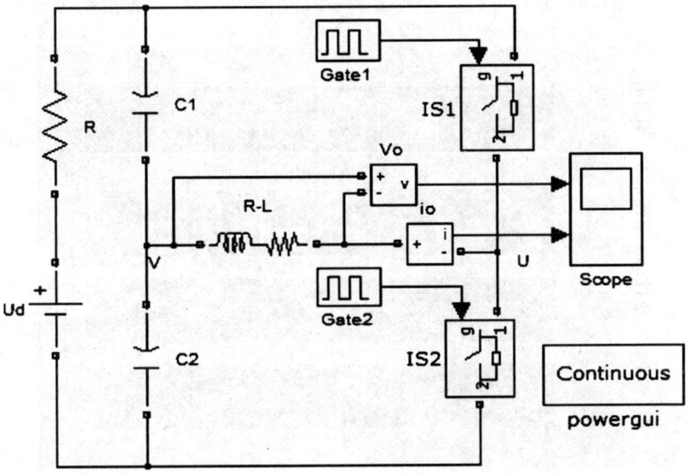

图 3-36　单相半桥电压型无源逆变电路的仿真模型

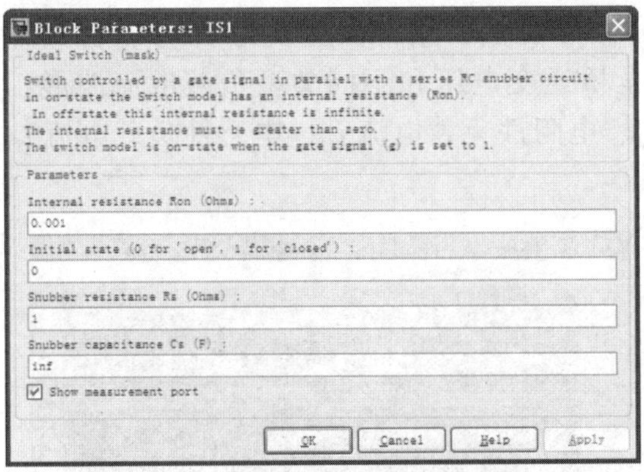

图 3-37　理想开关 IS 的参数设置

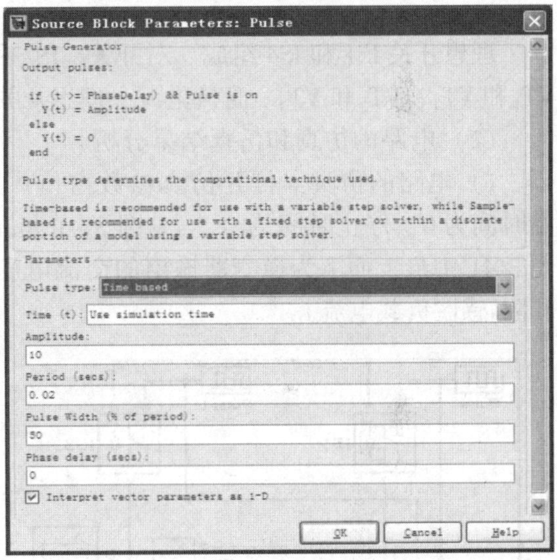

图 3-38　脉冲信号发生器模块的参数设置

（2）电路的仿真和仿真结果分析

1）电路的仿真。打开仿真参数窗口，选 ode23tb 算法，相对误差设为 1e-3，仿真开始时间为 0，停止时间为 0.08 s。图 3-39 是单相半桥逆变电压和不同类型负载的电流波形。图 3-39 中自上而下为逆变器输出的交流电压 u_{UV}、电阻性负载电流 i_0、电感性负载电流 i_0 和阻-感性负载电流 i_0。

2）电路的仿真结果分析。波形与图 3-6b 理论波形一致。

2. 单相全桥电压型无源逆变电路仿真

单相全桥电压型逆变电路如图 3-7a 所示。

（1）电路的建模

图 3-40 是采用面向电气原理结构图方法构建的单相全桥无源逆变电路的仿真模型。

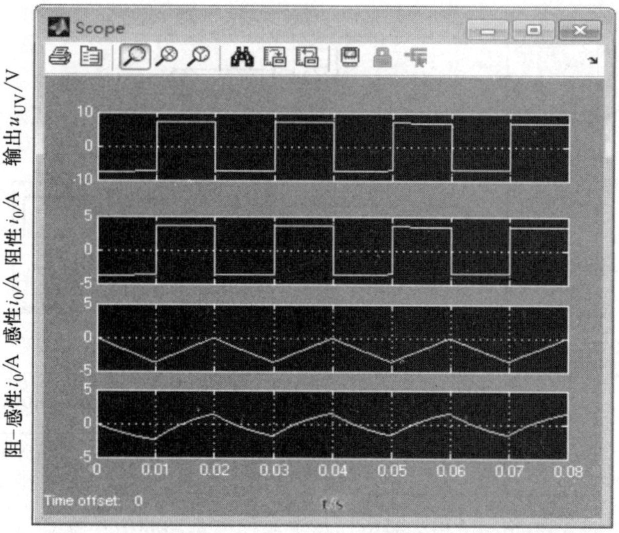

图 3-39　单相半桥逆变电压和不同类型负载电流波形

理想开关 IS1 和 IS4 组成一对开关，IS2 和 IS3 组成另一对开关。分别对应于逆变电路中的 VT_1 和 VT_4、VT_2 和 VT_3。直流电源、理想开关、脉冲信号发生器、负载参数与半桥模型相同。

（2）电路的仿真和仿真结果分析

1）电路的仿真：打开仿真参数窗口，选 ode23tb 算法，相对误差设为 1e-3，仿真开始时间为 0，停止时间为 0.1 s。图 3-41 是单相全桥逆变电压和不同类型负载电流波形。图 3-41 中自上而下为逆变器输出的交流电压 u_{UV}、电阻性负载电流 i_O、电感性负载电流 i_O 和阻-感性负载电流 i_O。

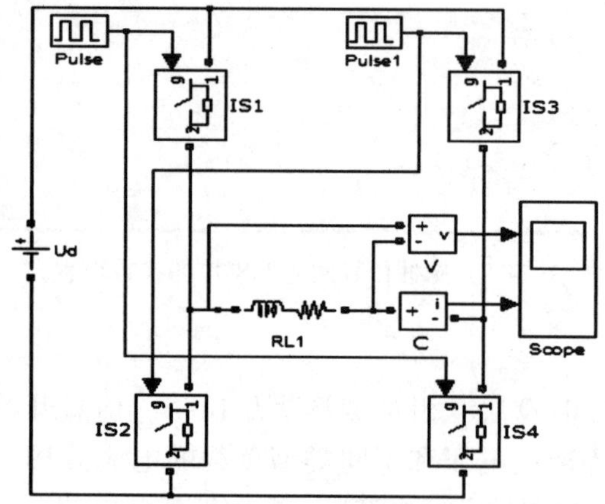

图 3-40　单相全桥无源逆变电路的仿真模型

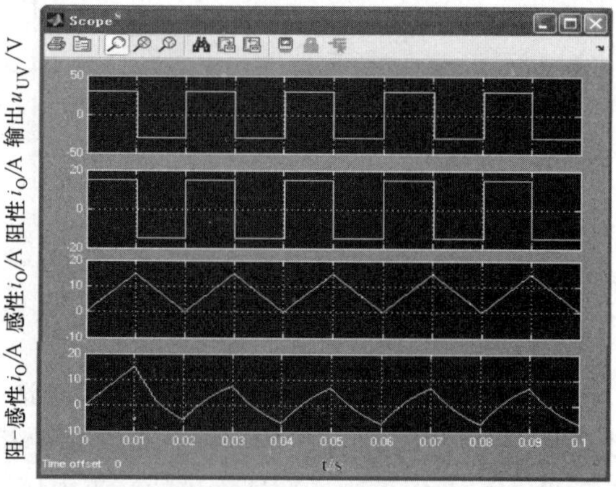

图 3-41　单相全桥逆变电压和不同类型负载电流波形

2）电路的仿真结果分析：波形与图 3-7b 的理论波形一致。

3. 三相全桥电压型（180°导电型）无源逆变电路仿真

三相全桥电压型逆变电路如图 3-8 所示。

（1）电路的建模

图 3-42 是采用面向电气原理结构图方法构建的三相全桥电压型无源逆变电路的仿真模型。

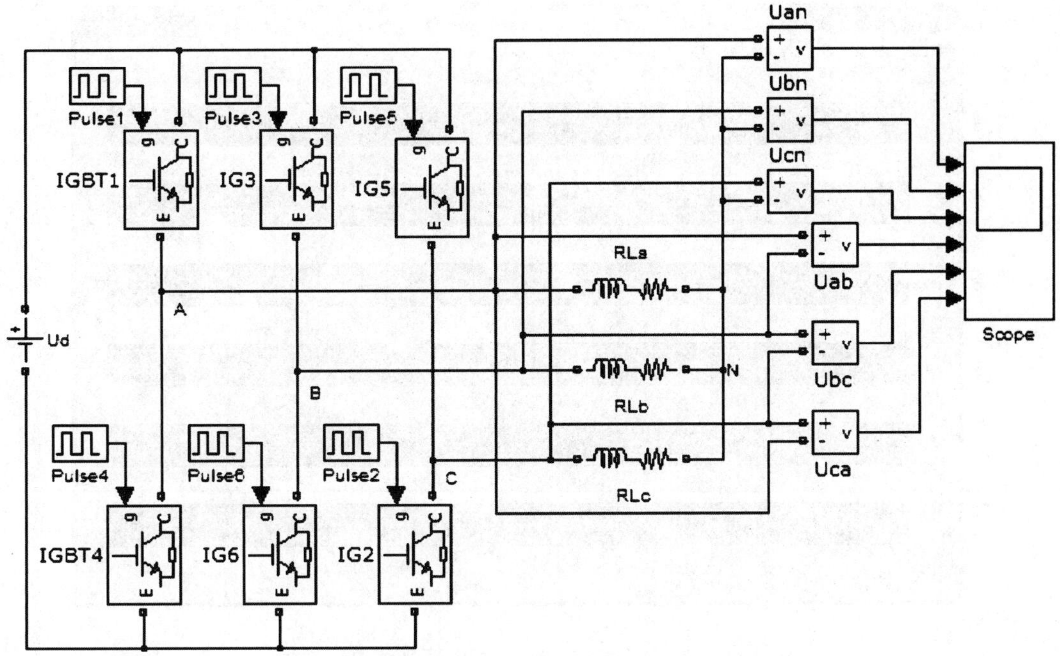

图 3-42　三相全桥电压型无源逆变电路的仿真模型

1）电路主要元件的提取途径和作用。

① 电力电子开关 IGBT：SimPower System/Power Electronics/IGBT，逆变用开关。

② 脉冲信号发生器 Pulse Generator：Simulink/Sources/Pulse Generator，控制 IGBT 的导通与关断。

2）电路主要模块的参数设置。

① 直流电源 U_d 取 10 V。

② IGBT 的参数设置如图 3-43 所示。

③ 脉冲信号发生器模块，幅值为 10，周期设为 0.02 s，即频率为 50 Hz，占空比设为 50%。IGBT1 ~ IGBT6 分别由 6 个脉冲信号发生器模块 Pulse1 ~ Pulse6 控制，Pulse1 滞后 0 s，其他 5 个依次滞后 60°。

④ 负载 RL 取 $R=1\,\Omega$，$L=0.01$ H。

(2) 电路的仿真和仿真结果分析

1）电路的仿真：打开仿真参数窗口，选 ode23tb 算法，相对误差设为 1e−6，仿真开始时间为 0.02，停止时间为 0.12 s。图 3-44 是三相全桥逆变电路相电压和线电压波形。

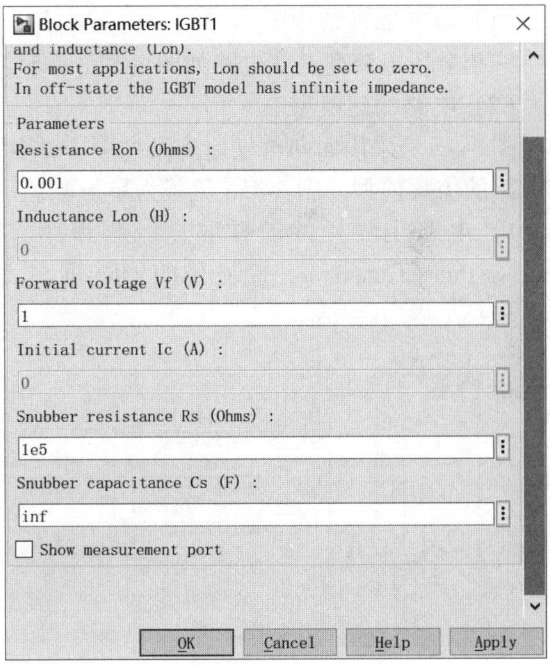

图 3-43　IGBT 的参数设置

2）电路的仿真结果分析。波形与图 3-10 的 180°导电型逆变器输出的相电压、线电压波形一致。

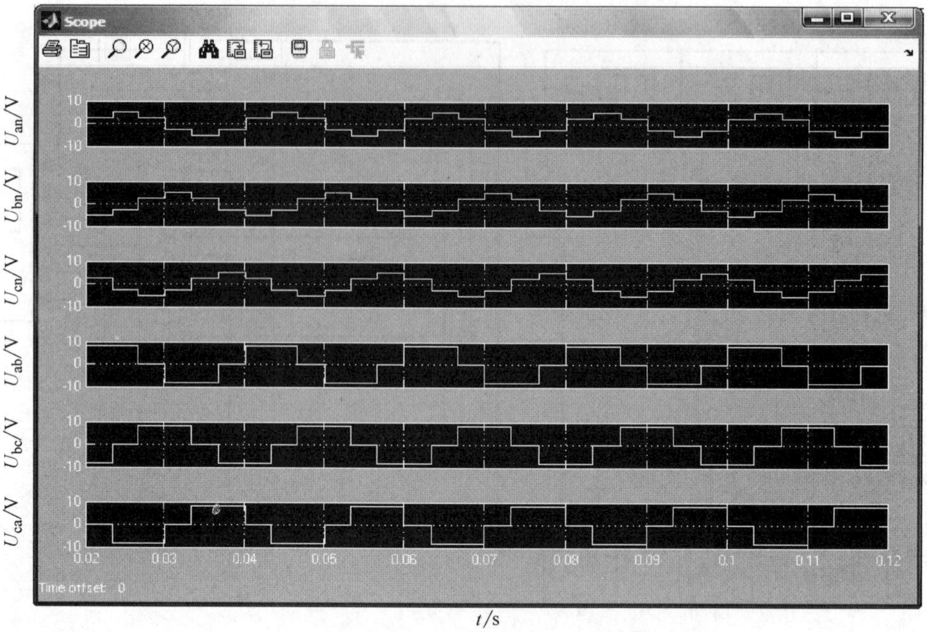

图 3-44　三相全桥逆变电路相电压和线电压波形

4. 三相全桥电流型（120°导电型）无源逆变电路的仿真

（1）电气原理结构图

三相全桥电流型逆变电路如图 3-12a 所示。

（2）电路的建模

图 3-45 是采用面向电气原理结构图方法构建的三相全桥电流型（120°导电型）无源逆变电路的仿真模型。图 3-45a 负载为星形联结、图 3-45b 负载为三角形联结。

1）电路主要元件的提取途径和作用：脉冲信号发生器 Pulse Generator：Simulink/Sources/Pulse Generator，控制 IGBT 的导通与关断。

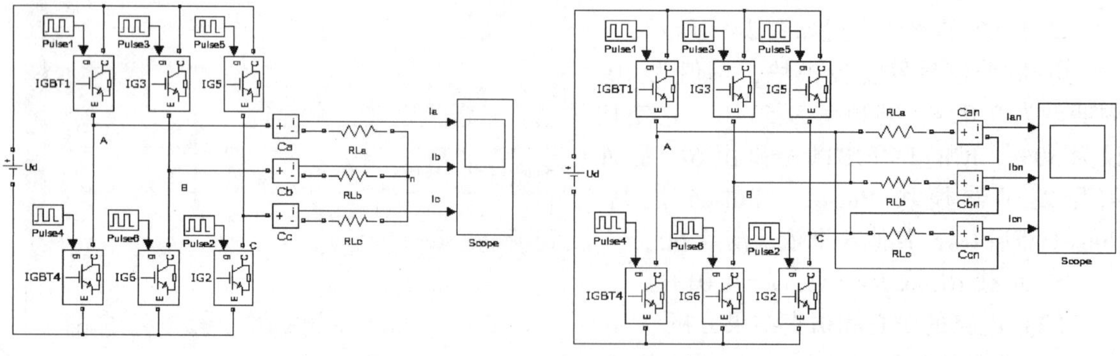

a)　　　　b)

图 3-45　三相全桥电流型（120°导电型）无源逆变电路的仿真模型

a）星形联结　b）三角形联结

2）电路主要模块的参数设置。

① 直流电源 U_d取 36 V。

② IGBT 的参数设置与电压型的同。

③ 脉冲信号发生器模块，幅值设为 10，周期设为 0.02 s，即频率为 50 Hz，占空比设为 33.333%（对应 120°导电型）。IGBT1～IGBT6 分别由 6 个脉冲信号发生器模块 Pulse1～Pulse6 控制，Pulse1 滞后 0 s，其他 5 个依次滞后 60°。

④ 负载 R 取 2 Ω。

（3）电路的仿真和仿真结果分析

1）电路的仿真：打开仿真参数窗口，选 ode23tb 算法，相对误差设为 1e−6，仿真开始时间为 0.02，停止时间为 0.12 s。图 3-46 是三相全桥逆变电路相电流波形。

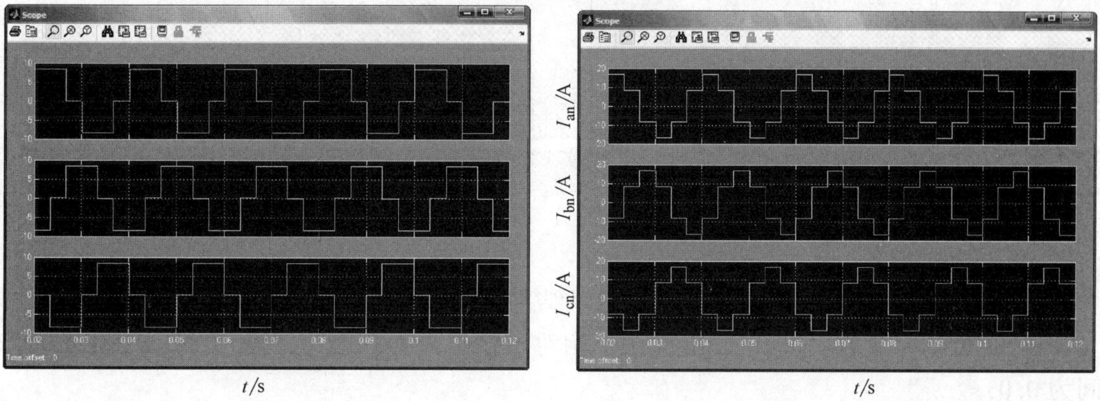

a)　　b)

图 3-46　三相全桥逆变电路相电流波形

a）负载星形联结相电流波形　b）负载三角形联结相电流波形

2）电路的仿真结果分析：波形与图 3-12b 的 120°导电型逆变器输出的相电流波形一致。

3.7.3　负载换流式无源逆变电路的仿真

1. 并联谐振式电流型逆变电路的仿真

并联谐振式逆变电路的主电路结构如图 3-16 所示，理想工作波形如图 3-18 所示。

（1）电路的建模

单相桥式并联谐振式逆变电路的仿真模型如图 3-47 所示，电力电子开关采用晶闸管。

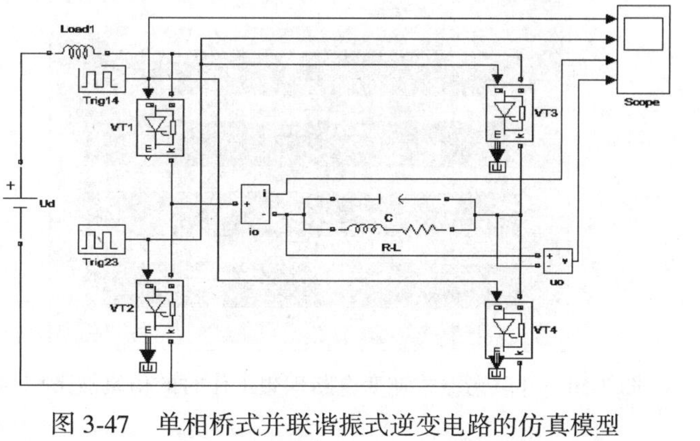

图 3-47　单相桥式并联谐振式逆变电路的仿真模型

（2）仿真模型中使用的主要模块的参数设置

各部分建模与参数设置如下。

1）直流电源电压 50 V，滤波电感 L_1 = 0.002 H。

2）脉冲触发器 1、4 的参数设置如图 3-48 所示；脉冲触发器 2、3 的相位延迟 0.0005 s，其他参数设置与脉冲触发器 1、4 的参数设置相同。

3）晶闸管器件的参数设置如图 3-49 所示。

4）谐振电容 0.0008 F，电阻 0.1 Ω，电感 $L=0.05$ mH。

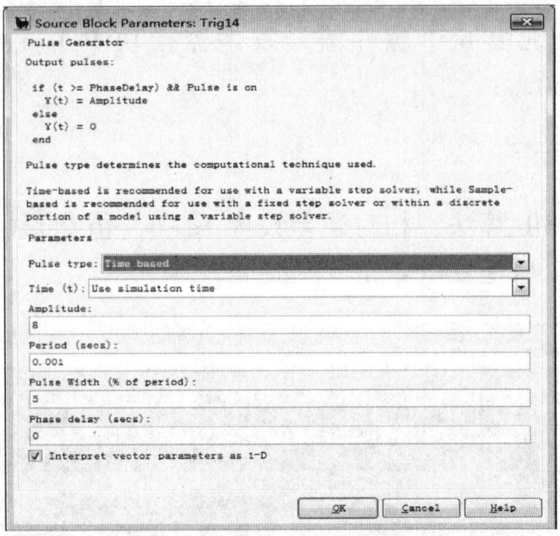

图 3-48　脉冲触发器 1、4 的参数设置

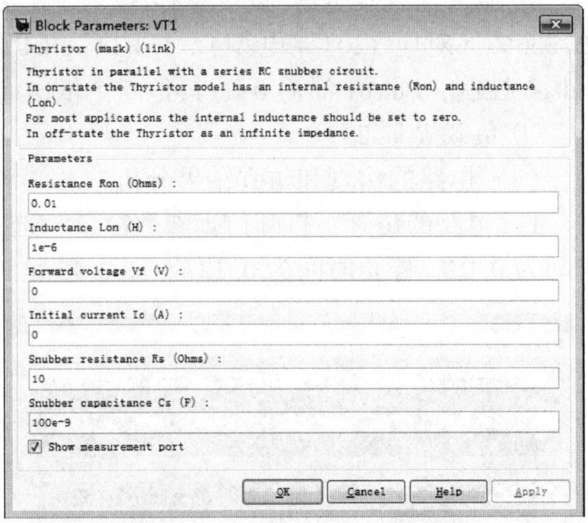

图 3-49　晶闸管元件的参数设置

（3）模型仿真参数、仿真结果的输出及结果分析

1）模型仿真参数：选 ode23tb 算法，相对误差设为 1e-3，仿真开始时间为 0，停止时间为 0.03 s。

2）输出仿真结果：采用“示波器”模块输出方式，即可得到图 3-50 所示的并联谐振式逆变电路理想工作时的仿真波形图。

3）输出结果分析：将图 3-50 的仿真波形图与图 3-18 的并联谐振式逆变电路理想工作时的波形对比，可知两者是一致的。

2. 串联谐振式电压型逆变电路仿真

串联谐振式逆变电路主电路的结构如图 3-19 所示，串联谐振式逆变电路谐振电流断续时的理想工作波形如图 3-51 所示。

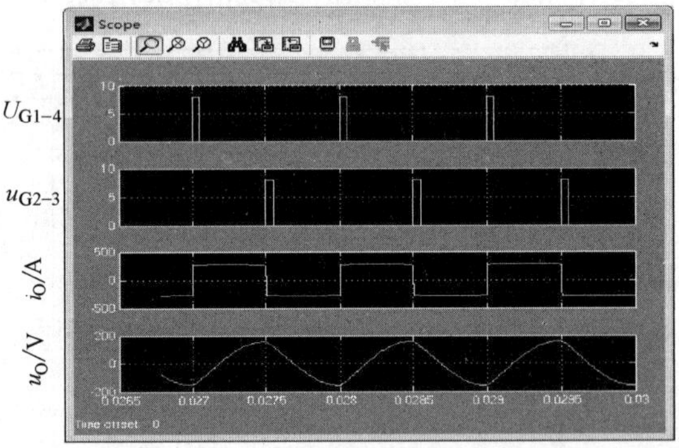

图 3-50　并联谐振式逆变电路理想工作时的仿真波形图

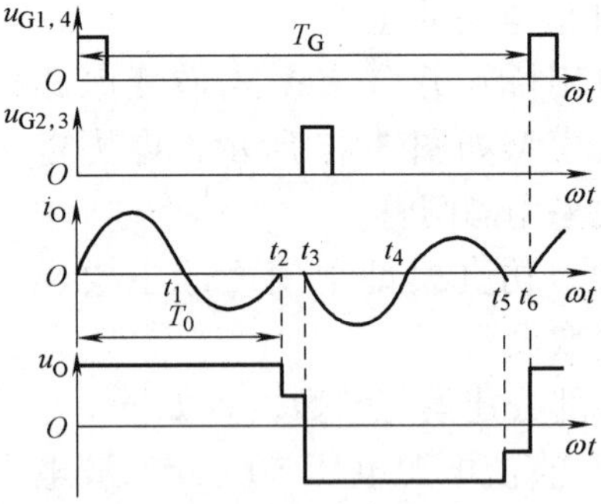

图 3-51　串联谐振式逆变电路谐振电流断续时的理想工作波形

（1）电路的建模

单相桥式串联谐振式逆变电路的仿真模型如图 3-52 所示，电力电子开关也是采用晶闸管。

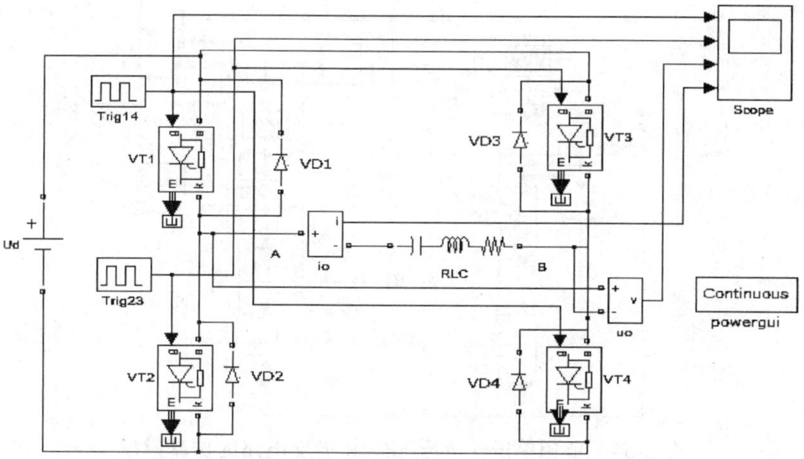

图 3-52　单相桥式串联谐振式逆变电路的仿真模型

（2）仿真模型中使用的主要模块的参数设置

各部分参数设置与并联谐振电路相同。谐振电容 68e-5F，电阻 0.001Ω，电感 L=45e-7H。

（3）模型仿真参数、仿真结果的输出及结果分析

1）模型仿真参数的设置：选 ode23tb 算法，相对误差设为 1e-3，仿真开始时间为 0，停止时间为 0.03 s。

2）输出仿真结果：采用“示波器”模块输出方式，即可得到图 3-53 所示的串联谐振式逆变电路理想工作时的仿真波形图。

3）输出结果分析：将图 3-53 的仿真波形图与图 3-51 的串联谐振式逆变电路电流断续时的理想工作波形对比，可知两者波形是基本一致的。

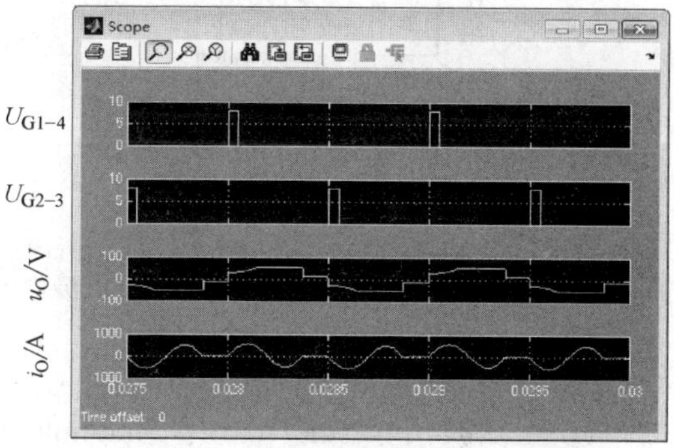

图 3-53　串联谐振式逆变电路理想工作时的仿真波形图

3.7.4　电压 SPWM 逆变电路的仿真

1. 单相单极性电压 SPWM 逆变电路的仿真

单相单极性电压 SPWM 逆变器的主电路与单相电压型方波无源逆变器的主电路拓扑结构是一样的，差别是开关管的控制方式不一样。无源逆变器采用方波控制，而此处采用脉宽调制 PWM 控制方式。

脉宽调制 PWM 控制方式是用正弦波 u_r 作为调制波，用三角波 u_t 作为载波。单极性 SPWM 控制是指逆变器的输出脉冲具有单极性特性。当输出正半周时，输出脉冲全为正极性脉冲；输出负半周时，输出全为负极性脉冲，因此采用单极性的三角载波调制。

（1）电路的建模

单相单极性电压 SPWM 逆变电路的仿真模型如图 3-54 所示。

（2）仿真模型中使用的主要模块的参数设置

1）单极性 SPWM 信号发生器仿真模型如图 3-55 所示。

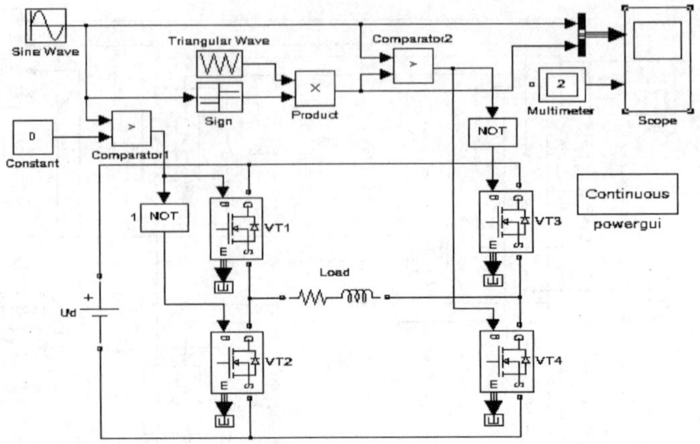

图 3-54　单相单极性电压 SPWM 逆变电路的仿真模型

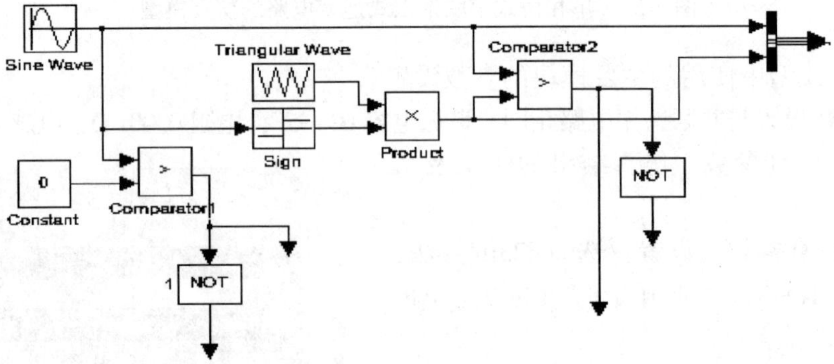

图 3-55　单极性 SPWM 信号发生器仿真模型

其中模块提取途径和作用如下。

① 正弦波信号 Sine Wave：Simulink/Source/Sine Wave，产生正弦波信号。

② 三角波信号：Simulink/Source/Repeating Sequence，用作产生载波信号。

③ 符号函数 Sign：Simulink/Math Operations/Sign，用于极性控制。

④ 乘法器 Product：Simulink/Math Operations/Product，乘法运算。

⑤ 比较器：Simulink/Logic and Bit Operations/Relational Operator。

⑥ 非门 NOT：Simulink/Logic and Bit Operations/Logical Operator，逻辑“非”信号。

2）部分模块的参数设置。

① U_d取 100 V。

② 负载 $R=1\,\Omega$，$L=0.01$ H。

③ 电力电子开关器件参数设置如图 3-56 所示。

万用表测量负载电压和电流。

（3）模型仿真参数、仿真结果的输出及分析

1）模型仿真参数的设置：打开仿真参数窗口，选 ode23tb 算法，相对误差设为 1e-3，仿真开始时间为 0，停止时间为 0.08 s，示波器显示范围 0.04 s。

2）输出仿真结果：采用“示波器”模块输出方式，图 3-57 是单相单极性电压 SPWM 逆变电路的仿真波形，其中 u_r-u_t为调制波和载波的波形，u_0-i_0为输出电压和电流波形。其中，

示波器的几个重要参数 Time range 为 0.04 s，Sampling：Decimations 1，保存的数据 10000 个。

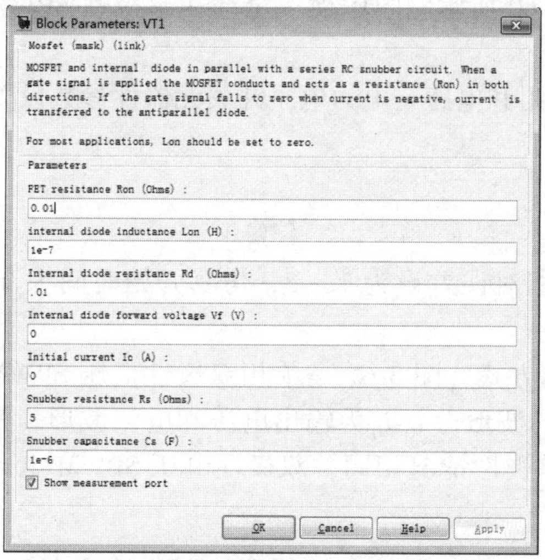

图 3-56　电力电子开关器件参数设置

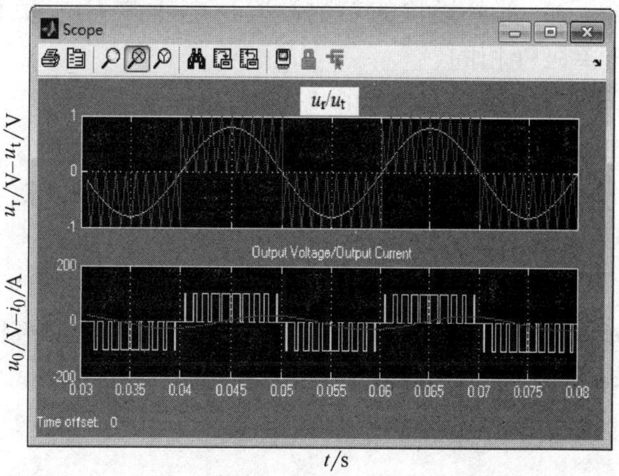

图 3-57　单相单极性电压 SPWM 逆变电路的仿真波形

3）输出结果分析：由图 3-57 可知：负载电压的中心部分脉冲明显加宽，负载电流更接近正弦波。上述是带阻-感负载，读者可实验得到纯电阻负载的仿真结果。

2. 单相双极性电压 SPWM 逆变电路的仿真

（1）电路结构

单相双极性电压 SPWM 逆变器主电路与单相单极性电压 SPWM 逆变器主电路一样，差别主要是 PWM 控制信号不同。双极性调制波和载波、输出调制波形如图 3-58 所示，每个周期内输出的电压正负跳变，因此为双极性。

（2）电路的建模

单相双极性电压 SPWM 逆变电路的仿真模型如图 3-59 所示。

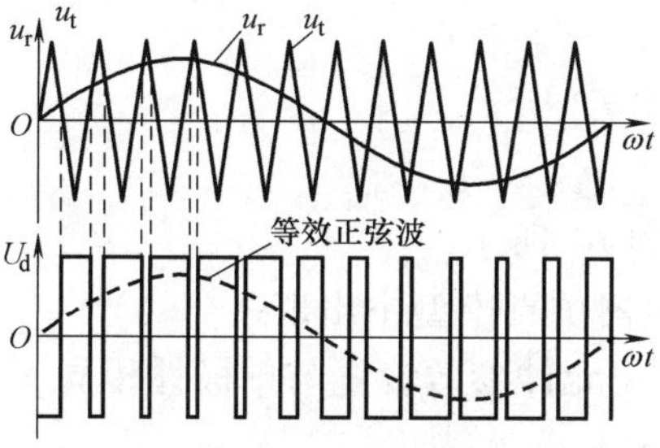

图 3-58　双极性调制波和载波、输出调制波形

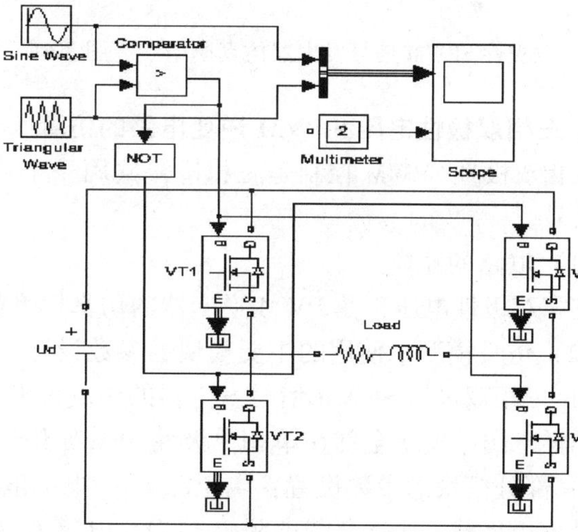

图 3-59　单相双极性电压 SPWM 逆变电路的仿真模型

（3）仿真模型中使用的主要模块的参数设置

1）双极性 SPWM 信号发生器仿真模型如图 3-60 所示。图中模块全部在单极性 SPWM 信号发生器仿真模型中出现过。

2）部分模块的参数设置：电压源 U_d、负载电阻和电感、电力电子开关元器件参数设置与单极性相同。

万用表测量负载电压和电流。

（4）模型仿真参数、仿真输出结果说明

1）模型仿真参数的设置：选 ode23tb 算法，相对误差设为 1e−3，仿真开始时间为 0，停止时间为 0.06 s。

2）输出仿真结果：采用“示波器”模块输出方式，图 3-61 是单相双极性电压 SPWM 逆变电路的仿真波形，其中 u_r-u_t 为调制波和载波的波形，u_0-i_0 为输出电压和电流波形。其中，示波器的参数设置与单极性中设置相同。与单极性情况相同，双极性电压 SPWM 电路中负载电流也滞后于负载电压。

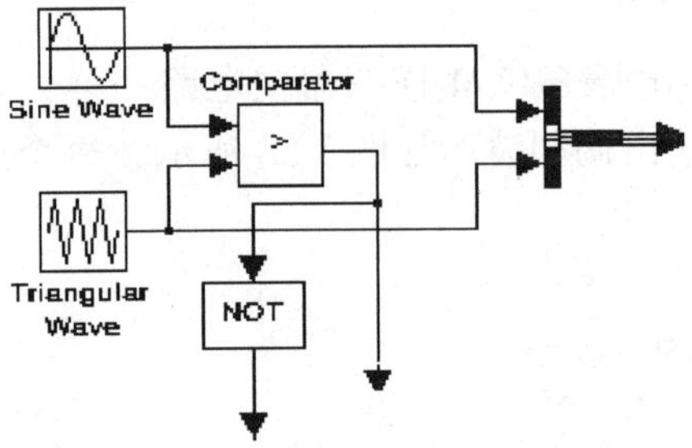

图 3-60　双极性 SPWM 信号发生器仿真模型

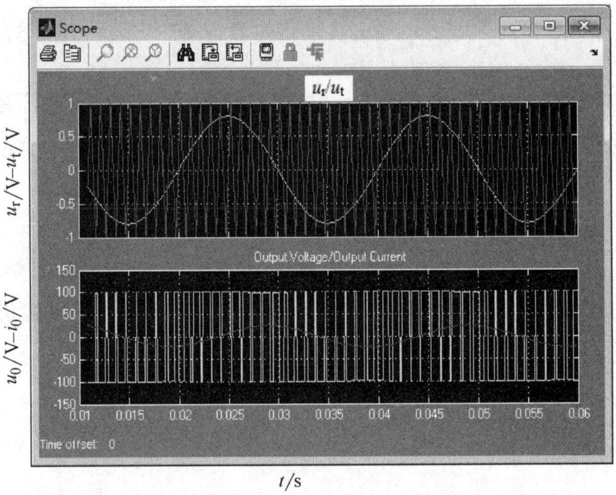

图 3-61　单相双极性电压 SPWM 逆变电路的仿真波形

3. 三相双极性电压 SPWM 逆变电路的仿真

三相双极性 SPWM 控制是三相桥臂共用一个三角波载波信号，调制波用三相对称的正弦波信号。

（1）电路的建模

三相双极性电压正弦 PWM 逆变器的仿真模型如图 3-62 所示。

（2）仿真模型中使用的主要模块的参数设置

1）三相双极性 SPWM 信号发生器的仿真模型如图 3-63 所示。

同样，图中模块全部在单相单极性 SPWM 信号发生器仿真模型中出现过。

2）部分模块的参数设置：电压源 U_d、电力电子开关元件参数设置与单极性相同，万用表测量三相负载电压。负载电阻 $R=1\ \Omega$，电感 $L=0.005\ \mathrm{H}$。

（3）模型仿真参数、仿真输出结果说明

1）模型仿真参数的设置：选 ode23tb 算法，相对误差设为 1e−3，仿真开始时间为 0，停止时间为 0.03 s。

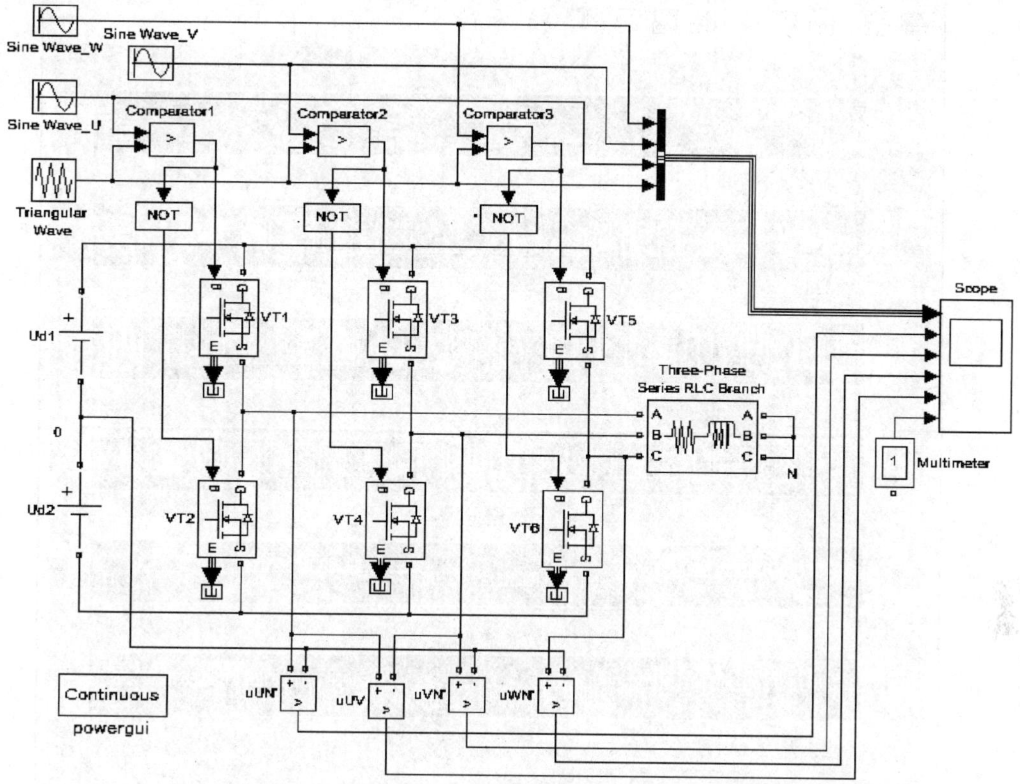

图 3-62　三相双极性电压正弦 PWM 逆变器的仿真模型

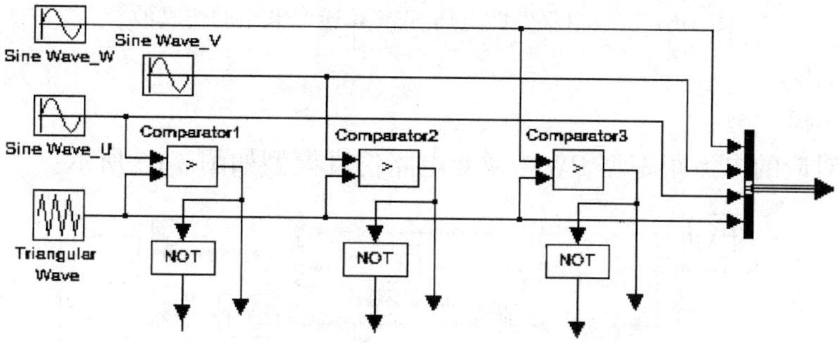

图 3-63　三相双极性 SPWM 信号发生器的仿真模型

2）输出仿真结果：采用“示波器”模块输出方式，图 3-64 是三相双极性电压 SPWM 逆变电路的仿真波形。其中 $u_{r(U-V-W)}$-u_t 为调制波和载波的波形，u_{U0}、u_{V0}、u_{W0} 为三相负载相对于直流电源中心点的相电压波形，u_{UV} 负载线电压波形，u_{UN} 为负载、相对于负载中心点的相电压波形。示波器的几个重要参数 Time range 为 0.04 s，Sampling：Sample time 4e-5，保存的数据 20000 个。

3.7.5　电流跟踪型 PWM 逆变电路的仿真

电流跟踪型 PWM 逆变器一相（U 相）的结构图如图 3-26a 所示，图 3-26b 所示是输出

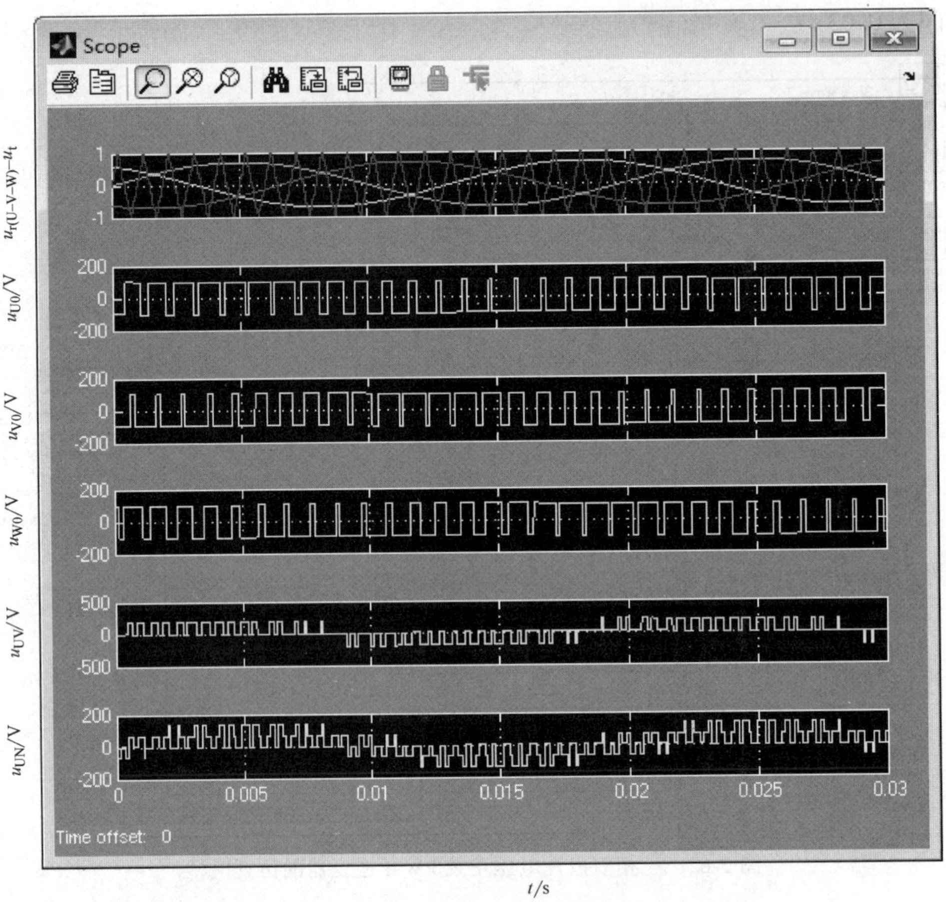

图 3-64　三相双极性电压 SPWM 逆变电路的仿真波形

电流、电压的波形。

1. 电路的建模

与图 3-26 对应的电流跟踪型 PWM 逆变电路仿真模型如图 3-65 所示。

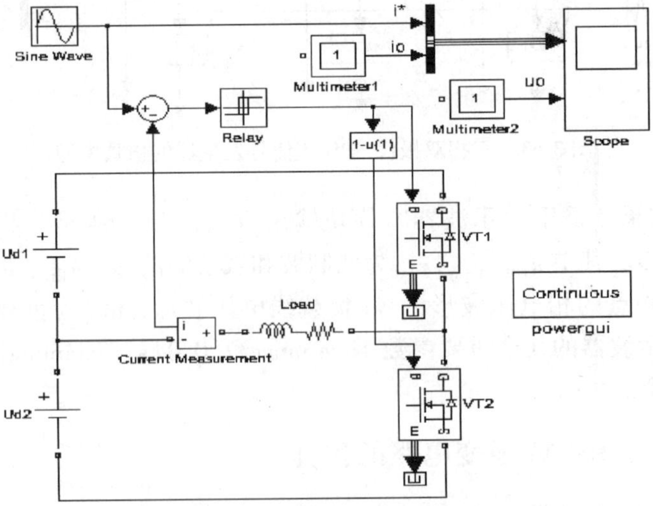

图 3-65　电流跟踪型 PWM 逆变电路的仿真模型

2. 仿真模型中使用的主要模块的参数设置

1）电流跟踪型 PWM 逆变电路控制信号的仿真模型如图 3-66 所示。

图中新增模块提取途径和作用如下。

滞环继电器特性模块 Relay：Simulink/Discontinuities/Relay，用于滞环控制。

2）部分模块的参数设置：电压源 U_d、电力电子开关元件参数设置与单极性相同，负载电阻 $R=1\,\Omega$、电感 $L=0.01\,H$，滞环宽度 $-5\sim+5$。万用表 1 测量负载电流，万用表 2 测量负载电压。

3. 模型仿真参数、仿真结果的输出及结果分析

（1）模型仿真参数

选 ode23tb 算法，相对误差设为 1e-3，仿真开始时间为 0，停止时间为 0.04 s。

（2）输出仿真结果

采用“示波器”模块输出方式，图 3-67 是电流跟踪型 PWM 逆变电路的仿真波形，其中 i^* 为电流给定信号波形，i_0 为负载输出的实际电流波形，u_0 为负载输出电压波形。其中，示波器的几个重要参数 Time range 为 0.04 s，Sampling：Decimations 1，保存的数据 5000 个。

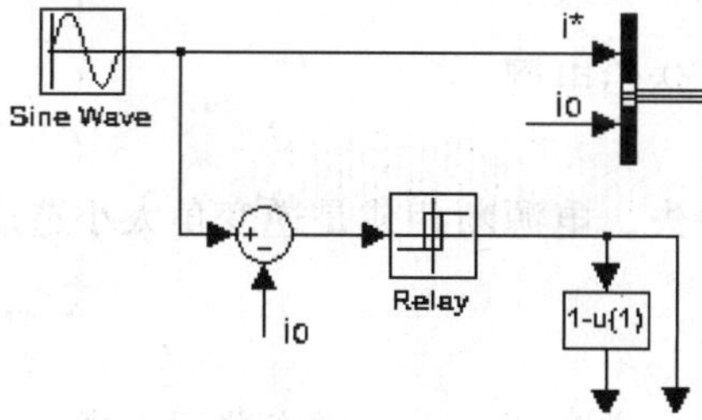

图 3-66　电流跟踪型 PWM 逆变电路控制信号的仿真模型

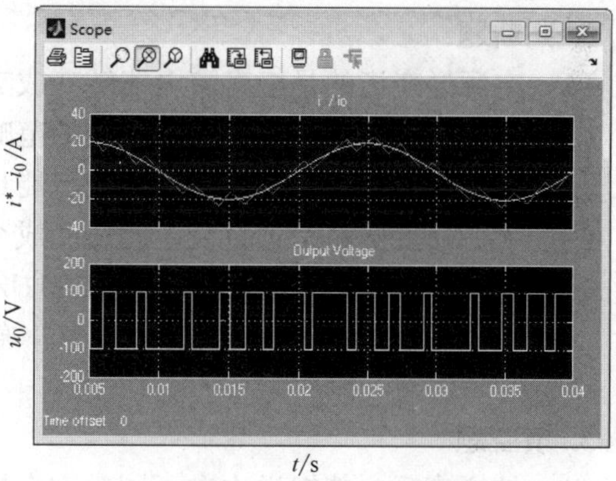

图 3-67　电流跟踪型 PWM 逆变电路的仿真波形

3.8 习题

1. 选择题

（1）当交流侧接在电网上，即交流侧接有电源时，称为（　　）逆变；当交流侧直接和负载连接时，称为（　　）逆变。

A. 有源　　B. 无源　　C. 电压型　　D. 电流型

（2）逆变电路最基本的工作原理是把直流电变成交流电，改变两组开关的切换（　　），即可改变输出交流电的频率。

A. 周期　　B. 电流　　C. 电压　　D. 频率

（3）不属于换流方式的是（　　）。

A. 器件换流　　B. 电网换流　　C. 单相换流　　D. 负载换流

（4）要实现负载换流，负载电流的相位必须（　　）于负载电压。

A. 滞后　　B. 超前　　C. 相同　　D. 三个都不对

（5）可实现有源逆变的电路为（　　）。

A. 三相半波可控整流电路　　B. 三相桥式半控整流电路

C. 单相全控桥接续流二极管电路　　D. 单相半控桥整流电路

（6）在一般逆变电路中，最小逆变角 $\beta_{\min}$ 选在下面哪一种范围合理？（　　）

A. 30°～35°　　B. 10°～15°　　C. 0°～10°　　D. 0°

（7）在有源逆变电路中，逆变角 β 的移相范围应选（　　）为最好。

A. $\beta=90°\sim180°$　　B. $\beta=35°\sim90°$　　C. $\beta=0°\sim90°$

（8）电压型三相桥式逆变电路的基本工作方式是（　　）导电方式。

A. 90°　　B. 120°　　C. 180°　　D. 270°

（9）PWM 控制是对脉冲的（　　）进行调制的技术。

A. 长度　　B. 高度　　C. 宽度　　D. 面积

（10）在调制法中，通常采用等腰三角波或锯齿波作为载波，其中（　　）应用最多。

A. 等腰三角波　　B. 锯齿波

2. 判断题

（1）有源逆变指的是把直流电能转变成交流电能送给负载。（　　）

（2）变频调速装置是属于无源逆变的范畴。（　　）

（3）有源逆变装置是把逆变后的交流能量送回电网。（　　）

（4）无源逆变电路是把直流电能逆变成交流电能，送给电网。（　　）

（5）变频器总是把直流电能变换成 50 Hz 交流电能。（　　）

（6）逆变失败是由于主电路元件损坏、触发脉冲丢失、电源断相或是逆变角太小造成的。（　　）

3. 填空题

（1）按逆变后电能馈送去向不同，逆变器可分为____逆变器与____逆变器两大类。

（2）有源逆变指的是把____电能转变成____电能后送给____装置。

（3）逆变器按直流侧提供的电源性质来分，可分为____型逆变器和____型逆变器，电压型逆变器直流侧是电压源，通常由可控整流输出，在最靠近逆变桥侧用____器进行滤波，电压型三相桥式逆变电路的换流是在桥路的____元器件之间换流，每只晶闸管导电的角度是____度；而电流型逆变器直流侧是电流源，通常由可控整流输出在最靠近逆变桥侧用____滤波，电流型三相桥式逆变电路换流是在____元件之间换流，每只晶闸管导电的角度是____度。

（4）SPWM 脉宽调制型变频电路的基本原理是：对逆变电路中开关器件的通断进行有规律的调制，使输出端得到____脉冲列来等效正弦波。

（5）PWM 逆变电路的调制方式有____、____、____。

4. 问答题

（1）无源逆变电路和有源逆变电路有何不同？

（2）有源逆变的条件是什么？有源逆变有何用途？

（3）什么是逆变失败？逆变失败后有什么后果？形成的原因是什么？

(4) 有源逆变最小逆变角受哪些因素限制？

(5) 什么是电压型逆变电路？什么是电流型逆变电路？

(6) 试说明 PWM 控制的基本原理。

(7) 换流重叠角的产生给逆变电路带来哪些不利影响？

(8) 并联谐振式逆变电路利用负载电压进行换相，为保证换相应满足什么条件？

(9) 什么是电流跟踪型 PWM 变流电路？采用滞环比较方式的电流跟踪型变流器有何特点？

5. 计算题

(1) 单相全控桥，反电动势阻感负载，$R=1\,\Omega$，$L=\infty$，$U_2=-100\text{ V}$，$L=0.5\text{ mH}$，当 $E=-99\text{ V}$，$\beta=60°$时，求 U_d、I_d 和 γ 的值。

(2) 三相半波变流电路，反电动势阻感负载，$R=1\,\Omega$，$L=\infty$，$U_2=100\text{ V}$，当 $E=-150\text{ V}$，$\beta=30°$时，求 U_d、I_d 的数值。

(3) 三相全控桥式变流电路，反电动势阻感负载，$R=1\,\Omega$，$L=\infty$，$U_2=220\text{ V}$，当 $E=-400\text{ V}$，$\beta=60°$时，求 U_d，I_d 的数值，此时送回电网的平均功率为多少？

(4) 在单相桥式全控带反电动势电感负载整流电路中，若 $U_2=220\text{ V}$，$E=120\text{ V}$，$R=1\,\Omega$，当$\beta=60°$时，能否实现有源逆变？求这时电动机的制动电流。

第4章　交流-交流变换电路及其仿真

4.1　概述

AC-AC变换器（AC-AC Converter）是指把一种形式的交流电变换成另一种形式的交流电的电力电子变换装置。正弦交流电有幅值、频率和初相位等参数，根据变换参数的不同，AC-AC变换主要包括变幅值的交流调压技术和变频率的直接交流变频技术。交流调功电路则是工作在过零触发方式下的交流调压电路。

交流调压电路只改变交流电压的大小，常用的交流调压技术分为相控调压和PWM斩控调压两类。相控交流调压电路采用两只反并联的晶闸管（或双向晶闸管）构成双向可控开关，通过调节晶闸管的触发延迟角来改变输出电压的幅值。而PWM斩控调压则利用全控型器件构成交流开关斩波电路，以改变PWM占空比来调节输出交流电压的大小。

交流调功电路（或无触点开关电路）对交流电源实现通断控制，其电路结构与相控交流调压类似，采用两只反并联晶闸管（或双向晶闸管）构成双向可控开关，区别在于调功电路仅在交流电过零时刻开关，使输出交流电间隔若干整周期时间输出，实现输出平均功率的调节。在接通期间，负载上承受的电压与流过的电流均是正弦波，与相位控制相比，对电网不会造成谐波污染，仅仅表现为负载通断。

交流调压和交流调功技术统称为交流开关控制技术或交流电力控制技术，广泛应用于交流电动机的调压调速、降压起动、电加热控制、调光以及电气设备的交流无触点开关等场合。

交-交变频电路也称为直接交流变频电路（或周波变流器），是不通过中间直流环节把电网频率的交流电直接变换成不同频率的交流电的变换电路，包括相控式交-交变频和矩阵式交-交变频两种，主要用于大功率交流电动机调速系统。

4.2　交流调压电路

交流调压就是把固定幅值、频率的交流电变成幅值可调的交流电。利用自耦变压器实现调压的输入/输出电压波形，如图4-1a所示，但自耦变压器需要通过手动或电动机拖动调节碳刷位置来达到调节输出电压的目的，这种调压方案碳刷易损坏且有误差。实际上，为了调节电压还可以利用电力电子器件的通断把正弦输入电压的正负半波都对称地切去一块，如图4-1b、c所示。

为了实现图4-1b、c所示的交流调压模式，只要在交流回路中串联一只双向可控开关，并在相应时刻控制其开通或关断即可。在图4-1b中，用两只反并联的晶闸管或双向晶闸管实现可控双向开关，利用改变晶闸管触发脉冲的相位来调节输出电压，这种调压电路称为相控式交流调压电路。而在图4-1c中，则用全控型器件实现可控双向开关，在图中阴影部

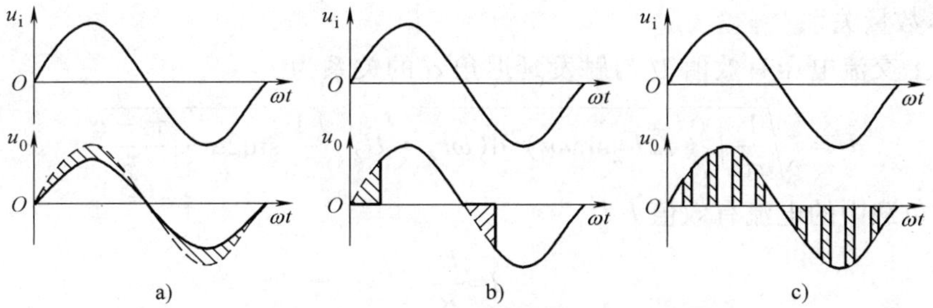

图 4-1　几种交流调压方案的波形比较

a）自耦变压器交流调压方案　b）相控式交流调压方案　c）斩控式交流调压方案

分的时间内关断开关，在其他时间内接通开关，这种调压电路与直流斩波电路工作原理类似，故称为斩控式交流调压电路。以下就相控式交流调压电路与斩控式交流调压电路进行分析。

4.2.1　相控式交流调压电路

晶闸管交流调压器中晶闸管的控制通常采用相位控制。它是使晶闸管在电源电压每一周期内选定的时刻将负载与电源接通，改变选定的导通时刻就可达到调压的目的。

下面主要分析相位控制的交流调压电路，先阐述作为基础的单相交流调压器。

1. 单相交流调压电路

单相交流调压器的工作情况与它所带的负载性质有关，现分别予以讨论。

（1）单相电阻性负载交流调压电路

1）电路结构。如图 4-2a 所示，它用两只反并联的普通晶闸管或一只双向晶闸管与负载电阻 R 串联组成主电路。

2）工作原理。以反并联电路为例进行分析，正半周 α 时刻触发 VT_1 管，负半周 α 时刻触发 VT_2 管，输出电压波形为正负半周缺角相同的正弦波，如图 4-2b 所示。

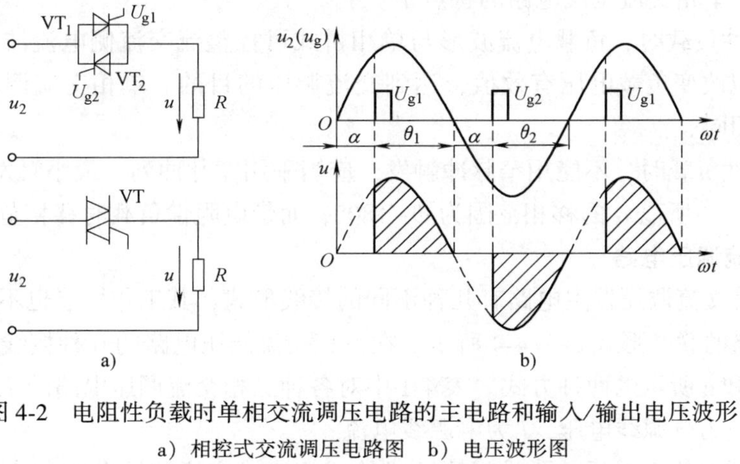

图 4-2　电阻性负载时单相交流调压电路的主电路和输入/输出电压波形

a）相控式交流调压电路图　b）电压波形图

不同触发延时角 α 时带电阻性负载的仿真和实验波形如图 4-29 所示。

3）基本数量关系。

① 负载上交流电压有效值 U 与触发延迟角 α 的关系为

$$U=\sqrt{\frac{1}{\pi}\int_{\alpha}^{\pi}(\sqrt{2}U_2\sin\omega t)^2\mathrm{d}(\omega t)}=U_2\sqrt{\frac{1}{2\pi}\sin2\alpha+\frac{\pi-\alpha}{\pi}} \tag{4-1}$$

② 流过负载中的电流有效值 I 为

$$I=\frac{U}{R} \tag{4-2}$$

③ 流过晶闸管中的电流有效值为

$$I_{\mathrm{VT}}=\sqrt{\frac{1}{2\pi}\int_{\alpha}^{\pi}\left(\frac{\sqrt{2}U_2\sin\omega t}{R}\right)^2\mathrm{d}(\omega t)}=\frac{U_2}{R}\sqrt{\frac{1}{4\pi}\sin2\alpha+\frac{\pi-\alpha}{2\pi}} \tag{4-3}$$

④ 输入电路的功率因数为

$$\cos\varphi=\frac{P}{S}=\frac{UI}{U_2I}=\sqrt{\frac{1}{2\pi}\sin2\alpha+\frac{\pi-\alpha}{\pi}} \tag{4-4}$$

⑤ 电路的移相范围为 0~π。

（2）单相阻-感性负载交流调压电路

1）电路结构。当负载为电感线圈、电动机或变压器绕组时，这种负载称为阻-感性负载，单相交流调压电路带阻-感性负载的主电路如图 4-3 所示。

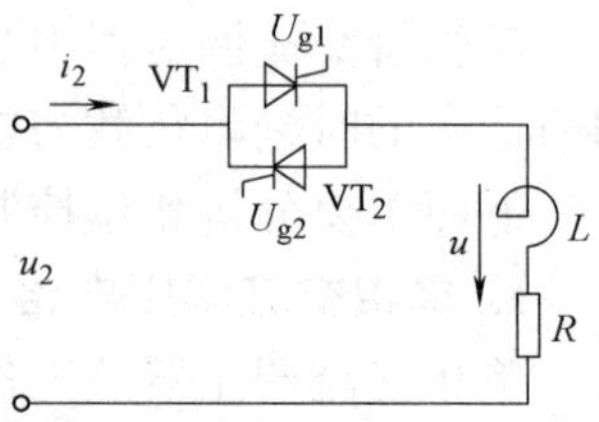

图 4-3 单相交流调压电路带阻-感性负载的主电路

2）工作原理。由于负载中含有电感，当电源电压反向过零时，负载电感产生的感应电势阻止电流变化，故电流不能立即为零，此时晶闸管导通角 θ 的大小，不但与触发延迟角 α 有关，还与负载阻抗角 $\phi\left(\arctan\frac{\omega L}{R}\right)$ 有关。

不同 α 角阻-感性负载时的仿真和实验波形如图 4-31 所示。

综上所述，单相交流调压电路的特点是：

① 带电阻性负载时，负载电流波形与单相桥式可控整流交流侧电流波形一致，改变触发延迟角 α 可以改变负载电压有效值，达到交流调压的目的。单相交流调压的触发电路与整流触发电路相同。

② 带电感性负载时，不能用窄脉冲触发，应当采用宽脉冲列。最小触发延迟角为 $\alpha_{\min}=\phi$（负载阻抗角），所以 α 的移相范围为 ϕ~180°，而带电阻性负载时移相范围为 0°~180°。

2. 三相交流调压电路

三相晶闸管交流调压器主电路有几种不同的接线形式，其工作性能也不相同。三相晶闸管交流调压电路的联结形式如图 4-4 所示。在三相交流调压电路的 6 种接线方式中，比较常用的为图 4-4b 和 c 所示的两种方式。表 4-1 中对各种三相交流调压电路的工作性能特点进行了比较，表中 U 为电源线电压，I 为电源线电流。

图 4-4c 所示是用三对反并联晶闸管组成的三相三线交流调压电路，这种联结方式是典型的三相调压电路联结方式。为了重点分析，将其重新画出，无中线星形联结三相调压电路如图 4-5 所示。下面以星形负载为例，结合图 4-5 所示的电路，具体分析触发脉冲相位与调

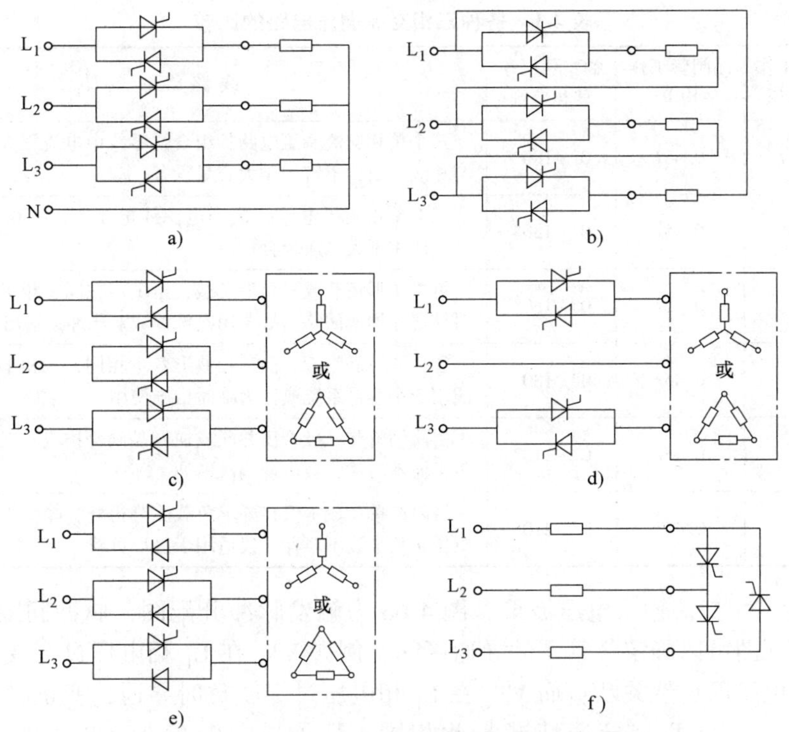

图 4-4　三相晶闸管交流调压电路的联结形式

a）带中性线星形联结　b）开口三角形联结　c）无中性线星形联结
d）三相两线控制联结　e）三线单方向控制联结　f）星形中心控制联结

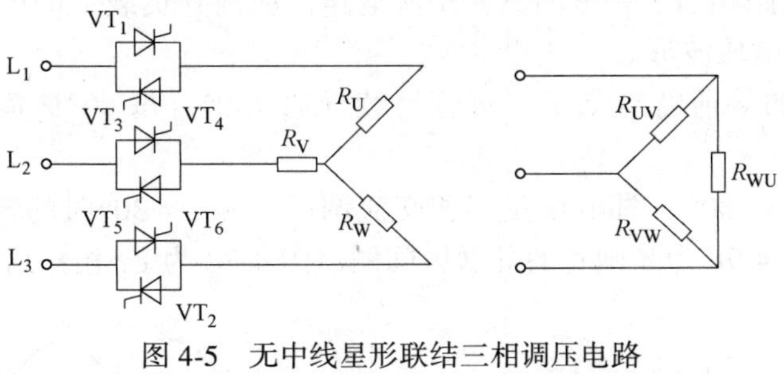

图 4-5　无中线星形联结三相调压电路

压电路输出电压的波形关系。图中，通过改变触发脉冲的相位触发延迟角 α，便可以控制加在负载上的电压的大小。负载可联结成星形也可联结成三角形，对于这种不带中线的调压电路，为使三相电流构成通路，任意时刻至少要有两个晶闸管同时导通。对触发脉冲电路的要求是：

① 三相正（或负）触发脉冲依次间隔 120°，而每一相正、负触发脉冲间隔 180°。

② 为了保证电路起始工作时能两相同时导通，以及在感性负载和触发延迟角较大时，仍能保持两相同时导通，要求采用双脉冲或宽脉冲触发（脉宽大于 60°）。为了保证输出电压对称可调，应保持触发脉冲与电源电压同步。

（1）三相电阻性负载交流调压电路分析

1）触发延迟角 $\alpha=0°$。$\alpha=0°$指的是在相应每相电压过零变正时触发正向晶闸管，过零变负时触发反向晶闸管（注意与三相整流电路触发延迟角起始点定义的区别），此时晶闸管相当于二极管。

表 4-1　各种三相交流调压电路的比较

图 4-4 中电路	晶闸管工作峰值电压	晶闸管工作平均电流	触发延迟角移相范围	线路性能特点
a)	$\sqrt{2/3}U$	$0.45I$	0°～180°	三个单相交流调压电路的组合，零线中电流很大，零线截面积应与相线一致，不宜用于大容量设备
b)	$\sqrt{2}U$	$0.45I$	0°～180°	三个单相调压电路跨接于电源线电压上，三相负载必须能分得开，适用于大电流场合
c)	$\sqrt{2}U$	$0.45I$	0°～150°	可接星形负载或三角形负载，至少不在同一相上的两只晶闸管同时导通才构成回路，故要用宽脉冲或双脉冲，输出电流谐波分量少
d)	$\sqrt{2}U$	$0.45I$	0°～180°	省去一对晶闸管，但三相波形各不相同，三相平衡度不理想，只能用于小容量系统或作为临时措施使用
e)	$\sqrt{2}U$	$0.45I$	0°～210°	由晶闸管与二极管反并联或逆导晶闸管构成，三相波形一致但正负半波不对称，会出现偶次谐波
f)	$\sqrt{2}U$	$0.45I$	0°～210°	线路简单，成本低，要求负载能分得开，晶闸管电流较大，输出电压正负半波不对称，仅适用于星形负载

图 4-6a 为三相交流输入电压波形，图 4-6b 为触发脉冲分配图，脉冲间隔为 60°。对应于触发脉冲分配图可以确定各管子的导通区间。例如 VT_1 在 L_1 相电压过零变正时导通，变负时承受反向电压而自然关断；而 VT_4 在 L_1 相电压过零变负时导通，变正时承受反向电压而自然关断。L_2、L_3 两相导通情况与此相同。管子导通顺序为 VT_1、VT_2、VT_3、VT_4、VT_5、VT_6，每管导通角 $\theta=180°$，除换流点外，任何时刻都有 3 个晶闸管导通。晶闸管 VT_1～VT_6 的导通区间如图 4-6c 所示。负载上获得的电压仍为完整的正弦波，如果忽略晶闸管的管压降，此时调压电路相当于一般的三相交流电路，加到其负载上的电压是额定电源电压。图 4-6d 为 L_1 相负载电压波形。

所以，$\alpha=0°$时的导通特点如下：每管持续导通 180°；每 60°区间有 3 个晶闸管同时导通。

2）触发延迟角 $\alpha=30°$。图 4-7a 是三相交流调压电路 $\alpha=30°$时的输入波形，图 4-7b 为触发脉冲分配图，图 4-7c 为晶闸管的导通区间图，图 4-7d 为 L_1 相输出电压波形。

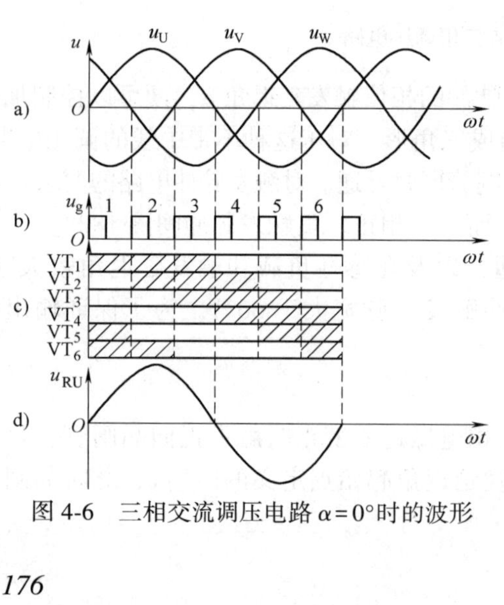

图 4-6　三相交流调压电路 $\alpha=0°$时的波形

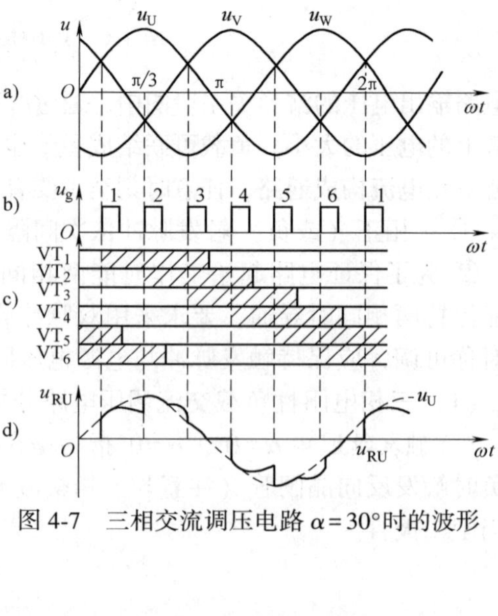

图 4-7　三相交流调压电路 $\alpha=30°$时的波形

$\alpha=30°$时的导通特点：每管持续导通 150°；有的区间由两个晶闸管同时导通构成两相流通回路，有的区间 3 个晶闸管同时导通构成三相流通回路。

3）触发延迟角 $\alpha=60°$。图 4-8a 是三相交流调压电路 $\alpha=60°$时的输入波形，图 4-8b 为触发脉冲分配图，图 4-8c 为晶闸管的导通区间图，图 4-8d 为 L_1 相输出电压波形。

$\alpha=60°$时的导通特点：每个晶闸管导通 120°；每个区间由两个晶闸管导通构成回路。

4）触发延迟角 $\alpha=90°$。图 4-9a 是三相交流调压电路 $\alpha=90°$时的输入波形，图 4-9b 为触发脉冲分配图，图 4-9c 为晶闸管的导通区间图，图 4-9d 为 L_1 相输出电压波形。

$\alpha=90°$时的导通特点：每管导通 120°，每个区间有两个晶闸管导通。

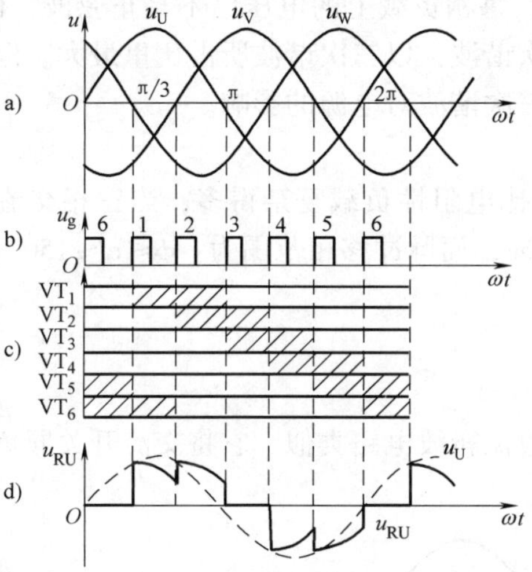

图 4-8　三相交流调压电路 $\alpha=60°$时的波形

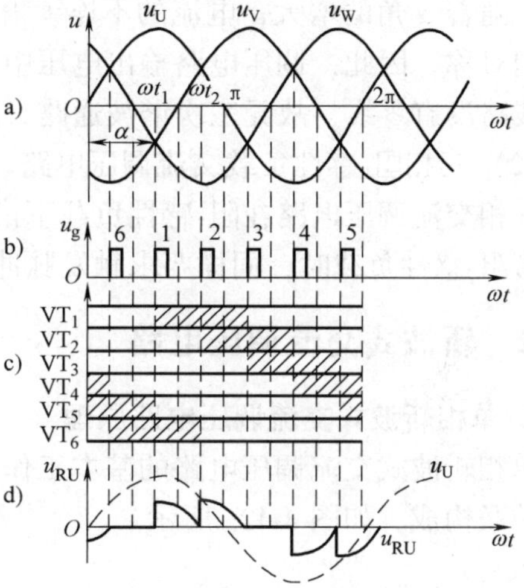

图 4-9　三相交流调压电路 $\alpha=90°$时的波形

5）触发延迟角 $\alpha=120°$。图 4-10a 是三相交流调压电路 $\alpha=120°$时的输入波形，图 4-10b 为触发脉冲分配图，图 4-10c 为晶闸管的导通区间图，图 4-10d 为 L_1 相输出电压波形。

$\alpha=120°$时的导通特点：每个晶闸管触发后导通 30°，关断 30°，再触发导通 30°；各区间要么由两个管子导通构成回路，要么没有管子导通。

6）触发延迟角 $\alpha\geqslant150°$时。$\alpha\geqslant150°$以后，负载上没有交流电压输出。以 VT_1 的触发为例，当 U_{g1}发出时，尽管 VT_6 的触发脉冲仍存在，但电压已过了 $u_U>u_V$ 区间，这样，VT_1、VT_6 即使有脉冲也没有正向电压，别的管子没有触发脉冲，更不可能导通，因此从电源到负载构不成通路，输出电压为零。

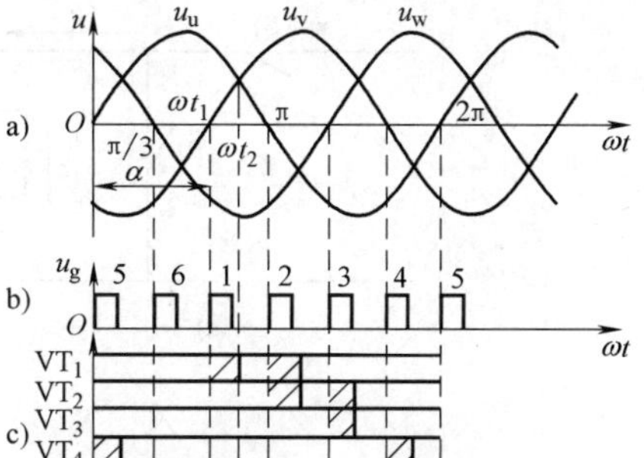

图 4-10　三相交流调压电路 $\alpha=120°$时的波形

图 4-11 是 $\alpha=30°$、60°、90°、120°电阻性负载时三相交流调压器的实验波形，读者可对理论分析波形和实验波形进行分析对比。仿真波形可参考图 4-41。

由图 4-6~图 4-10 可以看出，$\alpha=0°$时调压电路输出全电压，α 增大则输出电压减小，

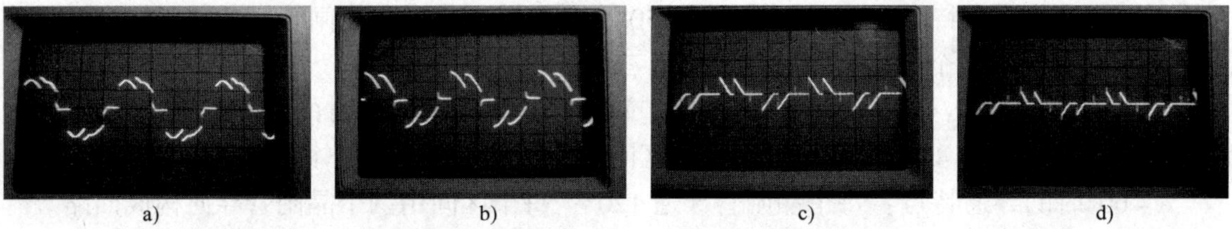

图 4-11　三相交流调压器带电阻性负载在不同控制角时的实验波形

a）$\alpha=30°$　b）$\alpha=60°$　c）$\alpha=90°$　d）$\alpha=120°$

$\alpha=150°$时输出电压为零。触发延迟角 α 由 $0°\sim150°$变化则输出电压从最大到零连续变化。此外，随着 α 角的增大，电流的不连续程度增加，每相负载上的电压已不是正弦波，但正、负半周对称。因此，调压电路输出电压中只有奇次谐波，以三次谐波所占比重最大。但由于这种线路没有零线，故无三次谐波通路，减少了三次谐波对电源的影响。

（2）三相阻-感性负载交流调压电路

三相交流调压电路在阻-感性负载下的情况要比电阻性负载复杂得多，当三相交流调压电路带阻-感性负载时，同样要求触发脉冲为宽脉冲，而脉冲移相范围为：$\phi\leqslant\alpha\leqslant150°$。

4.2.2　斩波式交流调压电路

1. 单相斩波式交流调压电路原理

单相斩波式交流调压电路的基本工作原理和直流斩波电路类似，它将交流开关同负载串联或并联构成，如图 4-12a 所示。

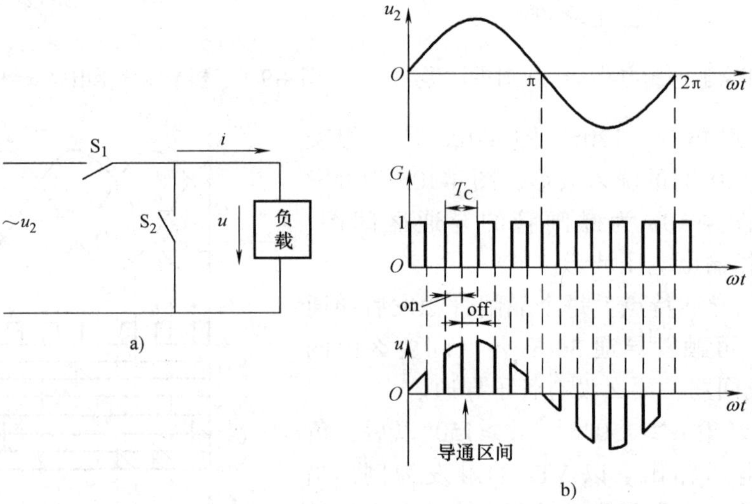

图 4-12　交流斩波调压电路原理图及其输出波形

a）单相斩波式交流调压电路　b）斩波式交流调压电路输出波形

假定电路中各部分都处在理想状态。开关 S_1为斩波开关，S_2为负载电感续流开关。S_1和 S_2不允许同时导通，通常二者在导通时序上互补。

图 4-12b 所示为交流斩波调压电路输出波形，由图可知，输出电压 u 为

$$u=\begin{cases}u_2=\sqrt{2}U_2\sin\omega t & S_1\text{ 通},S_2\text{ 断}\\0 & S_1\text{ 断},S_2\text{ 通}\end{cases}\tag{4-5}$$

根据图 4-12a 所示电路，输出电压 u 的傅里叶级数表达式为

$$u=D\sqrt{2}U_2\sin\omega t \tag{4-6}$$

式中，$D=\dfrac{t_{on}}{t_{on}+t_{off}}=\dfrac{t_{on}}{T_C}$为交流斩波器的占空比，$t_{on}$为交流开关 S_1 闭合时间，t_{off}为断开时间。

改变导通比 D，即改变 t_{on} 或 T_C 就可改变基波电压幅值，实现交流调压。

2. 交流斩波控制

交流斩波调压电路使用的交流开关，一般采用全控型器件，如 GTO、GTR、IGBT 等。常用的交流开关电路结构如图 4-13 所示。

在图 4-13a 所示电路中，只使用 1 个全控开关器件。当负载电流方向改变时，二极管桥中导通的桥臂自然换相（从 VD_1、VD_4 切换到 VD_2、VD_3），而流过开关器件中的电流方向不会改变。采用这种结构的双向开关，控制电路简单，无同步要求，斩波开关与续流开关可采用互补控制。

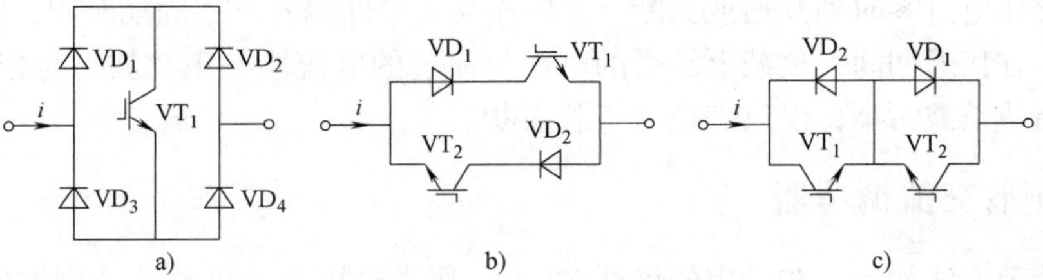

图 4-13 常用交流开关电路结构

a）交流开关电路结构一 b）交流开关电路结构二 c）交流开关电路结构三

在图 4-13b、图 4-13c 所示电路中，每个双向开关含有两个全控开关。在负载电流的不同方向上分别进行控制。控制电路必须有严格的同步要求，两个开关可独立控制，因此控制方式比较灵活。图 4-13b 与图 4-13c 所示电路的不同之处：一方面，图 4-13c 所示电路的两个全控开关的公共极接在一起，因此栅极控制信号可以共地；另一方面，这种接法还可使用带有反并联二极管的功率开关模块，使主电路结构简单。

3. 单相交流斩波调压电路

单相交流斩波调压电路如图 4-14 所示。

4. 三相交流斩波调压电路

三相交流斩波式调压电路如图 4-15 所示。

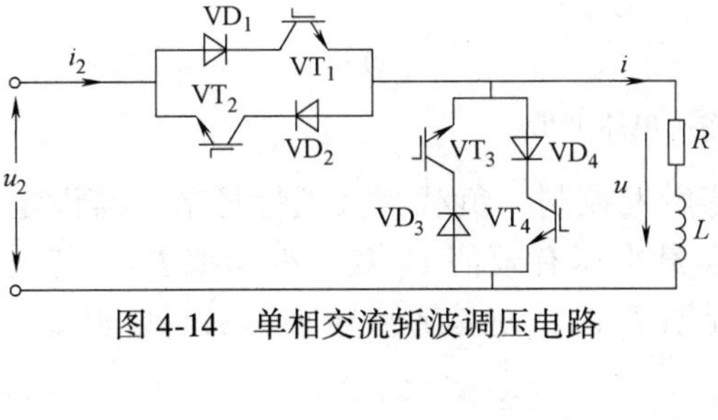

图 4-14 单相交流斩波调压电路

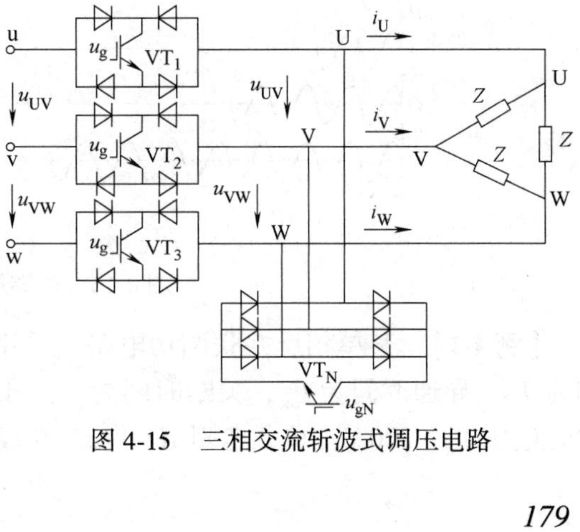

图 4-15 三相交流斩波式调压电路

它由 3 只串联开关 VT_1、VT_2、VT_3 以及一只续流开关 VT_N 组成，串联开关共用一个控制信号 u_g，它与续流开关的控制信号 u_{gN} 在相位上互补。这样当 VT_1、VT_2、VT_3 导通时，VT_N 即关断，负载电压等于电源电压；反之，当 VT_N 导通时，VT_1、VT_2、VT_3 均关断，负载电流沿 VT_N 续流，负载电压为零。

交流斩波调压与相控调压相比有明显的优点：电源电流的基波分量相位和电源电压的相位基本相同，功率因数接近 1；电源电流不含低次谐波，只含有和开关周期有关的高次谐波；功率因数高，是一种有发展前途的交流调压器。

4.3 晶闸管交流调功器和交流开关

交流调功电路或无触点交流开关电路对交流电源实现通断控制，其电路结构与相控交流调压类似，也是采用两只反并联晶闸管（或双向晶闸管）构成双向可控开关，区别在于调功电路仅在交流电过零时刻开通或关断，使输出交流电间隔若干整周期时间，实现输出平均功率的调节。在接通期间，负载上承受的电压与流过的电流均是正弦波，与相位控制相比，对电网不会造成谐波污染，仅仅表现为负载通断。

4.3.1 晶闸管交流调功器

功率的调节方法如下：在设定的周期 T_C 内，用零电压开关接通几个周波然后断开几个周波，改变晶闸管在设定周期内的通断时间比例，可调节负载上的交流平均电压，即可达到调节负载功率的目的。因此这种装置也称为调功器或周波控制器。

图 4-16 为设定周期 T_C 内零触发输出电压波形的两种工作方式，如在设定周期 T_C 内导通的周波数为 n，每个周波的周期为 $T(f=50\,\text{Hz},\ T=20\,\text{ms})$，则调功器的输出功率和输出电压有效值分别为

$$P=\frac{nT}{T_C}P_n \text{和}\ U=\sqrt{\frac{nT}{T_C}}U_n$$

式中，P_n、U_n 分别为设定周期 T_C 内全部周波导通时，装置输出的功率与电压有效值。改变导通周波数 n 即可改变电压和功率。

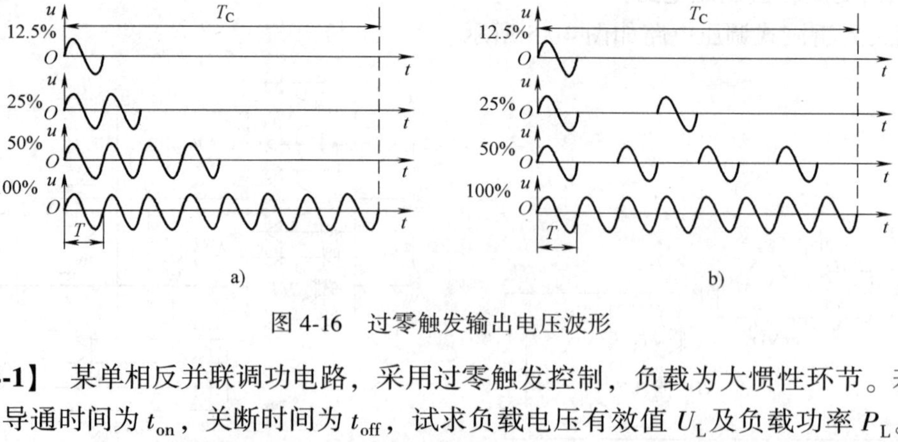

图 4-16　过零触发输出电压波形

【例 4-1】 某单相反并联调功电路，采用过零触发控制，负载为大惯性环节。若设定周期为 T_C，导通时间为 t_{on}，关断时间为 t_{off}，试求负载电压有效值 U_L 及负载功率 P_L。若全导通时电压 $U_2=220\,\text{V}$，负载电阻 $R=1\,\Omega$，在设定周期 T_C 内，使晶闸管导通 0.3 s，断开 0.2 s，

试计算送到电阻负载上的功率与晶闸管一直导通时所送出的功率。

解：（1）调功电路导通时，负载上的电压有效值 U_L 为

$$U_L=\sqrt{\frac{1}{T_C}\int_0^{t_{on}}(\sqrt{2}U_2\sin\omega t)^2\mathrm{d}t}=U_2\sqrt{\frac{1}{T_C}\int_0^{t_{on}}(1-\cos2\omega t)\mathrm{d}t}=U_2\sqrt{\frac{t_{on}}{T_C}}$$

负载功率 P_L 为
$$P_L=\frac{U_L^2}{R}$$

（2）负载全导通时送出的功率 $P_L=\frac{U_2^2}{R}=\frac{220^2}{1}\mathrm{W}=48.4\,\mathrm{kW}$，负载在导通 0.3 s，断开 0.2 s，过零触发控制下，负载上的电压有效值 $U_L=U_2\sqrt{\frac{t_{on}}{T_C}}=220\sqrt{\frac{0.3}{0.3+0.2}}\mathrm{V}=170\,\mathrm{V}$。

负载上的功率 $P_L=\frac{t_{on}}{T_C}\frac{U_2^2}{R}=\left(48.4\times\frac{0.3}{0.3+0.2}\right)\mathrm{kW}=29\,\mathrm{kW}$。

4.3.2 晶闸管交流开关

晶闸管交流开关是一种快速、理想的交流开关。晶闸管交流开关总是在电流过零时关断，在关断时不会因负载或线路电感储存能量而造成暂态过电压和电磁干扰，因此适用于操作频繁、有易燃气体、多粉尘的场合。

4.4 交-交变频器

交-交变频电路是不通过中间环节而把工频交流电直接变换成不同频率交流电的变频电路，故又称为直接交流变频器或周波变换器（Cyclo-converter）。因为没有中间直流环节，仅用一次变换就实现了变频，所以效率较高。目前，自关断型变频器受自关断器件容量的限制，功率还不能做得很大。强迫换流型变频器功率受到换相电容的换相能力限制，同样功率不能做得很大。而普通晶闸管容量大，价格便宜，自然换相可靠，所以对于大功率变频器来说，一般采用由普通晶闸管组成的、采用电源换相方式的变频器。交-交变频器的主要构成环节如图 4-17 所示。

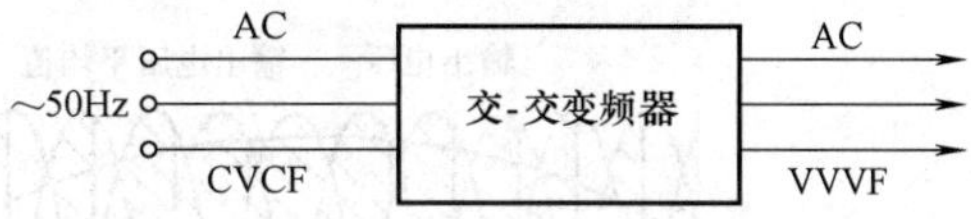

图 4-17　交-交变频器的主要构成环节

生产中所用的交-交变频器大多是三相交-交变频电路，但单相输出的交-交变频电路是其基础。下面首先讨论单相交-交变频电路。

4.4.1 晶闸管单相交-交变频电路

1. 基本结构和工作原理

图 4-18 是单相交-交变频电路的原理图及输出电压波形。电路由两组反并联的晶闸管整流器构成，和直流可逆调速系统用的四象限变流器完全一样，两者的工作原理也非常相似。根据触发延迟角 α 的变化方式的不同，有方波型交-交变频器、正弦波型交-交变频器之分。

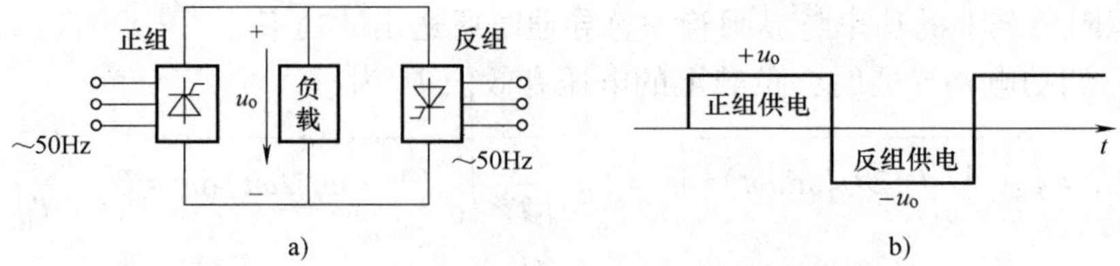

图 4-18　单相交-交变频电路原理图及输出电压波形

a）电路原理图　b）方波型平均输出电压波形

（1）方波型交-交变频器

单相方波型交-交变频器的主电路如图 4-18a 所示，图中负载由正组与反组晶闸管整流电路轮流供电。当正组供电时，负载上获得正向电压；当反组供电时，负载上获得负向电压。

如果在各组整流电路工作期间 α 角不变，则输出电压 u_o 为矩形波交流电压，改变 α 的大小可调节矩形波的幅值，从而调节输出交流电压 u_o 的大小；而改变正反组整流器切换频率可以调节输出交流电的频率，如图 4-18b 所示。

（2）正弦波型交-交变频器

正弦波型交-交变频器的主电路与方波型的主电路相同，但正弦波型交-交变频器可以输出平均值按正弦规律变化的电压，克服了方波型交-交变频器输出波形高次谐波成分大的缺点，故作为变频器它比前一种更为实用。

2. 输出正弦波形的获得方法

在正组桥整流工作时，设法使触发延迟角 α 由大到小再变大，如从 $\pi/2 \to 0 \to \pi/2$，必然引起输出的平均电压由低到高再到低的变化，如图 4-19a 区所示。而在正组桥逆变工作时，使触发延迟角由小变大再变小，如从 $\pi/2 \to \pi \to \pi/2$，就可以获得图 4-19b 区所示的平均值可变的负向逆变电压。但 α 按什么规律去控制，才能使输出电压平均值的变化规律成为正弦型呢，通常采用的方法是余弦交点法。

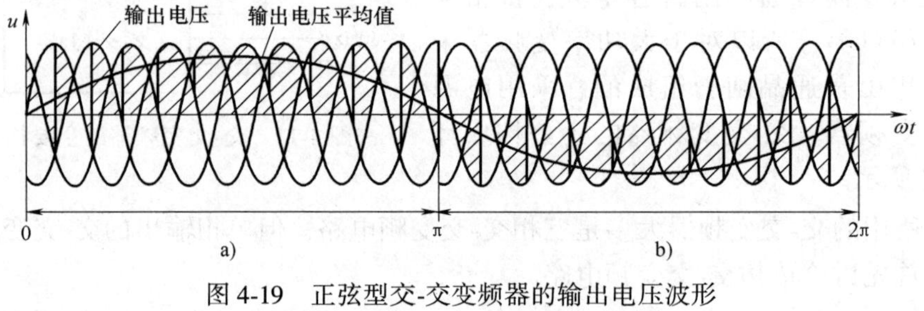

图 4-19　正弦型交-交变频器的输出电压波形

a）整流状态波形　b）逆变状态波形

3. 输出电压有效值和频率的调节

改变给定正弦波的幅值和频率，达到调压和变频的目的。

交-交变频电路的输出电压并不是平滑的正弦波形，而是由若干段电源电压拼接而成的。在输出电压的一个周期内，所包含的电源电压段数越多，其波形就越接近正弦波。交-交变频电路的正反两组变流电路通常采用三相桥式电路，这样，在电源电压的一个周期内，输出电压将由 6 段电源电压组成。如采用三相半波电路，则电源电压一个周期内输出的电压只由 3 段电源相电压组成，波形变差，因此很少使用。从原理上看，也可以采用单相整流电路，但这时波形更差，故一般不用。

4. 无环流控制及有环流控制

前面的分析都是基于可逆整流电路无环流工作方式进行的。为保证负载电流反向时无环流，系统必须留有一定的死区时间，这就使得输出电压的波形畸变增大。为了减小死区的影响，应在确保无环流的前提下尽量缩短死区时间。

交-交变频电路也可以采用有环流控制方式。这种方式和直流可逆调速系统中的有环流方式类似，在正反两组变流器之间设置环流电抗器。运行时，两组变流器都施加触发脉冲，并且使正组触发延迟角 α_{I} 和反组触发延迟角 α_{II} 保持 $\alpha_{\mathrm{I}}+\alpha_{\mathrm{II}}=180°$ 的关系。由于两组变流器之间流过环流，可以避免出现电流断续现象并可消除电流死区，从而使变频电路的输出特性得以改善，还可提高输出上限频率。

总之，交-交变频器由于其直接变换的特点，效率较高，可方便地进行可逆运行。主要缺点是：①功率因数低。②主电路使用晶闸管元器件数目多，控制电路复杂。③变频器输出频率受到其电网频率的限制，最大变频范围在电网频率的 1/2 以下。因此，交-交变频器一般只适用于球磨机、矿井提升机、电动车辆、大型轧钢设备等低速大容量拖动场合。

5. 三相-单相交-交变频电路

将两组三相整流器反并联即可构成三相-单相变频电路。图 4-20 为采用两组三相半波-单相交-交变频电路，图 4-21 则为采用两组三相桥式-单相交-交变频电路。

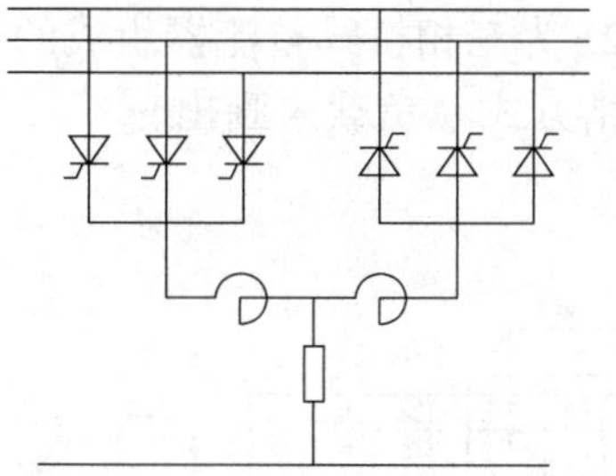

图 4-20　三相半波-单相交-交变频电路

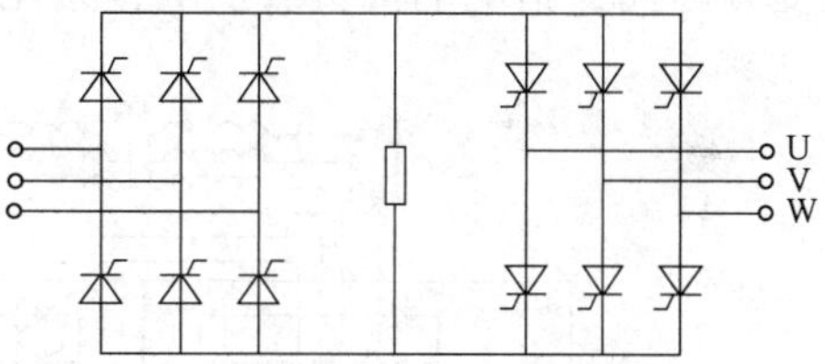

图 4-21　三相桥式-单相交-交变频电路

4.4.2　晶闸管三相交-交变频电路

交-交变频器主要用于交流调速系统中，因此实际使用的主要是三相交-交变频器。三相交-交变频器电路是由三组输出电压相位互差 120°的单相交-交变频电路组成的，上面的许多分析和结论对三相交-交变频电路也是适用的。

1. 电路的接线方式

三相交-交变频电路主要有两种接线方式，即公共交流母线进线方式和输出星形联结方式。

（1）公共交流母线进线方式

图 4-22 是采用公共交流母线进线方式的三相交-交变频电路原理图，它由三组彼此独立的、输出电压相位互差 120°的单相交-交变频电路组成，它们的电源进线通过电抗器接在公

共的交流母线上。因为电源进线端公用，所以三组单相变频电路的输出端必须隔离。为此，交流电动机的 3 个绕组必须拆开，共引出 6 根线。公共交流母线进线三相交-交变频电路主要用于中等容量的交流调速系统。

（2）输出星形联结方式

图 4-23 是输出星形联结方式的三相交-交变频电路原理图。三组单相交-交变频电路的输出端星形联结，电动机的 3 个绕组也是星形联结，电动机的中性点不和变频器的中性点接在一起，电动机只引出 3 根线即可。图 4-23 为三组单相变频器连接在一起，其电源进线就必须隔离，所以三组单相变频器分别用 3 个变压器供电。

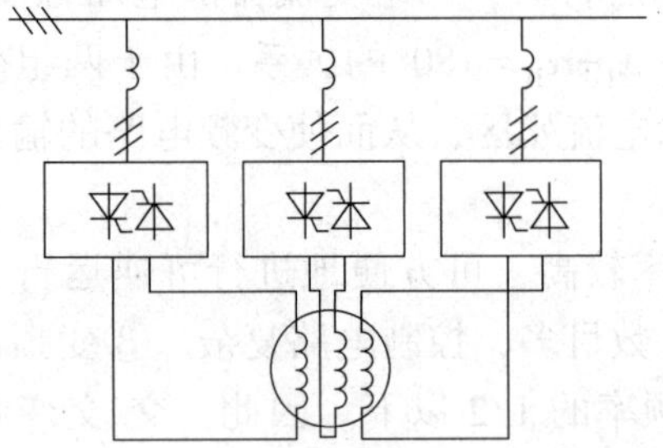

图 4-22　公共交流母线进线方式的三相交-交变频电路原理图

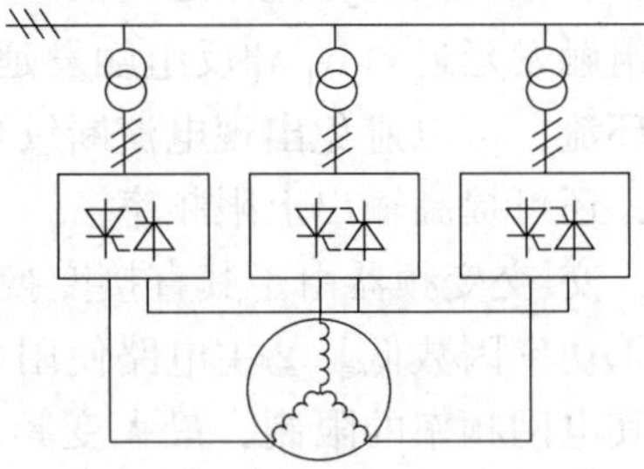

图 4-23　输出星形联结方式的三相交-交变频电路原理图

2. 具体电路结构

下面列出了两种三相交-交变频电路的电路结构。图 4-24 为三相桥式整流器组成的三相-三相交-交变频电路，采用公共交流母线进线方式；图 4-25 为三相桥式整流器组成的三相-三相交-交变频电路，给电动机负载供电，采用输出星形联结方式（负载未画出）。

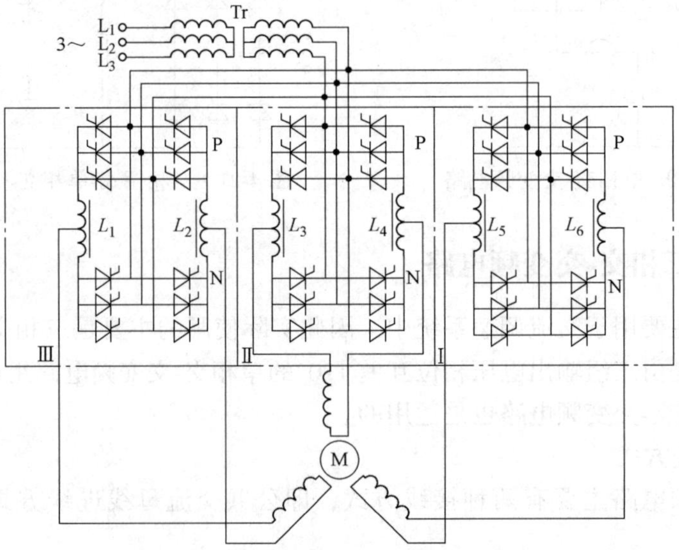

图 4-24　三相桥式整流器组成的三相-三相交-交变频电路（公共交流母线进线方式）

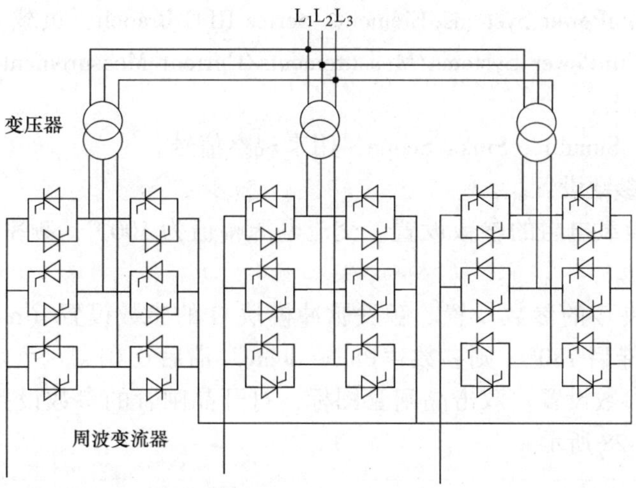

图 4-25　三相桥式整流器组成的三相-三相交-交变频电路（输出星形联结方式）

4.5　交流-交流变换电路的仿真

4.5.1　晶闸管单相交流调压电路的仿真

1. 晶闸管单相交流调压电路仿真（电阻性负载）

晶闸管单相交流调压器带电阻性负载电气原理结构如图 4-2a 所示。

（1）电路的建模

从电气原理结构图可知，该系统由交流电源、晶闸管、脉冲发生器等部分组成。图 4-26 是按照电气原理结构图方法连接成的晶闸管单相交流调压电路的仿真模型。下面介绍各部分的建模和参数设置。

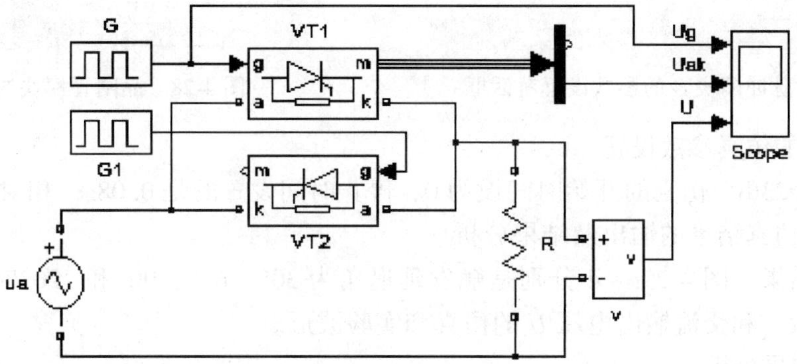

图 4-26　晶闸管单相交流调压电路的仿真模型

1）模型中使用的主要模块、提取途径和作用。

① 交流电压源模块：SimPower Systems/Electrical Sources/AC Voltage Source，作为变换电源。

② 晶闸管模块：Simpower Systems/Power Electronics/Detailed Thyristor，作为开关器件。

③ 触发模块：Simulink/Sources/Pulse Generator，提供触发脉冲使晶闸管导通。

④ 电阻模块：SimPower Systems/Elements/Series RLC Branch，负载。

⑤ 测量模块：SimPower Systems/Measurements/Current Measurement 和 Voltage Measurement，测量电流和电压。

⑥ 示波器模块：Simulink/Sinks/Scope，用来观察信号。

2）典型模块的参数设置。

① 交流电源和负载电阻的参数设置。交流电源幅值为 100 V，频率为 50 Hz，初相位为 0°，负载电阻为 10 Ω。

② 触发脉冲模块 G 的参数设置。触发脉冲模块 G 的参数设置（$\alpha = 60°$）如图 4-27 所示，G1 的相位比 G 滞后 180°，则参数 “Phase delay” 滞后 0. 01 s。

③ 晶闸管模块参数设置。双击晶闸管图标，打开晶闸管的参数设置对话框，晶闸管模块的参数设置如图 4-28 所示。

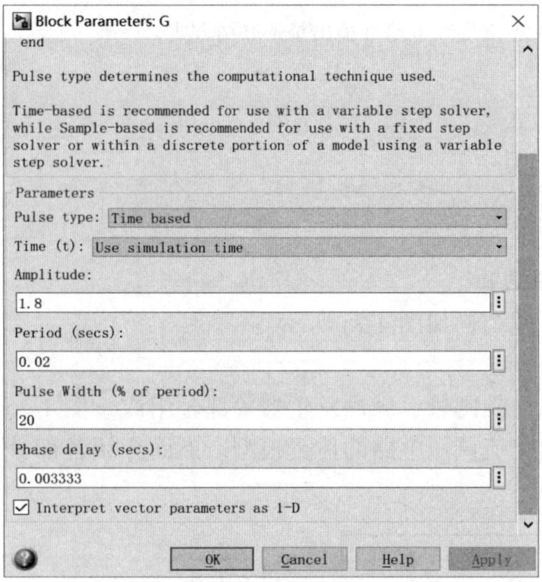

图 4-27　触发脉冲模块 G 的参数设置对话框

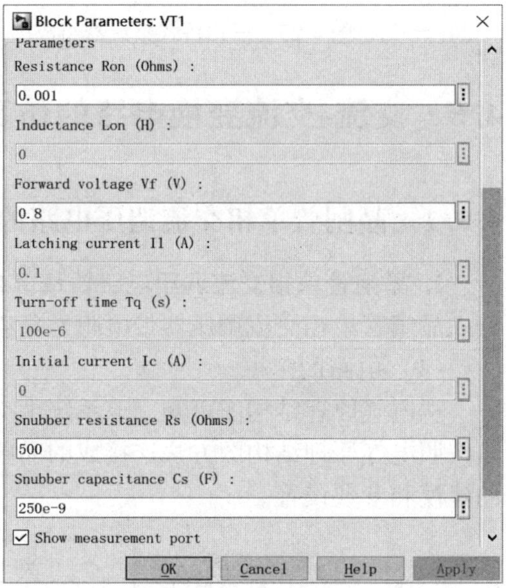

图 4-28　晶闸管模块的参数设置

（2）模型的仿真参数设置

算法选 ode23tb，仿真的开始时间设为 0，停止时间设置的是 0. 08s，相对误差 1e−3。

（3）模型仿真结果的输出及结果分析

1）输出结果。图 4-29a ~ d 分别是触发延迟角为 30°、60°、90°和 120°时触发信号 U_g、晶闸管端电压 U_{ak} 和交流输出电压 U 的仿真和实验波形。

2）仿真结果分析。

当负载为电阻性负载时，负载电流和负载电压波形一致，随着触发延迟角的增大，电压的有效值减小，从而达到调压的目的。当触发延迟角为 0°时，输出波形是完整的正弦波；当触发延迟角设为 180°时，波形为一条直线，因此可以得出晶闸管单相交流调压的触发延迟角范围为 0° ~ 180°。

2. 晶闸管单相交流调压电路仿真（阻-感性负载）

晶闸管单相调压电路带阻-感性负载电气原理图如图 4-3 所示。

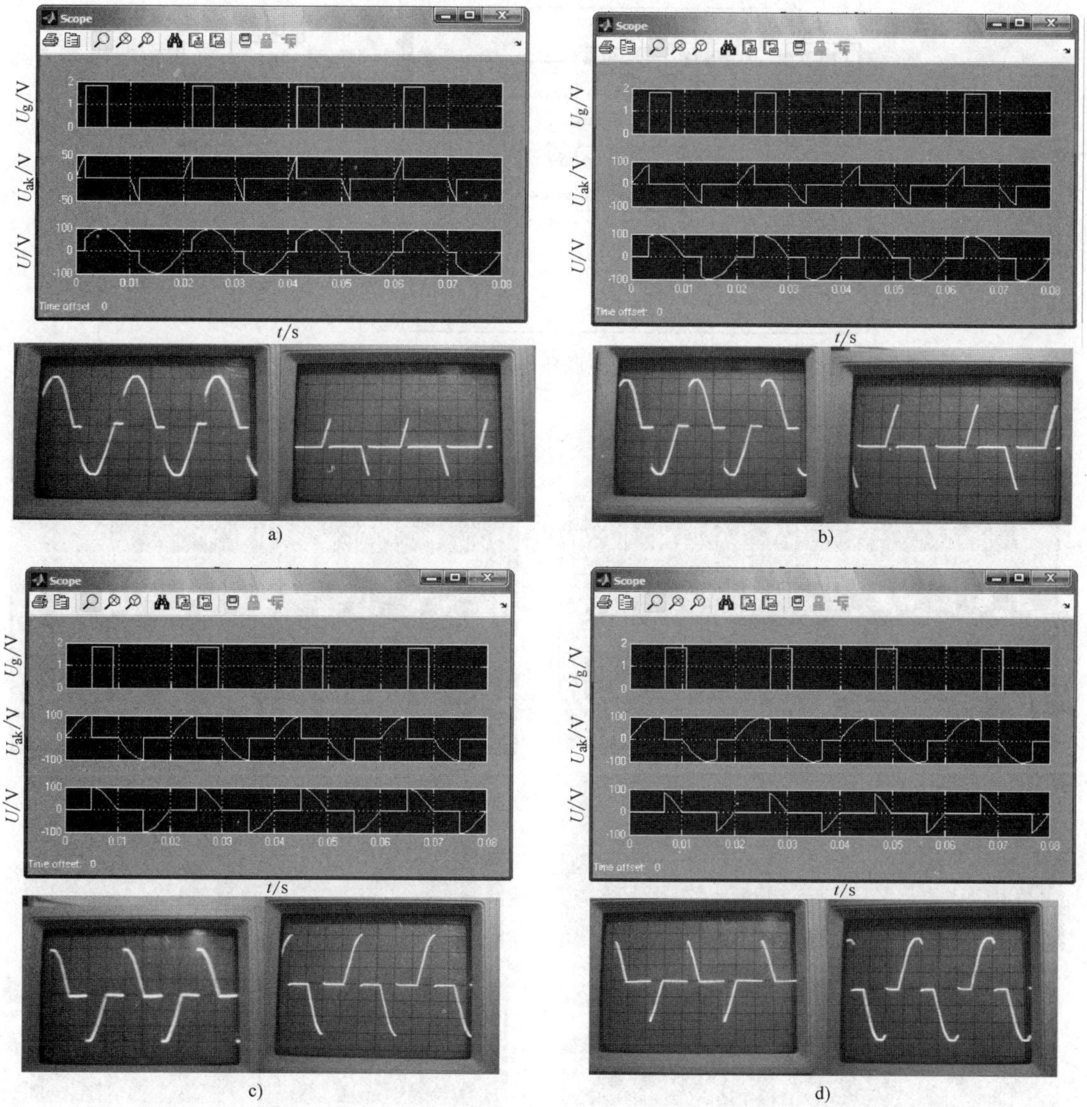

图 4-29　单相交流调压电路带电阻性负载在不同触发延迟角时的仿真和实验波形

a）$\alpha=30°$　b）$\alpha=60°$　c）$\alpha=90°$　d）$\alpha=120°$

（1）电路的建模

该系统由交流电源、晶闸管、脉冲发生器及电压表等部分组成。图 4-30 是采用电气原理结构图方法连接成的晶闸管单相交流调压电路带阻-感负载的仿真模型。

典型模块的参数设置如下。

① 交流电源、触发脉冲模块、晶闸管模块的参数设置与上述电阻性负载电路相同。

② 阻感负载的参数设置：电阻 $R=10\,\Omega$、电感 $L=1\,\text{mH}$。

（2）模型的仿真参数

算法选 ode23tb，仿真开始时间设为 0，停止时间设置为 0.08s，相对误差 1e−3。

（3）模型的仿真结果

图 4-31a～d 分别是触发延迟角为 30°、60°、90°和 120°时触发信号 U_g、晶闸管端电压

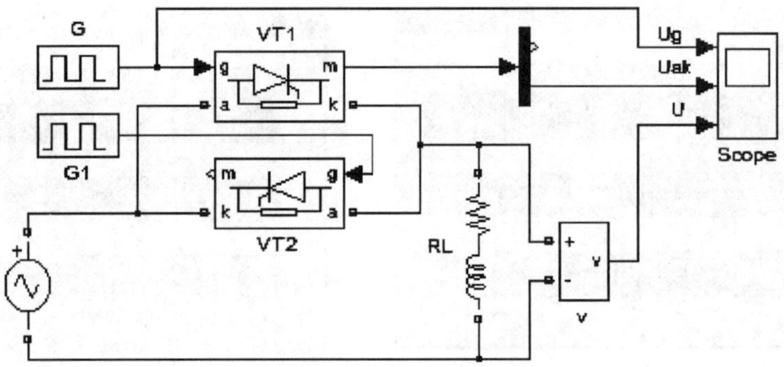

图 4-30　晶闸管单相交流调压电路带阻-感负载的仿真模型

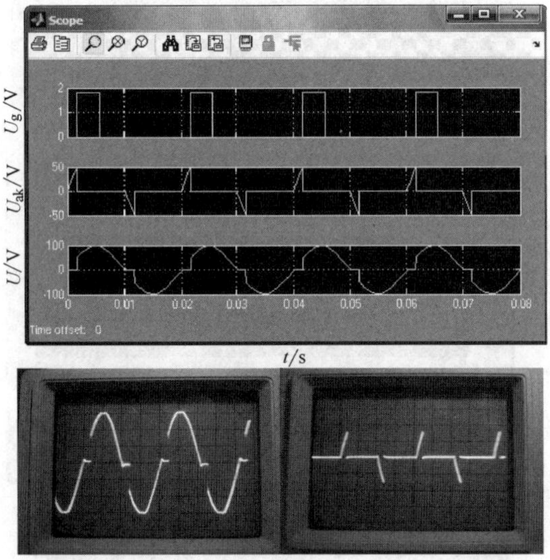

a)

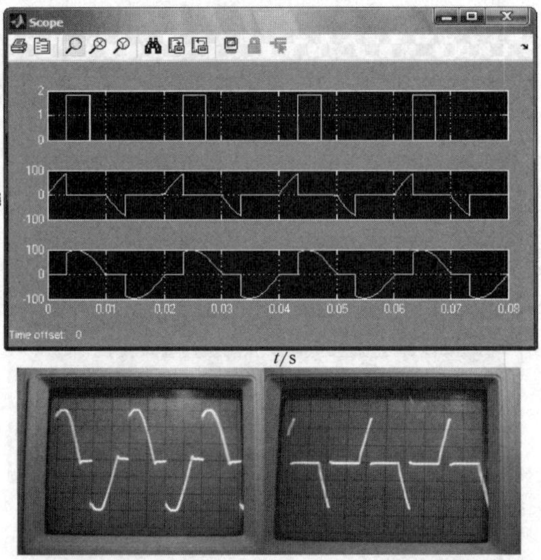

b)

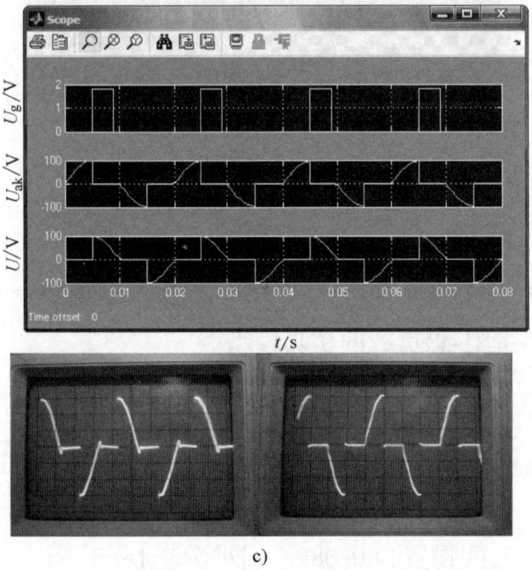

c)

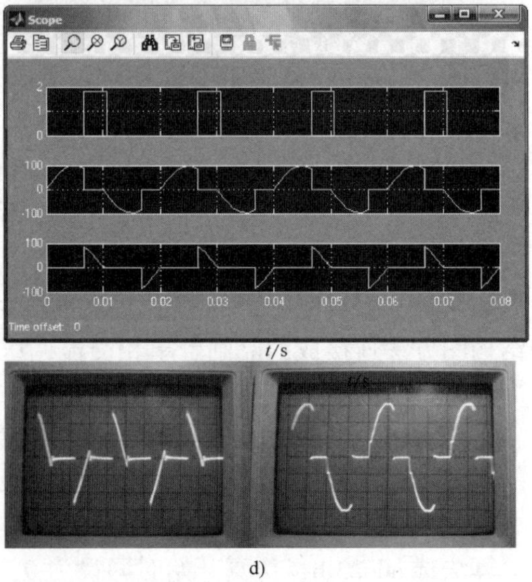

d)

图 4-31　单相交流调压电路带阻-感负载不同触发延迟角时的仿真和实验波形

a）$\alpha=30°$　b）$\alpha=60°$　c）$\alpha=90°$　d）$\alpha=120°$

U_{ak}和交流输出电压 U 的仿真和实验波形。

3. 斩控式单相交流调压电路仿真（电阻性负载）

（1）电路的建模

根据电气原理分析构建了图 4-32 的斩控式单相交流调压电路带电阻性负载的仿真模型。

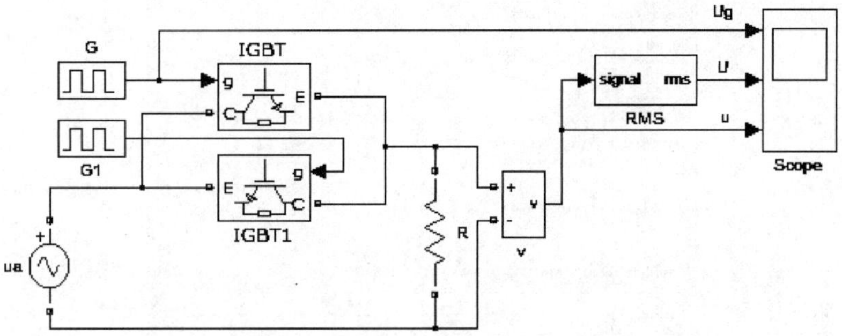

图 4-32　斩控式单相交流调压电路带电阻性负载的仿真模型

该模型由交流电源、IGBT 元件、脉冲发生器及测量电路等部分组成。

1）模型中使用的主要模块、提取途径和作用。

① 开关模块 IGBT：Simpower Systems/Power Electronics/IGBT，作为开关器件。

② 测量模块 RMS：SimPower Systems/Extra Library/Measurement/RMS，测量电压有效值。

2）典型模块的参数设置。

① 交流电源和负载电阻的参数设置。交流电源 $U_a = 80\,\text{V}$，负载电阻 $R = 10\,\Omega$。

② 触发脉冲模块参数设置。触发脉冲模块的参数设置如图 4-33 所示。此处触发脉冲模块用于斩波控制，脉冲频率为 500 Hz（2 ms），对应输入交流电压一个周期被斩波 10 次，改变脉冲宽度就可以实现调压。

③ 开关模块 IGBT 的参数设置，IGBT 模块的参数设置如图 4-34 所示。

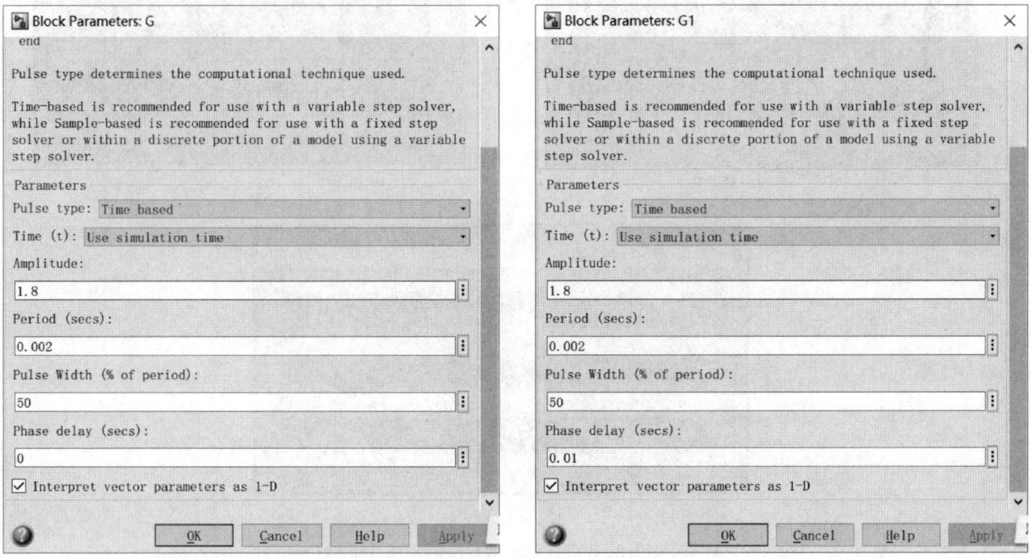

图 4-33　触发脉冲模块的参数设置

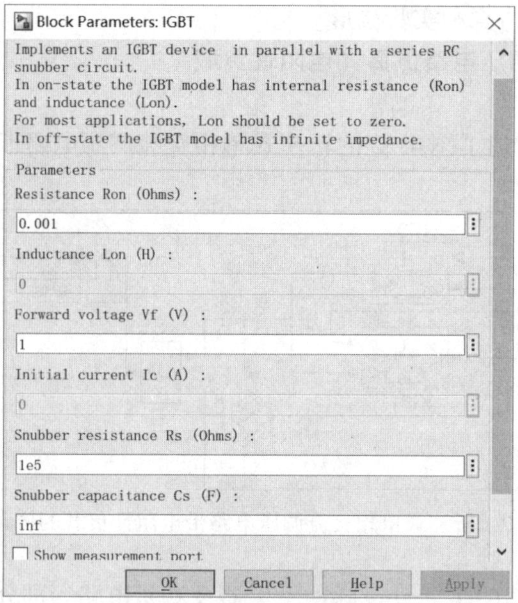

图 4-34　IGBT 模块的参数设置

（2）模型的仿真参数

算法选 ode23tb，仿真开始时间设为 0，停止时间设置为 0.08 s，相对误差 1e-3。

（3）仿真结果及结果分析

1）仿真结果。图 4-35a~c 分别是脉冲宽度为 25%、50%和 75%时触发信号 U_g、输出交

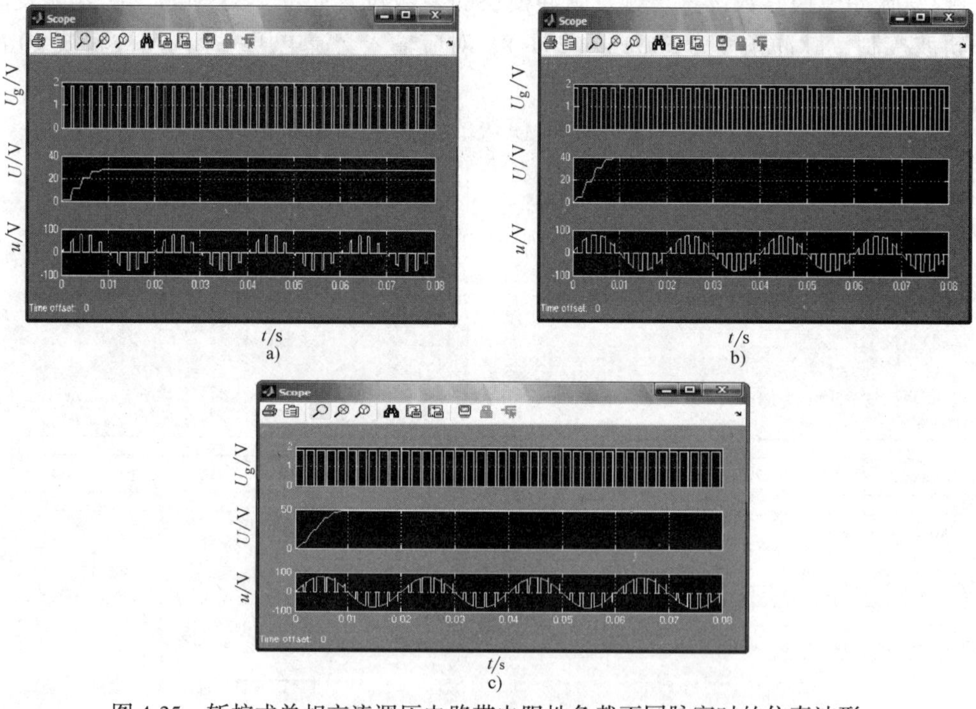

图 4-35　斩控式单相交流调压电路带电阻性负载不同脉宽时的仿真波形

a）脉宽 25%　b）脉宽 50%　c）脉宽 75%

流电压有效值 U 和输出交流电压 u 的仿真波形。

2）仿真结果分析。从图 4-35 可见，采用斩波控制方式进行交流调压时，改变脉冲宽度就可以实现交流调压。

4.5.2 晶闸管无中线三相交流调压电路的仿真（电阻性负载）

电路如图 4-5 所示，它是用三组反并联的晶闸管构成的三相星形联结无中线调压电路。对该电路的脉冲有一定的要求：①触发脉冲相与相之间依次间隔 120°，而且每一相的正负触发脉冲之间要间隔 180°。②为了保证电路有效地工作，触发脉冲采用宽脉冲或双窄脉冲触发，而且脉冲与电源同步。

1. 电路的建模

晶闸管三相三线交流调压电路（电阻性负载）的仿真模型如图 4-36 所示。

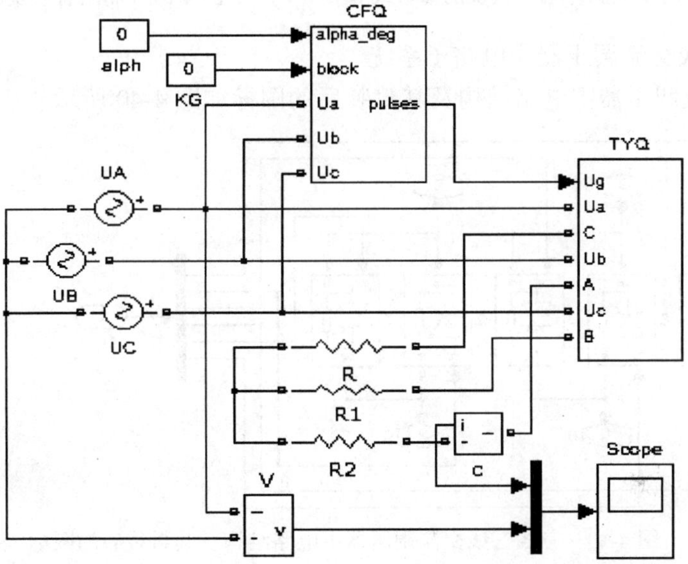

图 4-36 晶闸管三相三线交流调压电路（电阻性负载）的仿真模型

模型中大多数模块已经在前面使用过，现对几个子系统做一介绍。

（1）6 触发脉冲电路子系统

6 脉冲触发器封装前的模型和封装后的图标如图 4-37 所示，在三相全控桥整流电路中已介绍过。

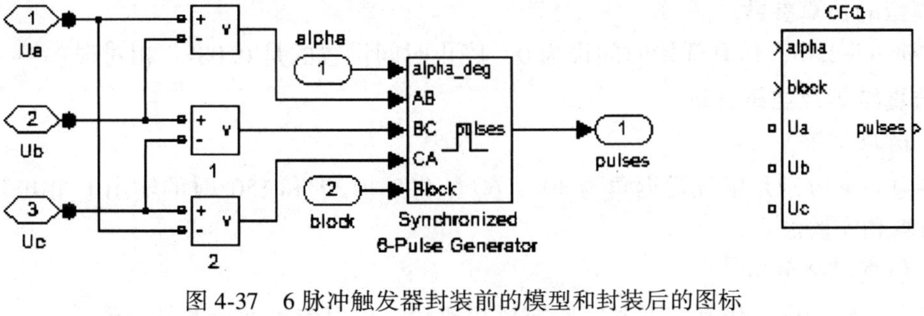

图 4-37 6 脉冲触发器封装前的模型和封装后的图标

同步 6 脉冲触发模块的参数设置如图 4-38 所示。晶闸管模块的参数设置如图 4-39 所示。

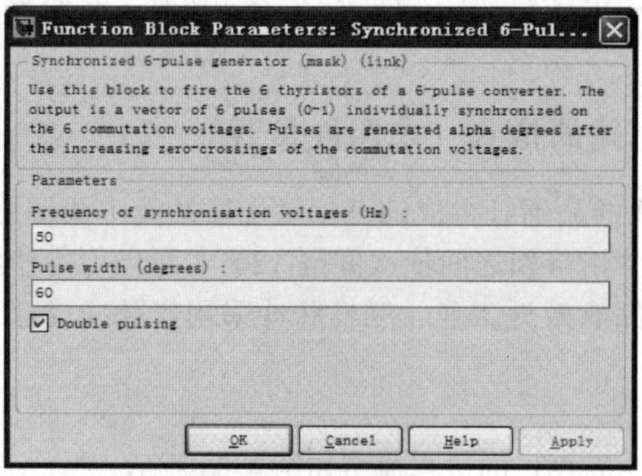

图 4-38　同步 6 脉冲触发模块的参数设置

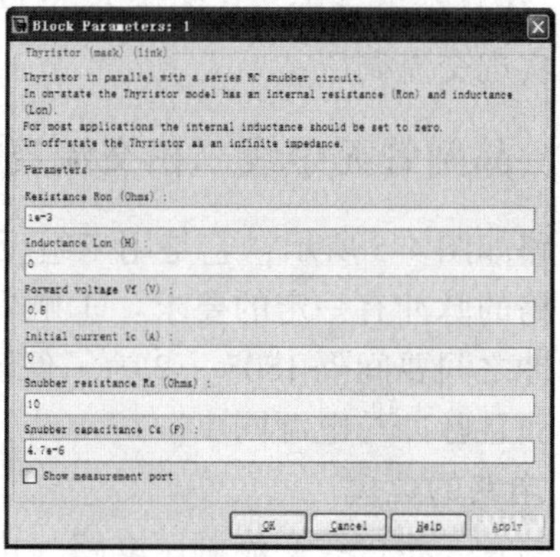

图 4-39　晶闸管模块的参数设置

（2）三相三线交流调压器主电路子系统

三相三线交流调压器主电路结构及其封装后的图标如图 4-40 所示。

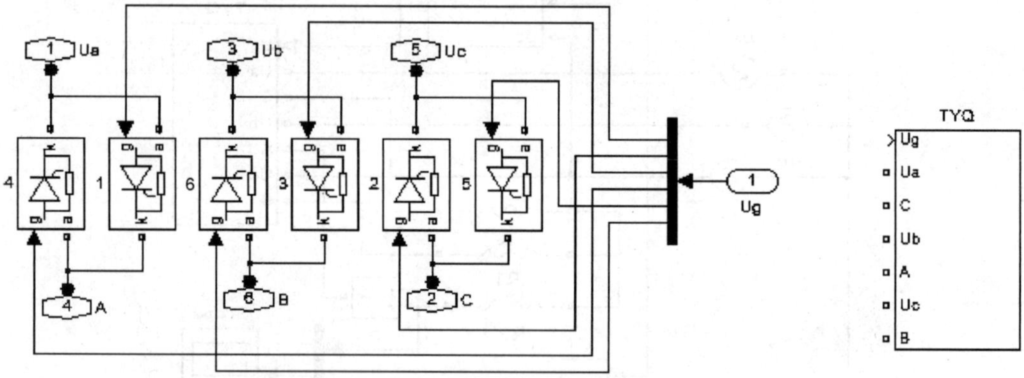

图 4-40　三相三线交流调压器主电路结构及其封装后的图标

晶闸管 1 和 4、3 和 6、5 和 2 反并联接成三相桥，脉冲分配序号与晶闸管序号相同。晶闸管模块参数设置如图 4-39 所示。

（3）典型模块的参数设置

1）交流电源为幅值 30 V、频率 50 Hz 的三相对称交流电源。

2）三相对称负载电阻 $R=1\,\Omega$。

2. 模型的仿真参数

算法选 ode23tb，仿真开始时间设为 0，停止时间设置的是 0.08s，相对误差 1e-3。

3. 仿真结果及结果分析

（1）仿真结果

图 4-41a～e 分别是触发延迟角为 30°、60°、90°、120°和 150°时的输出 U 相电压和负载电流的仿真和实验波形。

（2）仿真结果分析

将理论分析波形、仿真波形和实验波形相比较，可以看到波形非常一致。

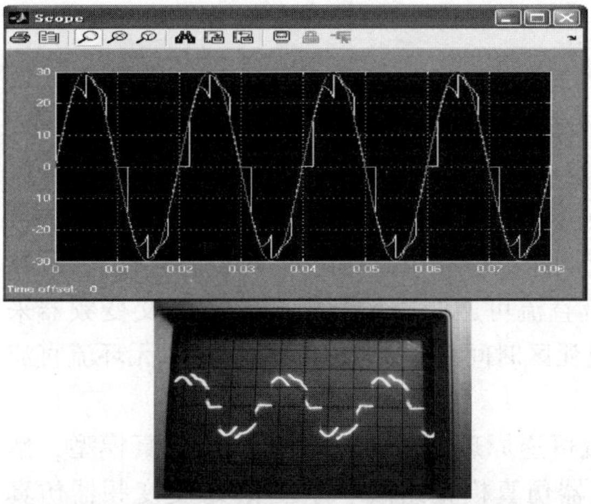

a)

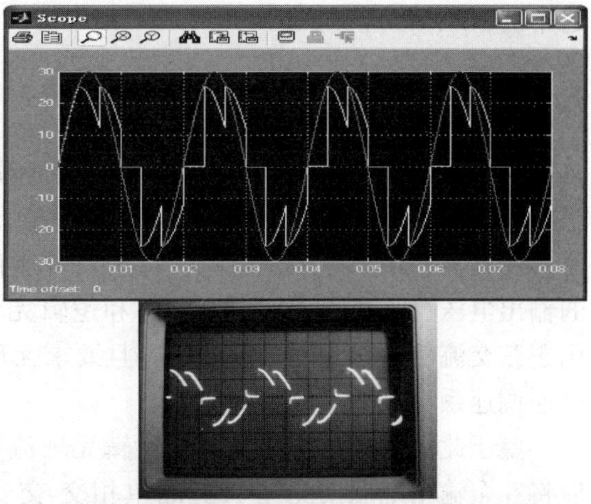

b)

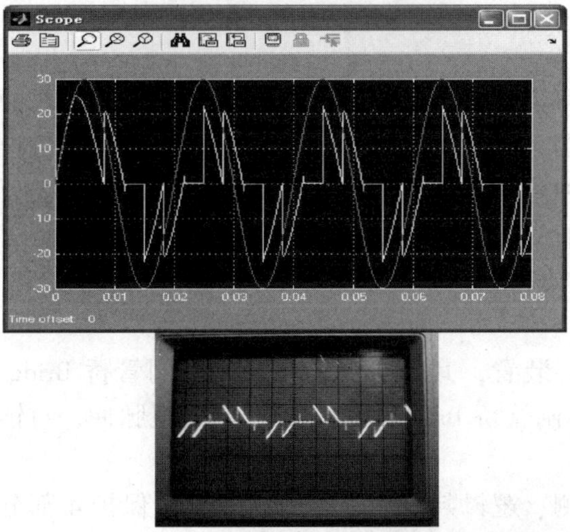

c)

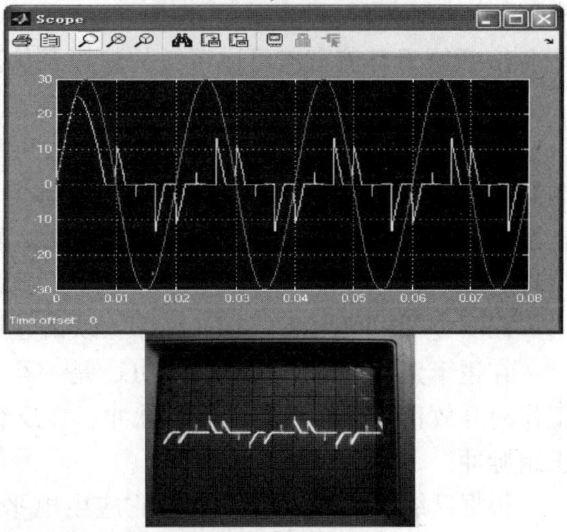

d)

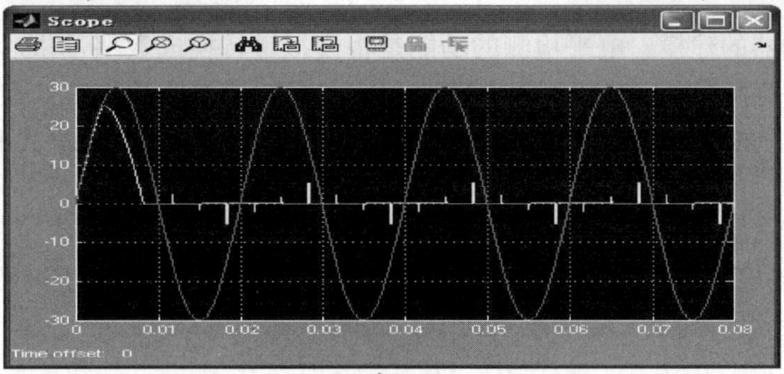

e)

图 4-41　三相交流调压电路带电阻性负载在不同触发延迟角时的仿真和实验波形

a）$\alpha=30°$　b）$\alpha=60°$　c）$\alpha=90°$　d）$\alpha=120°$　e）$\alpha=150°$

此处要注意触发延迟角的起始点定义。同步 6 脉冲触发器仿真模型中触发延迟角的起始点定在相邻两相相电压的交点（与整流电路相同），而三相交流调压器理论分析时触发延迟角的起始点定义在相电压的起始点。因此模型中触发延迟角 $\alpha=0°$相当于理论分析时触发延迟角的30°，以此类推。

4.5.3 晶闸管交-交变频电路的仿真

交-交变频基于可逆整流，单相交-交变频器实质上是一套逻辑无环流三相桥式反并联可逆整流装置，装置中的晶闸管靠交流电源自然换流。当触发装置的移相控制信号是直流信号时，变频器的输出电压是直流，可用于可逆直流调速；若移相控制信号是交流信号，变频器的输出电压也是交流，实现变频。和逻辑无环流直流可逆调速系统相比较，交-交变频器采用正弦交流信号作为移相信号，并且要求无环流死区时间小于1 ms，其余与逻辑无环流直流可逆调速系统没有多大区别。

鉴于此，下面首先建立基于逻辑无环流直流可逆原理的单相交-交变频器仿真模型，然后将3个输出电压彼此差120°的单相交-交变频器仿真模型组成一个三相交-交变频器仿真模型。

1. 逻辑无环流直流可逆系统的建模及仿真

单相交-交变频器的基础是逻辑无环流直流可逆系统，逻辑无环流直流可逆系统主要的子模块包括：三相交流电源、反并联的晶闸管三相全控整流桥、同步6脉冲触发器、电流控制器ACR及逻辑切换装置DLC。除了同步6脉冲触发器、逻辑切换装置DLC两个模块需要自己封装外，其余均可从有关模块库中直接复制。

同步6脉冲触发器前面已经讨论过，下面重点讨论逻辑切换装置DLC子模块的建模。

（1）逻辑切换装置（DLC）子模块的建模

在逻辑无环流可逆系统中，DLC是一个核心装置，其任务是：在正组晶闸管桥Bridge工作时开放正组脉冲，封锁反组脉冲；在反组晶闸管桥Bridge1工作时开放反组脉冲，封锁正组脉冲。

根据系统DLC的工作要求，它应由电平检测、逻辑判断、延时电路和联锁保护4部分组成。

1）电平检测器的建模。电平检测的功能是将模拟量转换成数字量供后续电路使用，它将信号 U_i^* 和 U_{io} 转换成数字量供逻辑电路使用，在实际系统中是用工作在继电状态的运算放大器构成，而用MATLAB建模时，可按路径Simulink/Discontinuities/ Relay选择“Relay”模块来实现。

2）逻辑判断电路的建模。

逻辑判断电路根据可逆系统正反向运行要求，经逻辑运算后发出逻辑切换指令，封锁原工作组，开放另一组。其逻辑控制要求如下：

$$U_F = \overline{U}_R + U_T \cdot U_Z$$

$$U_R = \overline{U}_F + \overline{U}_T \cdot U_Z$$

DLC仿真模型及模块符号如图4-42所示，利用路径Simulink/Logic and Bit Operations/ Logical Operator选择“Logical Operator”模块可实现上述功能。

3）延时电路的建模。

在逻辑判断电路发出切换指令后，必须经过封锁延时 $t_{d1}=3$ ms才能封锁原导通组脉冲，再经开放延时 $t_{d2}=7$ ms后才能开放另一组脉冲。在数字逻辑电路的DLC装置中是在与非门

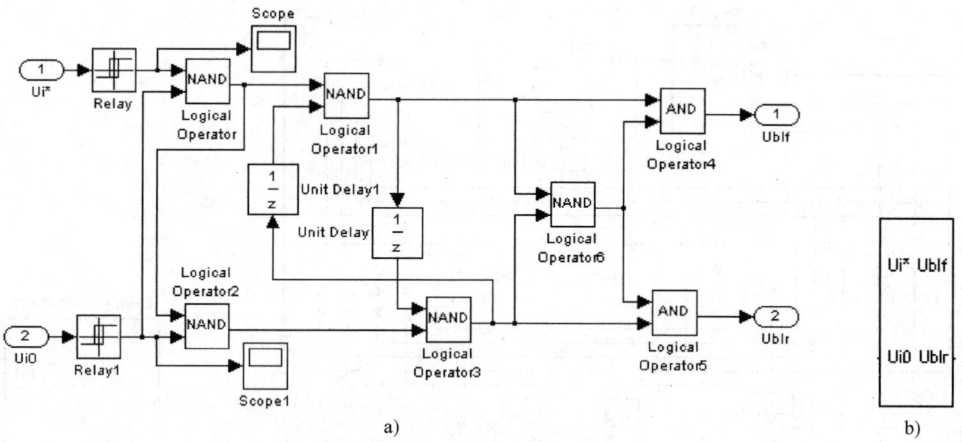

图 4-42　DLC 仿真模型及模块符号

a）DLC 仿真模型　b）DLC 模块符号

前加二极管及电容来实现延时，它利用了集成芯片内部电路的特性。计算机仿真是基于数值计算，不可能通过加二极管和电容来实现延时。通过对数字逻辑电路的 DLC 装置功能分析发现：当逻辑电路的输出 $U_f(U_r)$ 由“0”变“1”时，延时电路应产生延时；当由“1”变“0”或状态不变时，不产生延时。根据这一特点，利用 Simulink 工具箱中 Discrete 模块组中的单位延迟（Unit Delay）模块，按功能要求连接即可得到满足系统延时要求的仿真模型。可参考图 4-42 中有关部分。

4）联锁保护电路建模。

DLC 装置的最后部分为逻辑联锁保护环节。正常时，逻辑电路输出状态 U_{blf} 和 U_{blr} 总是相反的。一旦 DLC 发生故障，使 U_{blf} 和 U_{blr} 同时为“1”，将造成两个晶闸管桥同时开放，必须避免此情况。利用 Simulink 工具箱的 Logic and Bit Operations 模块组中的逻辑运算（Logical Operator）模块可实现多“1”保护功能。

（2）逻辑无环流直流可逆系统的建模

从 DLC 的工作原理可知，在逻辑无环流直流可逆系统中，任何时候只有一套触发电路在工作，实际系统通常采用选触工作方式。按选触方式工作的带电流负反馈的逻辑无环流直流可逆系统的仿真模型如图 4-43a 所示，封装后的系统模块符号如图 4-43b 所示。

2. 逻辑无环流直流可逆变流器的建模及仿真

当逻辑无环流直流可逆系统带上负载，并且采用恒定直流给定信号进行移相控制时，就构成了逻辑无环流直流可逆变流器。系统仿真模型如图 4-44a 所示，为了验证系统的正确性，以 RL 负载为例进行仿真实验。

系统主要环节的参数如下。

交流电源：工频、幅值 133 V；晶闸管整流桥参数：缓冲（snubber）电阻 $R_s=500\ \Omega$、缓冲电容 $C_s=0.1\ \mu F$、内阻 $R_{on}=0.001\ \Omega$、管压降 0.8 V；负载参数：负载电阻 $R=7\ \Omega$、负载电感 $L=0.5$ mH；给定信号源由正弦信号源、符号函数、放大器共同组成，以获得正、负给定信号。系统电流波形如图 4-44b 所示，从负载电流波形可见，当给定信号（见图中方波）变极性时，输出电流（图中非光滑的那条曲线）也变极性，实现可逆变流。

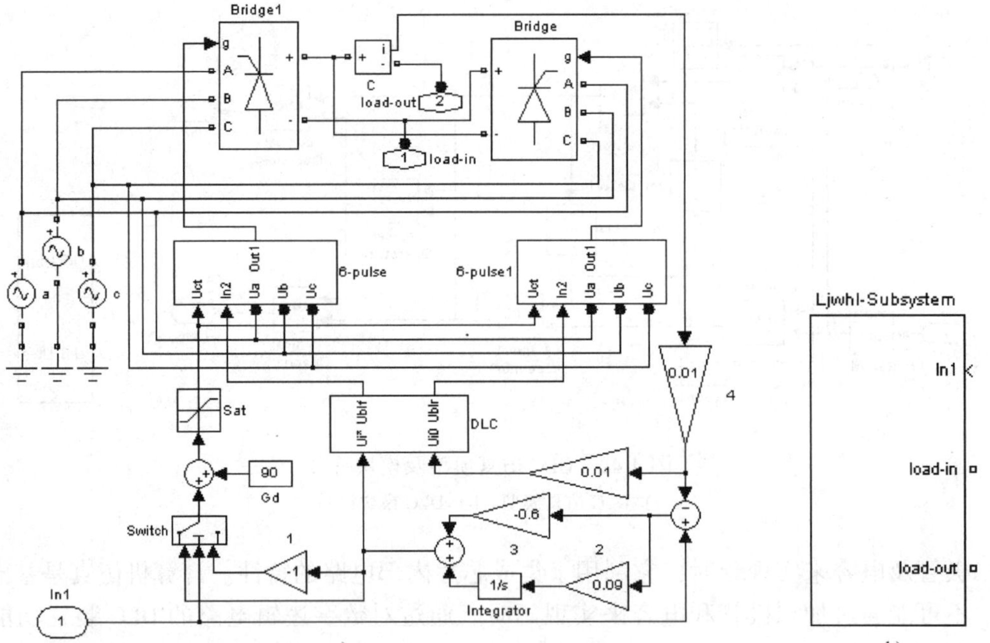

a) b)

图 4-43　带电流负反馈的逻辑无环流可逆直流系统的仿真模型和系统模块符号

a）直流可逆系统仿真模型　b）子模块符号

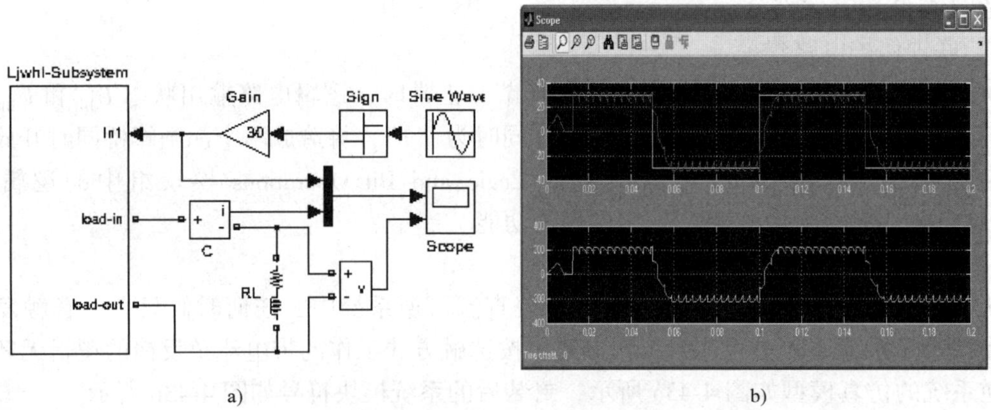

a) b)

图 4-44　逻辑无环流直流可逆变流器仿真模型和电流波形

a）可逆变流器仿真模型　b）可逆变流器电流波形

3. 单相交-交变频器的建模与仿真

当逻辑无环流可逆变流器采用正弦信号作为移相控制信号时，则逻辑无环流可逆变流器成为单相交-交变频器。具体建模时，只要将图 4-44a 中变流器的直流给定信号换成正弦给定信号，并使逻辑切换装置（DLC）的总延时不超过 1 ms，其他参数不变。图 4-45 上层图中光滑的是正弦参考信号曲线，带锯齿的曲线即为单相交-交变频器的电流输出实际波形，它非常接近于参考信号曲线；下层图形为负载电压波形。

系统中的交流电源、晶闸管整流桥参数与上个系统相同，负载参数：负载电阻 $R=2\,\Omega$、负载电感 $L=4\,\text{mH}$；给定信号源是正弦信号源。

4. 三相交-交变频器仿真

(1) 三相交-交变频器的建模

大容量三相交-交变频器输出通常采用星形联结方式，即将 3 个单相输出交-交变频器的一个输出端连在一起，另一输出端星形输出。三相交-交变频器仿真模型结构图如图 4-46a 所示。本例负载为串联 RL 负载，负载采用星形联结，三根引出线与变频器的 3 根输出线对应相连，移相控制信号 sinA、sinB、sinC 为 3 个相位互差 120°的正弦调制信号，Dxjjbpq、Dxjjbpq1、Dxjjbpq2 为 3 个经过封装的单相交-交变频器。

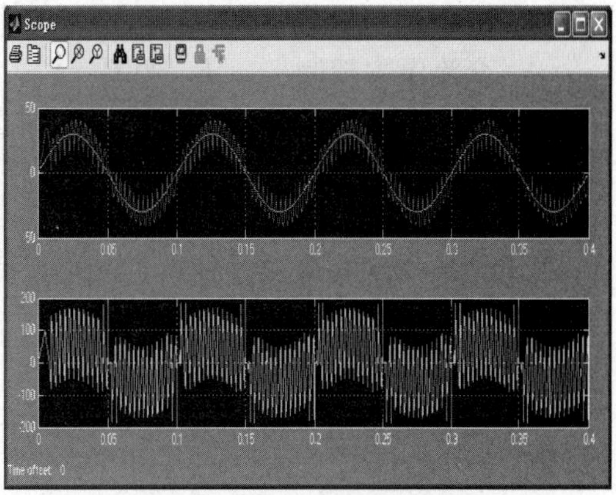

图 4-45　单相交-交变频器输出电流和负载电压波形

(2) 三相交-交变频器的仿真

三相交-交变频器的仿真参数：负载电阻为 1 Ω、负载电感为 5 mH；工频三相对称交流电源：A、B、C 幅值为 133 V；正弦调制波中，sinA、sinB、sinC 幅值为 30、频率为 10 Hz。

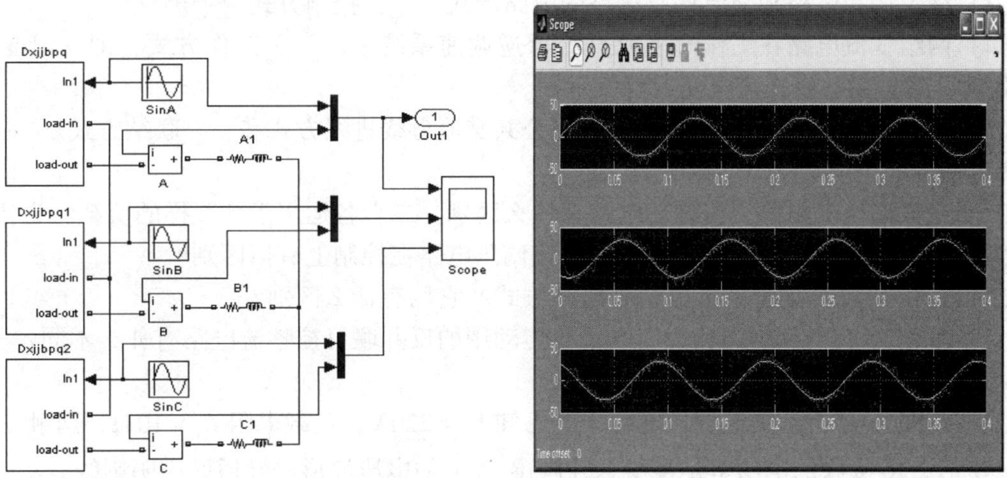

a)　　　　　　　　　　b)

图 4-46　三相交-交变频器仿真模型结构图及电流输出波形

图 4-46b 中光滑的波形为正弦调制波波形，非光滑的波形为三相交-交变频器输出波形。仿真结果表明：三相交-交变频器的输出波形接近于正弦调制波波形，改变正弦调制波频率时，三相交-交变频器的输出波形频率也改变，实现变频。

4.6　习题

1. 选择题

(1) (　　) 变换电路是把一种形式的交流电变换成另一种形式交流电的电路。

A. 交流-直流　　B. 直流-交流　　C. 交流-交流　　D. 直流-直流

(2) 只改变电压、电流大小或对电路的通断进行控制，而不改变频率的电路称为 (　　)

电路。

A. 交流电力控制　　B. 变频　　C. 交流调压电路　　D. 交流调功电路

（3）在单相交-交变频电路中，要改变输出频率，必须改变两组变流器的（　　）；要改变输出电压的幅值，就要改变变流电路工作时的（　　）。

A. 切换频率　　B. 幅值　　C. 电压　　D. 触发延迟角

（4）交-交变频电路是把电网频率的交流电直接变换成（　　）频率的交流电的变流电路，属于（　　）变频电路。

A. 直接　　B. 间接　　C. 可调　　D. 不可调

（5）电网频率为 50 Hz 时，对 6 脉波三相桥式电路而言，交-交变频电路的输出上限频率约为（　　）。

A. 10 Hz　　B. 20 Hz　　C. 50 Hz　　D. 100 Hz

2. 填空题

（1）变频电路有____变频电路和____变频电路等形式。

（2）单相交流调压电路中，由于波形正负半波____，所以不含直流分量和____谐波。

（3）交流调功电路和交流调压电路的电路形式____，控制方式____。

（4）两组变流电路在工作时采取直流可逆调速系统中的____工作方式，即一组变流电路工作时，封锁另一组变流电路的触发脉冲。

（5）三相交-交变频电路的接线方式有公共交流母线进线方式和____联结方式。

3. 问答题

（1）交流调压电路和交流调功电路有什么区别？二者各运用于什么样的负载？为什么？

（2）晶闸管相控整流电路和晶闸管交流调压电路在控制上有何区别？

（3）三相交-交变频电路有哪两种接线方式？它们有什么区别？

（4）单相交-交变频电路和直流电动机传动用的反并联可控整流电路有什么不同？

4. 计算题

（1）在图 4-47 所示交流调压电路中，已知 $U_2 = 220\,V$，负载电阻 $R_L = 10\,\Omega$，当触发延迟角 $\alpha = 90°$ 时，R_L 吸收的电功率是多少？并画出 R_L 上的电压波形。导通区用阴影线表示。

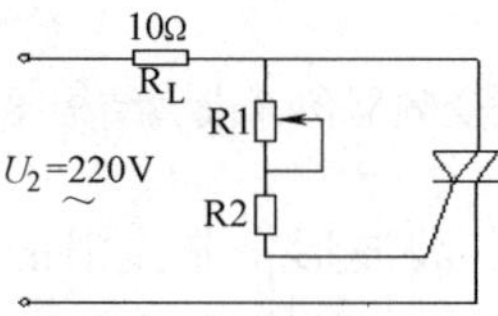

图 4-47　交流调压电路

（2）单相交流调压，带阻-感负载，$U_1 = 220\,V$，$L = 5.5\,mH$，$R = 1\,\Omega$。求：最小移相角 α、最大负载电流有效值 I、最大输出功率 P_{max} 和功率因数 $\cos\varphi$。

第 5 章　直流-直流变换电路及其仿真

5.1　概述

将一种固定幅值的直流电变换成另一种幅值大小可调的直流电的过程称为直流-直流变换。它的基本原理是通过对电力电子器件的通断控制，将直流电压断续地加到负载上，通过改变占空比 D 来改变输出电压的平均值。它是一种开关型 DC-DC 变换电路，俗称直流斩波器（Chopper）。直流变换技术被广泛应用于可控直流开关稳压电源和直流电动机的调速控制，它以体积小、重量轻、效率高等优点在电气、通信等领域得到广泛的应用。

在直流斩波器中，由于输入端为直流电源，电流无自然过零点，半控元件（如晶闸管）的切换只能通过强迫换流电路来实现。为了简化变流电路，直流斩波器多以全控型电力电子器件（如 GTO、GTR、P-MOSFET 和 IGBT 等）等具有自关断能力的器件作为开关器件。

1. 直流斩波器的基本结构和工作原理

（1）基本电路结构

图 5-1a 是直流斩波器的电路原理图。图中开关 S 是各种全控型电力电子开关器件，输入电源电压 U_S 为固定的直流电压。

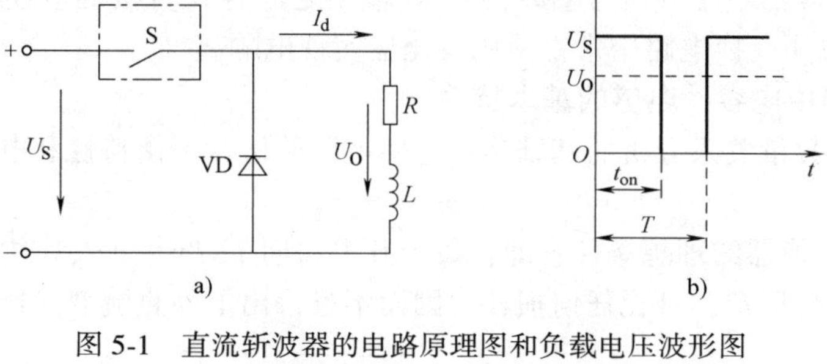

图 5-1　直流斩波器的电路原理图和负载电压波形图

a）电路原理图　b）电压波形图

（2）工作原理

当开关 S 闭合时，直流电源 U_S 经过 S 给负载 R、L 供电；开关 S 断开时，直流电源供给负载 R、L 的电路被切断，L 的储能经二极管 VD 续流，负载 R、L 两端的电压接近于零。

如果开关 S 的通断周期 T 不变而只改变开关的接通时间 t_{on}，则输出脉冲电压宽度相应改变，从而改变了输出平均电压。脉冲波形如图 5-1b 所示，其平均电压为

$$U_O = \frac{1}{T}\int_0^{t_{on}} U_S \mathrm{d}t = \frac{t_{on}}{T}U_S = DU_S \tag{5-1}$$

式中，T 为输出脉冲电压周期；t_{on} 为开关 S 导通时间；$D=\frac{t_{on}}{T}$ 为占空比，$0 \leqslant D \leqslant 1$。

上述工作方式称为脉冲宽度调制（Pulse Width Modulation，PWM）方式。

（3）PWM 脉冲控制信号

脉冲宽度调制方式是指保持斩波器中开关器件的开关周期 T 不变，通过调节开关导通时间 t_{on}，从而调节占空比 D 的控制方式。在这种方式中，PWM 脉冲控制信号一般采用直流调制信号 u_r 与频率和幅值都固定的三角载波信号 u_c 相比较的方法产生，其原理如图 5-2 所示。

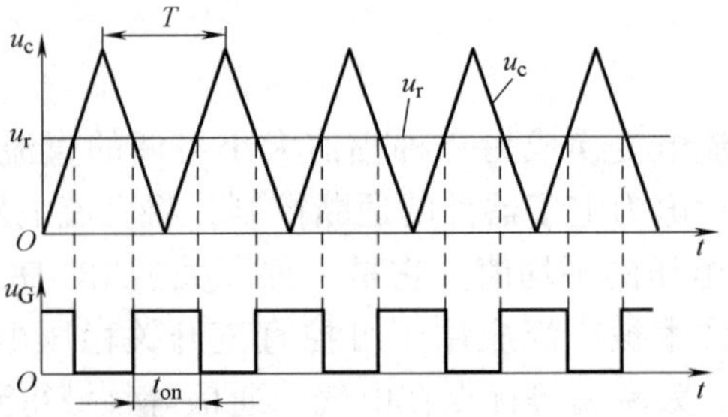

图 5-2　脉冲宽度调制 PWM 控制信号产生示意图

可见，改变控制电压 u_r 的幅值就可以改变 u_G 的脉冲宽度，即改变占空比 D。再将此信号去控制开关 S。在直流斩波器中，比较常用的是脉冲宽度调制方式。

2. 直流斩波器的分类

按变换电路的功能分类有：①降压式直流-直流变换（Buck Converter）；②升压式直流-直流变换（Boost Converter）；③升-降压复合型直流-直流变换（Boost-Buck Converter），包括几种典型的升-降压变换电路；④H 桥式直流-直流变换（H Bridge Converter）。

一般的直流斩波器不用变压器隔离，输入/输出之间存在直接的电连接；在直流开关电源中，直流-直流电压变换电路中常常采用变压器实现电隔离。

3. 直流斩波器中电容、电感的基本特性

直流斩波电路数量关系分析的基础是：电感电压的伏秒平衡特性和电容电流的安秒平衡特性。

根据 DC-DC 变换器的理想条件，即：每个开关周期 $T(T=t_{on}+t_{off})$ 中，变换器中的电感电流、电容电压保持恒定，且无任何损耗。因而不难得出下面直流变换器中电感、电容的基本特性。

（1）电感电压的伏秒平衡特性

在理想条件下，电感是无损耗器件。在每个开关周期中，电感储存的能量等于释放的能量，一个周期储能的代数和为零，且电感电流保持恒定，即

$$\int_0^T u_L i_L \mathrm{d}t = \int_0^{t_{on}} u_L i_L \mathrm{d}t + \int_{t_{on}}^T u_L i_L \mathrm{d}t = 0 \tag{5-2}$$

理想条件下，变换器中的电感电流保持恒定，则每个开关周期中电感电压 u_L 的积分恒为零，即

$$\int_0^T u_L \mathrm{d}t = \int_0^{t_{on}} u_L \mathrm{d}t + \int_{t_{on}}^T u_L \mathrm{d}t = 0 \tag{5-3}$$

（2）电容电流的安秒平衡特性

同理，每个开关周期中电容的储能为零，并且电容电压保持恒定，因此每个开关周期中

电容电流 i_C 的积分恒为零，即

$$\int_0^T i_C \mathrm{d}t = \int_0^{t_{on}} i_C \mathrm{d}t + \int_{t_{on}}^T i_C \mathrm{d}t = 0 \tag{5-4}$$

5.2 直流斩波电路

电能只能从电源传送给负载的直流电压变换电路称为单象限直流斩波器。降压式、升压式、升-降压复合式直流斩波器都属于单象限直流变换电路。下面逐一分析。

5.2.1 降压式直流斩波电路（Buck 变换器）

1. 电路结构

降压式直流斩波器又称为 Buck 变换器，是一种输出电压等于或小于输入电压的直流变换器，它的输出电压 u_O 的平均值 U_O 恒小于等于输入电压 U_S。主要用于开关电源以及需要直流降压的场合，图 5-3 给出了降压式直流斩波电路原理图。电路中的控制开关 VT 采用全控器件 IGBT，也可使用 GTR、P-MOSFET 等其他全控器件；电路中的二极管 VD 起续流作用，在 VT 关断时为电感 L 储存的能量提供续流通路；为获得平直的输出直流电压，输出端采用了 L-C 低通滤波电路，R 为负载；U_S为输入直流电源，U_O为输出直流平均电压。电路输出端的滤波电容器足够大，以保证输出电压恒定。

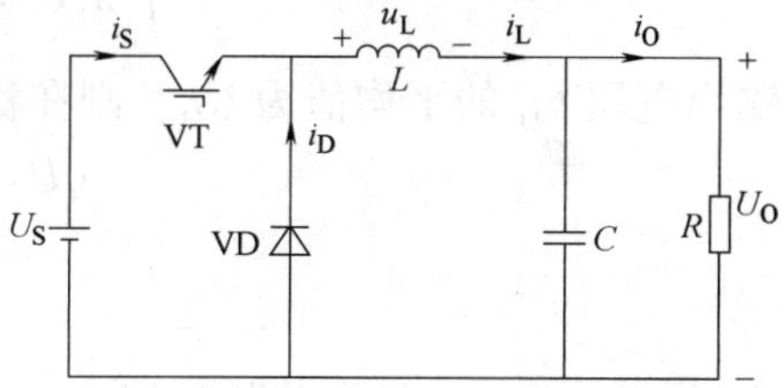

图 5-3 降压式直流斩波电路原理图

为了分析稳态特性，简化推导公式的过程，特做如下假定。

1）开关管、二极管是理想元件，可在瞬间导通或截止，没有导通压降，截止时没有漏电流。

2）电感、电容是理想元件。

3）输出电压中的纹波电压与输出电压的比值很小，可忽略不计。

根据电感电流是否连续，Buck 变换器有 3 种工作模式：连续导电模式、不连续导电模式和临界状态。电感电流连续是指输出滤波电感 L 的电流总大于零，下面仅讨论电感电流连续时的工作情况。

2. 工作原理

Buck 变换器电感电流连续的两种工作状态的等效电路如图 5-4 所示。当电感 L 足够大时，电流连续。电容 C 足够大时，输出电压恒定。下面分析其工作情况。

1）在开关 VT 导通 t_{on}期间，等效电路如图 5-4a 所示。电源 U_S通过电感 L 向负载 R 供电，电容也开始充电。此时 $i_L=i_S$增加，电感 L 的储能也增加，导致在电感两端有一个正向电压 $u_L=U_S-U_O$，左正右负，如图 5-4a 所示。二极管 VD 因反偏截止。在 VT 导通期间，电感电压 $u_L=U_S-U_O$。

2）在开关 VT 关断 t_{off}期间，等效电路如图 5-4b 所示。VT 关断使电感电流 i_L下降，电感产生感应电势 u_L，左负右正。于是续流二极管 VD 导通，i_L 通过二极管 VD 续流。由于输出端大电容的作用，负载 R 端电压 U_O 仍然是上正下负。因为图 5-4b 中 u_L 的方向与图 5-4a

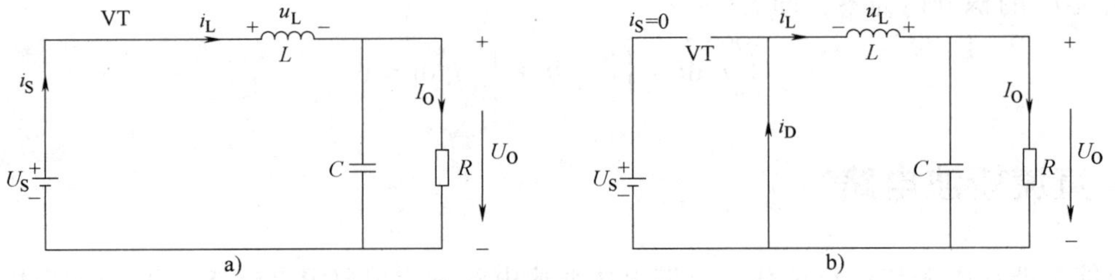

图 5-4　Buck 变换器电感电流连续的两种工作状态的等效电路

a）开关导通　b）二极管续流

中的参考方向相反，则在 VT 关断期间电感电压 $u_L = -U_O$。如此周而复始地变化。

3. 基本数量关系

仅分析电流连续工作模式的数量关系。

根据电感电压的伏秒平衡特性，电感电压在一个周期内的积分为 0，即

$$\int_0^T u_L \mathrm{d}t = \int_0^{t_{on}} u_L \mathrm{d}t + \int_{t_{on}}^T u_L \mathrm{d}t = 0 \tag{5-5}$$

设输出电压 u_O 的平均值为 U_O，则在稳态时，式（5-5）可以表达为

$$(U_S - U_O) t_{on} = U_O (T - t_{on})$$

即

$$U_O = \frac{t_{on}}{T} U_S = D U_S \tag{5-6}$$

式中，$T = t_{on} + t_{off}$，t_{off}为关断时间。

通常 $t_{on} \leqslant T$，所以该电路是一种降压直流斩波器。当输入电压 U_S不变时，输出电压 U_O随占空比 D 的线性变化而线性改变，而与电路其他参数无关。

若忽略电路的变换损耗，则输入、输出功率相等，$P_S = P_O$，有 $U_S I_S = U_O I_O$，式中 I_S为输入电流 i_S的平均值，I_O 为输出电流 i_O 的平均值。由此可得变换器的输入、输出电流关系为

$$\frac{I_O}{I_S} = \frac{U_S}{U_O} = \frac{1}{D} \tag{5-7}$$

它与交流变压器的电压、电流关系相同。因此电流连续时，Buck 变换器相当于一个“直流”变压器。

5.2.2　升压式直流斩波电路（Boost 变换器）

1. 电路结构

升压式直流斩波电路原理图如图 5-5 所示。

升压式直流斩波电路（Boost 变换器）是一种输出电压等于或高于输入电压的直流变换器。通过控制开关 VT 的占空比，可控制升压变换器的输出电压。Boost 变换器电感电流连续的两种工作状态的等效电路如图 5-6 所示。

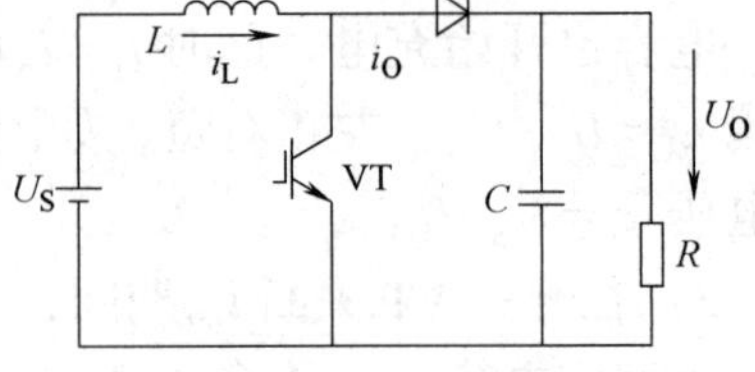

图 5-5　升压式直流斩波电路原理图

2. 工作原理

假设电路输出端滤波电容 C 足够大，可保证输出电

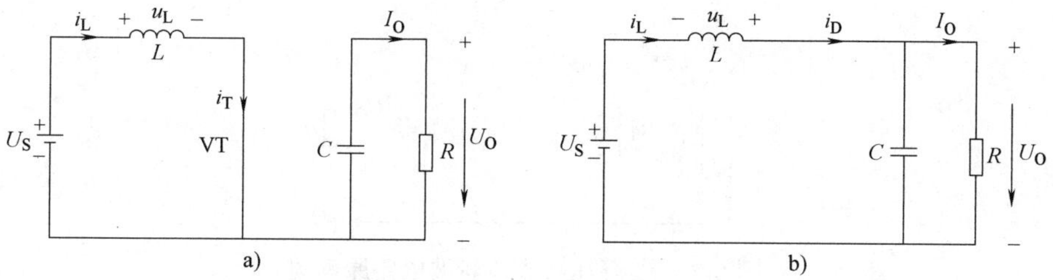

图 5-6　Boost 变换器电感电流连续时两种工作状态的等效电路
a）开关导通状态　b）开关关断状态

压恒定；电感 L 也很大，保证电感电流连续。

1）当控制开关 VT 导通时，等效电路如图 5-6a 所示。电源 U_S 向串接在回路中的电感 L 充电储能，电感电压 u_L 左正右负，而负载电压 U_O 上正下负。此时在 R 与 L 之间的二极管 VD 被反偏，VD 截止。另外，VD 截止时 C 向负载 R 放电，极性上正下负。由于正常工作时 C 已经被充电，且容量很大，所以负载电压基本保持为一恒定值，记为 U_O。在一个开关周期 T 内，开关 VT 导通的时间为 t_{on}，此阶段电源电压 U_S 全部加到电感两端，所以电感 L 上的电压为 $u_L = U_S$。

2）在控制开关 VT 关断时，等效电路如图 5-6b 所示。储能电感 L 两端电势极性变成左负右正，续流二极管 VD 转为正偏，i_L 经二极管 VD 流向输出侧。储能电感 L 与电源 U_S 叠加后共同向电容 C 充电、向负载 R 提供能量，负载 R 端电压 U_O 仍然是上正下负。如果 VT 的关断时间为 t_{off}，则此段时间内电感 L 上的电压可以表示为 $-(U_O - U_S)$，负号是与导通时参考方向比较而来的。

3. 基本数量关系

电感电流连续时，根据电感电压的伏秒平衡特性，得到

$$\int_0^T u_L \mathrm{d}t = \int_0^{t_{on}} u_L \mathrm{d}t + \int_{t_{on}}^T u_L \mathrm{d}t = 0 \tag{5-8}$$

在稳态时，根据 u_L 的关系，式（5-8）可以表达为

$$U_S t_{on} - (U_O - U_S) t_{off} = 0 \tag{5-9}$$

由式（5-9）可以求出负载电压 U_O 的表达式，即

$$U_O = \frac{t_{on} + t_{off}}{t_{off}} U_S = \frac{T}{t_{off}} U_S \tag{5-10}$$

由斩波电路的工作原理可以看出，工作周期 $T \geqslant t_{off}$，或 $T/t_{off} \geqslant 1$，故负载上的输出电压 U_O 高于电路输入电压 U_S，该变换电路称为升压式斩波电路。

式（5-10）中的 T/t_{off} 表示升压比。调节升压比的大小，可以改变负载上的输出电压 U_O 的大小。

5.2.3　升-降压式直流斩波电路（Boost-Buck 变换器）

1. 电路结构

升-降压式直流斩波电路原理图如图 5-7 所示，它是一种输出电压既可以高于也可以低于输入电压的直流变换器。

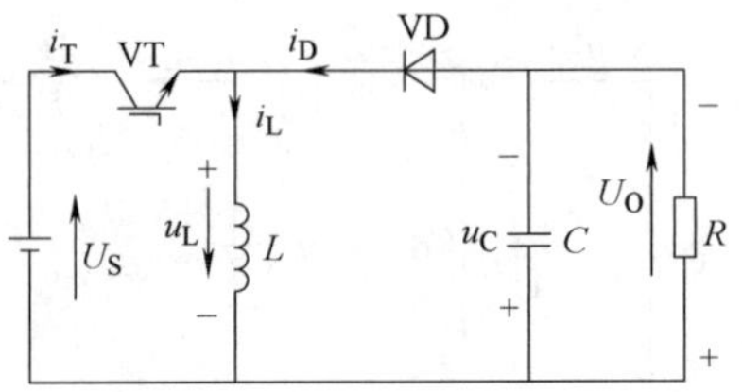

图 5-7　升-降压式直流斩波电路原理图

假设电感 L 很大，电容 C 也很大，使电感电流 i_L 和电容电压 u_C（即负载电压）基本恒定。图 5-8 是电感电流连续时 Buck-Boost 变换器在开关 VT 导通和关断时的工作状态的等效电路。

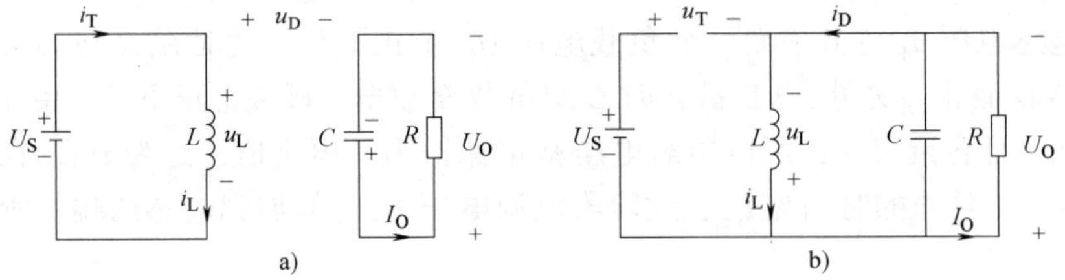

图 5-8　Buck-Boost 变换器电感电流连续时两种工作状态的等效电路
a）开关导通状态　b）开关关断状态

2. 工作原理

1）当控制开关 VT 导通时，直流电源 U_S 经 VT 给电感 L 充电储存能量，电感电压上正下负，此时二极管 VD 被电感电压和负载电压（下正上负）反偏，流过 VT 的电流为 $i_T(=i_L)$，方向如图 5-8a 所示。由于此时 VD 反偏截止，电容 C 向负载 R 提供能量并维持输出电压基本恒定，负载 R 及电容 C 上的电压极性为上负下正，与电源极性相反；输入电压 U_S 直接加在电感 L 上，极性为上正下负，此阶段 $u_L=U_S$。

2）当控制开关 VT 关断时，电感 L 极性变反（上负下正），VD 正偏导通，电感 L 中储存的能量通过 VD 向负载 R 和电容 C 释放，放电电流为 i_L，电容 C 被充电储能，负载 R 也得到电感 L 提供的能量。此阶段因为电感电压与原参考方向相反，则 $-u_L=U_O$。

3. 基本数量关系

因为电感两端电压 u_L 符合伏秒平衡特性，在控制开关 VT 导通期间，有 $u_L=U_S$；而在 VT 关断期间，$-u_L=U_O$。于是有

$$U_S t_{on}=U_O t_{off} \tag{5-11}$$

输出电压表达式可以写成

$$U_O=\frac{t_{on}}{t_{off}}U_S=\frac{t_{on}}{T-t_{on}}U_S=\frac{D}{1-D}U_S \tag{5-12}$$

在式（5-12）中，改变占空比 D 时，输出电压既可高于输入电源电压，也可低于输入电源电压。如：当 $0<D<1/2$ 时，斩波器输出电压低于输入直流电压，此时为降压变换；当 $1/2<D<1$ 时，斩波器输出电压高于输入直流电压，此时为升压变换。

5.2.4 Cuk 直流斩波电路（Cuk 变换器）

1. 电路结构

Cuk 直流斩波电路原理图如图 5-9 所示。在 Cuk 变换器的输入端和输出端均接有电感 L_1 和电感 L_2，可使交流纹波电流减小，这是 Cuk 变换器的主要特性。Cuk 变换器是升-降压式斩波器的改进电路，它的输出电压可以高于、等于或低于输入电压，其大小主要取决于开关 VT 的占空比，这与 Buck-Boost 变换器是一样的。Cuk 斩波电路的优点是直流输入电流和负载输出电流连续，脉动成分较小。

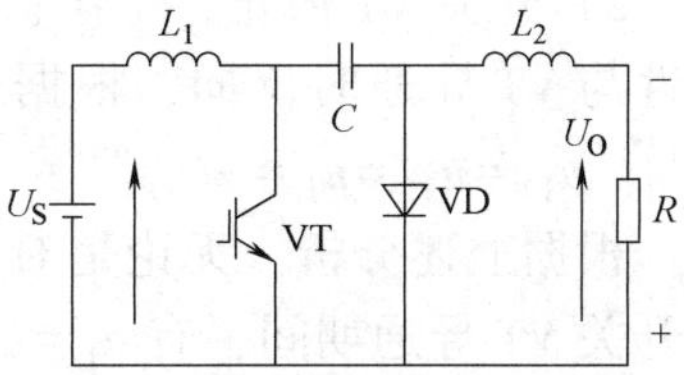

图 5-9 Cuk 直流斩波电路原理图

2. 工作原理

如图 5-10 所示，无论开关 VT 是否导通，都存在两个环路。在下面的分析中将两个环路分别称作环路 1 和环路 2。

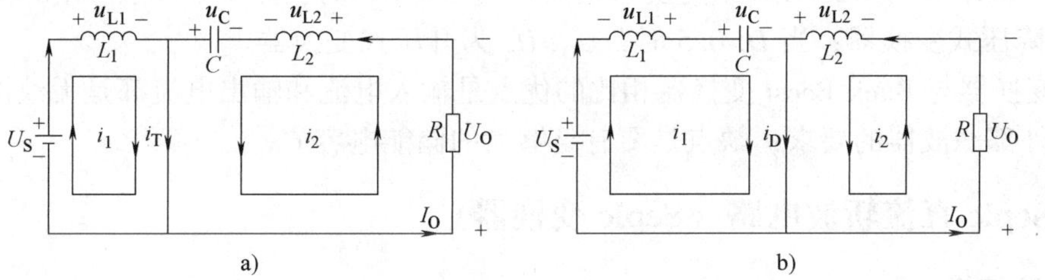

图 5-10 Cuk 变换器工作状态的等效电路
a）开关 VT 导通 b）开关 VT 关断

1）当控制开关 VT 导通时，输入/输出闭合环路如图 5-10a 所示。电源 U_S 经 L_1→VT 回路给 L_1 充电储能，输入环路电流为 i_1，电感电压 u_{L1} 极性左正右负；C 通过 C→VT→R→L_2 回路放电，放电电流 i_2 使 L_2 储能，并供电给负载，电感电压 u_{L2} 极性左负右正，二极管 VD 反偏而截止。开关 VT 中流过输入/输出电流之和，即 $i_T=i_1+i_2$。负载电压极性为下正上负。

2）当控制开关 VT 关断时，输入/输出环路如图 5-10b 所示，电感电流 i_1 减小，电感电压 u_{L1} 极性左负右正。电源 U_S 和 L_1 的释放储能电流之和 i_1 通过 L_1→C→VD 回路向电容 C 充电，电容极性为左正右负；同时电感电流 i_2 减小，电感电压 u_{L2} 极性左正右负，VD 正偏而导通。L_2 的释放储能电流 i_2 通过 L_2→VD→R→L_2 回路向负载 R 供电，电压的极性为下正上负，与电源电压极性相反。此时流过 VD 的电流为输入/输出电流之和即 $i_D=i_1+i_2$。

由此可见，无论开关 VT 导通还是关断，Cuk 变换器都从输入端向输出端传递功率。在 VT 关断期间，电容 C 被充电，在 VT 导通期间 C 向负载放电，可见 C 起传递能量的作用。

Cuk 变换器以流过二极管的电流状态来划分连续、不连续及临界导电状态。由于电容 C 容量很大，其电压基本恒定为 U_C。在电流连续工作状态下，变换器稳定工作时，忽略电容 C 上的电压纹波，电感 L_1 和 L_2 上的电压平均值为 0，则在 U_S、L_1、C、L_2、U_O 的环路中，有如下关系式：

$$u_C=U_S+U_O \tag{5-13}$$

3. 基本数量关系

1）开关 VT 导通时，工作状态如图 5-10a 所示。电源电压 U_S直接加在电感 L_1上，则 $u_{L1} = U_S$；此时 L_2上的电压是电容电压 u_C 与输出电压 U_O之差，即 $u_{L2} = u_C - U_O$，根据式（5-13）可知，L_2上电压也为 $u_{L2} = U_S$。即 $u_{L1} = u_{L2} = u_L = U_S$。

2）开关 VT 截止，工作状态如图 5-10b 所示。二极管导通，电感 L_1上电压 $u_{L1} = u_C - U_S$，极性与 VT 导通时反向，根据式（5-13），有 $u_{L1} = -U_O$。L_2、VD 和 U_O 构成环路 2，$u_{L2} = -U_O$。$u_{L1} = u_{L2} = u_L = -U_O$。

根据上述分析，无论是对 L_1还是对 L_2列写伏秒平衡关系式，其结果都是一样的。在控制开关 VT 导通期间，有 $u_L = U_S$；而在 VT 截止期间，$-u_L = U_O$。于是有

$$U_S t_{on} = U_O t_{off} \tag{5-14}$$

输出电压表达式可以写成

$$U_O = \frac{t_{on}}{t_{off}} U_S = \frac{t_{on}}{T - t_{on}} U_S = \frac{D}{1-D} U_S \tag{5-15}$$

可见分析结果与 Buck-Boost 变换器相同。当 $D = 0.5$ 时，则 $U_O = U_S$；当 $D<0.5$ 时，则 $U_O<U_S$ 为降压式变换器；当 $D>0.5$ 时，$U_O>U_S$ 为升压式变换器。

Cuk 变换器与 Buck-Boost 变换器相比的优点是输入电流和输出电流都是无纹波的，从而降低了对外部滤波器的要求；缺点是要有足够大的储能电容 C。

5.2.5 Sepic 直流斩波电路（Sepic 变换器）

1. 电路结构

Sepic 变换器是正输出变换器，其输出电压极性和输入电压极性相同。Sepic 直流斩波电路原理图如图 5-11 所示。

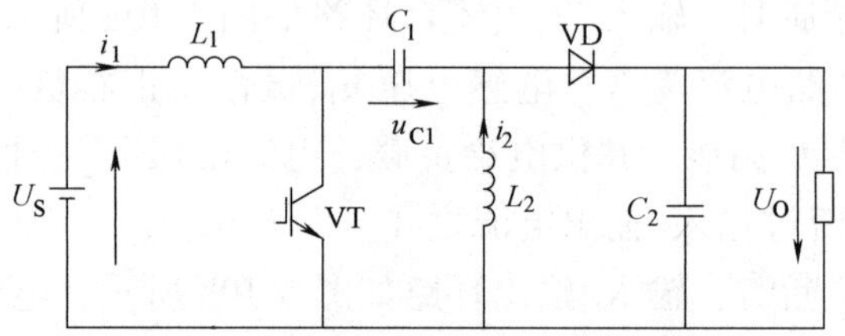

图 5-11 Sepic 直流斩波电路原理图

与 Cuk 变换器类似，由于 C_1的容量很大，稳态时 C_1的电压 u_{C1}基本保持恒定。假设电路已进入稳态，电容 C_1已经储能，极性左正右负。这时，电路有两种工作模式，Sepic 变换器工作状态的等效电路如图 5-12 所示。

2. 工作原理

1）当控制开关 VT 导通时，输入/输出闭合环路如图 5-12a 所示。此时变换器有 3 个电流回路：第一个是电源 U_S经 L_1→VT 回路给 L_1充电储能，u_{L1}的极性是左正右负，输入环路电流为 i_1；第二个是 C_1→VT→L_2回路，C_1放电，L_2储能，u_{L2}的极性是下正上负，二极管 VD 截止，C_1将能量转移到 L_2上；第三个是 C_2向负载 R 供电的回路，负载电压极性为上正下负。开关 VT 中流过的电流为 $i_T = i_1 + i_2$。

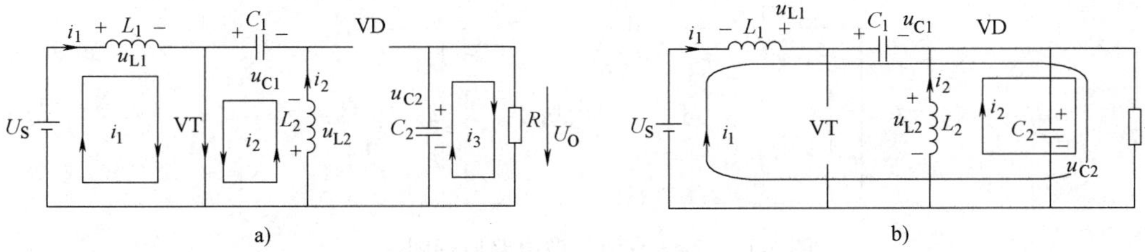

图 5-12　Sepic 变换器工作状态的等效电路

a）开关 VT 导通　b）开关 VT 截止

2）当控制开关 VT 关断时，输入/输出环路如图 5-12b 所示。此时形成两个电流回路，第一个是电源 U_S→L_1→C_1→VD→负载 R 的回路，U_S 和 L_1 储能同时向 C_1 和负载馈送，u_{L1} 的极性是左负右正，C_1 储能增加，极性左正右负，C_2 充电，L_1 储能减少。第二个是 L_2→VD→负载的续流回路，L_2 释放储能到 C_2 和负载，u_{L2} 的极性是上正下负，VD 导通；C_2 极性为上正下负；负载 R 电压的极性为上正下负，与电源电压极性相同。此时流过 VD 的电流为 $i_D=i_1+i_2$。

3. 基本数量关系

1）开关 VT 导通时，工作状态如图 5-12a 所示。

在电流的第一回路中，电源电压 U_S 直接加在电感 L_1 上，则 $u_{L1}=U_S$；在电流的第二回路中，电容电压 u_{C1} 直接加在电感 L_2 上，则 $u_{C1}=u_{L2}$；在电流的第三回路中，由于 C_2 容量很大，u_{C2} 电压变化不大，则 $u_{C2}=U_o$。

2）开关 VT 关断时，工作状态如图 5-12b 所示。

在第一电流回路中，电感 L_1 上的电压 $-u_{L1}=u_{C1}+u_{C2}-U_S$；在第二电流回路中，$-u_{L2}=u_{C2}=U_O$。

根据电感两端电压 u_L 符合伏秒平衡特性，参考上面的分析得

在电感 L_1 上有
$$U_St_{on}=(u_{C1}+u_{C2}-U_S)t_{off} \tag{5-16}$$

而在电感 L_2 上有
$$u_{C1}t_{on}=u_{C2}t_{off} \tag{5-17}$$

解得 $u_{C1}=U_S$，代入式（5-16）得输出电压

$$U_o=\frac{t_{on}}{t_{off}}U_S=\frac{t_{on}}{T-t_{on}}U_S=\frac{D}{1-D}U_S \tag{5-18}$$

可见分析结果与 Buck-Boost 变换器相同。

5.2.6　Zeta 直流斩波电路（Zeta 斩波器）

1. 电路结构

Zeta 斩波器也是正输出变换器，其输出电压极性和输入电压极性相同。Zeta 直流斩波电路原理如图 5-13 所示。由于 C_1 的容量很大，稳态时 C_1 的电压 u_{C1} 保持恒定。假设电路已进入稳态，电容 C_1 已经储能，极性右正左负。这时，电路有导通和关断两种工作模式，其工作原理如下。

2. 工作原理

1）当控制开关 VT 导通时，此时变换器有两个电流回路：第一个是电源 U_S→VT→L_1 回

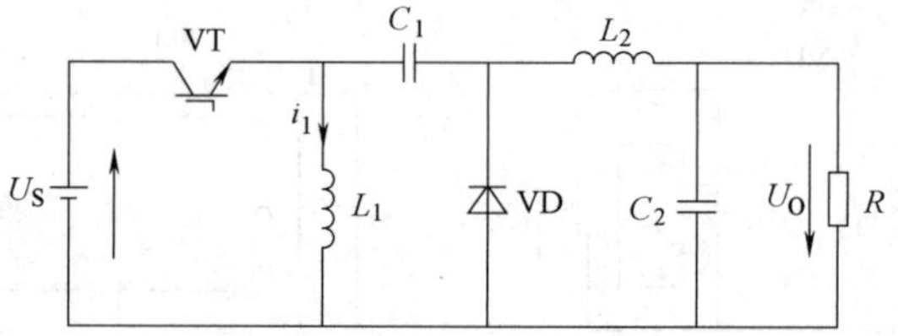

图 5-13 Zeta 直流斩波电路原理图

路，在 U_S作用下 L_1储能，u_{L1}的极性是上正下负，环路电流为 i_1；第二个是 U_S→VT→C_1→L_2→负载 R 回路，U_S与 C_1放电，L_2储能，u_{L2}的极性是左正右负；C_2充电，负载电压极性为上正下负；二极管 VD 关断。开关 VT 中流过的电流为 $i_S=i_1+i_2$。输入/输出闭合环路如图 5-14a 所示。

2）当控制开关 VT 关断时，VD 导通，L_1和 L_2通过 VD 续流，形成两个续流回路。第一个回路是由 L_1→VD→C_1构成，电感 L_1储能向 C_1转移。u_{L1}的极性是下正上负，C_1储能增加，极性右正左负。第二个是 VD→L_2→负载 R 的续流回路，L_2和 C_2的储能释放到负载。输入/输出环路如图 5-14b 所示，C_2极性为上正下负；负载 R 电压的极性为上正下负。此时流过 VD 的电流为 $i_D=i_1+i_2$。

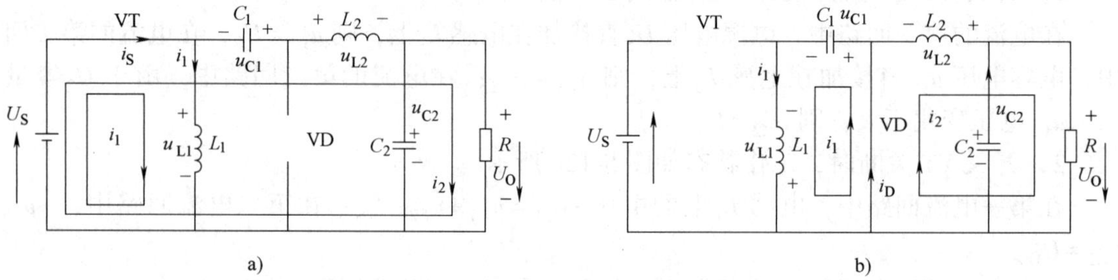

图 5-14 Zeta 变换器工作状态的等效电路

a）开关 VT 导通 b）开关 VT 关断

3. 基本数量关系

1）开关 VT 导通时，工作状态的等效电路如图 5-14a 所示。

在第一个电流回路中，电源电压 U_S直接加在电感 L_1上，则 $u_{L1}=U_S$；在第二个电流回路中，有 $U_S+u_{C1}=u_{L2}+u_{C2}=u_{L2}+U_O$，则 $u_{L2}=U_S+u_{C1}-u_{C2}=U_S+u_{C1}-U_O$。

2）开关 VT 关断时，工作状态的等效电路如图 5-14b 所示。

在第一个电流回路中，电感 L_1上的电压 $-u_{L1}=u_{C1}$；在第二个电流回路中，$-u_{L2}=u_{C2}=U_O$。

根据电感两端电压 u_L符合伏秒平衡特性，参考上面的分析得

在电感 L_1上有
$$U_S t_{on}=u_{C1}t_{off} \tag{5-19}$$

在电感 L_2上有
$$(U_S+u_{C1}-u_{C2})t_{on}=u_{C2}t_{off}=U_O t_{off} \tag{5-20}$$

解得 $u_{C1}=u_{C2}$，代入式（5-20）得输出电压表达式

$$U_O=\frac{t_{on}}{t_{off}}U_S=\frac{t_{on}}{T-t_{on}}U_S=\frac{D}{1-D}U_S \tag{5-21}$$

可见分析结果与 Buck-Boost 变换器相同。输出相对于输入也是既可以升压又可以降压，且输出与输入电压极性相同。

各种不同的直流斩波电路有各自不同的特点和应用场合，表 5-1 是各种直流斩波电路的比较。表中 U_S 为斩波器的输入电压，U_O 为斩波器的输出电压，D 为占空比。

表 5-1　各种直流斩波电路的比较

电路	特　点	输出电压公式	应用领域
降压型	只能降压不能升压，输出与输入同相，输入电流脉动大，输出电流脉动小，结构简单	$U_O=DU_S$	直流电动机调速和开关稳压电源
升压型	只能升压不能降压，输出与输入同相，输入电流脉动小，输出电流脉动大，不能空载工作，结构简单	$U_O=\frac{1}{1-D}U_S$	开关稳压电源和功率因数校正电路
升降压型	能降压能升压，输出与输入反相，输入、输出电流脉动大，不能空载工作，结构简单	$U_O=\frac{D}{1-D}U_S$	开关稳压电源
Cuk	能降压能升压，输出与输入反相，输入、输出电流脉动小，不能空载工作，结构复杂	$U_O=\frac{D}{1-D}U_S$	对输入/输出纹波要求高的反相型开关稳压电源
Sepic	能降压能升压，输出与输入同相，输入电流脉动小，输出电流脉动大。不能空载工作，结构复杂	$U_O=\frac{D}{1-D}U_S$	升压型功率因数校正电路
Zeta	能降压能升压，输出与输入同相，输入电流脉动大，输出电流脉动小，不能空载工作，结构复杂	$U_O=\frac{D}{1-D}U_S$	对输出纹波要求高的升降压型开关稳压电源

5.2.7　H 桥式直流斩波电路

1. 电路结构

H 桥式直流斩波电路原理图如图 5-15 所示。该电路有两个桥臂，每个桥臂由两个斩波开关 VT 及与它们反并联的二极管组成。同一桥臂的两个开关不能同时处于导通状态，否则就会造成直流电源短路。在 H 桥式直流-直流变换器中，其输出电压 U_O 是极性可变、幅值可调的直流电，输出电流 i_O 的幅值和方向也是可变的。因此该变换器可以在四个象限运行。

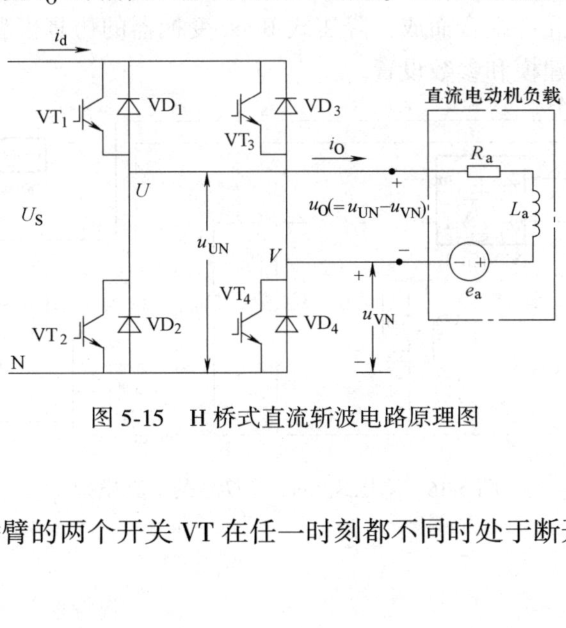

图 5-15　H 桥式直流斩波电路原理图

2. 工作原理

如果变换器同一桥臂的两个开关 VT 在任一时刻都不同时处于断开状态，则输出电压 u_O

完全由开关的状态决定。以负直流母线 N 为参考点，U 点的电压 u_{UN}，由如下的开关状态决定：当 VT_1 导通时，正的负载电流 i_O 将流过 VT_1；或当 VD_1 导通时，负的负载电流 i_O 将流过 VD_1，则 U 点的电压为

$$u_{UN}=U_S \tag{5-22}$$

类似地，当 VT_2 导通时，负的负载电流 i_O 将流入 VT_2；或当 VD_2 导通时，正的负载电流 i_O 将流过 VD_2，则 U 点的电压为

$$u_{UN}=0 \tag{5-23}$$

综上所述，u_{UN} 仅取决于桥臂 U 是上半部分还是下半部分导通，而与负载电流 i_O 的方向无关，因此 u_{UN} 为

$$u_{UN}=\frac{U_S t_{on}+0\cdot t_{off}}{T}=U_S D_{VT1} \tag{5-24}$$

式中，t_{on} 和 t_{off} 分别是 VT_1 的导通时间和断开时间，D_{VT1} 是开关 VT_1 的占空比。由此可知，u_{UN} 仅取决于输入电压 U_S 和 VT_1 的占空比 D_{VT1}。

类似地，
$$U_{VN}=U_S D_{VT3} \tag{5-25}$$

因此，输出电压 $U_O=u_{UN}-u_{VN}$ 也与变换器的输入电压 U_S、开关占空比 D_{VT1} 和 D_{VT3} 有关，而与负载电流 i_O 的大小和方向无关。

5.3 直流-直流变换电路的仿真

5.3.1 直流斩波电路的仿真

1. 降压式直流斩波电路（Buck 变换器）的仿真

降压式直流斩波电路（Buck 变换器）原理图如图 5-3 所示。

（1）电路的建模

此电路由直流电源 U_S、绝缘栅双极型晶体管（IGBT）VT、二极管 VD、脉冲信号发生器、负载和储能电感等元件组合而成，降压式 Buck 变换器的仿真模型如图 5-16 所示。下面介绍此系统各个部分的建模和参数设置。

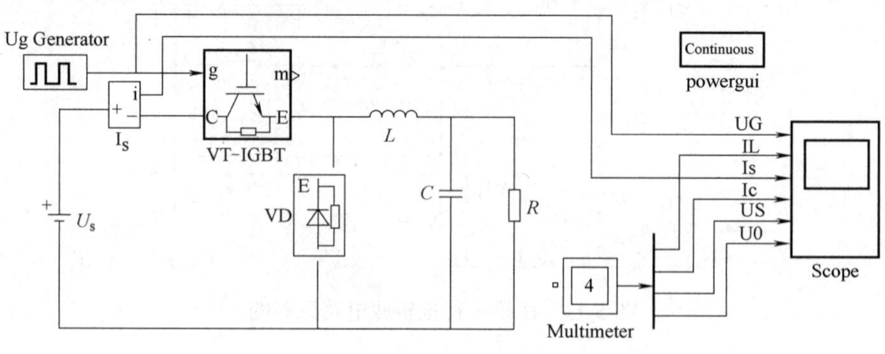

图 5-16　降压式 Buck 变换器的仿真模型

1）仿真模型中用到的主要模块、提取的路径和作用。

① 直流电源 U_S：SimPower System/Electrical Sources/DC Voltage Source，输入直流电源。

② 绝缘栅双极型晶体管 VT：SimPower System/Power Electronics/IGBT，开关管。

③ 二极管 VD：SimPower System/Power Electronics/Diode，续流二极管。

④ 脉冲信号发生器：Simulink/Sources/Pulse Generator，产生 PWM 控制信号。

⑤ 负载电阻：SimPower System/Elements/Series RLC Branch。

⑥ 储能电感：SimPower System/Elements/Series RLC Branch。

⑦ 电压测量：SimPowerSystem/Measurements/Voltage Measurement。

⑧ 电流测量：SimPowerSystem/Measurements/Current Measurement。

⑨ 示波器：Simulink/Sinks/Scope。

2）仿真模型中模块参数值的设置。

① 电压源 U_S 设置为 100 V。

② 开关 IGBT 模块的参数设置如图 5-17 所示，为默认值。

③ 续流二极管 Diode 模块的参数设置如图 5-18 所示，为默认值。

电流测量模块、电压测量模块、续流二极管模块和开关管 IGBT 模块的参数设置为默认值，这些模块后续模型还要用到。

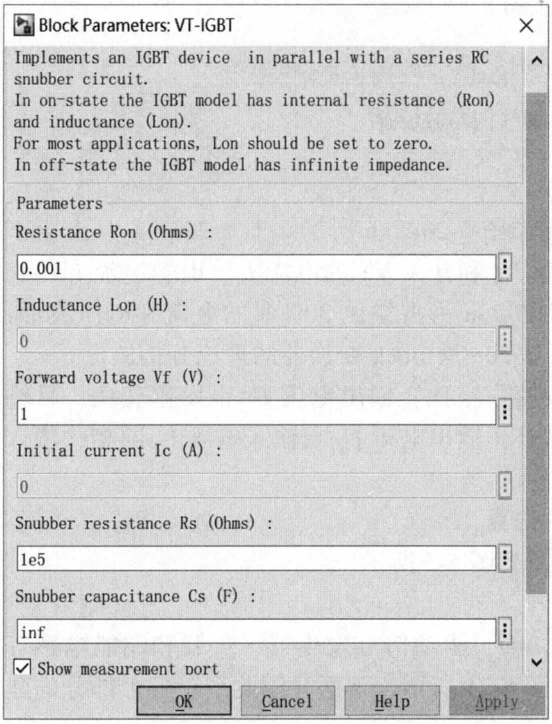

图 5-17　开关管 IGBT 模块的参数设置

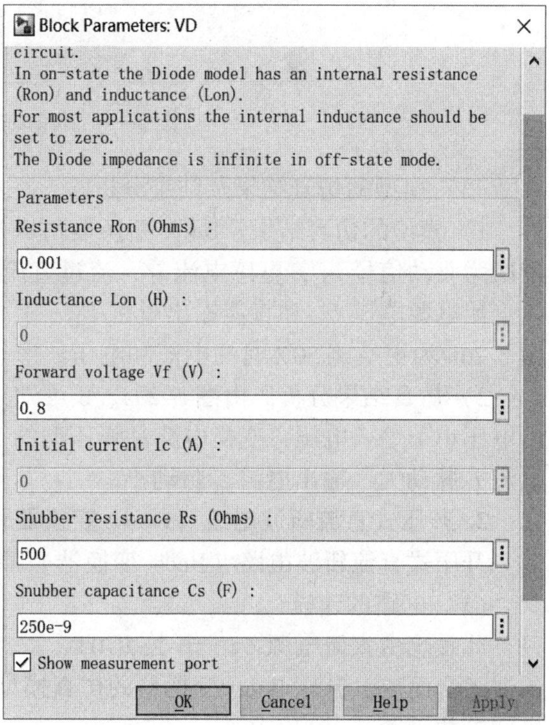

图 5-18　续流二极管模块的参数设置

④ 脉冲发生器模块的参数设置如图 5-19 所示，此模块的参数设置是至关重要的。

⑤ 负载电阻 $R=10\,\Omega$，电容 $C=20\,\mu F$，电感 $L=2\,mH$。

（2）模型的仿真参数

算法为 ode23tb，仿真开始时间设为 0，停止时间设为 0.001 s，相对误差 1e-5。

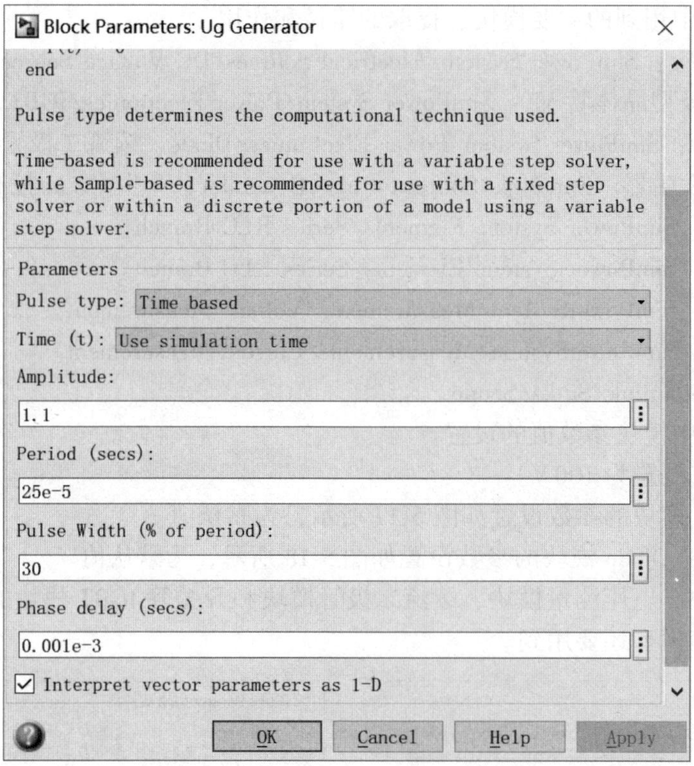

图 5-19　脉冲发生器模块的参数设置

（3）模型的仿真结果及结果分析

1）模型的仿真结果。Buck 变换器仿真波形如图 5-20a、b 所示。图 5-20a、b 从上至下依次为驱动信号 u_G，电感电流 i_L，流过直流电源 U_S 和开关 VT 的电流 I_S、电容电流 i_C，输入直流电源电压 U_S 和直流输出电压 U_O。其中图 5-20a 为占空比 30%时的电流和电压波形，图 5-20b 为占空比 50%时的电流和电压波形。图 5-20c 是 Buck 变换器的理论分析波形。

2）仿真结果分析。由图 5-20a、b 可知，改变占空比，输出电压 U_O 也发生变化，且输出电压小于输入电压，变换电路是降压型的。另外，输出电压 U_O 与输入电压 U_S 同相；输入电流 I_S 脉动大，输出电流 i_L 脉动小。

2. 升压式直流斩波电路（Boost 变换器）的仿真

升压式直流斩波电路（Boost 变换器）原理图如图 5-5 所示。

（1）电路的建模

此系统由直流电源 U_S、开关 IGBT、二极管 VD、驱动信号发生器、负载和储能电感等元件组合而成，升压 Boost 变换器的仿真模型如图 5-21 所示。下面介绍此系统各个部分的建模和参数设置。

仿真模型中模块的参数设置如下。

① 电压源 U_S 设置为 100V。

② 开关 IGBT、续流二极管 Diode 模块的参数设置与 Buck 模型相同，为默认值。

③ 脉冲发生器模块的参数设置如图 5-22 所示，占空比 $D=30\%$。

④ 负载电阻 $R=10\,\Omega$，电容 $C=100\,\mu F$，电感 $L=0.5\,mH$。

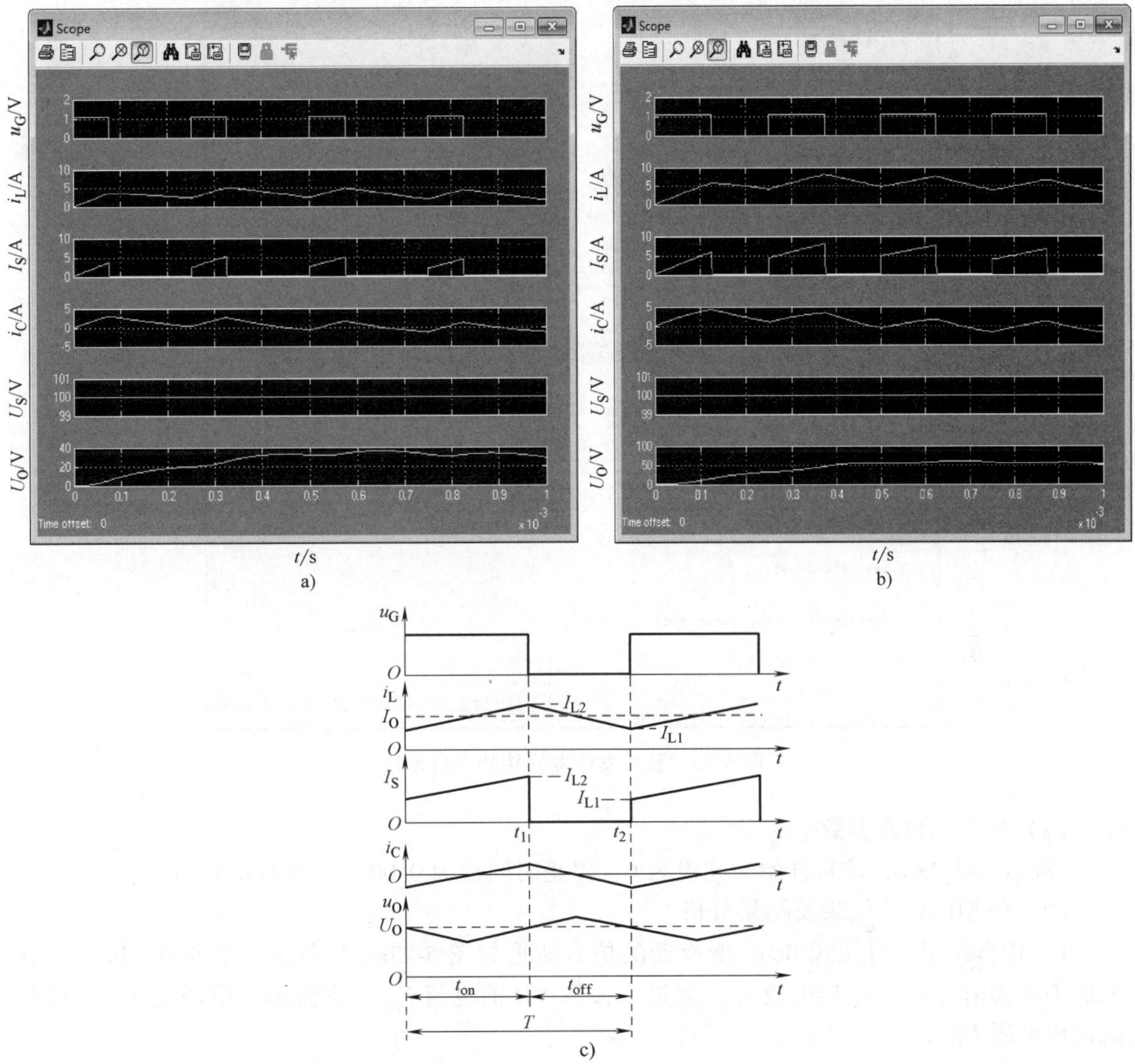

图 5-20　Buck 变换器仿真波形和理论分析波形

a）$D=30\%$　b）$D=50\%$　c）理论分析波形

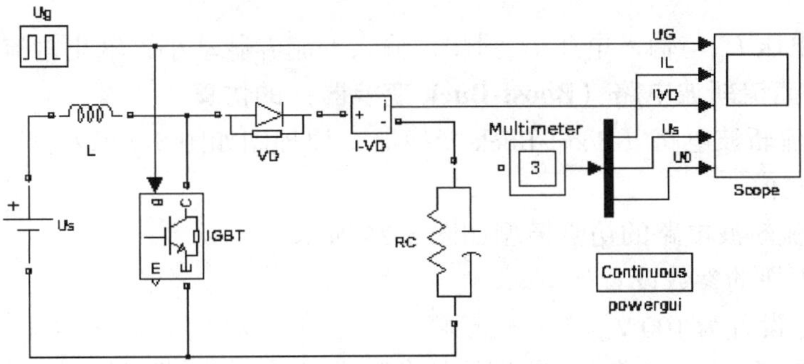

图 5-21　升压式 Boost 变换器的仿真模型

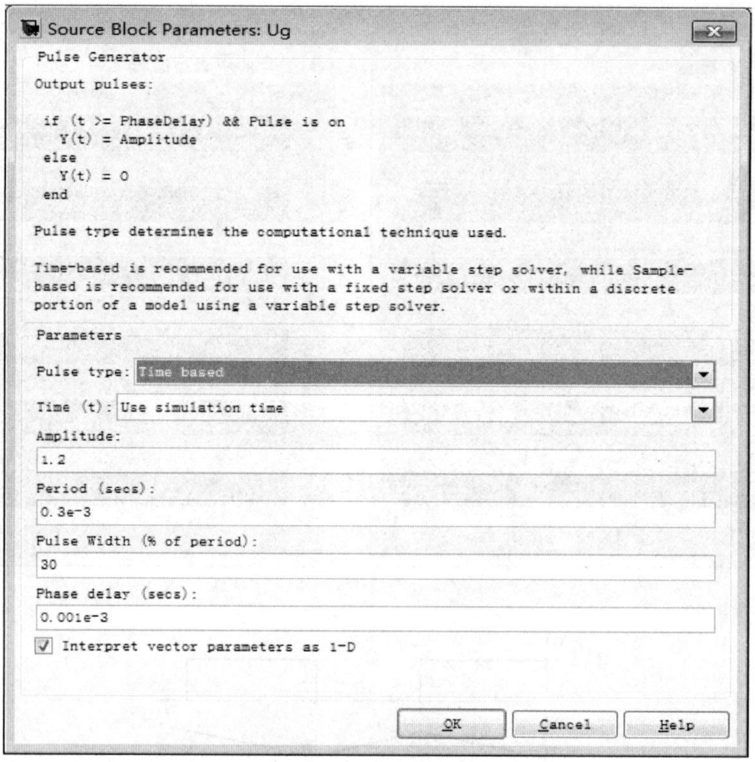

图 5-22　脉冲发生器模块的参数设置

（2）模型的仿真参数

算法选 ode23tb，仿真开始时间设为 0，停止时间设为 0.005 s，相对误差 1e−5。

（3）模型的仿真结果及结果分析

1）仿真结果。升压式 Boost 变换器的仿真波形如图 5-23a、b 所示。图 5-23a 从上至下依次为驱动信号 u_G、电感电流 i_L、流过二极管 VD 的电流 i_{VD}、直流输入电源电压 U_S 和直流输出电压 U_O。

2）仿真结果分析。由图 5-23 可知：$D=50\%$时，电路稳态输出的是 200 V 并有少许纹波的直流电压，输出电压大于输入电压（100 V），仿真结果与升压变换器的理论吻合；改变占空比，比较图 5-23a 和 b 不难看出，输出电压 U_O也发生变化，且变换电路是升压型的。

另外，输出电压 U_O与输入电压 U_S同相；输入电流 i_L脉动小，输出电流 i_{VD}脉动大。

3. 升-降压式直流斩波电路（Boost-Buck 变换器）的仿真

升-降压式直流斩波电路（Boost-Buck 变换器）原理图如图 5-7 所示。

（1）电路的建模

升-降压式直流斩波电路的仿真模型如图 5-24 所示。

仿真模型中模块的参数设置如下。

① 电压源 U_S 设置为 100 V。

② 开关 IGBT、续流二极管 Diode 模块的参数设置与 Buck 模型相同，为默认值。

③ 脉冲发生器模块的参数设置。

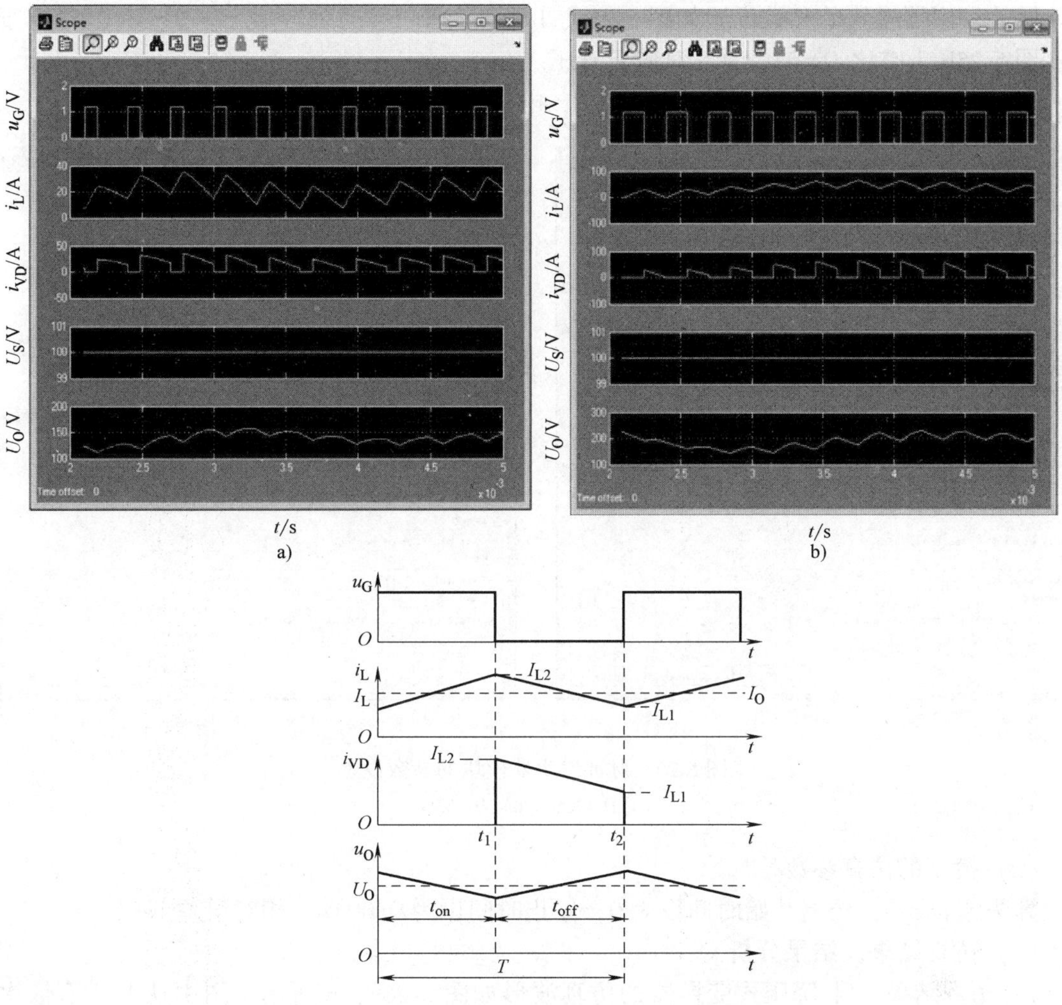

图 5-23　升压式 Boost 变换器的仿真波形和理论分析波形

a）$D=30\%$　b）$D=50\%$　c）理论分析波形

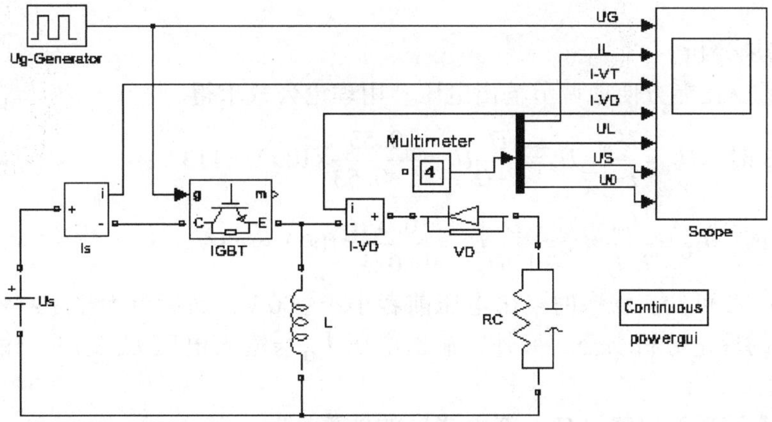

图 5-24　升-降压式直流斩波电路的仿真模型

脉冲发生器模块的参数设置如图 5-25a、b 所示。图 5-25a 占空比 $D=30\%$时，对应于降压；图 5-25b 占空比 $D=53\%$时，对应于升压。

④ 负载电阻 $R=10\,\Omega$，电容 $C=200\,\mu F$，电感 $L=0.35\,mH$。

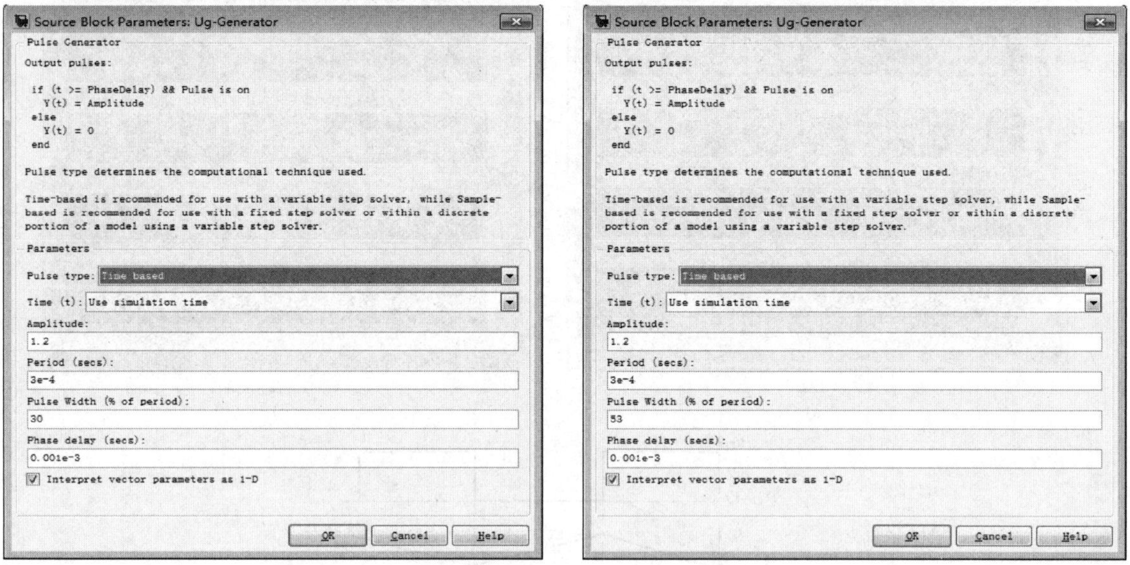

a)　　　　　　　　b)

图 5-25　脉冲发生器模块的参数设置

a) $D=30\%$　b) $D=53\%$

（2）模型的仿真参数

算法选 ode45，仿真开始时间设为 0，停止时间设为 0.004 s，相对误差 1e−3。

（3）仿真结果及结果分析

1）仿真结果。升-降压式变换器的仿真波形如图 5-26a、b 所示。图中从上至下依次为驱动信号 u_G、电感电流 i_L、开关 VT 的电流 i_T、二极管 VD 的电流 i_{VD}、电感电压 u_L、直流电源电压 U_S 和直流输出电压 U_O。其中图 5-26a 为占空比 30% 时的电流和电压波形，图 5-26b为占空比 53% 时的电流和电压波形。图 5−26c 为 Boost-Buck 变换器的理论分析波形。

2）仿真结果分析。

通过改变占空比能方便地调节输出电压。用理论公式求得

当 $D=0.53$ 时，$U_O=\dfrac{t_{on}}{T-t_{on}}U_S=\dfrac{D}{1-D}U_S=\dfrac{0.53}{1-0.53}\times 100\,V=113\,V$；

当 $D=0.3$ 时，$U_O=\dfrac{t_{on}}{T-t_{on}}U_S=\dfrac{D}{1-D}U_S=\dfrac{0.3}{1-0.3}\times 100\,V\approx 43\,V$。

由图 5-26a、b 可知：稳态时输出电压前者小于 100 V，而后者大于 100 V，仿真结果与升-降压变换器的理论分析吻合。另外，输出电压 U_O 与输入电压 U_S 反向；输入电流 i_T、输出电流 i_{VD} 脉动大。

4. 库克式直流斩波电路（Cuk 变换器）的仿真

库克式直流斩波电路原理图如图 5-9 所示。

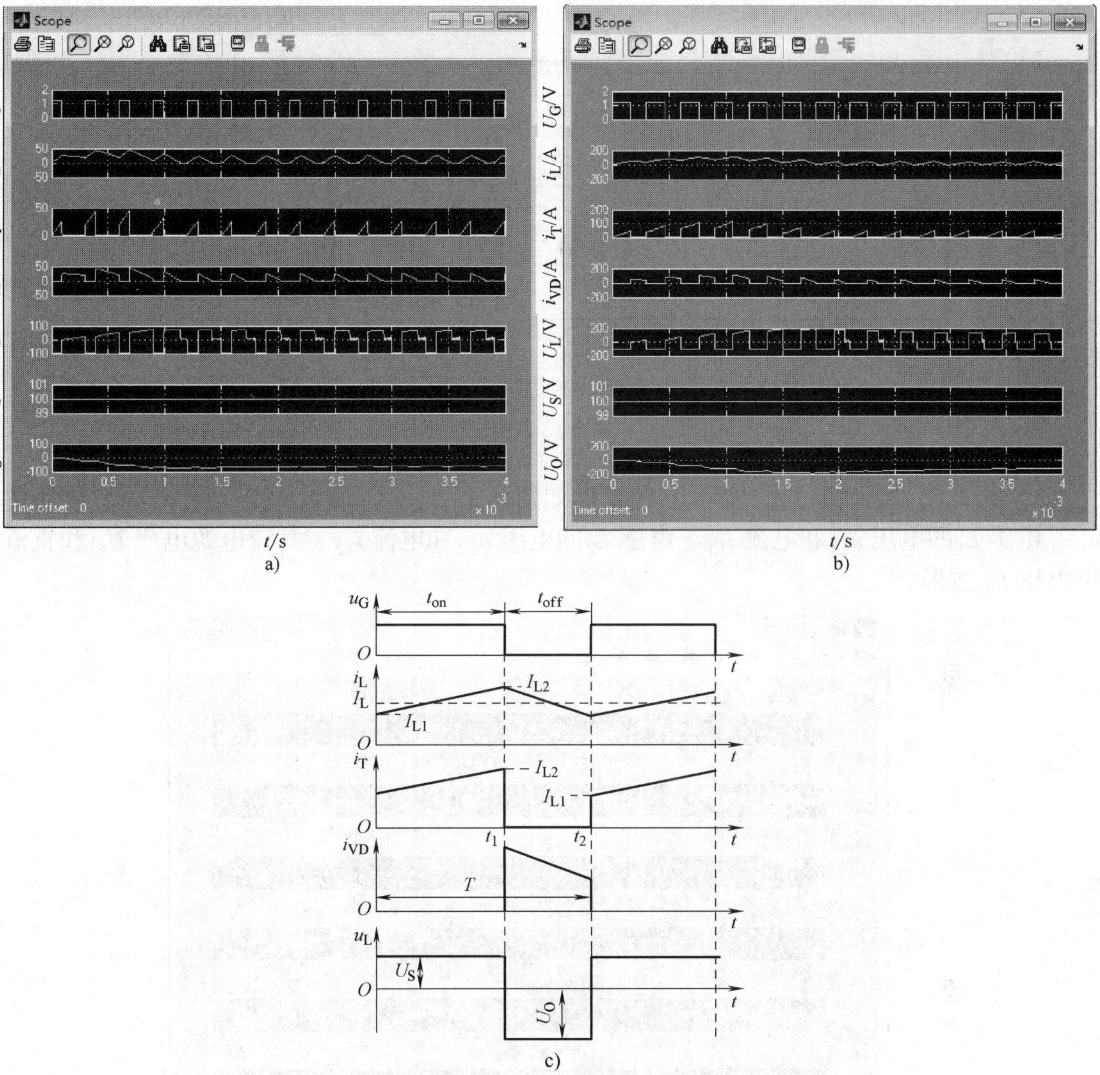

图 5-26　Boost-Buck 变换器的仿真波形

a）$D=30\%$　b）$D=53\%$　c）理论分析波形

（1）电路的建模

此系统由直流电源 U_S、开关 IGBT、二极管 VD、驱动信号发生器、负载和储能电感等元件组合而成。Cuk 升-降压式直流斩波电路的仿真模型如图 5-27 所示。

仿真模型中模块的参数设置如下。

① 电压源 U_S 设置为 100 V。

② 开关 IGBT、续流二极管 VD 模块的参数设置与 Buck 模型相同，为默认值。

③ 脉冲发生器模块的参数设置：占空比 $D=30\%$。

④ 负载电阻 $R=10\,\Omega$，电容 $C=5\,\mu F$，电感 $L_1=L_2=2\,mH$。

（2）模型的仿真参数

算法选 ode23tb，仿真开始时间设为 0，停止时间设为 0.001 s，相对误差 1e−5。

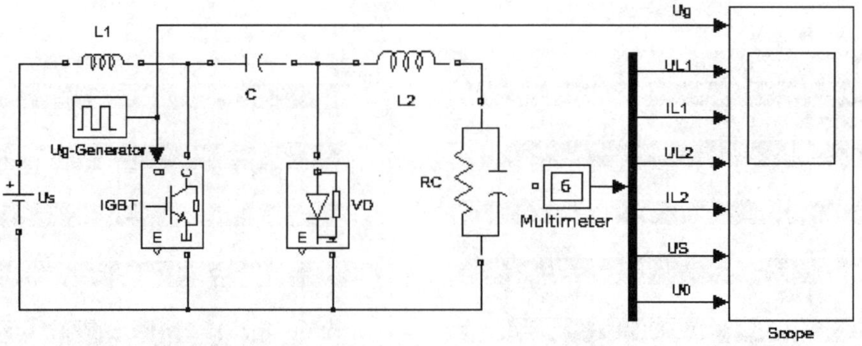

图 5-27　Cuk 升-降压式直流斩波电路的仿真模型

(3) 仿真结果及结果分析

1) 仿真结果。Cuk 变换器的仿真波形如图 5-28 所示。图中从上至下依次为驱动信号 u_G、电感 L_1的电压 u_{L1}和电流 i_{L1}、电感 L_2的电压 u_{L2}和电流 i_{L2}、直流电源电压 U_S 和直流输出电压 U_O波形。

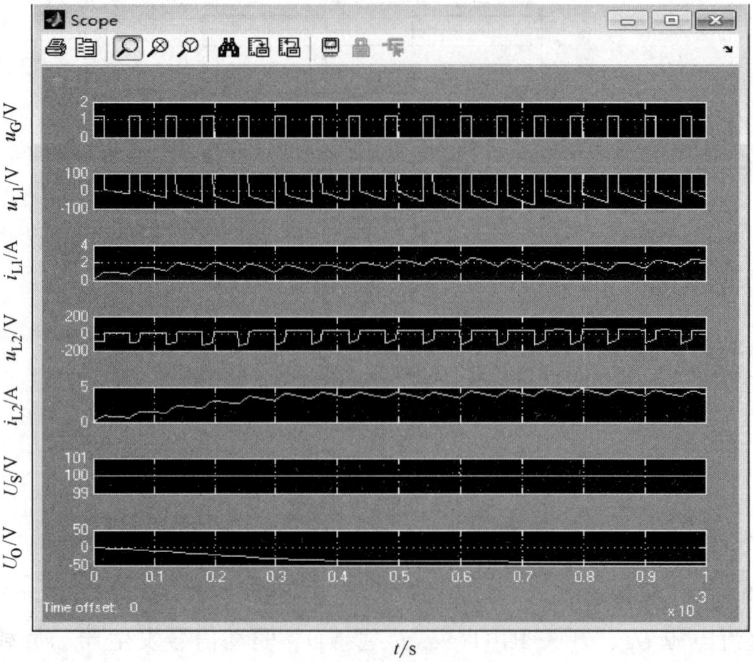

图 5-28　Cuk 变换器的仿真波形

2) 仿真结果分析。

库克变换器既可以实现升压也可以实现降压。当 $D<0.5$ 时库克变换器为降压变换器，通过示波器的输出波形可看出；当 $D>0.5$ 时为升压变换器，电路的优点是：输出直流电压的纹波明显小于升降压变换器输出的纹波。后两点请读者自行验证。

另外，输出电压 U_O与输入电压 U_S反向；输入电流 i_{L1}、输出电流 i_{L2}脉动小。

5. Sepic 直流斩波电路的仿真

Sepic 变换器是正输出变换器，其输出电压极性和输入电压极性相同。其电路原理图如

图 5-11 所示。与 Cuk 变换器类似，由于 C_1的容量很大，稳态时 C_1的电压 u_{C1}基本保持恒定。

（1）电路的建模

Sepic 升-降压式直流斩波电路的仿真模型如图 5-29 所示。

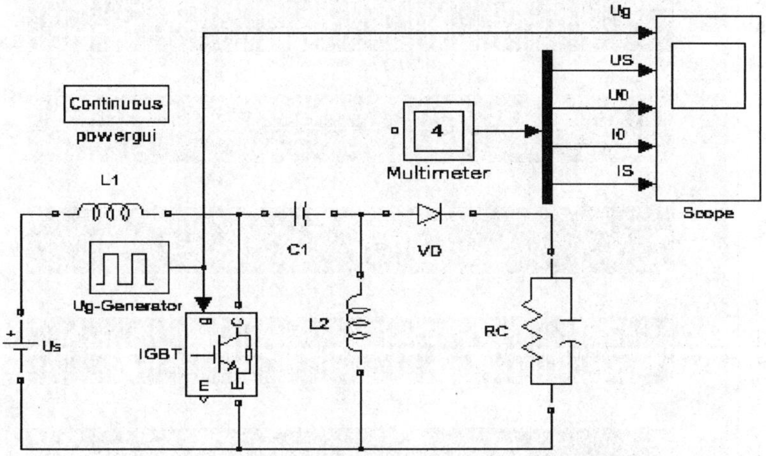

图 5-29　Sepic 升-降压式直流斩波电路的仿真模型

仿真模型中模块的参数设置如下。

① 电压源 U_S 设置为 100 V。

② 开关管 IGBT、续流二极管 VD 模块的参数设置与 Buck 模型相同，为默认值。

③ 脉冲发生器模块的参数设置：占空比 $D=60\%$。

④ 负载电阻 $R=10\,\Omega$，电容 $C=5\,\mu F$；电感 $L_1=L_2=2\,mH$，电容 $C_1=1.5\,\mu F$。

（2）模型的仿真参数

算法选 ode23tb，仿真开始时间设为 0，停止时间设为 0.004 s，相对误差 1e−5。

（3）仿真结果及结果分析

1）仿真结果。Sepic 变换器的仿真波形如图 5-30 所示。图中从上至下依次为驱动信号 u_G、直流输入电压 U_S 和直流输出电压 U_O、输出电流 I_O和输入电流 I_S波形。

2）仿真结果分析。

Sepic 变换器既可以实现升压也可以实现降压。当 $D<0.5$ 时 Sepic 变换器为降压变换器，通过示波器的输出波形可以看出；当 $D>0.5$ 时为升压变换器。

另外，输出电压 U_O与输入电压 U_S同向；输入电流 I_S脉动小，输出电流 I_O脉动大。

6. Zeta 直流斩波电路的仿真

Zeta 斩波器也是正输出变换器，其输出电压极性和输入电压极性相同。其电路原理图如图 5-13 所示。与 Cuk 斩波器相比，Zeta 斩波器是将 Cuk 斩波器的 L_1与 VT 对调、并改变 VD 的方向后形成的。

（1）电路的建模

Zeta 升-降压式直流斩波电路的仿真模型如图 5-31 所示。

仿真模型中模块的参数设置如下。

① 电压源 U_S 设置为 100 V。

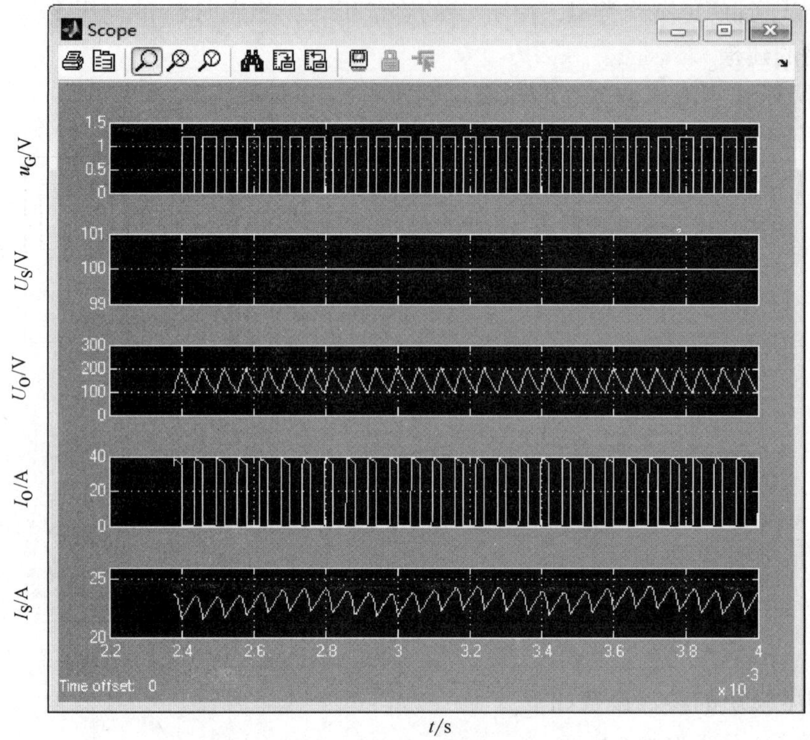

图 5-30　Sepic 变换器的仿真波形

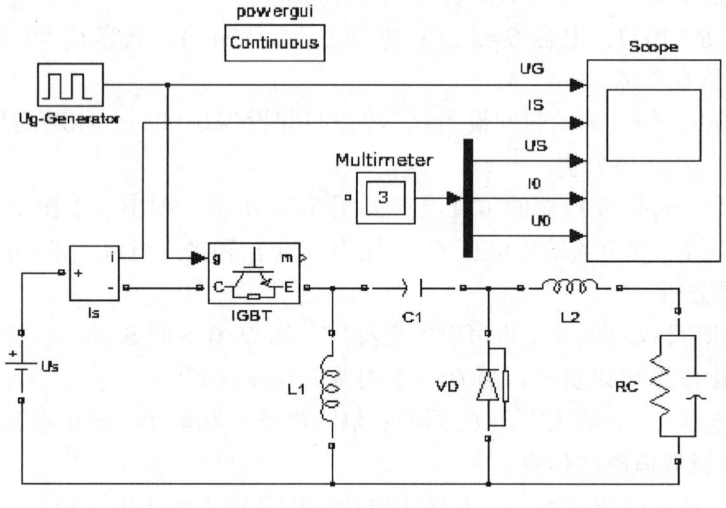

图 5-31　Zeta 升降压式直流斩波电路的仿真模型

② 开关管 IGBT、续流二极管 VD 模块的参数设置与 Buck 模型相同，为默认值。

③ 脉冲发生器模块的参数设置：占空比 $D=52\%$。

④ 负载电阻 $R=10\,\Omega$，电容 $C=200\,\mu F$；电感 $L_1=L_2=0.35\,mH$，电容 $C_1=200\,\mu F$。

（2）模型的仿真参数

算法选 ode45，仿真开始时间设为 0，停止时间设为 0.005 s，相对误差 1e−3。

（3）仿真结果及结果分析

1）仿真结果。Zeta 变换器的仿真波形如图 5-32 所示。图中从上至下依次为驱动信号 u_G、输入电流 I_S、直流输入电压 U_S、输出电流 I_O和直流输出电压 U_O波形。

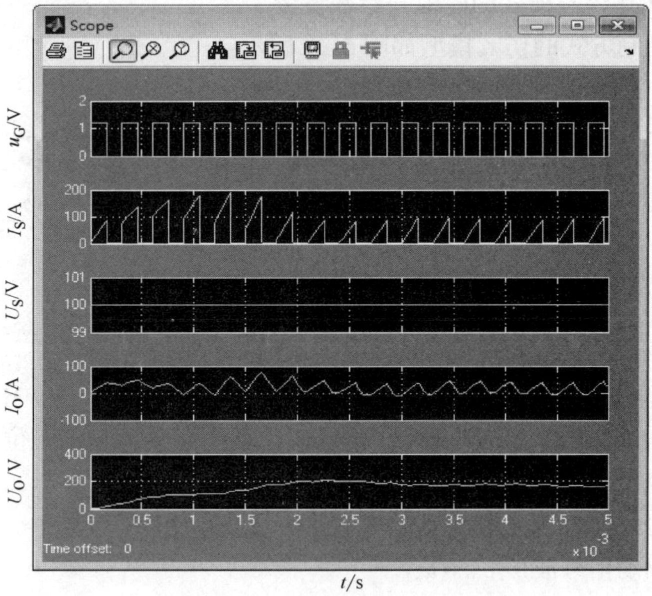

图 5-32　Zeta 变换器的仿真波形

2）仿真结果分析。

Zeta 变换器既可以实现升压也可以实现降压。通过示波器的输出波形可以看出；当 $D>0.5$ 时为升压变换器。另外，输出电压 U_O与输入电压 U_S同向；输入电流 I_S脉动大，输出电流 I_O脉动小。

5.3.2　H 桥直流变换器的仿真

1. H 桥 PWM 直流变换器工作原理

H 桥 PWM 直流变换器工作原理电路结构和 PWM 控制信号如图 5-33 所示。

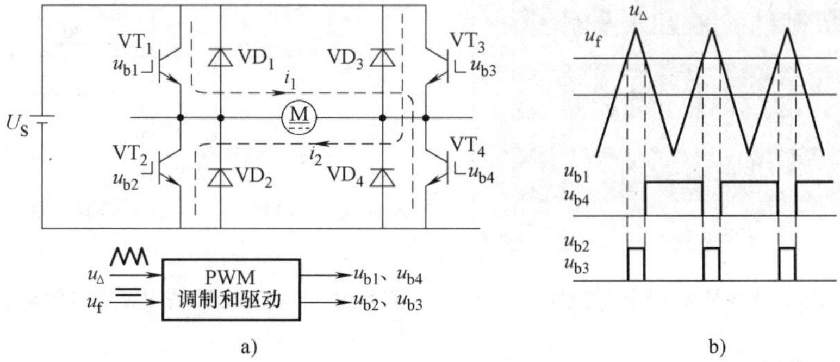

图 5-33　H 桥 PWM 直流变换器工作原理电路结构和 PWM 控制信号

a）电路结构　b）PWM 控制信号

2. H 桥 PWM 直流变换器双极式控制模式的建模与仿真

H 桥 PWM 可逆直流变换电路的双极式工作模式是 VT_1和 VT_4、VT_2和 VT_3两两成对并按照 PWM 方式同时导通和关断，工作于互补状态。

（1）双极式 PWM 控制模式的建模与参数设置

双极式 PWM 控制方式的仿真模型如图 5-34 所示。

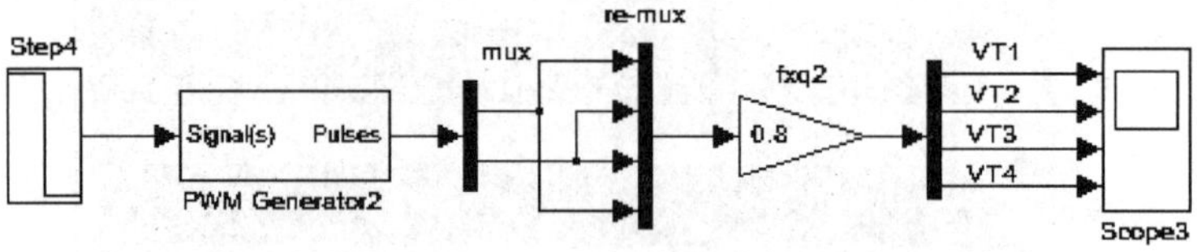

图 5-34　双极式 PWM 调制方式的仿真模型

参数设置如下。

输入阶跃信号的阶跃时间为 0.5 s；初始值 0.5，终了值-0.5。PWM Generator 的调制频率设置为 15 Hz，频率设置得比较低是为了能够看出 4 个驱动信号的相位关系。

（2）双极式 PWM 调制方式的仿真结果与分析

仿真选择的算法为 ode23t；仿真开始时间设为 0，停止时间设为 1 s。图 5-35 从上至下依次是双极式 PWM 驱动信号波形 $u_{g1} \sim u_{g4}$。

双极式 PWM 驱动信号波形如图 5-35 所示。

由图 5-35 可见，驱动信号完全符合：VT_1和 VT_4、VT_2和 VT_3两两成对并按照 PWM 方式同时导通和关断，并且工作于互补状态。

3. H 桥 PWM 双极式直流斩波电路的建模与仿真

（1）电气原理结构图

双极式 H 桥 PWM 直流斩波电路原理图如图 5-36 所示。

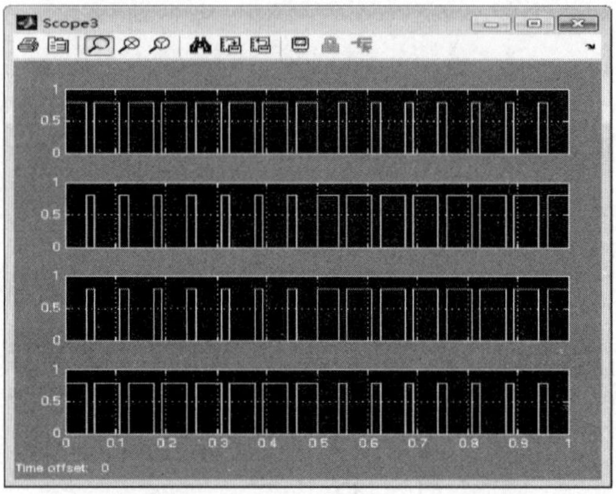

图 5-35　双极式 PWM 驱动信号波形

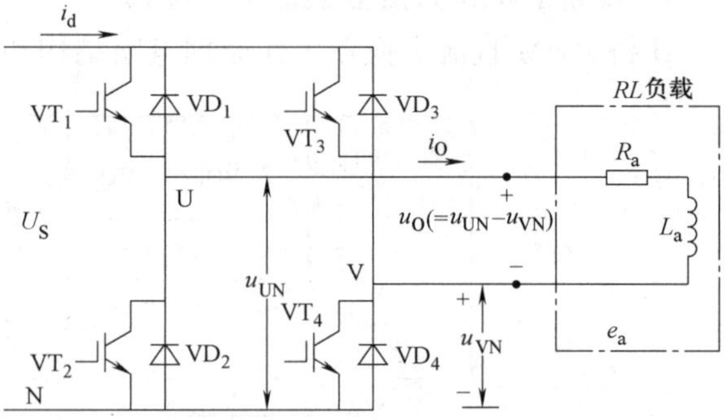

图 5-36　双极式 H 桥 PWM 直流斩波电路原理图

（2）电路的建模

双极式 H 桥 PWM 直流斩波电路的仿真模型如图 5-37 所示。

1）仿真模型中主要模块的提取路径。

① 变流器桥 Universal Bridge：SimPower System/Power Electronics/Universal Bridge。

② 阶跃信号 Step：Simulink/Sources/Step。

③ PWM 信号发生器：SimPower System/Control Blocks/PWM Generator。

④ 平均值输出：SimPower Systems/Extra Library/Measurements/Mean Value。

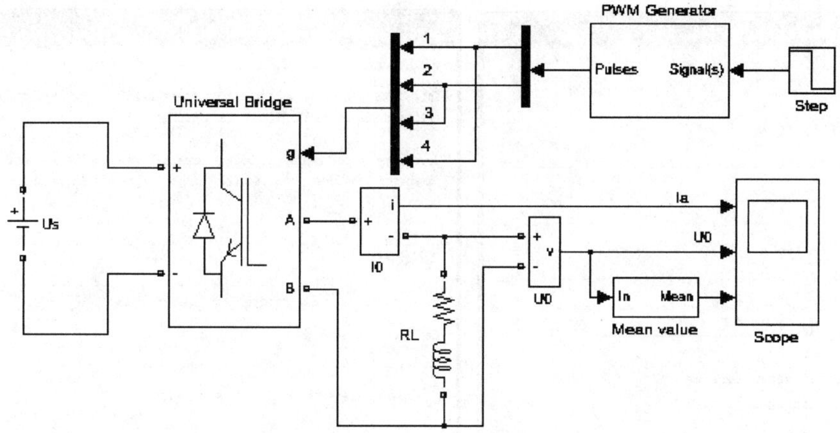

图 5-37　双极式 H 桥 PWM 直流斩波电路的仿真模型

2）仿真模型中主要模块的参数设置：

① 电源 U_S 设置为 80 V。

② 变流器桥（Universal Bridge）的参数设置如图 5-38 所示，整流器桥臂数为 2，即为 H 桥。

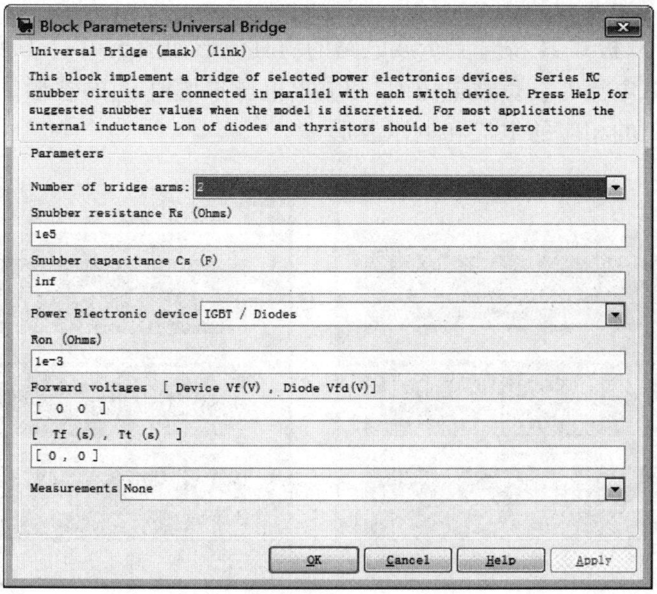

图 5-38　变流器桥的参数设置

③ Step 模块的参数设置如图 5-39 所示。

阶跃时间（Step time）确定了双极性控制的变极性时间；阶跃输入为调制信号，它的大小决定了输出脉冲波的宽度。

④ PWM 发生器模块的参数设置如图 5-40 所示。

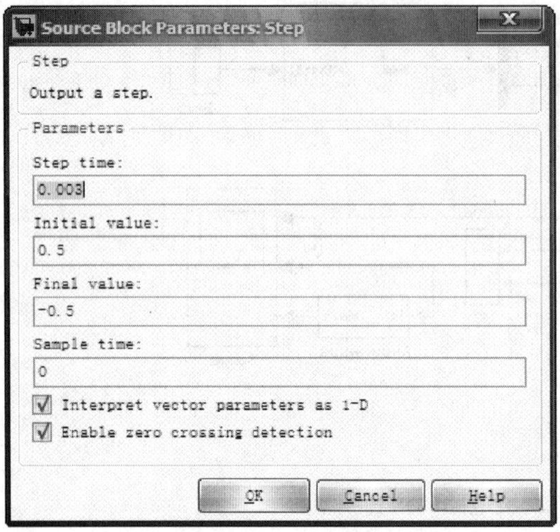

图 5-39　Step 模块的参数设置

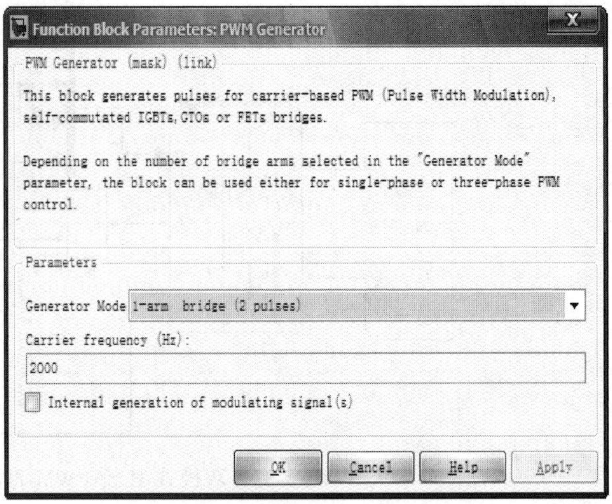

图 5-40　PWM 发生器模块的参数设置

⑤ 负载电阻 $R=2\,\Omega$，电感 $L=1\,\text{mH}$。

（3）模型的仿真参数设置

算法选 ode23tb，仿真开始时间设为 0，停止时间设为 0.006 s，相对误差 1e−6。

（4）仿真结果及结果分析

1）仿真结果。双极式 H 桥直流斩波电路的仿真波形如图 5-41a、b 所示。图 5-41a 从上至下依次为输出负载电流 I_a、负载电压 U_O 和输出电压平均值 U_d 的波形。图 5-41a 和图 5-41b 为不同调制波幅度时的相应的电流和电压波形。

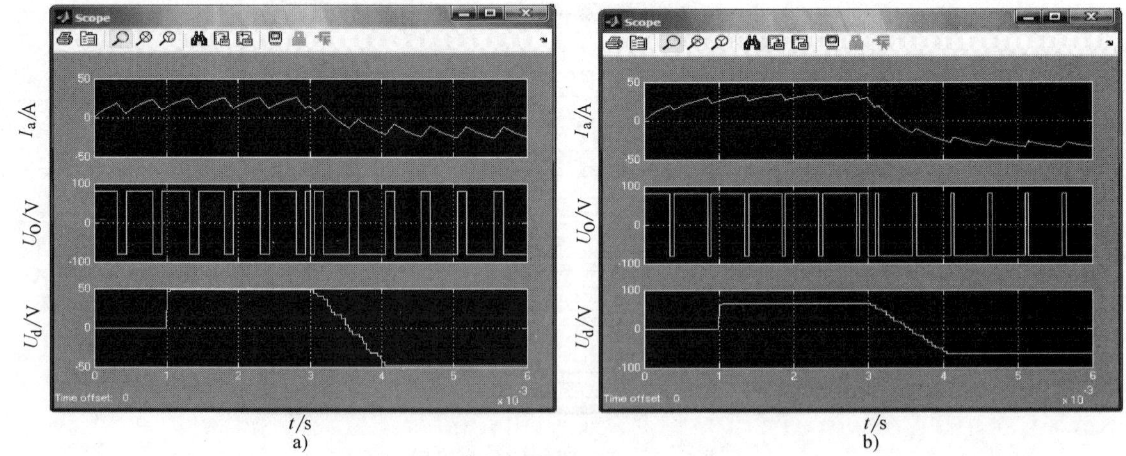

图 5-41　双极式 H 桥直流斩波电路的仿真波形

a）Step 幅度值为 0.5　b）Step 幅度值为 0.8

2）仿真结果分析。

由图 5-41 可知：在 $t=0.003$ s 时改变调制波 Step 的极性，则输出电压平均值也变极性；改变 Setp 的幅值，输出脉冲波宽度改变，输出电压平均值也变化。

5.4 习题

1. 填空题

（1）升压斩波电路之所以能使输出电压高于输入电源电压，关键有两个原因：一是 L 储能之后具有使____的作用；二是电容 C 可将输出电压____住。

（2）升压斩波电路和降压斩波电路一样，也有电流____和____两种工作状态。

（3）直流斩波电路按照输入电压与输出电压的高低变化来分类有____斩波电路、____斩波电路和____斩波电路。

2. 问答题

（1）试说明直流斩波器主要有哪几种电路结构？试分析它们各有什么特点？

（2）简述降压式斩波电路的工作原理。

（3）简述升压式斩波电路的工作原理。

（4）简述升-降压式斩波电路的工作原理。

（5）试比较 Buck 电路与 Boost 电路的异同。

（6）试简述 Buck-Boost 电路与 Cuk 电路的异同。

3. 计算题

（1）在 Buck 降压式斩波电路带电动机反电动势负载中，如图 5-42 所示，已知 $U_S=200$ V，$R=10\,\Omega$，L 值极大，$E=30$ V。采用脉宽调制控制方式，当 $T=50\,\mu s$，$t_{on}=20\,\mu s$ 时，计算输出电压平均值 U_O 和输出电流平均值 I_O。

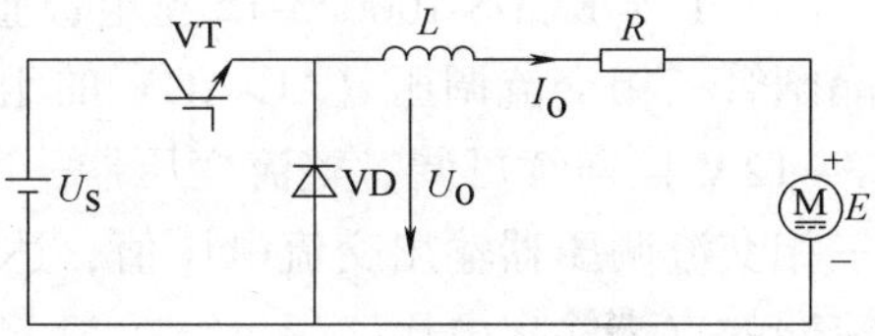

图 5-42 Buck 降压式斩波电路

（2）在 Boost 变换器中，已知 $U_S=50$ V，L 值和 C 值较大，$R=20\,\Omega$，若采用脉宽调制方式，当 $T=40\,\mu s$，$t_{on}=20\,\mu s$ 时，计算输出电压平均值 U_O 和输出电流平均值 I_O。

第 6 章　电力电子技术应用案例

6.1　电力电子技术在电源装置中的应用案例

6.1.1　电解电源、电镀电源和电弧炉直流电源——AC-DC 变换电路的应用

直流电源是整流电路在电源技术中应用最为广泛的一种，包括直流稳压电源、工业电解和电镀电源、电弧炉直流电源、蓄电池充电电源、直流焊机电源、直流电源屏等。

1. 电解电源

电解电源主要应用于有色金属、冶金、化工等行业中。这些直流电源以二极管整流和晶闸管整流为主体。随着大电流电力电子器件 1GBT 的出现，该整流器由二极管实现整流，并与 IGBT 斩波组合来产生可控电流。电源以效率高、小型化、轻量化等优点，逐步深入到电解和电镀行业。电解电源整流器常采用的连接形式有双反星形带相间变压器连接、12 脉波双桥连接等。目前，国内应用的直流电解电源仍以晶闸管器件为主。

2. 大功率电镀电源

图 6-1 为 KGDS-1000/3-12 型电镀整流装置原理图，它是一个二极管桥式整流（AC-DC）与晶闸管三相交流调压（AC-AC）的组合电源。该装置输出最大直流电流为 1000 A，电压为 3~12 V 且连续可调。整流变压器一次侧可以进行 Y/D 换接，通过调节一次侧电路的晶闸管三相交流调压器输出交流电压值，达到改变二次侧交流电压的目的，进而改变二极管桥式整流器的直流输出电压。

触发电路采用简单的阻容移相触发，同步变压器 TS 一次侧接到对应的线电压上。u_{UV} 线电压超前 u_U 相电压 30°，使得触发延迟角 α 调节有一定余量。移相变压器即同步变压器二次电压抽头不对称（12 V、24 V），使得小触发延迟角 α 运行时，脉冲变压器 TP 一次电压幅值较大，因而脉冲幅值增大。由于整流变压器 TR 一次侧可以 Y/D 换接，本装置运行在最小直流输出电压（3 V）时，触发延迟角 α 不会太大，功率因数不会太低。

图 6-1 右下方移相桥阻抗调节电路采用三相全波整流形式，若改变直流侧的可调电位器 R_P，则反映到移相桥的阻抗值也随之变化，使移相桥输出端的电压产生移相。另外，在脉冲变压器 TP 二次侧，两绕组同名端相反，如 u 相，正半周触发 VT_1 管，负半周触发 VT_4 管，相位差 180°。考虑到触发延迟角 α 有一定的调节余量，为保证装置运行可靠稳定，脉冲变压器 TP 二次侧接了容量较大的 RC 元件，用于吸收干扰脉冲信号。

图中左上方的上半部分为电源连线 RC 保护，下半部分为元件侧 RC 保护，能有效抑制浪涌过电压和 du/dt，主变压器 TR 二次整流二极管 VD 并联是为了扩大整流二极管的电流容量。

3. 电弧炉直流电源

电弧炉炼钢是通过电极与炉料间放电产生电弧，使电能在弧光中转变成热能，并借助辐

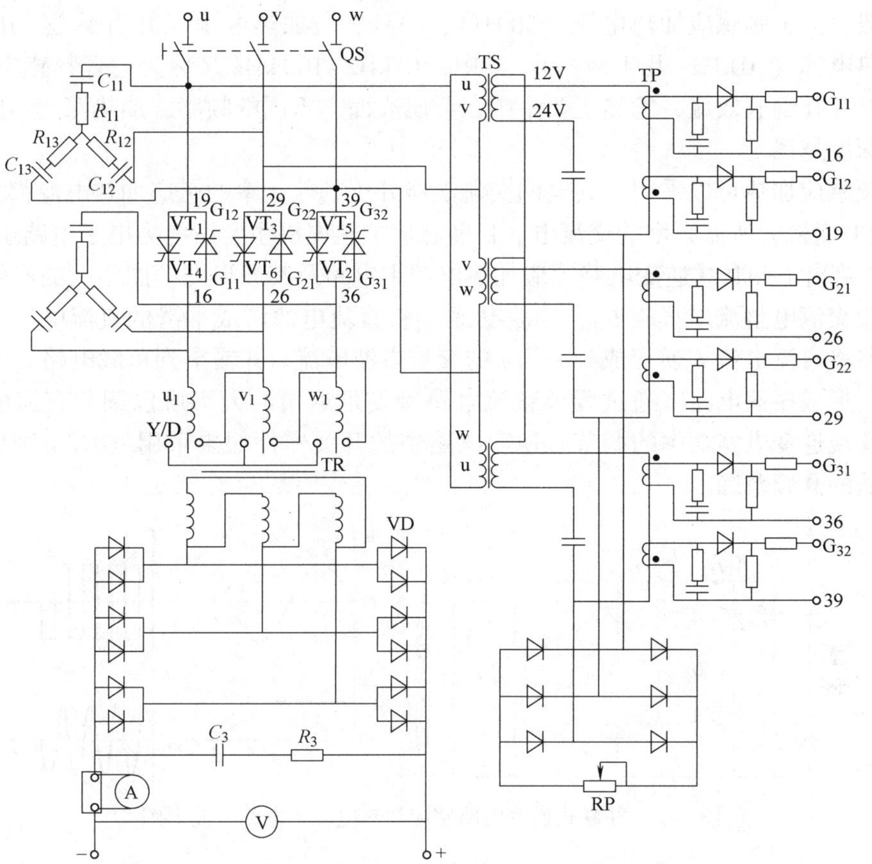

图 6-1　KGDS-1000/3-12 型电镀整流装置原理图

射和电弧的直接作用加热并熔化金属和炉渣。直流电弧炉的电源装置主要包括电源设备、控制设备及大电流线路、炉体及其弧形架机构、炉底导电电极系统、液压系统和冷却水、压缩空气系统等几部分组成。其电源系统是将高压交流电经变压、整流后转变成稳定的 200～500 V 直流电。常用的电弧炉直流电源整流电路有三相桥式可控整流电路、双反星形可控整流电路、12 脉波桥式整流电路（两个三相全控桥整流电路并联）。每组整流电路输出端都串联有大电抗器。

6.1.2　感应加热电源、交流方波电源和 IGBT 逆变式电阻焊机电源——DC-AC 变换电路的应用

1. 感应加热电源

感应加热是利用电磁感应原理把电能传递到工件中并转化为热能。被加热的金属工件放置在感应线圈中，当感应加热电源为感应线圈供电时，感应线圈中有交流电流流通，感应线圈内就产生交变的磁通，使感应线圈中的金属工件受到电磁感应而产生感应电动势和感应电流，由于工件本身具有电阻而发热，金属工件因此被加热。

实际应用中，根据工件的大小和生产工艺的不同，要求感应加热电源输出的交流电频率和功率也不同。功率范围一般在几千瓦到几万千瓦，频率范围在 50 Hz～几千赫兹。感应加

热电源一般分为工频感应加热电源（50 Hz）、中频感应加热电源（几百赫兹～10 kHz）、高频感应加热电源（10 kHz～几千赫兹）。其中，10 kHz～100 kHz 又称为超音频感应加热电源。由于交流电存在趋肤效应，发热主要集中在金属表面，不同的频率，加热深度不同。频率越高，加热深度越浅。

除工频感应加热可以采用公共电网交流电能外，其他频率的感应加热电源都需要将电网 50 Hz 交流电变换为所需频率的交流电。目前感应加热电源主要由电力电子电路组成。

图 6-2 给出了并联式逆变电路感应加热电源主电路及其波形图。图中，晶闸管可控整流电路将工频交流电整流成直流 U_d，滤波电感 L_d将直流电滤波成平滑的直流电流 I_d，单相桥式逆变电路将直流电流 I_d逆变成频率为 f 的交流方波电流 i_o并输出到负载电路。电容 C 与负载相并联，形成振荡电路。通过调节整流电路触发延迟角的大小可以调节直流电流 I_d的大小，从而实现逆变电路功率的调节。逆变电路中的开关器件如果采用 IGBT，则可以工作于几十千赫兹的高频范围。

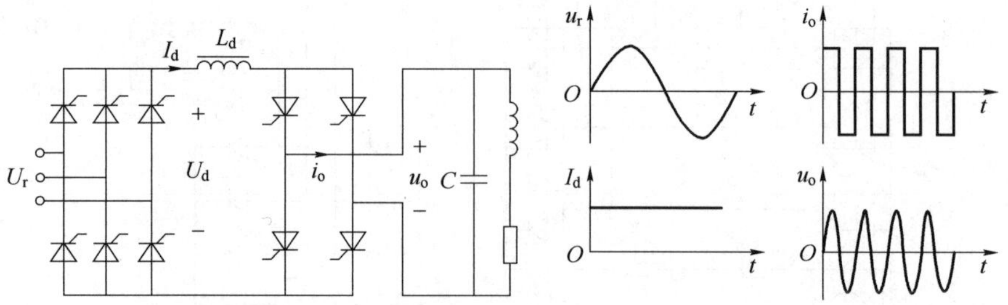

图 6-2　并联式逆变电路感应加热电源主电路及波形图

将上述逆变电路中的晶闸管用 MOSFET 或 IGBT 代替，则可以使电源的工作频率达到 10 kHz 以上，从而得到高频感应加热电源。

2. 交流方波电源

交流方波电源将工频正弦交流电经整流、斩波、逆变变换后输出方波交流电。正弦输入和方波输出都可以是三相或单相。图 6-3 所示为三相输入单相输出主电路原理图及输出波形。通过调节电路中开关的占空比使逆变输出为幅值稳定的交流方波电流，正负电流对应幅值也可不同。

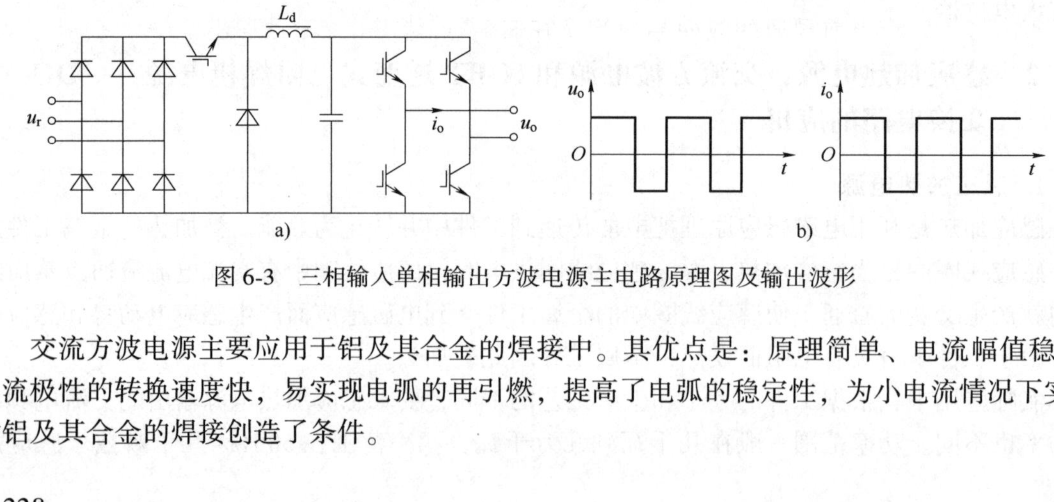

图 6-3　三相输入单相输出方波电源主电路原理图及输出波形

交流方波电源主要应用于铝及其合金的焊接中。其优点是：原理简单、电流幅值稳定、电流极性的转换速度快，易实现电弧的再引燃，提高了电弧的稳定性，为小电流情况下实现对铝及其合金的焊接创造了条件。

3. IGBT 逆变式电阻焊机电源

常用的电阻焊机电源主电路有单相交流电阻焊电源、单相二次整流电焊电源、逆变式直流电源、三相二次整流点焊电源、脉冲型电阻焊电源，这些电源大多数采用晶闸管作为电源中的开关器件。随着电力电子技术的发展，在很多场合，晶闸管被 IGBT 取代，获得了良好的输出特性。

逆变式电阻焊机电源体积和质量小、高效节能。其主电路结构大多采用全桥式逆变电路。电路中的开关器件可以选用晶闸管、GTR、MOSFET、IGBT 等，其中 IGBT 应用较多。以 IGBT 为开关器件组成的全桥逆变式二次整流点焊电源电路如图 6-4 所示。

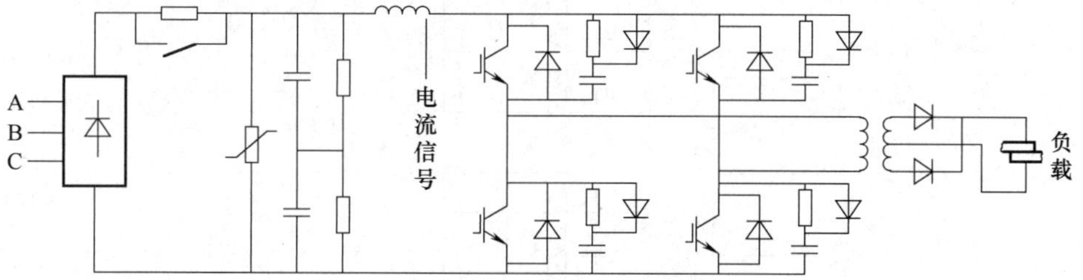

图 6-4　逆变式二次整流点焊电源电路

6.1.3　调整变压器抽头型或变压器绕组组合型交流稳压电源——AC-AC 变换电路的应用

AC-AC 变换电路在电源技术方面主要应用于交流稳压电源。传统的自耦调整型交流稳压器采用伺服电动机带动滑臂使碳刷在自耦变压器绕组表面做滑动运行，以达到稳定输出电压的目的。借助电力电子器件来调整变压器一次侧抽头或者对变压器二次绕组进行分段组合以实现输出电压稳定，这样的稳压电源就是自耦电压比调整型交流稳压电源。

1. 调整变压器抽头型交流稳压电源

调整变压器抽头型单相交流稳压电源的组成如图 6-5 所示。变压器一次侧采用多个抽头，每个抽头串接一只双向晶闸管（或固态继电器），双向晶闸管的另一端并接在一起，接入市电。当输入电压发生变化时，关断当前导通的双向晶闸管，开通另一个合适的晶闸管，保证输出电压在规定的范围之内。进行电压调整时，变压器两个抽头之间的电压是跳变的，因此变压器抽头数量和两抽头之间的最小电压值决定了稳压器对输入电压变化的适应范围和对输出电压的稳定精度，显然抽头数越多，抽头间的电压值越小，适应范围越宽，稳压精度越高。

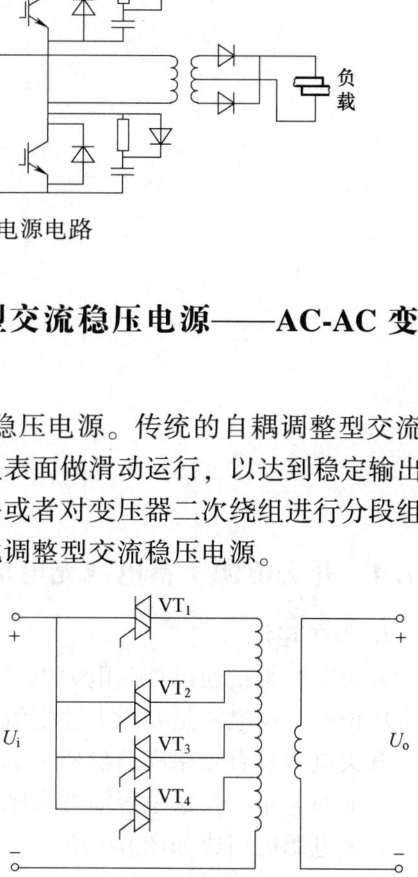

图 6-5　调整变压器抽头型单相交流稳压电源

2. 变压器绕组组合型交流稳压电源

将变压器二次绕组线圈分成多段串联，每段线圈分别设置若干抽头，每个抽头串联一只双向晶闸管，如图 6-6 所示。当输入电压发生变化时，通过检测和控制电路判断后，在每段线圈中选取一只合适的双向晶闸管，然后同时触发各段线圈中所选定的器件，使各段线圈的抽头串联后得到的输出电压值维持在额定范围内。输出电压的稳压精度取决于最小电压段线圈中各抽头间的电压值。以输出电压为 AC 220 V 为例，假设最小电压段线圈（比如 VT_1 与 VT_2 之间）的电压为 2 V，这样输出电压的稳压精度就可以达到±1%，再与串联在输出端的双向晶闸管（VT_{10}）相配合，则可以实现各分段调压下的连续电压调节，使调压精度更高。变压器绕组组合型交流稳压电源不仅具有跟随输入电压变化快的特点，而且在同样的稳态精度下，使用双向晶闸管的数量较少，大大提高了功率开关器件的利用率。

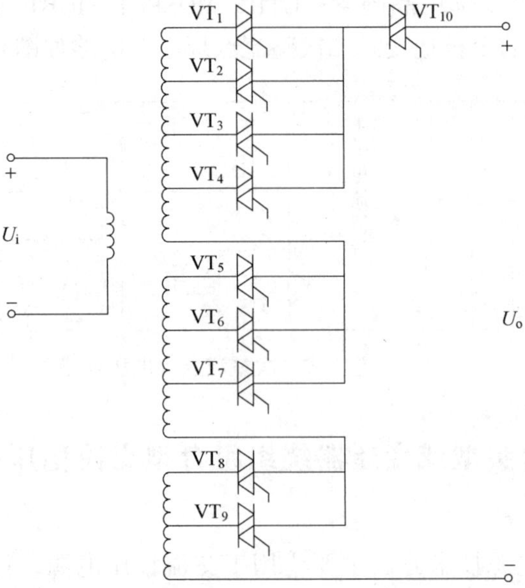

图 6-6　变压器绕组组合型交流稳压电源

6.1.4　开关电源、蓄电池充电电源和焊机电源——DC-DC 变换电路的应用

1. 开关电源

开关电源是指通过控制电力电子开关的通断比对电能进行变换和控制的变流装置。我们通常所说的开关电源是专指上述变流装置中的直流电源。

开关电源具有效率高、稳压范围宽、体积和质量小等特点。在电子、电气、通信、航空航天、能源、军事及家电等需要通断比控制的领域是一种应用极其广泛的电力电子装置。

开关电源的组成如图 6-7 所示。交流输入电压经整流滤波电路滤波后，将得到的直流电压供给 DC-DC 变换器，DC-DC 变换器是开关电源的核心。

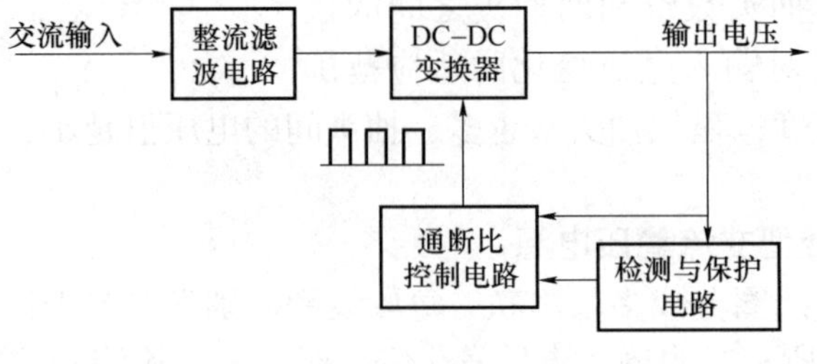

图 6-7　开关电源的组成

2. 蓄电池充电电源

蓄电池广泛应用于电动车辆、通信电源系统、UPS（不间断电源）、车辆电源、新能源发电系统等场合。各种蓄电池（包括镍镉蓄电池、铅酸蓄电池、镍氢电池、锂电池等）容量相差悬殊，其充电时将工频交流电变换为直流电给蓄电池充电。充电电源输出额定电压在几伏到几百伏之间，输出电流在几十毫安到几百安培的范围内。充电电源的结构包括二极管整流电路、晶闸管相控整流电路和开关型变流电路等。前两者均采用工频变压器降压，经整流滤波后输出到负载。开关型变流器电源采用全控型器件（IGBT 或 MOSFET）组成高频开关型变流器，具有体积小、质量轻、控制性能好等优点。

绝大多数的 AC-DC 和 DC-DC 变流电路可以作为蓄电池的充电电路。图 6-8 为开关电源式脉冲快速充电电源的电气结构图，图 6-9 是其快速充放电控制波形图。图中，充电电源是由整流滤波电路、DC-DC 变换器、充/放电控制器组成。DC-DC 变换器为系统提供可调的直流电压，可以由任何种类的 DC-DC 变换电路构成，充电开关 VT_1 实现脉冲电压对电池的充电；在充电停止期间，放电开关 VT_2 用以完成短时深度放电。

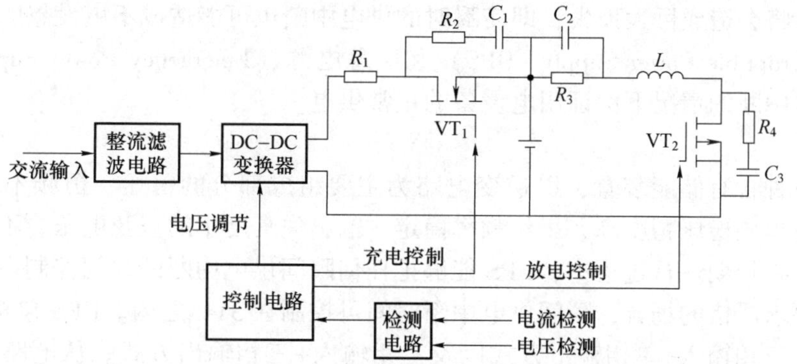

图 6-8　开关电源式脉冲快速充电电源气原理图

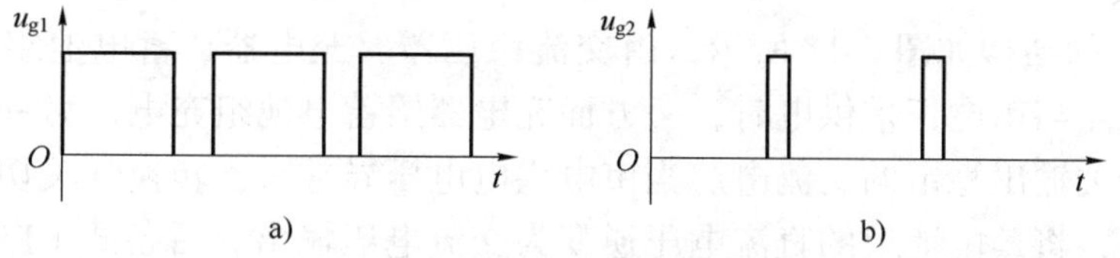

图 6-9　脉冲快速充放电控制波形图

a）VT_1 栅极电压　b）VT_2 栅极电压

3. 焊机电源

电焊机是一种利用电能产生热量加热金属而实现焊接的设备，按其焊接热源原理的不同有电弧焊机和电阻焊机两种基本类型。电弧焊机是通过电弧产生热量使金属结合处熔化而实现焊接，电阻焊机则是将强大的电流通过被焊接金属结合处，利用接触电阻产生热量将金属熔化并进行挤压而实现焊接，这两类焊机应用最广。焊接电源是电焊机的最主要组成部分。电弧焊机中主要是弧焊电源，包括直流弧焊电源、脉冲弧焊电源、交流弧焊电源和逆变弧焊电源四类。其中开关电源型弧焊电源是将高频 AC-DC、DC-DC 变换电路应用于直流电源中，其突出特点是高效节能、体积小、质量小，并具有良好的弧焊工艺特性。

常用的开关电源型弧焊电源主电路结构图 6-10 所示。单相或三相交流电经二极管不可控整流电路整流得到较高电压的直流电，通过 DC-DC 变换电路进行降压，得到所需要的安全电压。

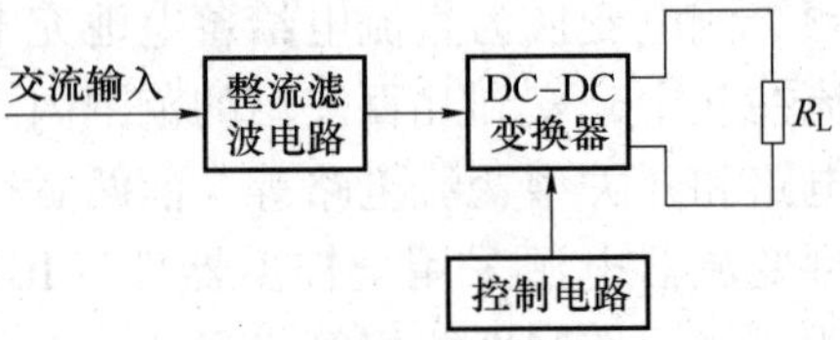

图 6-10　常用开关电源型弧焊电源主电路结构

6.1.5　不间断电源和应急电源——PWM 变换电路的应用

一些重要用电设备需要不间断的高质量电力供应，比如通信、计算机、自动化设备、航空航天、金融、医院、网络、政府部门、军事、应急照明、电梯、消防等领域中的关键设备，一旦停电将会造成巨大损失，即使瞬时的供电中断也可能造成不堪设想的后果。不间断电源（Uninterruptible Power Supply，UPS）和应急电源（Emergency Power Supply，EPS）能够在电网供电中断的情况下保证用电设备的正常供电。

1. UPS

UPS 是一种含有储能装置，以逆变电路为主要组成部分的恒压、恒频不间断电源，可以向用电设备提供稳压精度高、工作频率稳定、输出失真度小的正弦电压。不论市电电网供电正常与否，在长期运行过程中，UPS 能够把任何瞬间供电中断的时间控制在 5~10 ms 的范围内，对于要求严格的场合，瞬间供电中断时间可控制在 3 ms 之内。UPS 包括单相输入+单相输出方式、三相输入+单相输出方式以及三相输入+三相输出方式。从电路结构上可以分为后备式、在线互动式、双变换在线式和双变换电压补偿在线式四类。

（1）后备式

后备式 UPS 的结构如图 6-11 所示，由交流稳压器、充电器、蓄电池组、逆变器、转换开关五部分组成。当市电正常供电时，一方面充电器给蓄电池组充电，另一方面由交流稳压电源通过转换开关输出稳定的交流电。当市电供电电压异常时，转换开关切换到逆变器输出端，逆变器工作，将蓄电池组的直流电压逆变为交流电压输出。后备式 UPS 市电利用率高，结构简单，成本低廉，输入功率因数和电源电流谐波含量取决于负载性质，输出能力强，输出电压稳定度较差，但能满足一般要求。当市电中断时，转换时间一般为 4~10 ms，多用在 2 kV · A 以下。

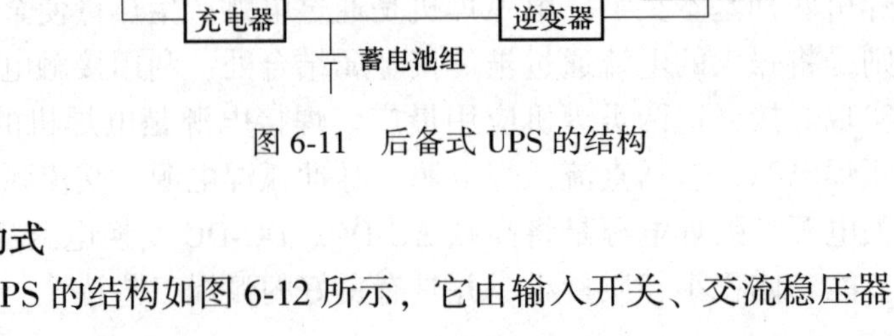

图 6-11　后备式 UPS 的结构

（2）在线互动式

在线互动式 UPS 的结构如图 6-12 所示，它由输入开关、交流稳压器、DC-AC 双向变换器及蓄电池组组成。其核心是DC-AC双向变换器，目前主要采用PWM变流电路，既可整流又可逆变。该变换器一直处于热备份状态。市电正常时，双向变换器工作于整流状态，完成对蓄电池组的充电；当市电异常时，变换器立即转换为逆变器工作状态，将蓄电池组的直流电压逆变为交流电压输出。

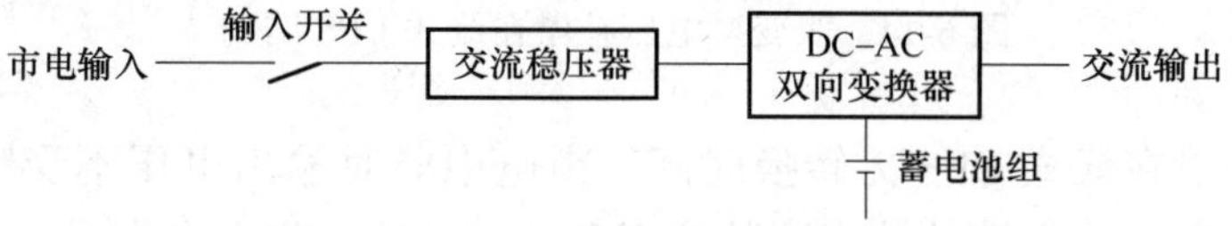

图6-12　在线互动式UPS结构

在线互动式UPS市电利用率高，可达98%以上，输入功率因数和电源电流谐波含量取决于负载性质，输出能力强，输出电压稳定度较差，但能满足一般要求，当市电中断时，转换时间接近于零，但仍有转换时间，比后备式UPS小得多，电路简单，成本低，输出功率多在5kV·A以下。

(3) 双变换在线式

图6-13示出了双变换在线式UPS的结构图，其组成包括AC-DC整流器、蓄电池组、DC-AC逆变器、旁路开关。当市电存在时，AC-DC变换器工作于整流状态，向蓄电池组充电。该整流器多为晶闸管可控整流器，目前有向全控型PWM整流器发展的趋势。DC-AC逆变器完成向负载供电的功能，无论由市电供电，还是转为蓄电池组供电，转换时间均为零。旁路开关只有在逆变器发生故障时才接通，把市电直接输出。

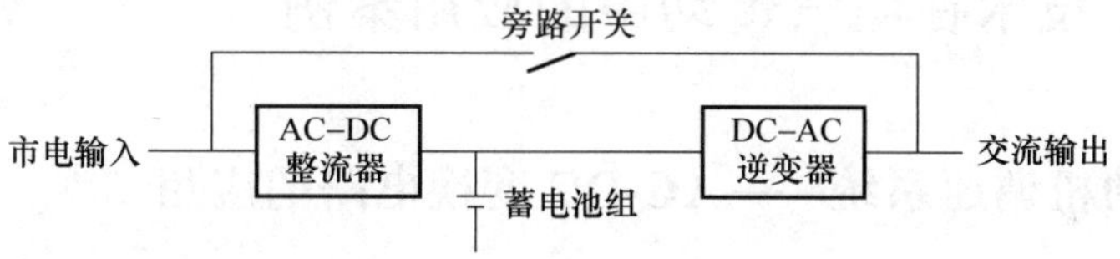

图6-13　双变换在线式UPS结构

不管有无市电双变换器UPS中，负载的全部功率都由逆变器提供，输出正弦波的波形失真系数小，输出的电能质量较高。市电中断时，输出电压不受影响，无转换时间。由于负载功率全部由逆变器提供，输出能力不理想，对负载有诸多限制。市电存在时，串联的两个变换器都承担100%的负载功率，整机效率较低。

(4) 双变换电压补偿在线式

双变换电压补偿在线式结构也称串并联调整式结构，如图6-14所示。该结构把交流电源稳压技术中的电压补偿原理应用到UPS电路中，其组成包括变压器、两个逆变器、蓄电池组。两个逆变器均为能量双向流动的变流器。市电正常时，两组逆变器只对输入电压与输出电压的差值进行补偿，当输入电压高于输出电压的额定值时，逆变器Ⅰ吸收功率，反极性补偿输入/输出电压的差值；当输入电压低于输出电压额定值时，逆变器Ⅰ输出功率，正极性补偿输入/输出电压的差值。逆变器Ⅱ主要补偿逆变器Ⅰ吸收或发出的功率，并实现对蓄电池的充电。在市电中断时，全部输出功率由逆变器Ⅱ输出，保证输出电压不间断，转换时间为零。

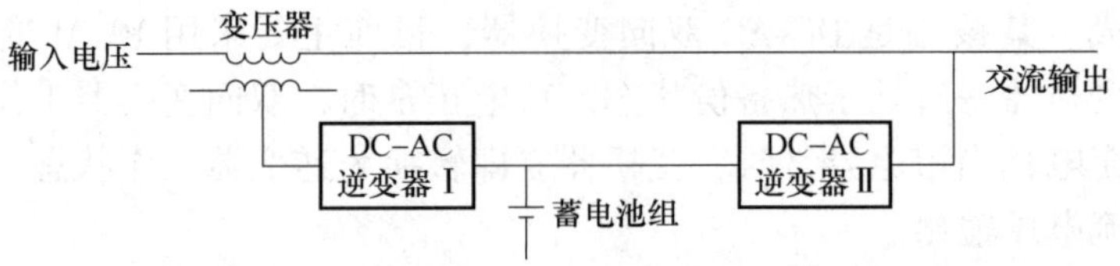

图 6-14　双变换电压补偿在线式 UPS 结构

双变换电压补偿在线式 UPS 无转换时间，市电中断时输出电压不受影响，由并联的逆变器进行补偿可以实现输入端的功率因数校正和谐波补偿。市电存在时，两个逆变器并不处理全部功率，整机效率较高。

2. EPS

EPS 与 UPS 相似，用于在电网停电时为负载供电，有 0.1~0.25 s 的短时间供电中断，而 UPS 的供电中断时间一般小于 10 ms。EPS 一般不对输入交流电进行稳压处理，平时逆变器不输出功率，但处于起动状态，一旦市电中断，立即通过接触器切换而投入运行。因 EPS 允许供电中断的时间较长，故对电路和工作模式的设计限制较少，对其功能和性能的要求都较低。

EPS 与 UPS 相比，结构简单，设备成本低，大部分时间由市电直接供电，因而能耗小寿命长，节能，无噪声。EPS 主要用于消防系统、应急照明、电梯及水泵等场合，负载为混合负载，即感性、容性和非线性负载，要求其输出动态特性要好，抗过载能力要强，可靠性要高。

6.2　电力电子技术在电气传动中的应用案例

6.2.1　直流电动机调速系统——AC-DC 变换电路的应用

电气传动分直流传动和交流传动，通过对直流、交流电动机供电电源的控制实现对电动机速度的调节，从而满足电气传动系统对生产机械和生产工艺的要求。供电电源依赖的是以电力电子技术为核心的变流技术。整流电路是较早应用于电气传动的变流电路，目前的应用仍然很广。变流电路在直流传动方面的典型应用有开环晶闸管-直流电动机系统、闭环晶闸管-直流电动机系统和可逆直流电动机系统等。

1. 开环晶闸管-直流电动机系统

由晶闸管整流装置给直流电动机供电的调速系统简称为 V-M 系统。图 6-15 是最简单的 V-M 系统。

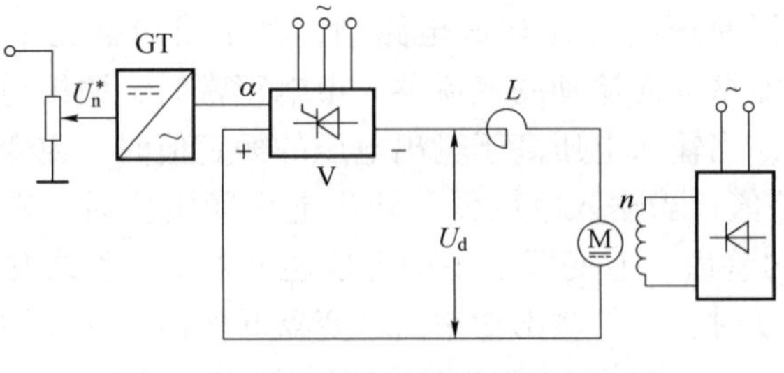

图 6-15　晶闸管直流调速系统原理图

电动机 M 是被控对象，转速 n 是被调量。晶闸管可控整流器可以是单相、三相或更多相数，可采用半波、全波、半控、全控等类型，通过调节触发器的移相电压，便可改变整流电压 U_d，实现平滑调速。

由图 6-15 可见，调节转速给定电压 U_n^*，即可改变晶闸管触发电路的移相角 α，从而调节晶闸管装置的空载整流电压 U_{d0}和电枢电压 U_d，也就改变了转速 n。

2. 闭环晶闸管-直流电动机系统

为了使转速 n 基本不受负载变化的影响，可以引入被控量转速的负反馈，构成转速闭环控制系统。原理图如图 6-16 所示。该系统的控制对象为直流电动机 M，被调量是转速 n，测速发电机 TG 与电位器 RP_2组成转速检测环节，从而引出与转速成正比的负反馈电压 U_n，U_n 与转速给定电压 U_n^* 比较后，得到偏差电压 ΔU_n，经放大器 A 放大后产生移相控制电压 U_{ct} 并送给晶闸管触发器 GT，以调节晶闸管整流输出电压 U_d，从而控制电动机的转速。

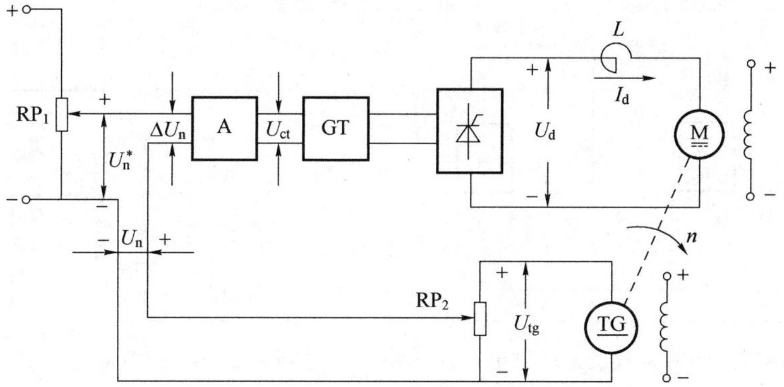

图 6-16　V-M 闭环调速系统原理图

该系统主要由下列环节组成。

1）给定环节。其作用是产生控制信号，它一般由高精度的直流稳压电源和用于改变给定信号大小的精密电位器组成。

2）比较与放大环节。它的作用是将给定信号和反馈信号进行比较与放大，它一般由 P、I、PI 等类型的运算放大器组成。

3）触发器和整流装置环节（组合体）。该环节的作用是进行功率放大，将直流移相控制信号 U_{ct}放大成直流平均电压 U_d。

通常触发器的类型有单结晶体管触发器、锯齿波触发器、正弦波触发器和集成触发器；整流装置从线路结构上可分为单相、三相；从整流波形上可分为半波、全波；从电路拓扑中使用元件的情况可分为半控、全控整流电路。

4）速度检测环节。该环节是通过一台小型直流发电机（直流测速发电机），将电动机的转速转换成速度反馈电压，电压的大小与速度成正比。

5）直流电动机环节。被控对象。

调速过程：n 随着 U_n^* 改变而改变，输出紧紧跟随输入。

例如：调节前，$U_n^*=U_{n1}^*$，则 $U_{ct}=U_{ct1}$，$U_d=U_{d1}$，$n=n_1$；当 U_n^* 上升到 U_{n2}^*时，则 $U_{ct}=U_{ct2}$，$U_d=U_{d2}$，$n=n_2$。

3. 可逆直流电动机系统——AC-DC、DC-AC、DC-DC 变换电路的应用

电动机可逆运行的本质是电磁转矩可逆。要实现可逆运行，关键是使电动机的电磁转矩改变方向。由直流电动机的电磁转矩 $T_e = K_m \Phi I_d$ 可知，转矩方向由磁场方向和电枢电压的极性共同决定。当磁场方向不变，通过改变电枢电压极性实现可逆运行的系统，叫电枢可逆系统。

两组晶闸管装置反并联供电的可逆线路如图 6-17 所示。

在图 6-17 中，两组晶闸管分别由两套触发器控制，当正组晶闸管装置 VF 向电动机供电时，提供正向电枢电流 I_d，电动机正转；当反组晶闸管装置 VR 向电动机供电时，提供反向电枢电流 $-I_d$，电动机反转。

H 型 PWM 电源供电的可逆线路如图 6-18 所示，当 IGBT 开关 VT_1、VT_4 导通时，向电动机提供正向电枢电流 I_d，电动机正转；当 VT_2、VT_3 导通时，提供反向电枢电流 $-I_d$，电动机反转。

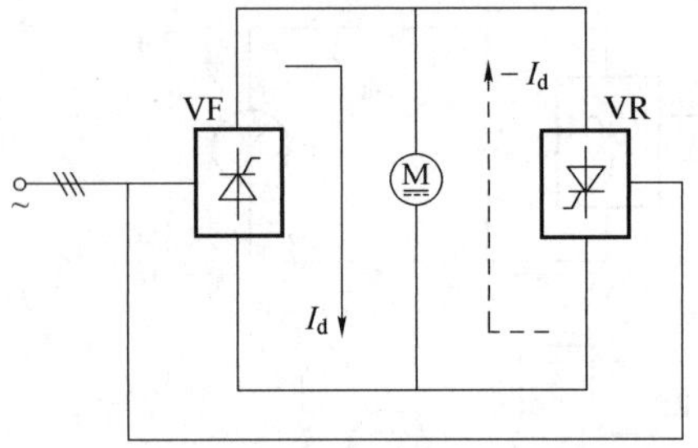

图 6-17　两组晶闸管装置反并联供电可逆线路

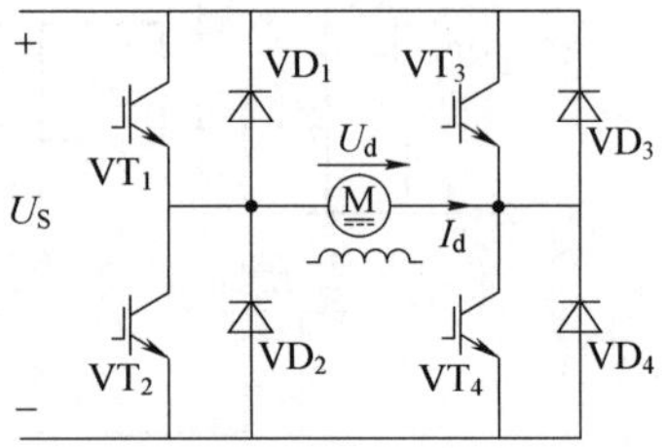

图 6-18　H 型 PWM 电源供电可逆线路

6.2.2　交流异步电动机调压调速系统——AC-AC 变换电路的应用

异步电动机在不同电压下的机械特性如图 6-19 所示。在带恒转矩负载 T_L 时，可得到不同的稳定转速，如图中的 A、B、C 点，其调速范围较小；而带风机泵类负载时，可得到较大的调速范围，如图中的 D、E、F 点。

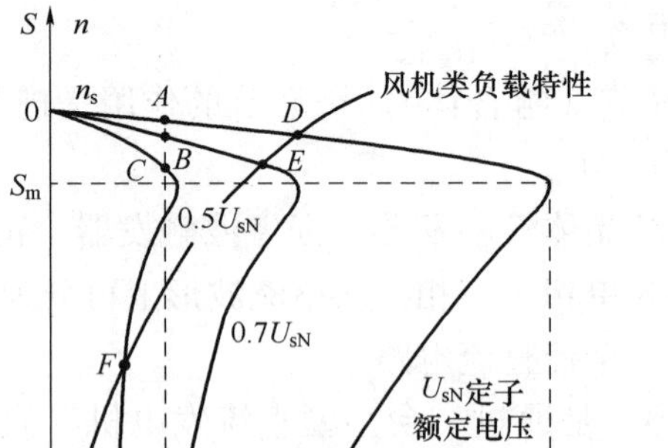

图 6-19　异步电动机在不同电压下的机械特性

所谓调压调速，就是通过改变定子外加电压来改变电磁转矩 T_e，从而在一定的输出转矩下达到改变电动机转速的目的。

由晶闸管交流调压器构成的开环调压调速系统原理如图 6-20 所示，采用三对反并联的晶闸管或三个双向晶闸管调节电动机定子电压。晶闸管元件组成的调压器是交流调压器的主要形式。

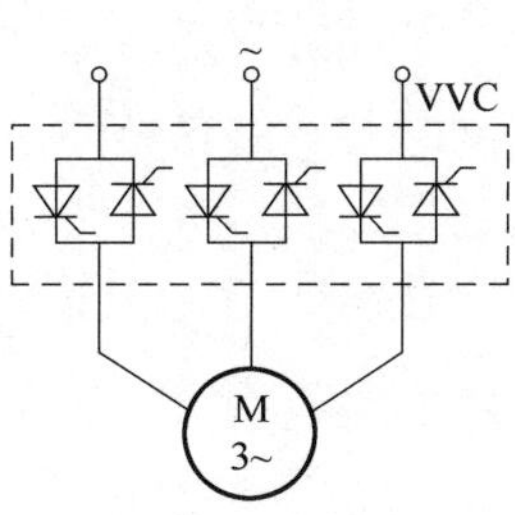

图 6-20　开环晶闸管交流调压调速系统

现以单相调压电路为例来说明晶闸管的控制方式，单相调压电路如图 6-21 所示，其控制方式有以下两种。

（1）相位控制方式

电压输出波形如图 6-22 所示。通过改变晶闸管的导通角（如图 6-22 中阴影部分）来改变输出交流电压。相位控制输出电压较为精确，调速精度较高、快速性好，低速时转速脉动较小，是晶闸管交流调压的主要方式。但由于相位控制的导通波形只是工频正弦波一周期的一部分，含有成分复杂的谐波，易对电网造成谐波污染。

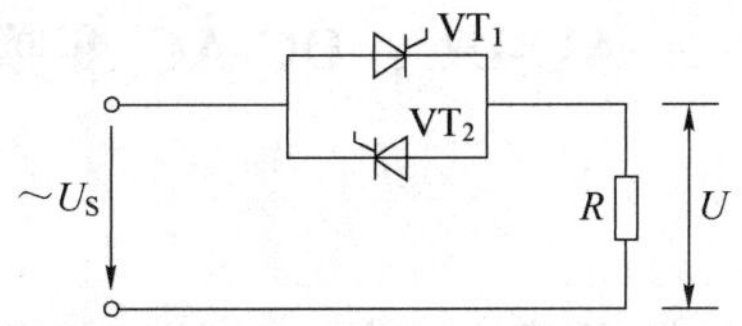

图 6-21　晶闸管单相调压电路

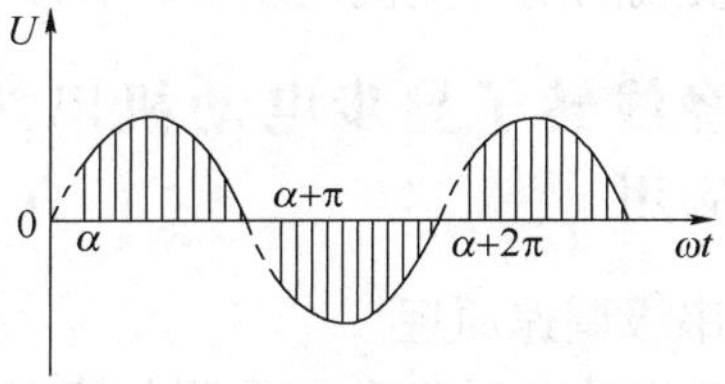

图 6-22　晶闸管相位控制下的负载电压波形

（2）开关控制方式

为了克服相位控制方式所产生的谐波影响，可采用开关控制。即把晶闸管作为开关，使其工作在全导通或全关断状态，将负载电路与电源完全接通几个半波，然后再完全断开几个半波。负载交流电压的大小靠改变通断时间比 $t_0/\ t_p$ 来调节。这种控制下的单相输出电压波形如图 6-23 所示。

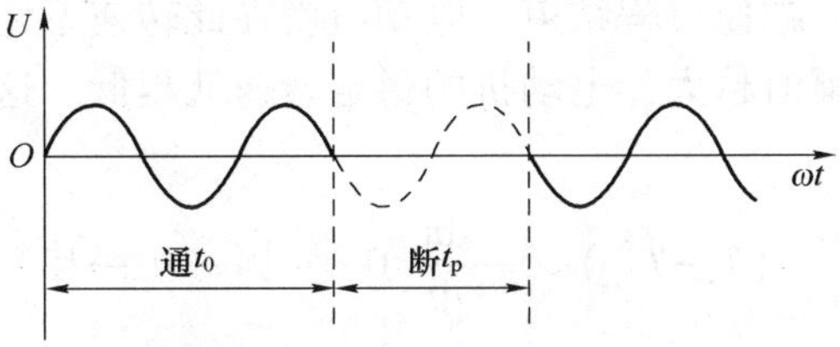

图 6-23　晶闸管开关控制下的负载交流电压波形

开关控制由于采用了“过零”触发方式，谐波污染小。但在导通周期内电动机承受的电压为额定电压，而在间歇周期内电动机承受的电压为零，故加在电动机上的电压变化剧烈，转速脉动较大，特别是在低转速时，影响尤为严重，故开关控制方式常用于大容量、调速范围较小的场合。

在晶闸管交流调压中，晶闸管可借助于负载电流过零而自行关断，不需要另加换流装置，故线路简单、调试容易、维修方便、成本低廉，便于对原交流拖动系统改造时应用。

闭环控制的交流调压调速系统如图 6-24 所示。

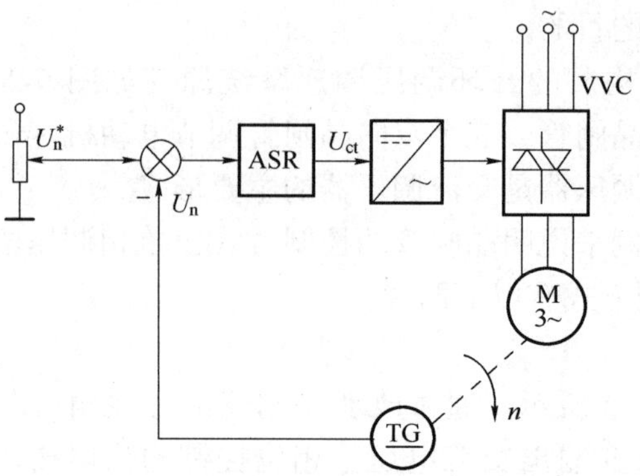

图 6-24　闭环控制的交流调压调速系统

它与单闭环直流调速系统的结构非常相似，只要将直流调速系统中的晶闸管整流器、直流电动机换成晶闸管交流调压器、异步电动机即可。

6.2.3　绕线转子异步电动机串级调速系统——AC-DC、DC-AC 变换电路的应用

（1）串级调速原理

在电动机转子回路中串入附加电势 E_f，其相位与转子感应电势 sE_{r0} 的相位相差 180°。电动机转子电流表达式为

$$I_2=\frac{sE_{r0}-E_f}{\sqrt{R_r^2+(sX_{r0})^2}}$$

可以看出，因为串入反相位的附加电势 E_f，引起转子电流减小，而电动机的电磁转矩 T_e 随转子电流的减小也相应减小，出现电磁转矩小于负载转矩的情况，稳定运行条件被破坏，电动机减速，随着转速的降低，s 增大，转子电流回升，电磁转矩也相应回升，当电磁转矩回升到与负载阻转矩相等时，减速过程结束，电动机就在此转速下稳定运转。串入与转子感应电势相位相反的附加电势幅值越大，电动机的稳定转速就越低。这就是串级调速的原理。具体调节过程如下：

$$E_f\uparrow\rightarrow I_2\downarrow\rightarrow T_e\downarrow\rightarrow(T_e-T_{dL})<0\rightarrow\frac{dn}{dt}<0\rightarrow n\downarrow\rightarrow s\uparrow\rightarrow I_2\uparrow\rightarrow T_e\uparrow\rightarrow T_e=T_{dL}$$

此时速度已经降低。

在低速运转时，转差功率只有一小部分在转子绕组本身的电阻上消耗掉，而大部分被串入的附加电势所吸收，再利用产生附加电势的装置，设法把所吸收的这部分转差功率回馈给电网（或再送回电动机轴上输出），这样就使电动机在低速运转时仍具有较高的效率，这种在绕线转子异步电动机转子回路中串入附加电势的高效率调速方法，称为串级调速。

串级调速完全克服了转子串电阻调速方法的缺点，它具有高效率、无级平滑调速、较硬的低速机械特性等许多优点。

根据串级调速的原理，串级调速系统主回路中串入的附加电势 E_f 应该是与转子感应电势 sE_{r0} 反相位同频率且频率随转子频率同步变化的交流变频电源。这种类型电源的获取在工程上是非常困难的。工程上，串级调速系统是用不可控整流器将转子电动势 sE_{r0} 整流为直流

电动势，并与转子整流回路中串入的直流附加电动势 E_β 进行合成，通过改变 E_β 值的大小，实现低于同步转速的调速运行。而可调直流附加电动势 E_β 在工程上比较容易实现。

（2）串级调速的主回路构成

根据上述原理，串级调速系统主电路构成如图 6-25 所示。

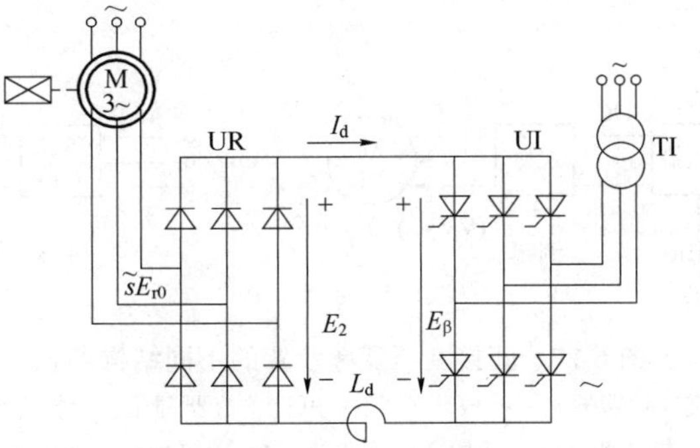

图 6-25　串级调速系统主电路构成图

（3）串级调速系统的双闭环控制

根据生产工艺对调速系统静、动态性能要求的不同，串级调速系统可采用开环控制或闭环控制。其中，由转速电流双闭环组成的串级调速系统较为常用。

双闭环串级调速系统如图 6-26 所示，其结构与双闭环直流调速系统相似，图中，ASR 和 ACR 分别为速度调节器和电流调节器，TG 和 TA 分别为测速发电机和电流互感器，GT 为触发器。为了使系统既能实现速度和电流的无静差调节，又能获得快速的动态响应，两个调节器 ASR 和 ACR 一般都采用 PI 调节器。

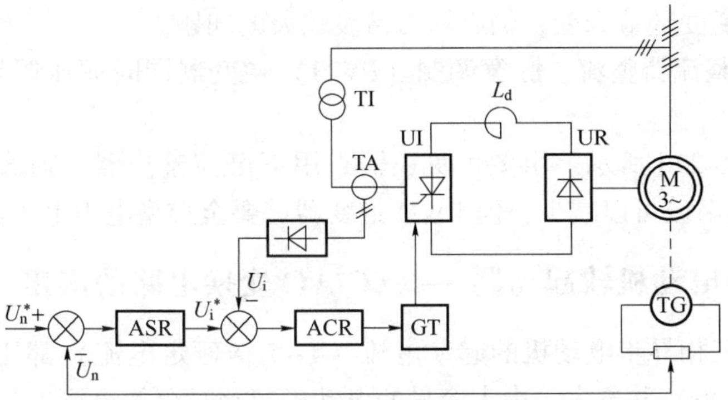

图 6-26　双闭环串级调速系统

通过改变转速给定信号 U_n^* 的值，可以实现调速。例如，当转速给定信号 U_n^* 的值增大时，电流调节器 ACR 的输出电压也逐渐增加，使逆变角 β 逐渐增大，E_β 减小，电动机转速 n 也就随之升高。

6.2.4　交流异步电动机交-直-交变频调速——AC-DC-AC 变换电路的应用

交-直-交变频器调速的构成如图 6-27a 所示。交-直-交变频器先把交流电转换为直流电，经过中间滤波环节后，再把直流电逆变成变频变压的交流电，故又称为间接变频器。

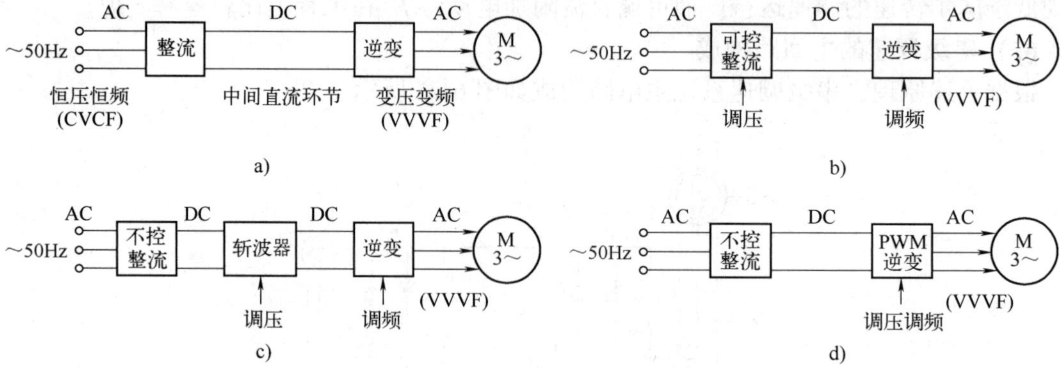

图 6-27　间接变压变频装置的不同结构形式

a）间接变频器的主要构成环节　b）可控整流器调压、六拍逆变器调频

c）不可控整流器整流、斩波器调压、六拍逆变器调频　d）不可控整流器整流、PWM 逆变器调压调频

（1）用可控整流器调压、逆变器调频的交-直-交变压变频器

在图 6-27b 中，调压和调频在两个环节上分别进行，其结构简单，控制方便。但由于输入环节采用晶闸管可控整流器，当电压调得较低时，电网端功率因数低，而输出环节采用由晶闸管组成的三相六拍逆变器，每周期换相 6 次，输出谐波较大。这是这类装置的主要缺点。

（2）用不可控整流器整流、斩波器调压、再用逆变器调频的交-直-交变压变频器

在图 6-27c 的装置中，输入环节采用不可控整流器，只整流不调压，再增设斩波器进行脉宽调压。这样虽然多了一个环节，但输入功率因数提高，克服了图 6-27b 电路功率因数低的缺点。由于输出逆变环节未变，仍有输出谐波较大的问题。

（3）用不可控整流器整流、脉宽调制（PWM）逆变器同时调压调频的交-直-交变压变频器

这类装置如图 6-27d 所示。由图可见，输入用不可控整流器，则输入功率因数高；用 PWM 逆变，则输出谐波可以减少，但 PWM 逆变器需要全控型电力电子器件。

6.2.5　交流异步电动机软起动器——AC-AC 变换电路的应用

一般情况下，三相异步电动机的起动电流（4~7 倍额定电流）都比较大，而起动转矩（0.9~1.3 倍额定转矩）并不大。中大容量的电动机起动时会使电网电压下降过大，影响其他用电设备的正常运行，甚至导致电动机本身难以起动。当电动机的供电变压器容量足够大且供电线路并不太长时，电动机可直接通电起动。但当变压器容量达不到要求时，必须采取降压起动措施。随着电压的降低，起动电流成正比地降低，从而可以避开起动电流的冲击。但起动转矩（与电压的平方成正比）降低更多，会出现起动转矩不足的问题。因此降压起动只适合于中、大容量电动机空载或轻载起动的情况。传统的降压起动方式有星形-三角形降压起动和自耦变压器降压起动，其起动过程是分级进行的，存在二次冲击，正逐渐由带电流闭环控制的异步电动机软起动器所取代。

异步电动机软起动器的主电路采用晶闸管交流固态调压电路（三相相控交流调压电

路），采用移相触发控制连续改变其输出电压，使之缓慢增加或限制起动电流并保持恒流起动，达到稳态速度后，利用接触器旁路晶闸管双向开关，切除软起动器。

图 6-28 给出了软起动器的几种起动方式。图 6-28a 为电压斜坡起动方式，刚开始起动时，电压增加较快，软起动器输出电压迅速上升到某一值，之后放缓电压的增速，整个起动过程的时间可根据具体情况设定，电动机的转速随着电压的增大而上升，当电压达到额定电压时，起动过程结束。

图 6-28b 为限流起动方式，电动机起动时，软起动器输出电压迅速增加，电动机电流随之迅速上升，达到所设定的值时，电流保持在该值使电动机逐渐加速，当电动机转速达到最高转速时电流迅速下降，与负载电流相平衡，完成起动过程。起动电流的限值可根据具体情况在 1~5 倍的额定电流之间设定，以获得最佳起动效果，但不宜满载起动。

图 6-28c 为电压斜坡与限流起动相结合的方式，这种方式既限制了起动电流又使起动电压缓慢增加。

图 6-28d 为电流斜坡起动方式。

图 6-28e 为脉冲突跳与电压斜坡相结合的方式，这种方式主要用于起动转矩较大的负载，一开始的脉冲电压主要是用来克服摩擦转矩，使之能较快起动，随后电压就线性增加，直到起动过程结束，电动机全压运行。

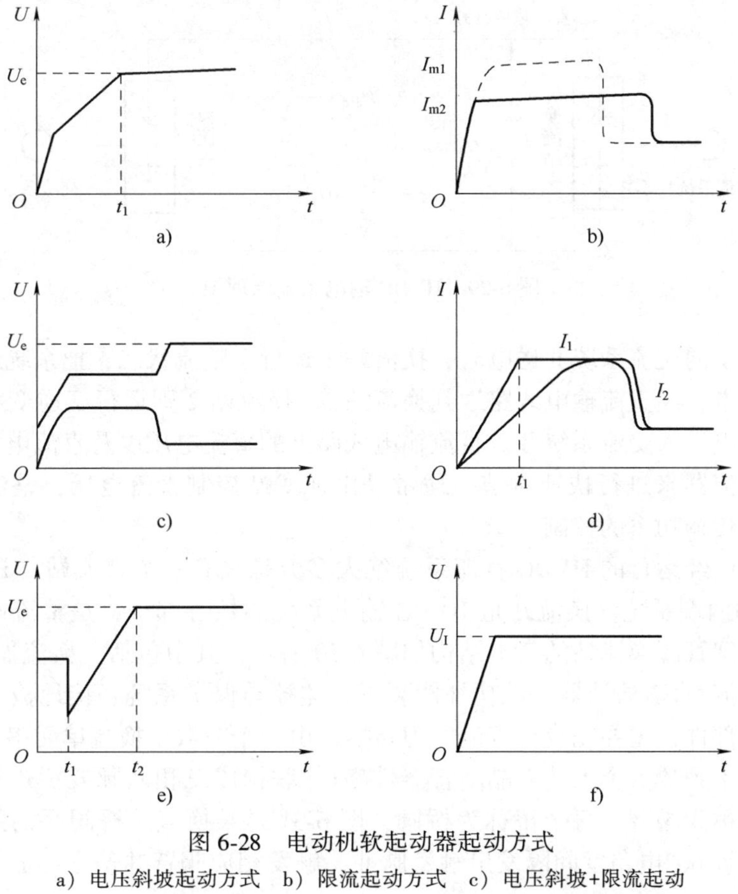

图 6-28　电动机软起动器起动方式

a）电压斜坡起动方式　b）限流起动方式　c）电压斜坡+限流起动

d）电流斜坡起动方式　e）脉冲突跳+电压斜坡方式　f）点动运行方式

图 6-28f 为点动运行方式，在这种方式下，软起动器的输出电压迅速增加到点动电压（可设定）并保持不变，这种方式对试车和负载定位非常方便。

软起动器同样可以实现软停止功能，一方面可以减小机械冲击（如传输机械的缓起和缓停），另一方面可以避免接触器触点在断开时产生电弧（软起动器输出电压降为零之后再断开接触器）。

6.3 电力电子技术在电力系统中的应用案例

6.3.1 高压直流输电技术——AC-DC 变换电路的应用

整流电路在电力系统的发电、输电、配电环节和可再生能源的利用方面都有应用，高压直流输电技术（High Voltage Direct Current，HVDC）是其在输电环节的应用。直流输电与交流输电相比，直流输电线路只需两根导线，输电线路、输电杆塔、绝缘子等投资较低，电网运行时线路损耗较小。

图 6-29 所示为简单的两端 HVDC 输电系统的原理图，其中包括两个换流站（整流站和逆变站）、直流输电线路以及两端交流系统Ⅰ和Ⅱ。

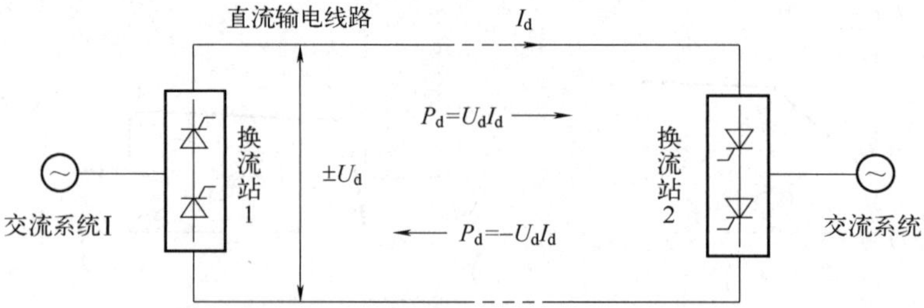

图 6-29 HVDC 输电系统原理图

当交流系统Ⅰ向交流系统Ⅱ送电时，换流站 1 运行于整流状态，把系统Ⅰ送来的三相交流电变换成直流电，经直流输电线路送到换流站 2。换流站 2 则运行于逆变状态，把直流电变换成三相交流电送入交流系统Ⅱ。直流输电线路上的直流电压以及直流电流都可以通过控制换流站内的换流器来进行快速调节，通常是由逆变站控制直流电压，整流站控制直流电流，从而实现对传输功率的控制。

目前世界上已经运行的 HVDC 直流系统绝大多数是只有一个整流站（送端）和一个逆变站（受端）的两端系统。换流站是 HVDC 输电系统的核心部分，是整流站或逆变站的统称。一个基于晶闸管阀换流站的基本结构如图 6-30 所示，其中包括：换流器、换流变压器、平波电抗器、交流/直流滤波器、无功补偿装置、监控与保护系统、接地极等。换流器是换流站中最核心的部件，主要完成交直流电力转换，由一个或数个换流单元串联组成。每个换流单元通常由几十到数百个大功率晶闸管器件串/并联构成三相六脉波桥式换流电路。电路中的每一个桥臂称为阀臂，每个桥称为桥阀，图 6-31 是某换流站桥阀厅的照片。正常运行时，控制系统按等 60°电角度间隔发出触发脉冲，触发相应阀臂并使之导通，实现交、直流电能的转换。

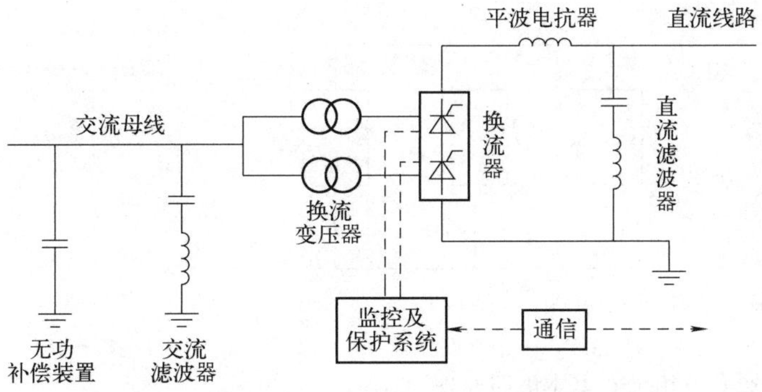

图 6-30　换流站的基本结构

图 6-31　某换流站桥阀厅照片

高压直流输电既有优点（直流线路造价低、沿线电压分布平稳、线路损耗小、不存在两端交流系统之间的同步问题）；也有缺点（换流站造价高、两侧换流装置需要补偿大量无功功率、晶闸管过载能力低易损坏、直流灭弧困难等）。

6.3.2　无功补偿——AC-AC 变换电路的应用

近年来，电力电子技术在电能的产生、输送、分配和使用的全过程都得到了广泛的应用。目前电能尚无办法进行大量存储，整个系统中的无功功率和有功功率必须保持动态平衡，然而负荷、传输、发电的变化是绝对的，因此需要进行控制和调节。输电系统的调节对象主要包括无功功率和有功功率、电流和相角、阻抗等。目前公认的有效途径是电力电子和先进控制技术的应用。这些技术的应用和发展，促成了近年来交流电网中的一个前沿领域——柔性交流输电系统（Flexible AC Transmission System，FACTS），也称灵活交流输电系统。FACTS 的核心设备是 FACTS 控制器，其类型很多。主要有晶闸管投切电容器（Thyristor Switched Capacitor，TSC）、晶闸管控制电抗器（Thyristor Controlled Reactor，TCR）和晶闸管控制的串联补偿电容器（Thyristor Controlled Series Capacitor，TCSC）。TSC 和 TCR 用于无功补偿，而 TCSC 用于改变输电线路阻抗。在电力系统中，对无功功率进行补偿控制极为重要。通过无功补偿，可以提高电网功率因数，稳定电网电压，改善供电质量。

1. 晶闸管投切电容器（TSC）

利用机械开关（接触器触点）投入或者切除电容器可以控制电网中的无功功率，用于提高电网的功率因数，这种方式在电容器投切时会对电网产生较大的电流冲击。用反并联晶闸管构成的交流电力电子双向开关来代替机械开关，就组成了晶闸管投切电容器（TSC）。单相 TSC 的基本电路原理如图 6-32 所示，三相电路可以采用三角形或星形联结。

图 6-32a 是 TSC 的基本电路单元，其中所串联的电感很小，用来抑制电容器投入电网时可能出现的电流冲击，在简化电路中一般不画出。在实际工程中，为了避免容量较大的电容器投入或切除给电网带来较大的冲击，一般把电容器分成几组，如图 6-32b 所示，这样就可以实现电容器的分级动态无功补偿，级数越多，切换的平滑性也就越好。当然级数过多会增大设备成本，因此需要综合考虑，根据负载情况适当选取。

TSC 运行时晶闸管投切原则是：在满足无功功率补偿要求的情况下，保证晶闸管导通使电容器投入时不产生电流冲击。为此电容器投入之前应预先充电至电源峰值电压，电容器投入时，使流经其电流为零，没有冲击，之后按正弦规律变化，如图 6-33 所示。如果需要切

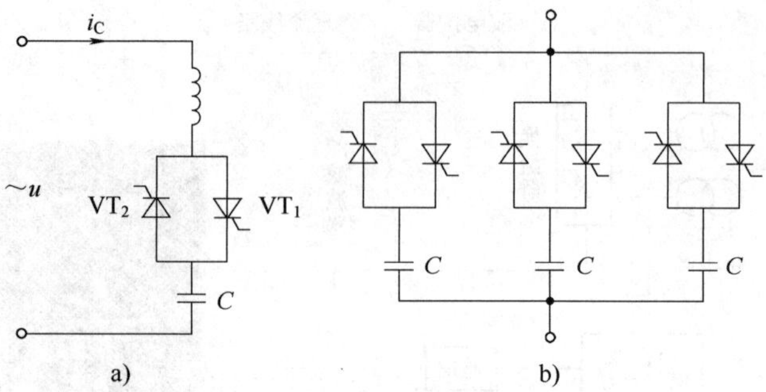

图 6-32　单相 TSC 基本电路原理

a）基本单元　b）分组投切

除电容器，去掉晶闸管上的触发脉冲即可，两个器件在电流过零时关断。

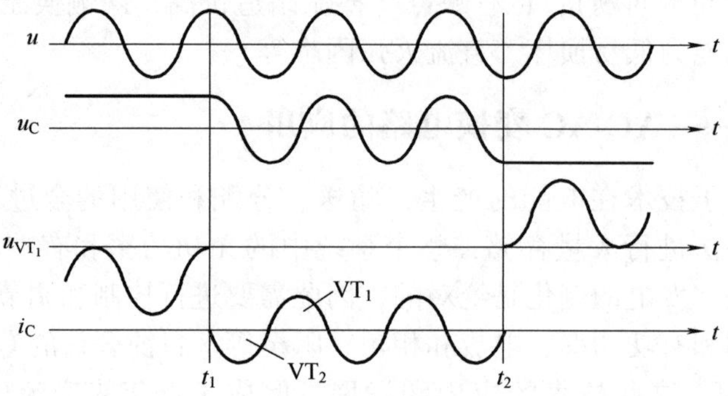

图 6-33　TSC 投切时刻波形

为了降低成本，实际使用中常采用晶闸管和二极管反并联的方法，如图 6-34 所示。这时由于二极管的作用，在电路不导通时，u_c总会维持在电源电压峰值处，缺点是响应速度慢一些，电容器投切的最大滞后时间为一个周波。

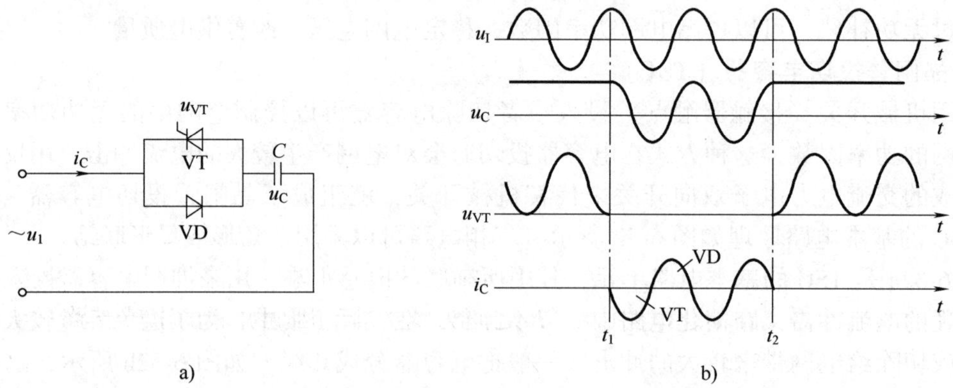

图 6-34　晶闸管和二极管反并联方式的 TSC 电路及投切时刻波形

a）晶闸管和二极管反并联方式的 TSC 电路　b）投切时刻波形

2. 晶闸管控制电抗器（TCR）

晶闸管控制电抗器是相控交流调压电路感性负载的一个典型应用。图 6-35 是 TCR 的典型电路，这是支路控制三角形联结方式的相控三相交流调压电路。

图 6-35 中电抗器的电阻很小，故负载可以近似看作纯感性负载，晶闸管的移相范围是 90°～180°。通过调节触发延迟角 α，可以连续调节流过电抗器的电流，从而调节电路从电网中吸收的无功功率。如果与电容器相配合，就可从感性到容性变化范围内实现对无功功率的连续调节。

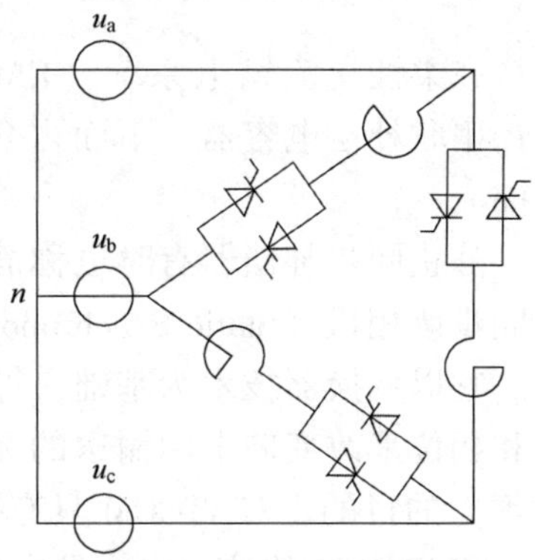

图 6-35 晶闸管控制电抗器（TCR）典型电路

3. 可控串联补偿电容器

在长距离交流输电系统中，用晶闸管控制的串联补偿电容器（TCSC）来提高输电线路的电能输送容量、降低电压波动已经应用了很长的一段时间。由于输电线路的电抗越大所能够传输的功率极限值越小，在输电线路中串联接入电容器可以补偿线路的电感，从而提高输电线路的输电能力，改善系统的稳定性。图 6-36 是 TCSC 电路及波形。为了改变串联电容的大小，可将一定容量的电容 C 与一个晶闸管控制电抗器相并联，然后再串联接入输电线路中。通过对晶闸管进行移相控制，改变等效电感的大小，从而连续调节图 6-36a 中 A、B 两点间的等效容抗 X_C，补偿输电线路的感抗 X_L。此外，还可以调控线路 B 点的电压，改变输电线路或电网中有功功率、无功功率潮流分布，使之最优化。

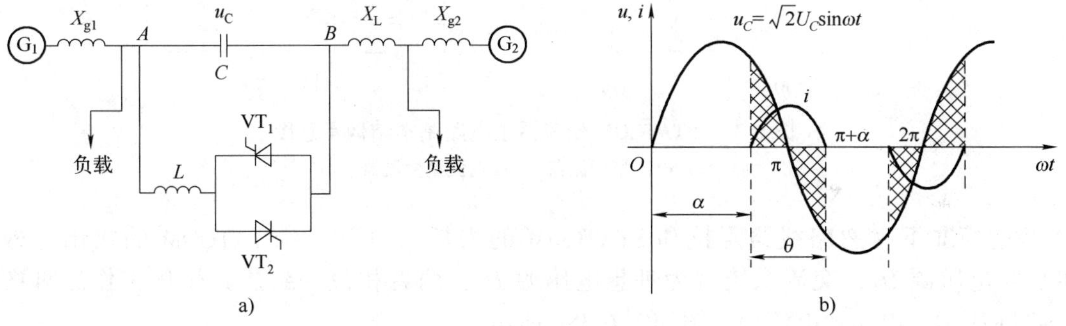

图 6-36 TCSC 电路及波形

a）TCSC 电路 b）$\alpha>\pi/2$ 时的电压和电流波形

图 6-36 中，电容器两端的电压 $u_C=\sqrt{2}U_C\sin\omega t$。与电容相并联的 TCR 电路中电感电流为 i，晶闸管的有效移相范围是 $\pi/2\sim\pi$。触发延迟角 $\alpha<\pi/2$ 时，晶闸管的控制作用和 $\alpha=\pi/2$ 时相同，此时电感支路的感抗 $X_L=\omega L$，为纯电感。当 $\alpha=\pi$ 时，晶闸管不导通，电感支路断开，对并联的电容器支路不起作用，A、B 之间为纯电容。因此并联的电感支路对电容支路的影响，从 $\alpha=\pi/2$ 时的纯电感开始，随着触发延迟角 α 的增大而逐渐减小，当 $\alpha=\pi$ 时，影响完全消失。触发延迟角 α 在 $\pi/2\sim\pi$ 的变化过程中，A、B 之间的阻抗逐渐变化。由此可见，调节晶闸管的触发延迟角 $\alpha(\pi/2\leqslant\alpha\leqslant\pi)$，即可改变电感支路感抗的大小，从而也就改变了 A、B 两端等效电容的大小。

6.3.3 静止同步补偿器——DC-AC 变换电路的应用

在柔性交流输电系统（FACTS）中，介绍了晶闸管投切电容器、晶闸管控制电抗器、可控串联补偿电容器，下面再介绍静止同步补偿器（Static Synchronous Compensator，STATCOM）。

静止同步补偿器有时也称静止无功发生器（Static Var Generator，SVG），早期还称为静止同步调相机（Static Synchronous Condenser，STATCON）。它是一种并联同步的无功补偿装置。它以变换器技术为基础，等效为一个可调的电压源或电流源，通过控制电压或电流的幅值和相位来改变向电网输送的无功功率的大小，从而达到控制电力系统参数（电压、稳定性等）的目的。STATCOM 具有体积小、响应速度快、调节连续等优点。

STATCOM 的核心组成是变流器，按照直流侧储能元件采用电容或电感可分为电压型和电流型两种，如图 6-37 所示。由于电容储能效率较高，实际应用中基本上都采用电压型变换器（Voltage-Sourced Inverter，VSI）。下面以基于 VSI 的 STATCOM 为例来说明其工作原理。如图 6-37a 所示，STATCOM 的主电路包括储能元件电容和电压型变换器（VSI），变换器通过连接电抗（或变压器）接入电力系统。

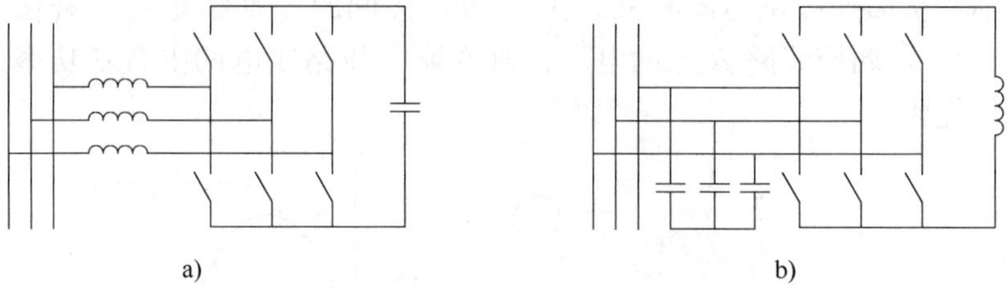

图 6-37 STATCOM 变流器主电路基本结构示意图

a）电压型变流器 b）电流型变流器

理想情况下（忽略线路阻抗和 STATCOM 的损耗），可以将 STATCOM 的输出等效成“可控”电压源 U_1，交流系统视为理想电压源 U_s，两者相位一致。其简化工作原理图如图 6-38a 所示，电压及电流相量图如图 6-38b 所示。

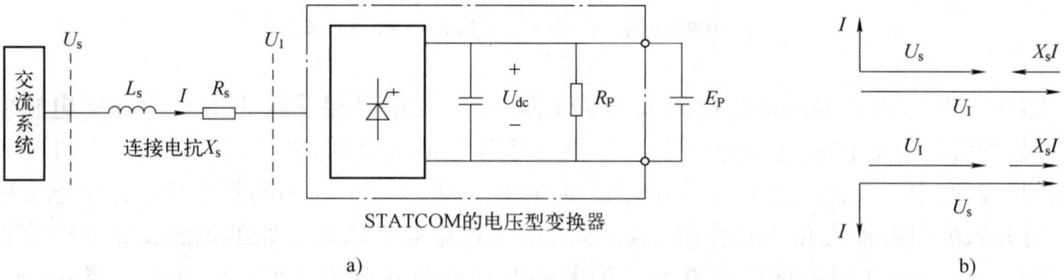

图 6-38 STATCOM 简化工作原理图及相量图

a）简化工作原理图 b）电压及电流相量图

当 $U_1>U_s$ 时，从 STATCOM 流出的电流相位超前 U_1 电压 90°（$U_1-X_sI=U_s$），STATCOM 工作于容性区，输出无功功率；反之，当 $U_1<U_s$ 时，从交流系统流入 STATCOM 的电流相位

滞后 U_1 电压 90°($U_1+X_sI=U_s$)，STATCOM 工作于感性区，吸收无功功率；当 $U_1=U_s$ 时，交流系统与 STATCOM 之间的电流为零，不交换无功功率。可见 STATCOM 输出无功功率的极性和大小取决于 U_1 和 U_s 的大小，通过控制 U_1 的大小就可以连续调节 STATCOM 发出或吸收无功功率的多少。图中的储能电池 E_p 可以提供有功功率，使系统进行有功功率调节。

实际的 STATCOM 总是存在一定损耗的，并考虑到各种动态元件的相互作用以及电力电子开关器件的离散操作，其工作过程要比上面介绍的简单工作原理复杂得多。

6.3.4 静止同步串联补偿器——PWM 变流电路的应用

1. PWM 变流电路在交流输电系统中的应用

在 6.3.2 中介绍了 AC-AC 变流电路在交流输电系统中的应用（晶闸管投切电容器、晶闸管控制电抗器、可控串联补偿电容器），在 6.3.3 中介绍了 DC-AC 变流电路在交流输电系统中的应用（静止同步补偿器 STATCOM），其实交流输电系统中还有许多应用电力电子技术的控制器，下面介绍静止同步串联补偿器和统一潮流控制器。

（1）静止同步串联补偿器（SSSC）

静止同步串联补偿器（Static Synchronous Series Compensator，SSSC）是一个串联连接的同步电压器。通过在线路中串联一个与线电流呈合适相位角的电压来控制输电线路两端的功率角和电压降，起到调节线路输送功率，提高系统稳定性、降低阻尼功率振荡及抑制次同步谐振的作用。图 6-39 为静止同步串联补偿器的原理图及等效电路图。

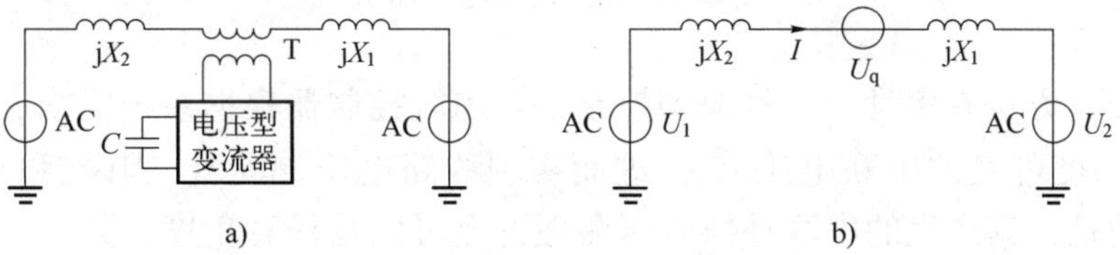

图 6-39 静止同步串联补偿器原理图及等效电路图

a）原理图 b）等效电路图

静止同步串联补偿器（SSSC）主要由电压型变流器、耦合变压器 T、直流储能电容器 C 及控制系统（图中未画出）组成。对于输电系统，由于电压等级较高，因此 SSSC 与其他柔性交流电力系统（FACTS）装置一样，是通过串联变压器接入到输电系统当中的。与静止同步补偿器（STATCOM）相比较可以看出，SSSC 通过耦合变压器 T，将起并联补偿作用的 STATCOM 串联到电网中，同样以同步电压型变流器为组成核心。图 6-39a 所示的装置可等效为一个可控的电压源 U_q，如图 6-39b 所示。SSSC 装置的直流侧一般采用电容器组来作为支撑直流电压的元件，且不与系统之间进行有功功率的交换，所以 SSSC 装置产生的补偿电压 U_q 相位与线路电流相差 90°（U_q 相位滞后线路电流相位 90°）。补偿电压 U_q 的作用是抵消输电线路电感上的超前于线路电流 90°的电压，相当于减少了线路的长度。

电压型变流器既可工作于整流状态又可工作于逆变状态，在变流器的直流侧如果有储能环节（蓄电池与电容并联）或发电单元，则变流器输出电压与线路电流可实现四象限运行，实现对有功功率、无功功率的调节。其主电路结构可采用全控型器件组成的 PWM 变流电路、晶闸管组成的桥式电路、多重化变流电路、级联型变流电路等。常用的电力电子器件主要包括晶闸管、GTO、高压 IGBT 等。

(2) 统一潮流控制器(UPFC)

统一潮流控制器(Unified Power Flow Controller, UPFC)是 FACTS 家族中功能最强大的装置，它的产生是 FACTS 技术和电力电子器件不断发展的结果。它具有串联补偿(电压、阻抗、移相)、并联补偿(无功和电压控制)等功能，以及由这些基本功能组合起来形成的优化传输功率及系统潮流分布，实现有功和无功功率的快速调节，还具有阻尼系统振荡、提高系统暂态稳定性等能力。UPFC 可以看成是 STATCOM 和 SSSC 的组合，通过两者互联的直流环节协调控制，使其具有更强大的功能。

统一潮流控制器(UPFC)的结构原理图如图 6-40 所示，主要由并联变流器、串联变流器、电容器和串/并联变压器等构成。其中串、并联变流器是 UPFC 实现潮流控制的主要执行部分。两个变流器共用直流母线连接成背靠背的形式，构成了间接 AC-AC 功率变换器，能实现与系统的有功和无功功率的双向流动。

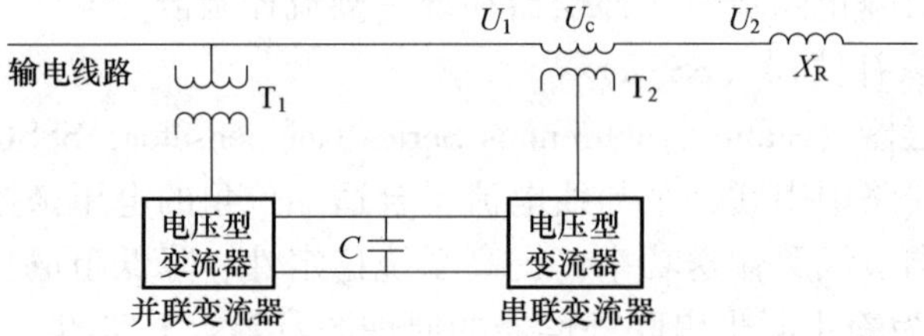

图 6-40 UPFC 结构原理图

UPFC 的控制方法有多种，一种典型控制是：串联控制器根据系统需求，控制串联变流器产生幅度和角度可变的串联电压 U_c，进而实现线路电压、潮流、阻抗和相角等的调节。与 SSSC 不同的是，其产生的串联补偿电压在理论上可以是任意角度，其中与线路电流同相的电压分量产生了与系统有功功率的交换。这个交换的有功功率需要用并联变流器产生的有功功率去平衡，从而保持直流电压恒定。此外，并联变流器还能为线路提供独立的并联无功补偿，相当于 STATCOM，串联变流器也可以独立用于产生与线路电流正交的电压，相当于 SSSC。

UPFC 中电压型变流器的类型包括多电平(也包括二电平)三相电压型变流电路、级联型变流电路、多重化变流电路、矩阵式变流电路。控制方式一般采用 PWM 控制。

2. PWM 变流电路在交流配电系统中的应用

交流配电网是目前电能供给的主要形式。理想的配电网内阻抗为零，以 50 Hz 频率、规定的电压等级、无畸变的正弦波形对用户供电。理想的用电负荷是仅向电网吸收相位和波形符合一定要求的正弦电流。在三相系统中，各相电压和电流还应大小相等、相位互差 120°，呈对称状态。配电网电能质量是指供电和用电的品质。电能质量问题有电流质量问题和电压质量问题。电流质量问题一般由用电负载引起，可能对配电网和相邻负载带来不利影响；电压质量问题则往往是供电系统(变电设备和线路距较大不良负荷较近)引起，影响范围更广。

目前较为常见的配电系统电流质量的主要问题、表现形式及危害如下。

1) 功率因数低。主要表现为电流电压相位差大，其后果是电能利用率低，需增大电网容量，损耗有功功率。

2）谐波含量大。主要由非线性负载、变压器饱和等造成。其结果是加大了损耗，加剧了绝缘老化，造成干扰，导致系统电压畸变。

3）干扰大。由开关负载造成，一方面干扰周围的设备，另一方面加大损耗。

4）相间电流不平衡，中性线电流过大。使得中性线容量和损耗增加，影响发电机，会导致系统电压不平衡。

常见的电压质量问题如下。

1）出现过电压、欠电压、电压波动、闪变、跌落、中断、冲击、停电等问题。

2）有高次谐波电压和直流偏置电压。

3）电网不平衡、小容量系统的负载不平衡。

针对上述问题，需要对电能质量进行控制，包括无功补偿、谐波抑制、动态电压恢复、平衡补偿、中性线电流控制等。控制方法有许多，其中采用PWM变流电路的有源电力滤波技术被认为是最有效的方法之一。

有源电力滤波器（Active Power Filter）是一种用于动态抑制谐波和补偿无功功率的新型电力电子装置。它能对频率和幅值都变化的谐波进行跟踪补偿，且补偿特性不受电网阻抗的影响，可以有效地隔离系统与谐波源，补偿效果好，因而在国内外受到了广泛的重视。有源滤波的基本原理是用电力电子变流器产生与电网谐波电流（或谐波电压）大小相等、方向相反的谐波电流（或谐波电压）并注入电网，使电网的总谐波和无功电流为零，从而达到净化电网的目的。有源滤波可分为并联和串联两种基本类型，分别对电流源型和电压源型负载产生的谐波电流进行抑制，也可以串并联相结合或者将有源和无源相结合进行混合滤波。下面介绍并联型有源电力滤波器、串联型有源电力滤波器和统一电能质量控制器。

（1）并联型有源电力滤波器

由于有源电力滤波器（APF）与负载并联接入电网，因此称为并联型有源电力滤波器。工作时，并联型有源电力滤波器相当于受控电流源，它产生与负载谐波电流幅值相等、相位相反的谐波电流并注入电网，抵消负载产生的谐波电流，使流入电网的电流波形接近正弦波，从而达到谐波补偿的目的。其结构原理图如图6-41所示，APF由主电路和控制电路两大部分组成。其中主电路包括PWM变流器、输出滤波器、直流环节，控制电路包括信号采集、控制运算处理、脉冲发生及驱动电路。控制功能主要由微处理器完成，图6-41中只画了部分主要环节。图中u_s表示交流电网电压，i_s为电源电流，i_L为负载电流，i_c为有源滤波器输出补偿电流，负载为电流型谐波源。

系统的基本工作原理如下：检测电路检测到负载电流i_L，并通过计算提取其中的谐波分量i_{Lh}，由算法控制单元形成补偿电流指令信号i_c^*，由电压型变流器产生补偿电流i_c。

三相并联APF主电路可分为三相三线制和三相四线制两大类。图6-42给出了三相三线制并联有源电力滤波器主电路变流器结构及其接线图。目前这种结构的有源电力滤波器应用最普遍。

（2）串联型有源电力滤波器

串联型有源电力滤波器串联在电网和负载之间，主要用于滤除电网公共接点电压畸变对负载的影响，阻隔负载谐波电流对电网的注入。其主电路原理图如图6-43所示。有源电力滤波器的主电路由三相电压型PWM变流器构成。U_c是有源电力滤波器产生的补偿电压，图

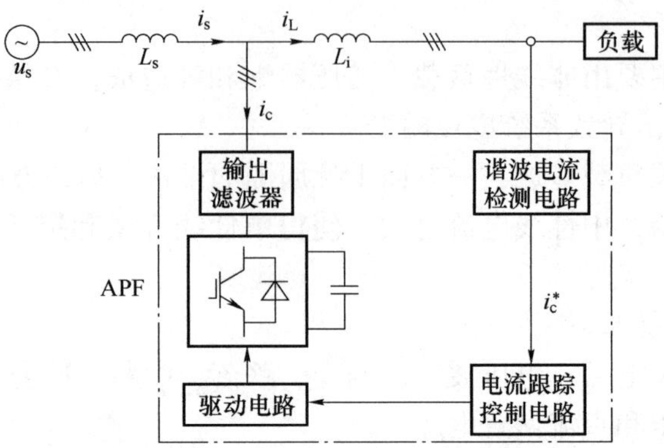

图6-41　并联型有源电力滤波器原理结构图

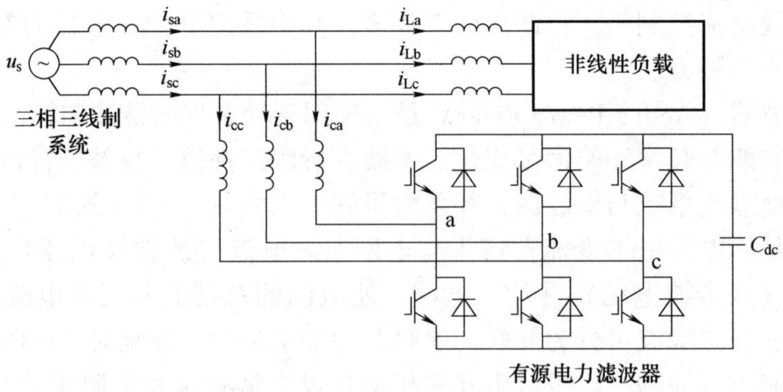

图 6-42　三相三线制并联有源电力滤波器原理结构图

中未画出有源电力滤波器的控制电路部分，虚线框内为滤波电路，用于滤除开关器件切换时产生的谐波。控制电路部分主要由谐波检测电路、补偿电压生成电路、PWM 驱动保护电路等组成。工作时，串联型有源电力滤波器产生一个与负载谐波电压幅值相等、相位相反的谐波电压，抵消负载产生的谐波电压，使流入电网的电流接近正弦波，从而达到补偿谐波的目的。作为主电路的 PWM 变流器，在产生补偿电压时，主要作为逆变器工作；在电源侧向 APF 直流侧储能充电时，它就作为整流器工作。其上的电能是双向流动的，工作状态无法严格区分，因此称为变流器更合适。

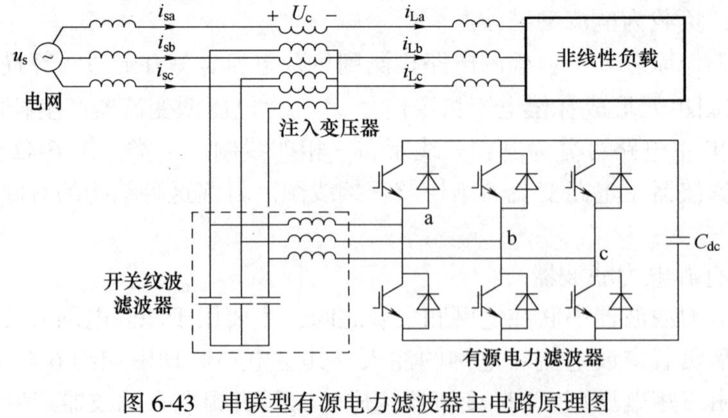

图 6-43　串联型有源电力滤波器主电路原理图

（3）统一电能质量控制器（UPQC）

一般情况下，串联的电能质量控制器较为适合抑制电压质量问题，而并联的则较为适合用于电流质量的改善。实际上，电压和电流质量问题是互相关联、互相转化的。统一电能质量控制器（Unify Power Quality Controller，UPQC）将有源串联和有源并联变流器通过直流母线连接在一起，同时对多种电能质量进行控制。由于在直流通道上有功功率可以互相支持，因此 UPQC 在控制方式上更加灵活，在功能上更强大。UPQC 的基本结构如图 6-44 所示。UPQC 是由两个通过电容器耦合的背靠背电压型变流器组成，一侧通过变压器串联接入电网，另一侧与电网并联。串联变流器类似于串联 APF，用于改善电压质量，隔离负载有害电流的互相传递；并联变流器类似于并联 APF，控制其输出电流来补偿负载电流质量；同时，UPQC 中的并联有源部件还需要控制直流电压的稳定性，平衡串联单元的有功交换。

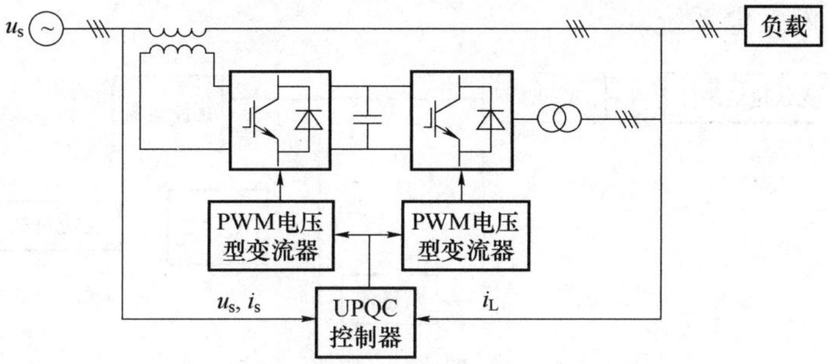

图 6-44　UPQC 基本结构

6.4　电力电子技术在新能源领域中的应用案例

6.4.1　太阳能光伏发电系统

太阳能是一种重要的可再生能源，目前普遍采用的是光伏（Photovoltaic，PV）发电。PV 发电由太阳能电池实现，太阳能电池单元是光电转换的最小单元，其所能产生的电压较低，一般需要将电池单元进行串、并联，连接组成太阳能电池组件，众多太阳能电池组件再进行串、并联后形成太阳能电池阵列才能进行实际应用。太阳能发电系统只有在白天有阳光时才能发电，因此系统需要用储能单元将日间发出的电能储存起来以便使发电系统连续供电。太阳能电池阵列发出的电能是直流电，用电设备一般需要交流供电，所以系统中需要有逆变电路将直流电变换为交流电供交流负载使用。典型的太阳能光伏发电系统结构如图 6-45 所示。

系统由太阳能电池阵列、DC-DC 变换器、DC-AC 变换器、DC 控制器、蓄电池等组成。DC-DC 变换器在太阳能电池与电网或负载之间建立一个缓冲直流环节，根据网压需求提升或降低太阳能电池电压、维持直流电压稳定。DC-AC 变换器产生合适的交流电能并将其注入电网。

PV 发电系统可以分为离网和并网型发电系统。离网型光伏发电系统不与电网并网，只在较小范围内给负载供电，图 6-46 为离网型光伏发电系统结构图。并网型 PV 系统与电网连

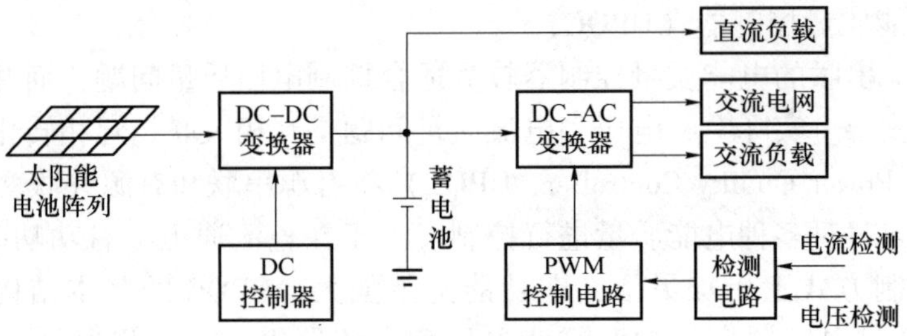

图 6-45　典型太阳能光伏发电系统结构图

接，利用大电网使供电的稳定性和电能品质得到保证，并且可以取消能量储存环节。图 6-47 为并网型光伏发电系统结构图，图中有变压器的系统为隔离型光伏发电系统，去掉变压器的为非隔离型光伏并网发电系统。

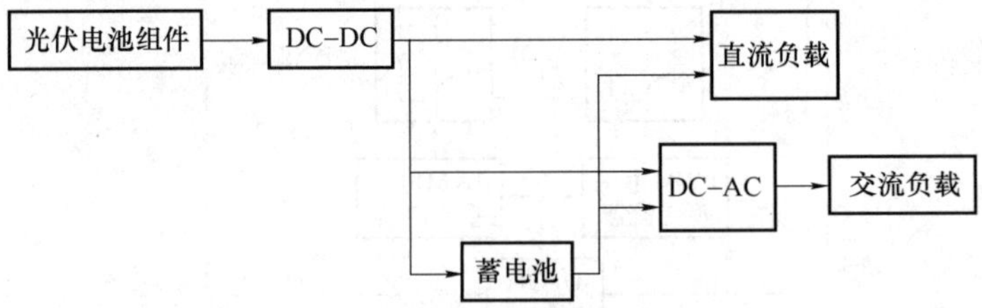

图 6-46　离网型光伏发电系统结构图

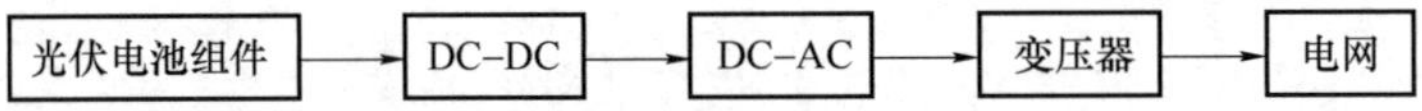

图 6-47　并网型光伏发电系统结构图

6.4.2　风力发电系统

风力发电系统由风力机和发电机组成，按其运行方式可分为恒速恒频发电系统和变速恒频发电系统。后者风力机可变速运行，使风力机与风速之间达到最佳比例关系，风能利用率高，是最优化的运行方式。电力电子技术的应用是实现风力机变速运行的最佳手段之一。采用电力电子技术实现变速恒频的风力发电系统主要有双馈感应风力发电系统和永磁同步直驱式风力发电系统两种。

1. 双馈感应风力发电系统

双馈感应发电机（Double-Fed Induction Generator，DFIG）的结构是在绕线式异步发电机的转子回路中接入一个机侧变流器实现交流励磁，其并网结构如图 6-48 所示。

使用双馈感应发电机时，发电机定子绕组直接接到电网上，转子上的双向功率变流器组（交流励磁变流器）的另一端也接入电网。由风力机驱动发电机产生的转子电流频率为 f_r，励磁变流器产生的发电机转子电流频率为 f_2。当风力机转速变化时，由风力机驱动发电机产生的转子电流频率 f_r 变化，此时调节转子变流器的供电频率 f_2，使返回电网的定子电流频率保持不变，与电网一致。满足如下关系式：

$$f_r+f_2=f_1$$

式中，f_1 为定子电流频率。

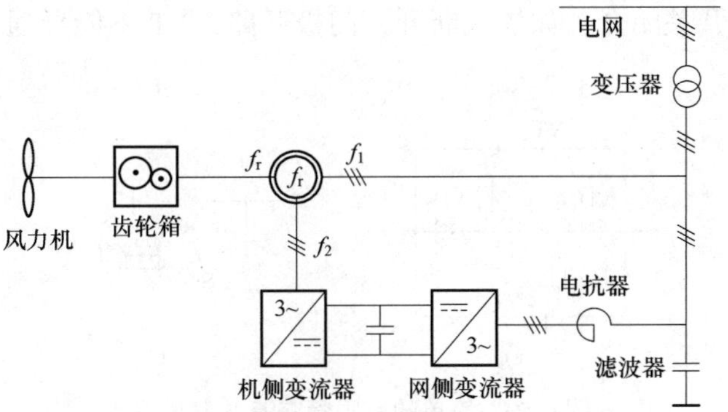

图 6-48　双馈变速恒频风力发电系统并网结构图

用于双馈感应风力发电系统的交流励磁变流器主要有交-直-交电压型变流器（两电平电压型双 PWM 变流器）、晶闸管相控交-交直接变流器（周波变换器）、矩阵式交-交变流器。其中两电平电压型双 PWM 变流器的控制最简单、可靠，技术上最成熟，目前应用最多。

2. 永磁同步直驱式风力发电系统

永磁同步风力发电机（Permanent Magnet Synchronous Generator，PMSG）是一种由永磁材料制成的同步发电机，其中的一种发电机转速很低，无需齿轮增速机构便可与风力机的速度相配合运行，称为永磁同步低速直驱式风力发电机，其并网结构如图 6-49 所示。

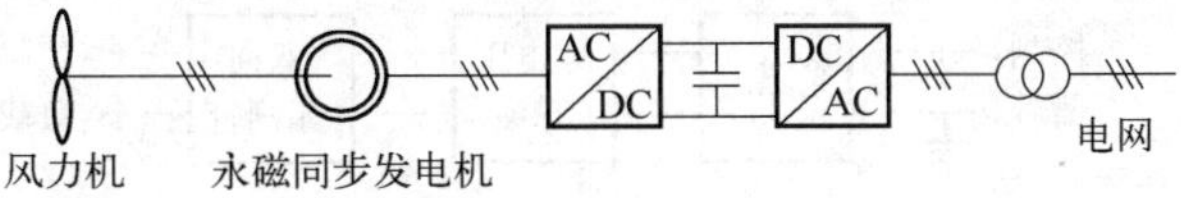

图 6-49　永磁同步低速直驱式风力发电系统并网结构图

系统中的变流器多数采用交-直-交变流器，与电网相连的逆变器多数采用 PWM 逆变器方式。整流器有不可控整流、不可控整流+Boost 升压电路、可控整流和 PWM 整流等。交-直-交高压并网变流器可以采用多电平变流电路、双 PWM 四象限控制。开关器件可采用 IGBT 或 GTO，大容量装置可采用晶闸管。

6.5　电力电子技术在其他领域的应用案例

6.5.1　晶闸管交流电力开关——AC-AC 变换电路的应用

1. 晶闸管交流电力开关

把晶闸管反并联或双向晶闸管串入交流电路中，代替电路中的机械开关，令晶闸管在交流电压过零时导通或关断，起接通或断开电路的作用，则称为晶闸管交流电力电子开关。图 6-50 是两种简单的晶闸管交流电力开关。图 6-50a 中控制开关 S 闭合时，电源的正负半周电压分别通过二极管 VD_1、VD_2和开关 S 接通 VT_1、VT_2的门极电路，使相应晶闸管在正负半周分别导通。如果 S 断开，则晶闸管门极开路，不能导通，相当于电力开关断开。所以通过对小电流开关 S 的操作，实现对主电路的通断控制。图 6-50b 中采用双向晶闸管构成电力电子开关。控制开关 S 闭合时，正半周 VT 以Ⅰ+方式触发导通，负半周 VT 以Ⅲ-方式触发导通，相当于电力电子开关闭合；如果 S 断开，门极开路，VT 不能导通，相当于电力电子开关断开。

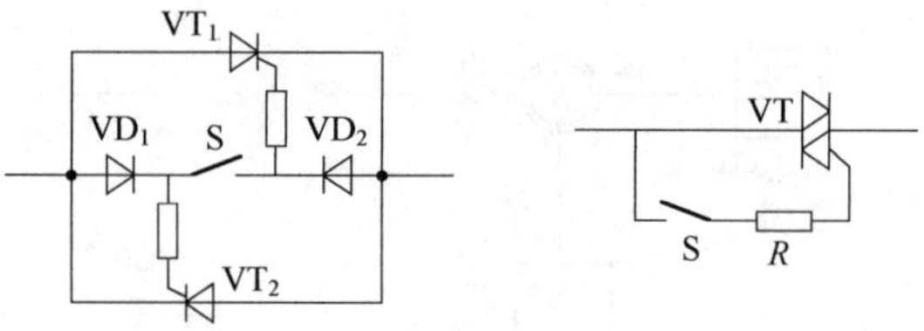

a) b)

图 6-50 简单的晶闸管交流电力开关

a）晶闸管交流电力开关 b）双向晶闸管交流电力开关

与交流调功电路的区别是，交流电力电子开关并不控制电路的平均输出功率，通常也没有明确的控制周期，只是根据负载的需要来控制交流电路的接通和断开。

2. 交流固态继电器

将无触点开关及其控制电路组装在一起可做成固态继电器（Solid State Relay，SSR）。典型的交流固态继电器结构如图 6-51a 所示。图中控制信号可以是交流电压，也可以是直流电压，光隔离是为了将控制信号与主电路分开，零电压开关采用通断方式来控制交流负载的电功率。图 6-51b 是一种具有过零触发电路的交流固态继电器电路。

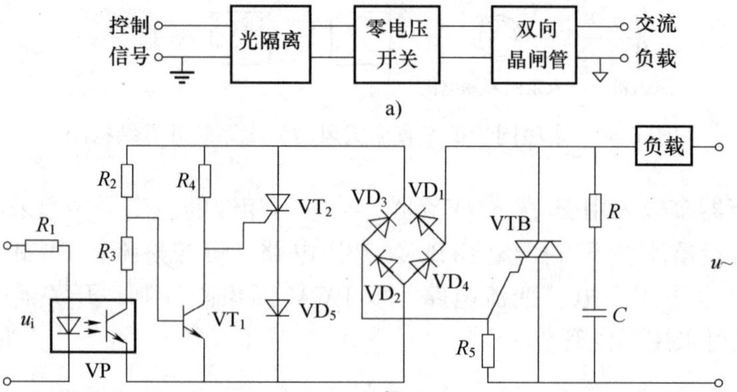

b)

图 6-51 交流固态继电器

a）交流固态继电器结构 b）电压过零触发的固态继电器

双向晶闸管 VTB 正、负半周均通过 $VD_1 \sim VD_4$ 整流桥和小晶闸管 VT_2 获得门极信号，相应为Ⅰ+、Ⅲ-触发方式。VT_2 两端为全波整流电压。如果有输入信号 u_i，光隔离器 VP 导通，只要适当选取 R_2、R_3 的数值，可以做到当交流电压 $u\sim$ 小于某一值 U_0（即认为是“零”）时，VT_1 截止，VT_2 经 R_4 触发导通，从而 VTB 导通，相当于开关闭合。这里 R_2、R_3 和 VT_1 起了零电压检测的作用。如果 $u_i=0$，VP 截止，VT_1 导通，使 VT_2 门极短路无法导通，则 VTB 处于阻断状态，相当开关断开。

6.5.2 晶闸管交流调压电路——AC-AC 变换电路的应用

交流调压电路广泛用于工业加热、灯光控制、感应电动机调压调速，以及电焊、电解、电镀的交流侧调压等场合。单相交流调压用于小功率调节，广泛用于民用电气控制。

1. 双向触发二极管触发的交流调压电路

图 6-52 是常用的双向晶闸管调光电路。其触发电路由双向触发二极管 VD、电阻 R_1、R_2、电位器 RP 及电容 C_1、C_2等构成。双向触发二极管是一种 NPN 三层结构、具有双向对称击穿特性和负阻特性的半导体元件，伏安特性如图 6-53 所示。

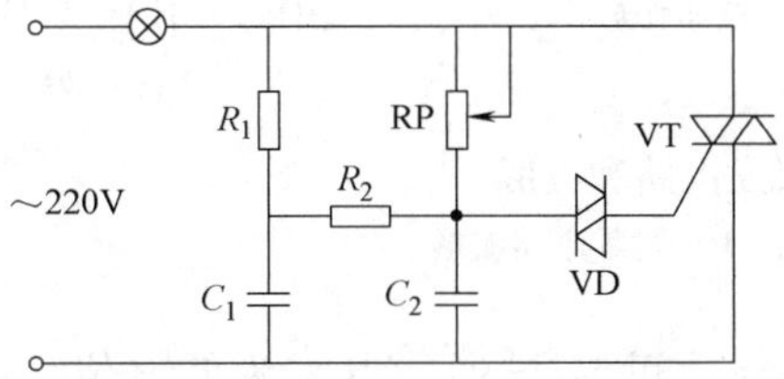

图 6-52　双向晶闸管调光电路

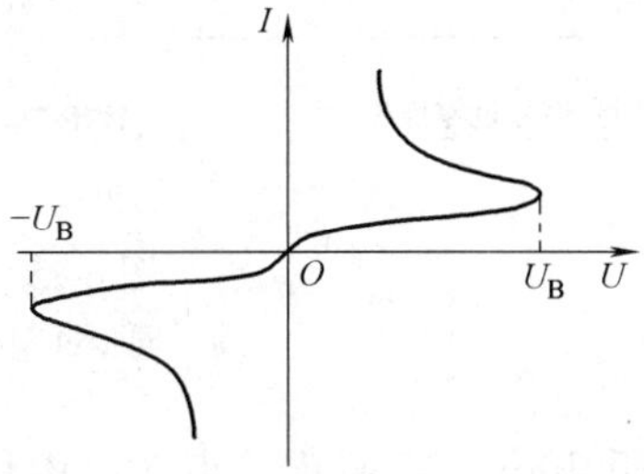

图 6-53　双向触发二极管伏安特性

图 6-52 中的双向晶闸管由 *RC* 充/放电电路和双向触发二极管 VD 控制。当电容 C_2电压升高到超过双向触发二极管 VD 的击穿电压 U_B时，VD 导通，C_2迅速放电，其放电电流使双向晶闸管导通。改变 RP 的阻值，即改变了 C_2充电到 VD 击穿电压 U_B的时间，达到改变触发延迟角的目的。当 RP 阻值大于某一值时，可能 C_2充电电压在电源半个周期内达不到 VD 的击穿电压，使触发延迟角的移相范围受到一定限制。而增加 R_1和 C_1之后，C_1的充电电压通过 R_2给 C_2充电，提高了 C_2的端电压，从而扩大了移相范围，即扩大了白炽灯的最低亮度范围。

2. 单结晶体管触发的交流调压电路

单结晶体管触发的单相交流调压电路如图 6-54 所示。

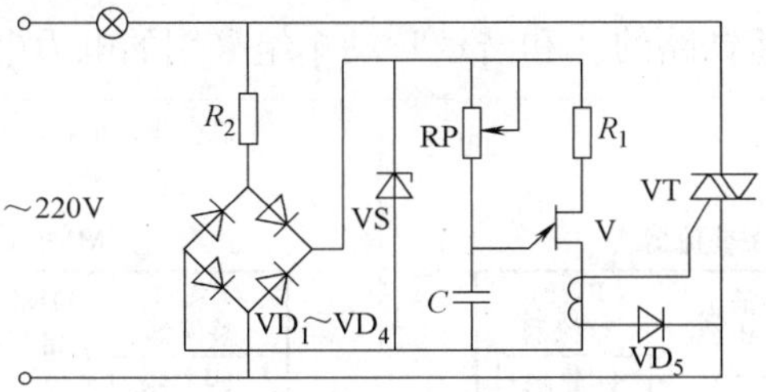

图 6-54　单结晶体管触发的单相交流调压电路

电源接通后，经桥式整流电路输出双半波脉动直流电压，再经稳压管 VS 削成梯形波电压。RP 和 *C* 为充放电定时元件，当 *C* 两端电压充电到单结晶体管 V 的峰点电压时，单结晶体管导通，输出尖脉冲，通过脉冲变压器使双向晶闸管触发导通。当改变 RP 时可以改变脉冲产生的时刻，从而改变晶闸管的导通角，达到调节交流输出电压的目的。

3. 交流调功器的同步过零触发电路

交流调功器的主电路通常可用两只普通晶闸管反并联或一只双向晶闸管组成，即整流变压器与同步变压器共用变压器 T_1，此处没有画出。图 6-55 为与交流调功器配套的同步过零触发电路。它包括过零检测、逻辑“与”门和脉冲放大三部分。

工作原理简述如下：同步变压器 T_1、晶体管 V_1等构成过零检测电路。在交流电压过零

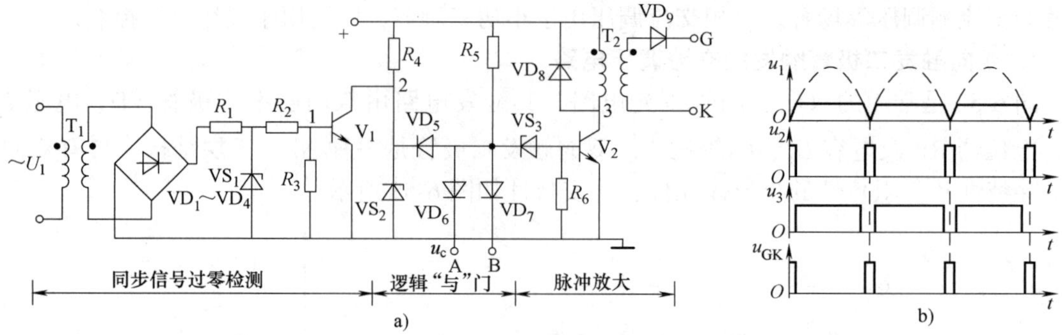

图 6-55　过零触发电路和波形

a）同步过零触发电路　b）过零电路波形

时，点 1 为低电位，V_1截止，点 2 高电位；其余时间 V_1导通，点 2 为低电位。此时，V_1的集电极发出一个脉冲。但是 T_2输出侧是否有脉冲输出还取决于 V_2是否导通。VD_5、VD_6、VD_7和 R_5构成“与”门，A 端接调节信号 u_c，B 端接保护信号。当 A 端或 B 端为低电平时，“与”门封锁，V_2截止，没有脉冲输出；只有当 A 端或 B 端均为高电平时，V_2导通，由 V_1产生的过零脉冲才得以通过，并经 V_2放大和脉冲变压器 T_2输出。各级工作波形如图 6-55b 所示。

过零触发虽然没有移相触发时的高次谐波干扰，但其通断频率比电源频率低，特别当通断比太小时，会出现低频干扰，使照明出现人眼能察觉到的闪烁、电表指针出现摇摆等。所以调功器通常用于热惯性较大的电热负载。

6.5.3　动车组列车的变流装置——PWM 变换电路的应用

图 6-56 所示为我国高速铁路的“和谐号”动车组采用的电力电子变流装置主电路结构图。

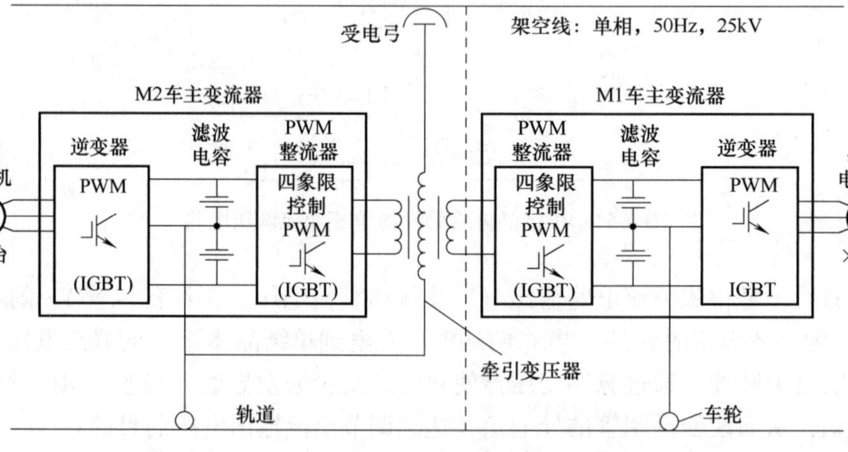

图 6-56　“和谐号”动车组采用的电力电子变流装置主电路结构图

动车组列车的功率范围约为 200 kW ~ 1 MW。与以前直流电机车不同，“和谐号”单相交流架空线电压为 25 kV，引入动车组列车后，通过两台 PWM 整流器将交流变为直流供给 PWM 逆变器，由该逆变器供给 4 台异步电动机进行驱动。逆变器工作频率在 0 ~ 240 Hz 范围可调，元器件用 GTO 或 IGBT。

第7章　电力电子技术课程设计

7.1　课程设计大纲

适用专业：电气类各专业。

总学时：2周。

1. 课程设计的目的

课程设计是本课程教学中重要的实践性教学环节，起到从理论过渡到实践的桥梁作用。因此，必须认真组织，周密布置，积极实施，以期达到下述教学目的。

1）通过课程设计，使学生进一步巩固、深化电力电子技术及相关课程的基本知识、基本理论和基本技能，达到培养学生独立思考、分析和解决实际问题的能力。

2）通过课程设计，让学生独立完成一种变流装置课题的基本设计工作，达到培养学生综合应用所学知识和实际查阅相关设计资料能力的目的。

3）通过课程设计，使学生熟悉设计过程，了解设计步骤，掌握设计内容，达到培养学生工程绘图和编写设计说明书的能力，为学生今后从事相关的实际工作打下良好基础。

2. 课程设计的要求

1）根据设计课题的技术指标和给定条件，在教师指导下，能够独立而正确地进行方案论证和设计计算，要求概念清楚、方案合理、方法正确、步骤完整。

2）要求掌握电力电子技术的设计内容、方法和步骤。

3）要求学会查阅有关参考资料和手册等。

4）要求学会选择有关元器件和参数。

5）要求学会绘制有关电气系统图和编制元器件明细表。

6）要求学会编写设计说明书。

7）要求对所设计的变流装置进行实验（仿真或实物实验）。

3. 课程设计的程序和内容

1）学生分组、布置题目。

首先将学生按学习成绩、工作能力和平时表现分成若干小组，每小组成员按学习情况合理搭配，然后下达课程设计任务书，原则上每小组一个题目。

2）熟悉题目、收集资料。

设计开始，每个学生应按教师下达的具体题目，充分了解技术要求，明确设计任务，收集相关资料，包括参考书、手册和图表等，为设计工作做好准备。

3）总体设计。

正确选定变流装置的系统方案，认真画出系统总体结构框图。

4）主电路设计。

按选定的系统方案，确定主电路结构，画出主电路及相关保护电路原理草图，并完成主电路的元器件计算，完成保护电路方案的选择和保护元器件参数的计算。

5）触发电路设计。

根据主电路的型式特点，选择适当的触发电路。

6）进行实验验证。

7）校核整个系统设计，编制元器件明细表。

8）绘制正规系统原理图，整理编写课程设计说明书。

4. 课程设计说明书的内容

1）题目及技术要求。

2）系统方案的论证选择和总体结构的确定。

3）系统工作原理简介。

4）具体设计：包括主电路方案的论证说明和选择、主电路元器件的计算，保护电路方案的论证说明和选择、保护元器件的计算，触发电路选择的论证说明等。

5）设计评述。

6）主电路元器件明细表。

7）变流装置的实验方案和实验结果分析。

8）变流装置的系统原理图：在 A3 图样上绘制或用计算机绘制。

9）参考文献。

5. 课程设计的成绩考核

教师通过课程设计答辩、审阅课程设计说明书并结合学生课程设计中的表现，评定每个学生的课程设计成绩，一般可分为优秀、良好、中等、及格和不及格五等，也可采用百分制记分。

7.2 课程设计任务书

为了便于教师组织课程设计，下面给出一个电力电子技术课程设计参考课题。各校可根据实际情况自行选题。

1. 设计题目和设计要求

（1）题目名称：晶闸管整流电路应用设计

晶闸管整流电路给直流电动机供电，根据给定的直流电动机技术数据，设计可控整流电路。

（2）技术数据：电动机的技术数据

为了方便分组，可给出不同型号的系列电动机的技术数据，保证各组学生给定的设计数据不一样，Z4 系列直流电动机技术参数见表 7-1。

表 7-1　Z4 系列直流电动机技术参数

型号	顺序	额定功率 /kW	额定转速 /(r/min)	电枢电流 /A	励磁功率 /W	电枢电阻 R_a /Ω(20℃)	电枢电感 /mH	磁场电感 /H
Z4-100-1	1	2.2	1490	17.9	315	1.19	11.2	22
	2	1.5	955	13.3		2.17	21.4	13
	3	4	2630	12		2.82	26	18
	4	4	2960	10.7				
	5	2	1310	6.6		9.12	86	18
	6	2.2	1480	6.5				
	7	1.4	860	5.1		16.76	163	18
	8	1.5	990	4.77				
Z4-112/2-1	9	3	1540	24	320	0.785	7.1	14
	10	2.2	975	19.6		1.498	14.1	13
	11	5.5	2630	16.4		1.933	17.9	17
	12	5.5	2940	14.7				
	13	2.8	1340	9.1		6	59	17
	14	3	1500	8.6				
	15	1.9	855	6.9		11.67	110	13
	16	2.2	965	7.1				
Z4-112/2-2	17	4	1450	31.3	350	0.567	6.2	14
	18	3	1070	24.8		0.934	10.3	14
	19	7	2660	20.4		1.305	14	19
	20	7.5	2980	19.7				
	21	3.7	1320	11.7		4.24	48.5	19
	22	4	1500	11.2				
	23	2.6	895	9		7.62	83	14
	24	3	1010	9.1				
Z4-112/4-1	25	5.5	1520	42.5	500	0.38	3.85	6.8
	26	4	990	33.7		0.741	7.7	6.7
	27	10	2680	29		0.89	9	6.8
	28	11	2950	28.8				
	29	5	1340	15.7		3.01	30.5	6.8
	30	5.5	1480	15.4				
	31	3.7	855	13		5.78	60	6.7
	32	4	980	12.2				
Z4-112/4-2	33	5.5	1090	43.5	570	0.441	5.1	7.8
	34	13	2740	37		0.574	6.4	5.8
	35	15	3035	38.6				
	36	6.7	1330	20.6		2.12	24.1	7.8
	37	7.5	1480	20.6				
	38	5	955	16.1		3.46	40.5	5.8
	39	5.5	1025	15.7				
Z4-132-1	40	18.5	2610	52.2	650	0.386	5.3	6.5

（3）设计的内容

1）根据课题的技术要求，进行变流装置主电路方案的详细论证说明，然后选择主电路的结构形式。

例如：根据整流电路负载的大小、输出电压的波纹要求、功率因数、变压器磁化、电路的复杂情况和成本等因素，确定在电网和整流电路之间是否采用整流变压器连接，整流主电路结构采用单相还是三相、半波还是全波、半控还是全控形式。这部分内容要求论证详细、理由充分，最终有选择结果。为了避免学生在主电路结构选择上的趋一性，可根据负载电动机功率的大小，做出整流主电路结构选择的限定。

2）变流装置的原理说明。

3）主电路的设计、计算。

① 整流变压器计算：二次电压计算；一、二次电流的计算；容量的计算。

② 晶闸管器件的选择：晶闸管的额定电压、电流计算。

③ 晶闸管保护环节的计算：ⓐ交流侧过电压保护。ⓑ阻容保护、压敏电阻保护计算。ⓒ直流侧过电压保护。ⓓ晶闸管及整流二极管两端的过电压保护。ⓔ过电流保护。交流侧快速熔断器的选择；与元件串联的快速熔断器的选择；直流侧快速熔断器的选择。

④ 主电路电抗器的计算。

4）触发电路的选择与校验：触发电路的种类较多，可直接选用，触发电路中的元器件参数可参照有关电路进行选用，一般不用重新计算。最后只需要根据主电路选用的晶闸管对脉冲输出级进行校验，只要输出脉冲功率能满足要求即可。

5）对所设计的变流装置进行综合评价。

6）MATLAB 仿真实验。

对所设计的系统进行计算机仿真实验，采用面向电气系统原理结构图的仿真方法。建立变流装置的仿真模型，对仿真结果进行分析。

（4）设计提交的成果材料

1）设计说明书一份，与任务书一起装订成册。

2）电力电子变流装置电气原理图一份（在 A3 图样上绘制或用计算机绘制）、元器件明细表一份。

3）仿真模型和仿真结果清单。

2. 课程设计报告要求

课程设计说明书采用计算机打印，应该有统一的格式要求。并配上封面，装订成册。

课程设计报告应包括以下内容。

1）课题名称。

2）设计内容及要求。

3）绪论。

4）系统的方案论证说明和选择、工作原理分析，画出系统结构框图。

5）针对系统结构框图中的每个单元方框，进行单元电路设计、原理说明、器件选择和参数计算。

6）画出完整的电路图，并说明电路的工作原理。

7）实验验证，进行计算机仿真实验和实验结果分析。

8）设计总结：本设计所做的主要工作、取得的成果、存在的问题，今后努力和改进的方向。

9）列出参考文献。

7.3 晶闸管整流器的工程设计指导书

7.3.1 晶闸管整流器主电路型式的选择

晶闸管整流器主电路的选择包括：确定主电路的结构形式、是否需要整流变压器及可逆运行等。主电路通常包括：整流变压器、晶闸管整流器、直流滤波电抗器、交流侧过电压、过电流保护、主开关元件的保护、直流侧过电压及过电流保护等。

1. 整流器主电路联结形式的确定

整流器主电路结构形式多种多样，选择时应从电源相数、负载大小、允许电压和电流脉动率等多方面的因素综合考虑。大致步骤有：

1）根据负载功率的大小、电源相数等，确定采用单相还是三相电路整流电路；根据允许的电压和电流脉动要求，确定采用半波还是全波电路；根据是否需要有源逆变，考虑采用半控还是全控电路。可以将上述各种电路的优点、缺点用表格的形式列出比较，最后给出电路结构图选择。常用的整流器主电路比较见表 7-2。

2）考虑是否需要整流变压器。一般建议使用变压器，为此需要把使用变压器有什么好处，不使用变压器有什么缺点说出来，作为选择使用变压器的理由。

总之，上述内容要在分析、比较的基础上，给出选择的理由和选择结论。

表 7-2 常用整流器主电路比较

型式 特点	单相半控桥式	单相全控桥式	三相半波	三相全控桥式	双反星形带平衡电抗器	三相半控桥式	双三相桥式带平衡电抗器
变压器利用率	较好(0.9)	较好(0.9)	差(0.74)	好(0.95)	一般(0.79)	好(0.95)	好(0.97)
直流侧脉动情况	一般($m=2$)	一般($m=2$)	一般($m=3$)	较小($m=6$)	较小($m=6$)	较小($m=6$)	小($m=12$)
元器件利用率(导通角)	好(180°)	好(180°)	较好(120°)	较好(120°)	较好(120°)	较好(120°)	较好(120°)
直流磁化	无	无	有	无	无	无	无
波形畸变(畸变因数)	一般(0.9)	一般(0.9)	严重(0.827)	较小(0.955)	较小(0.955)	较小(0.955)	小(0.985)
应用场合	10kW 以下不可逆	10kW 以下可(不可)逆	50kW 以下及电动机励磁	10 ~ 200kW 可(不可)逆，应用范围广	低压大电流	10 ~ 200kW 不可逆	1000kW 以上可逆，四象限运行

2. 常用整流电路的计算系数

常用整流电路的计算系数见表 7-3。

表 7-3　常用整流电路的计算系数

电路型式	换相电抗压降系数	整流电压计算系数	晶闸管		整流变压器					
			电压计算系数	电流计算系数	二次相电流计算系数	一次相电流计算系数	视在功率计算系数	漏抗计算系数	漏抗折算系数	电阻折算系数
	K_X	K_{UV}	K_{UT}	K_{IT}	K_{IV}	K_{IL}	K_{SI}	K_{TL}	K_L	K_R
单相半控桥式	0.707	0.9	1.41	0.45	1	1	1.11	1	0	1
单相全控桥式	0.707	0.9	1.41	0.45	1	1	1.11	1	1	1
三相半波	0.866	1.17	2.45	0.367	0.577	0.472	1.35	2.12	1	1
三相半控桥式	0.5	2.34	2.45	0.367	0.816	0.816	1.05	1.22	0	2
三相全控桥式	0.5	2.34	2.45	0.367	0.816	0.816	1.05	1.22	2	2

7.3.2　整流变压器的选择

整流变压器一次侧接交流电网，二次侧连接整流装置。一旦使用变压器，则要进行相关计算。选择整流变压器的主要内容有：联结方式、额定电压、额定电流及容量的选择等。首先根据变压器联结方式确定变压器的联结组标号，画出变压器的联结组标号图，然后进行计算。

1. 整流变压器的联结方式

晶闸管整流器所用变压器的联结方式及联结组标号如图 7-1 所示。

2. 整流变压器二次相电压的计算

（1）整流变压器的参数计算时应考虑的因素

由于整流器负载回路的电感足够大，所以变压器内阻及晶闸管的通态压降可忽略不计。但在整流变压器的参数计算时，还应考虑如下因素。

1）最小触发延迟角 α_{min}。对于要求直流输出电压保持恒定的整流装置，α 应能自动调节补偿。一般可逆系统的 α_{min} 取30°~35°，不可逆系统的 α_{min} 取10°~15°。

2）电网电压波动。根据规定，电网电压允许波动范围为-10%~5%，考虑在电网电压最低时，仍能保证最大整流输出电压的要求，通常取电压波动系数 $b=0.9\sim1.05$。

3）漏抗产生的换相压降 ΔU_X。

4）晶闸管或整流二极管的正向导通压降 $n\Delta U$。

（2）二次相电压 U_2 的计算

1）对用于电枢电压反馈的调速系统的整流变压器：

$$U_2=\frac{U_N}{K_{UV}\left(b\cos\alpha_{min}-K_X U_{dl}\frac{I_{Tmax}}{I_N}\right)} \tag{7-1}$$

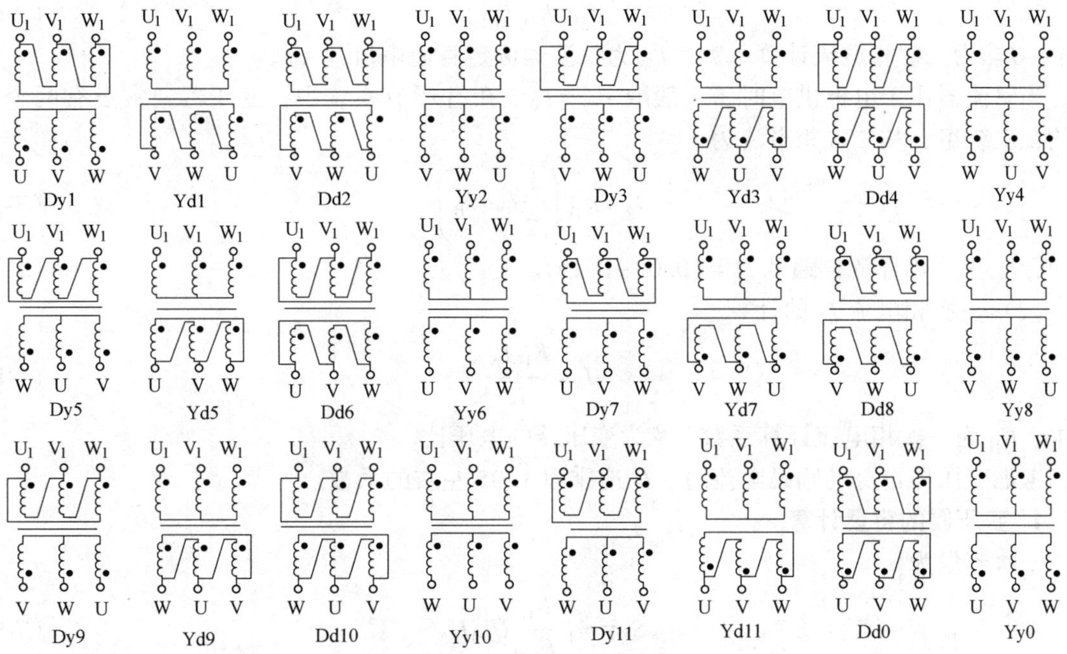

图 7-1 晶闸管整流器所用变压器的联结方式及联结组标号

式中，U_2 为变压器二次相电压（V）；U_N 为电动机的额定电压（V）；K_{UV}为整流电压计算系数；b 为电网电压波动系数，一般取 $b=0.90\sim0.95$；α 为晶闸管的触发延迟角；K_X 为换相电感压降计算系数；U_{dl}为变压器阻抗电压比，100 kVA 以下取 0.05，容量越大，U_{dl}也越大（最大为 0.1）；I_{Tmax}为变压器的最大工作电流，它与电动机的最大电流 I_{dmax}相等（A）；I_N 为电动机（整流变压器二次侧）的额定电流（A）。

2）对用于转速反馈的调速系统的整流变压器：

$$U_2=\frac{\left(\frac{I_{dmax}}{I_N}\right)I_NR_a+U_N+\left(\frac{I_{Tmax}}{I_N}-1\right)I_NR_a}{K_{UV}\left(b\cos\alpha_{min}-K_XU_{dl}\frac{I_{Tmax}}{I_N}\right)} \tag{7-2}$$

式中，R_a 为电动机的电枢电阻（Ω）。

3）在要求不高的场合，以上的几种情况还可以采用简便计算，即

$$U_2=(1\sim1.2)\frac{U_N}{K_{UV}b} \tag{7-3}$$

4）当调速系统采用三相桥式整流电路并带转速负反馈时，一般情况下变压器二次侧采用星形联结，也可按下式估算。

对于不可逆系统： $U_2=(0.95\sim1.0)U_N/\sqrt{3}$ （7-4）

对于可逆系统： $U_2=(1.05\sim1.1)U_N/\sqrt{3}$ （7-5）

3. 整流变压器二次相电流的计算

（1）二次相电流 I_2 的计算

$$I_2=K_{IV}I_{dN} \tag{7-6}$$

式中，K_{IV}为二次相电流计算系数；I_{dN}为整流器额定直流电流（A）。

当整流器用于电枢供电时，一般取 $I_{dN}=I_N$。在有环流系统中，变压器通常设有两个独立的二次绕组，其二次相电流为

$$I_2=K_{IV}\left(\frac{1}{\sqrt{2}}I_N+I_R\right) \tag{7-7}$$

式中，I_R 为平均环流，通常 $I_R=(0.05\sim0.1)I_N$。

（2）一次相电流 I_1 的计算

$$I_1=\frac{K_{IL}I_N}{K} \tag{7-8}$$

式中，K_{IL}为一次相电流计算系数；K 为变压器的电压比。

考虑变压器自身的励磁电流时，I_1 应乘以 1.05 左右的系数。

4. 变压器的容量计算

一次容量为

$$S_1=m_1\frac{K_{IL}}{K_{UV}}U_{d0}I_{dN} \tag{7-9}$$

二次容量为

$$S_2=m_2\frac{K_{IV}}{K_{UV}}U_{d0}I_{dN} \tag{7-10}$$

平均总容量为

$$S=\frac{1}{2}(S_1+S_2) \tag{7-11}$$

式中，m_1、m_2 为变压器一次、二次绕组相数。对于三相全控桥：$m_1=m_2=3$；K_{IL}为一次相电流计算系数；U_{d0}为整流器空载电压；K_{IV}为二次相电流计算系数；K_{UV}为整流电压计算系数。

7.3.3 整流器件的选择

1. 晶闸管选择

晶闸管的选择主要是根据整流器的运行条件，计算晶闸管电压、电流值，选择晶闸管的型号规格。在工频整流装置中一般选择普通型晶闸管，其主要参数为额定电压、额定电流值。

（1）额定电压 U_{Tn}选择

额定电压 U_{Tn}选择应考虑下列因素。

1）分析电路运行时晶闸管可能承受的最大电压值。

2）考虑实际情况，通常可考虑 2~3 倍的安全裕量。可按下式计算，即

$$U_{Tn}=(2\sim3)U_{TM} \tag{7-12}$$

式中，U_{TM}为晶闸管可能承受的电压最大值（V）。

当整流器的输入电压和整流器的连接方式确定后，整流器的输入电压和晶闸管可能承受的最大电压有固定关系，常采用查计算系数表来选择计算，即

$$U_{Tn}=(2\sim3)K_{UT}U_2 \tag{7-13}$$

式中，K_{UT}为晶闸管的电压计算系数；U_2 为整流变压器二次相电压。

3）按计算值换算出晶闸管的标准电压等级值。

（2）额定电流 $I_{T(AV)}$ 选择

晶闸管的过载能力较小，选择额定电流时，通常考虑 1.5~2 倍的安全裕量。

1）通用计算式，即

$$I_{T(AV)}\geqslant(1.5\sim2)\frac{I_T}{1.57} \tag{7-14}$$

式中，I_T 为流过晶闸管的最大电流有效值（A）。

2）实际计算中，常常是负载的平均电流已知，整流器连接方式已经确定，即流经晶闸管的最大电流有效值和负载平均电流有固定系数关系。这样通过查对应系数可使计算过程简化。当整流电路电抗足够大且整流电流连续时，可用下述经验公式近似地估算晶闸管额定通态平均电流 $I_{T(AV)}$。

$$I_{T(AV)}\geqslant(1.5\sim2)K_{IT}I_{dmax} \tag{7-15}$$

式中，K_{IT}为晶闸管电流计算系数；I_{dmax}为整流器输出最大平均电流（A）；当采用晶闸管作为电枢供电时，取 I_{dmax} 为电动机工作电流的最大值。

整流二极管的计算与选择和晶闸管相同，故可参照相关方法进行。

2. 晶闸管串联、并联使用

根据负载电压、电流的大小以及器件的成本等确定是否需要将晶闸管元件串联或并联使用，能不用尽可能不用。若采用串、并联，则说明理由并进行下列计算；若不采用串、并联，则不需要进行有关计算和选择。

（1）晶闸管的串联使用

1）由于晶闸管器件开关特性的分散性，即使挑选同一型号的器件，也会造成串联器件上的分压不均匀。所以，除了要挑选型号相同的元件外，还要采取均压措施。通常在串联元件上并联阻值相等的均压电阻 R_j 实现均压，串联晶闸管的均压电路如图 7-2 所示。由于 R_j 阻值比晶闸管的漏电阻小得多，所以并联 R_j 后元件两端的电阻基本相等，因而在正反向阻断状态时所承受的电压也基本相等，这种均压又称为静态均压。均压电阻 R_j 值为

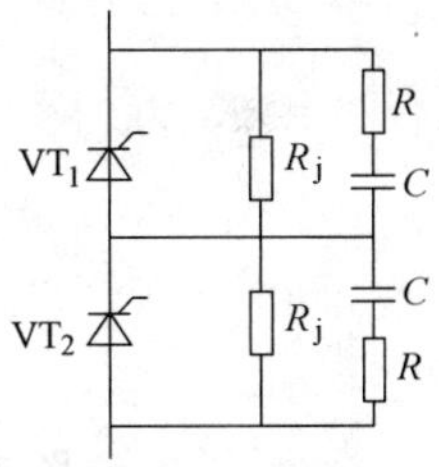

图 7-2 串联晶闸管的均压电路

$$R_j\geqslant(0.1\sim0.25)U_{Tn}/I_{DRM} \tag{7-16}$$

式中，U_{Tn}为晶闸管额定电压；I_{DRM}为断态重复值电流（漏电流峰值）。

均压电阻的功率为

$$P_{Rj}\geqslant K_{Rj}\left(\frac{U_{TM}}{n_s}\right)^2\frac{1}{R_j} \tag{7-17}$$

式中，U_{TM}为作用于元器件上的正反向峰值电压；n_s 为串联元器件数；K_{Rj}为计算系数，单相为 0.25，三相为 0.45，直流为 1。

2）元器件两端并联的阻容吸收电路，在晶闸管串联时可以起到动态均压作用，R、C 的选择可以参考表 7-4 的经验数据。

表 7-4　晶闸管串联时动态均压阻容元器件经验数据

晶闸管额定电流/A	1~5	10~20	50~100
C /μF	0.01~0.05	0.1~0.25	0.25~0.5
R/Ω	100	50	20

3）串联晶闸管的额定电压计算，即

$$U_{\mathrm{Tn}}=(2\sim3)\frac{K_{\mathrm{UT}}U_2}{n_{\mathrm{s}}K_{\mathrm{U}}} \tag{7-18}$$

式中，K_{UT}为晶闸管的电压计算系数，见表 7-3；U_2 为整流变压器二次相电压（V）；n_{s} 为每个桥臂上晶闸管的串联数；K_{U} 为均压系数，一般 $K_{\mathrm{U}}=0.8\sim0.9$。串联数 n_{s} 越多且触发器性能较差时 K_{U} 值取小些。

4）晶闸管串联后的额定电流选择可参照式（7-14）计算。

（2）晶闸管的并联使用

采用同型号的晶闸管并联，可以增大变流装置的输出电流。但如果并联元件的正向特性不一致，就会造成电流分配不均匀。所以除了选择特性一致的元件外，还应采用均流措施。

1）电阻均流法。图 7-3 为串联电阻均流电路。由于电阻功耗大，只适应小电流的整流电路。

2）电抗均流法。图 7-4 所示为串联电抗均流电路，其均流原理是利用电抗器上感应电动势的作用，使管子的电压分配发生变化，原来电流大的管子管压降降下来，电流分配小的管子管压降升上去。这样以迫使并联管中电流分配基本一致。

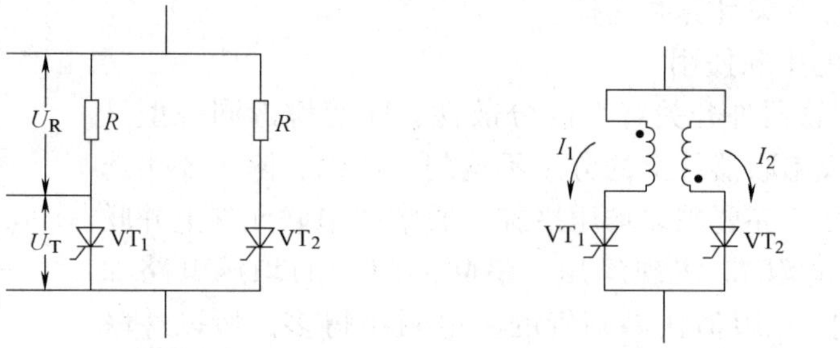

图 7-3　串联电阻均流电路　　　图 7-4　串联电抗均流电路

3）并联晶闸管的额定电流为：

$$I_{\mathrm{T(AV)}}\geqslant(1.5\sim2)\frac{K_{\mathrm{IT}}I_{\mathrm{dmax}}}{n_{\mathrm{p}}K_{\mathrm{I}}} \tag{7-19}$$

式中，K_{IT}为晶闸管电流计算系数；I_{dmax}为最大整流电流（A）；n_{p} 为每个桥臂上晶闸管的并联数；K_{I} 为均流系数，一般取 $K_{\mathrm{I}}=0.8\sim0.9$。

根据上述计算可选择合适的整流器件。

7.3.4　平波和均衡电抗器的选择

平波和均衡电抗器的选择思路如下：

1）先弄清楚主电路中需要电抗器的类别和作用。

2）然后说明各种电抗器的连接方式和特点。

3）根据主电路结构，说明所采用的电抗器连接方式和作用。

4）最后进行电抗器的计算。

1. 平波和均衡电抗器在主电路中的作用及布置

主电路中需要设置平波电抗器和均衡电抗器。

（1）平波电抗器

平波电抗器的作用是为了限制晶闸管整流电流的脉动、保持电流连续。常接在整流器的直流输出端和负载之间。

对于不可逆系统，在电动机电枢端串联一个平波电抗器，使得电动机负载得到平滑的直流电流，取合适的电感量，能使电动机在正常工作范围内不出现电流断续，还能抑制短路电流上升率，如图 7-5 所示。

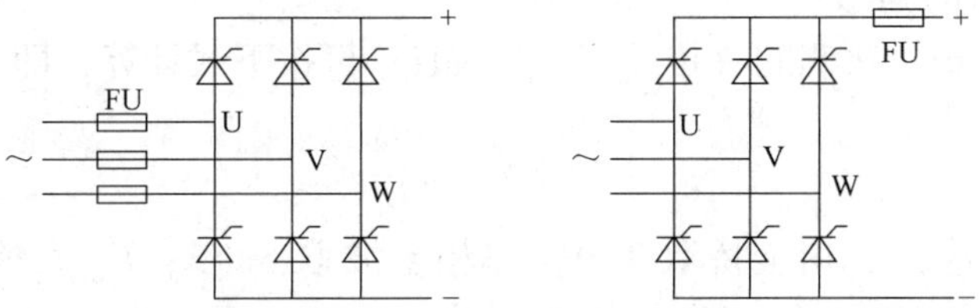

图 7-5　电抗器连接方式之一

（2）均衡电抗器

均衡电抗器的作用是限制可逆系统中的环流。因此不可逆系统不需要串入均衡电抗器。电抗器在电路中的位置不同，其作用不同。对于有环流系统，一般有以下两种安排方式。

1）限制环流用的环流电抗器和平波电抗器合并在一起。这时只用两只电抗器，分别放在每组变流器的输出端，电抗器既起抑制环流作用，又起平波作用，如图 7-6 所示。

2）环流电抗器和平波电抗器分开设置。在电枢端专门设置一个平波电抗器，然后在两组变流器的环流电路中分别设置环流电抗器，如图 7-7 所示。

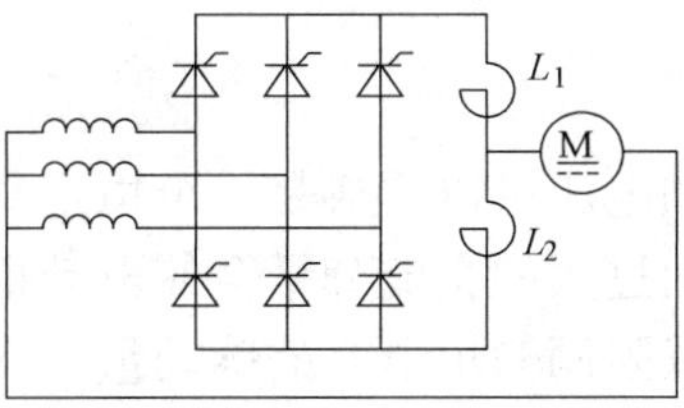

图 7-6　电抗器连接方式之二

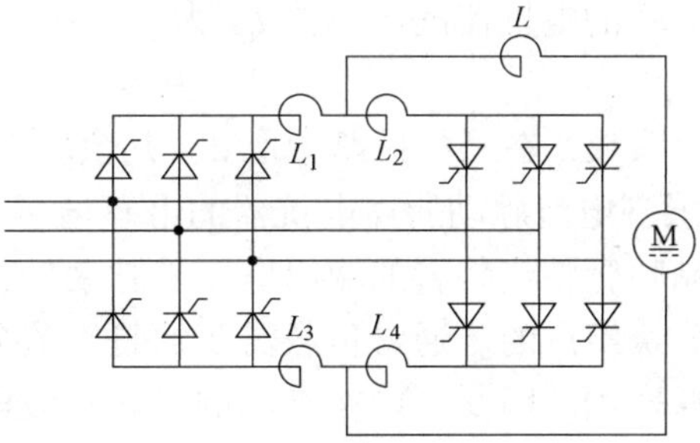

图 7-7　电抗器连接方式之三

2. 平波和均衡电抗器选择

电抗器的主要参数有：额定电抗、额定电流、额定电压降及结构形式等。

计算各种整流电路中平波电抗器和均衡电抗器电感值时，应根据电抗器在电路中的作用进行选择计算。如：①从减小电流脉动出发选择电抗器。②从保持电流连续出发选择电抗器。③从限制环流出发选择电抗器。此外，还应考虑限制短路电流上升率等。

由于一个整流电路中，通常包含有电动机电枢电抗、变压器漏抗和外接电抗器的电抗 3 个部分，因此，首先应求出电动机电枢（或励磁绕组）及整流变压器的漏感，再求出需要外接电抗器的电感值。

（1）电动机的电感

电动机的电感 L_D（mH）可按下式计算，即

$$L_D = K_D \frac{U_N}{2pn_N I_N} \times 10^3 \tag{7-20}$$

式中，U_N 为直流电动机的额定电压（V）；I_N 为直流电动机额定电流（A）；n_N 为直流电动机额定转速（r/min）；p 为直流电动机磁极对数；K_D 为计算系数。一般无补偿电动机取 8~12，快速无补偿电动机取 6~8，有补偿电动机取 5~6。

（2）整流变压器的漏感

整流变压器折合到二次侧的每相漏感 L_T（mH）可按下式计算，即

$$L_T = K_T U_{dl} \frac{U_2}{I_N} \tag{7-21}$$

式中，K_T 为计算系数，三相全桥取 3.9，三相半波取 6.75；U_{dl}为整流变压器阻抗电压百分比，一般取 0.05~1.0；U_2 为整流变压器二次相电压（V）；I_N 为直流电动机额定电流（A）。

（3）保证电流连续所需电抗器的电感值

当电动机负载电流小到一定程度时，会出现电流断续的现象。为了使输出电流在最小负载电流时仍能连续，所需的临界电感值 L_1 可用下式计算，即

$$L_1 = K_1 \frac{U_2}{I_{dmin}} \tag{7-22}$$

式中，K_1 为临界计算系数，单相全控桥为 2.87，三相半波为 1.46，三相全控桥为 0.693；U_2 为整流变压器二次相电压（V）；I_{dmin}为电动机最小工作电流（A），一般取电动机额定电流的 5%~10%。

实际串联的电抗器的电感值 L_P 为

$$L_P = L_1 - (L_D + NL_T) \tag{7-23}$$

式中，N 为系数，在三相桥路中取 2，其余取 1。

（4）限制电流脉动所需电抗器的电感值

由于晶闸管整流装置的输出电压是脉动的，该脉动电压可以看成是一个恒定直流分量和一个交流分量组成的。通常负载需要的是直流分量，而过大的交流分量会使电动机换向性能恶化和铁耗增加。因此，应在直流侧串联平波电抗器以限制输出电流的脉动量。将输出电流的脉动量限制在要求的范围内所需要的最小电感量 L_2（mH）可按下式计算，即

$$L_2 = K_2 \frac{U_2}{S_i I_{dmin}} \tag{7-24}$$

式中，K_2 为临界计算系数，单相全控桥 4.5，三相半波 2.25，三相全控桥 1.045；S_i 为电流最大允许脉动系数，通常单相电路 $S_i \leq 20\%$，三相电路 $S_i \leq (5\sim10)\%$；U_2 为整流变压器二次侧相电压（V）；I_{dmin}为电动机最小工作电流（A），取电动机额定电流的 5%~10%。

实际串接的电抗器 L_P 的电感值为

$$L_P = L_2 - (L_D + NL_T) \tag{7-25}$$

式中，L_D 为电动机的电感（mH）；L_T 为整流变压器折合到二次侧的每相漏感（mH）；N 为系数，在三相桥路中取 2，其余电路取 1。

（5）限制环流所需的电抗器的电感值

限制环流所需的电感值 L_R（mH）的计算公式为

$$L_R = K_R \frac{U_2}{I_R} \tag{7-26}$$

式中，K_R 为计算系数，单相全控桥为 2.87，三相半波为 1.46，三相全控桥为 0.693；I_R 为环流平均值（A）；U_2 为整流变压器二次相电压（V）。

实际所需的均衡电感量为

$$L_{RA} = L_R - L_T \tag{7-27}$$

式中，L_T 为整流变压器折合到二次侧的每相漏感（mH）。

如果均衡电流经过变压器两相绕组，计算 L_{RA} 时，应代入 $2L_T$。

7.3.5 晶闸管的保护

晶闸管是整流装置的核心器件，但它的过载能力较差，所以对晶闸管必须进行保护。

1. 过电流保护

过电流是晶闸管电路经常发生的故障，因此，过电流保护应当首先考虑。由于晶闸管承受过电流的能力比一般电器差得多，故必须在极短的时间内把电源断开或把电流值降下来。

造成晶闸管过电流的主要因素有：电网电压波动大，电动机轴上负载超过允许值，电路中管子误导通以及管子击穿短路等。

常见的过电流保护方案如图 7-8 所示。图中 1 为交流接触器，2 为过电流检测互感器，3 为快速熔断器，4 为桥臂快速熔断器，5 为直流侧快速熔断器，6 为直流侧过电流保护，7 为快速断路器。这些方案都有过电流保护作用，具体应用时可以根据实际需要选用方案中的一种或多种。

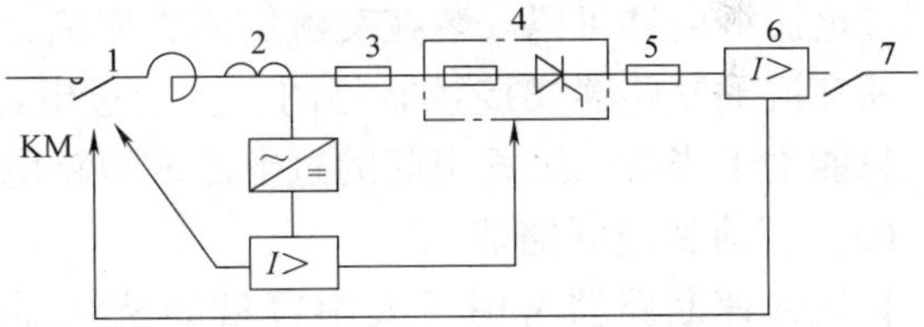

图 7-8　常见的过电流保护方案

（1）快速熔断器保护

快速熔断器是最简单有效的过电流保护器件，与普通熔断器相比，具有快速熔断的特性，在发生短路后，熔断时间小于 20 ms，能保证在晶闸管损坏之前自身熔断，避免过电流烧坏晶闸管。

快速熔断器可以安装在交流侧、直流侧或直接与晶闸管串联，快速熔断器的安装方式如图 7-9 所示。其中图 7-9a 的接法对交流、直流侧过电流均起作用；图 7-9b 的接法只能在直流侧过载和短路时起作用；图 7-9c 的接法对晶闸管保护最为有效。使用时可根据实际情况选用图 7-9a、b、c 中的一种。

快速熔断器的选择主要考虑下述几个方面。

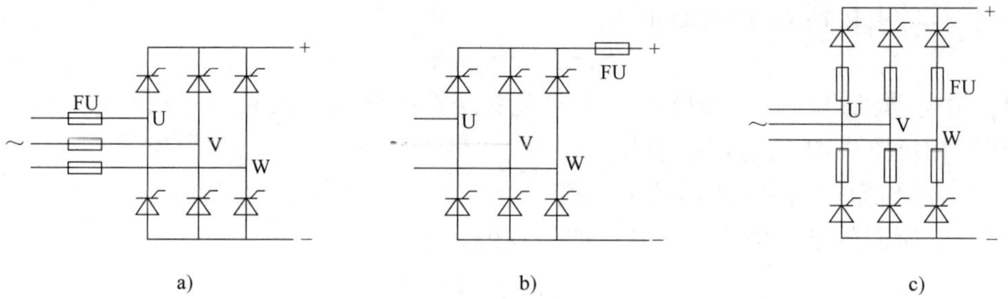

图 7-9　快速熔断器的安装方式

a）交流、直流侧保护　b）直流侧保护　c）元器件保护

1）快速熔断器的额定电压应大于线路正常工作电压的有效值，即

$$U_{FN} \geqslant \frac{K_{UT}}{\sqrt{2}} U_2 \tag{7-28}$$

2）快速熔断器熔体的额定电流（有效值）I_{FN}应大于等于被保护晶闸管额定电流。

若熔断器与桥臂晶闸管串联时，熔体的额定电流 I_{FN}可按下式计算，即

$$1.57 I_{T(AV)} \geqslant I_{FN} \geqslant I_{TM} \tag{7-29}$$

式中，$I_{T(AV)}$为被保护晶闸管额定电流（A）；I_{FN}为快速熔断器熔体的额定电流（A）；I_{TM}为实际流过晶闸管的最大电流有效值（A）。

由于晶闸管额定电流在选择时已考虑了安全裕量，因此通常按下式选择，即 $I_{T(AV)}=I_{FN}$。

由于快速熔断器价格较高，一般情况下，总是先让其他过电流保护措施动作，如电子线路保护，尽量避免直接使快速熔断器熔断。

（2）过电流继电器保护

过电流继电器可以安装在交流侧或直流侧，检测主电路的电流。在发生过电流故障时动作，使交流侧断路器或接触器分闸。由于过电流继电器和断路器或接触器动作需要几百毫秒，只能用于当机械过载引起的过电流或短路电流不大时保护晶闸管。

（3）直流快速断路器

直流快速断路器常用于大中容量的整流器的直流侧过载和短路保护。开关动作时间为 2~3 ms，分断时间不超过 25~30 ms。选择时，其额定电压、额定电流应不小于变流装置的额定值。

2. 过电压保护

（1）产生过电压的原因

晶闸管对于电压很敏感，当正向电压超过其正向断态重复峰值电压 U_{DRM}一定值时，就会误导通，引起电路故障；当外加的反向电压超过其反向断态重复峰值电压 U_{RRM}一定值时，晶闸管将损坏。因此必须进行过电压保护。过电压产生的原因主要是：电路中开关的开、闭引起的冲击电压，也称操作过电压；二是雷击或其他外来冲击干扰引起的浪涌过电压。针对形成过电压的原因不同，可以采取不同的抑制方法。通常采用的过电压保护方案如图 7-10 所示。

图中 1 为进户避雷器，2、3、4 为交流阻容吸收，5、9 为硒堆保护、6 为交流侧压敏保

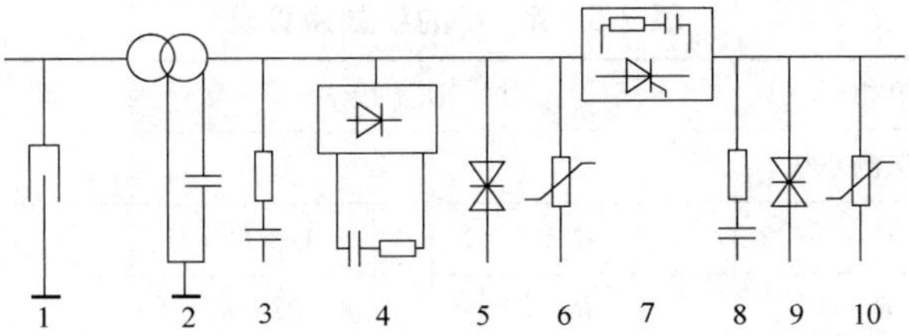

图 7-10 通常采用的过电压保护方案

护，7 为晶闸管阻容吸收，8 为直流侧阻容保护，10 为直流侧压敏保护。

（2）交流侧过电压保护措施

1）阻容吸收保护。阻容吸收保护电路通常采用电阻 R 和电容 C 的串联支路，并联在变压器的二次侧进行保护，交流侧的阻容吸收保护如图 7-11 所示。

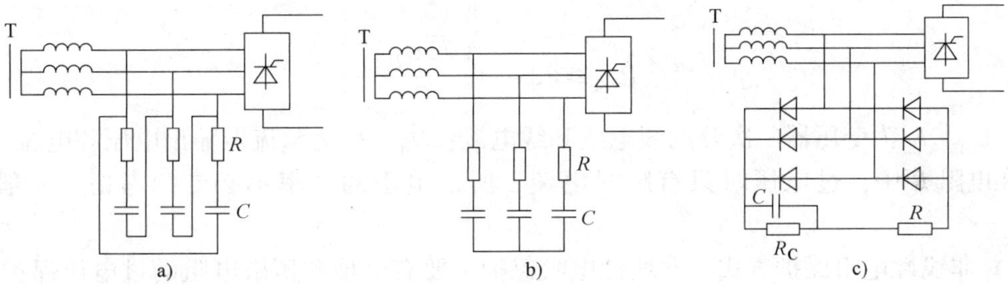

图 7-11 交流侧的阻容吸收保护

a）交流侧△接法阻容保护 b）交流侧丫接法阻容保护 c）交流侧整流式阻容保护

对于单相回路电容（μF）的估算式：

$$C \geqslant 6I_{em}\frac{S}{U_2^2}(\mu F) \tag{7-30}$$

电容的耐压≥$1.5U_m$。

电阻（Ω）的估算式：

$$R \geqslant 2.3\frac{U_2^2}{S}\sqrt{\frac{U_{dL}}{I_{em}}} \tag{7-31}$$

电阻功率（W）：

$$P_R \geqslant (3\sim4)I_R^2R \tag{7-32}$$

通过电阻的电流（A）：

$$I_R = 2\pi fCU_C^2\times10^{-6} \tag{7-33}$$

式中，S 为变压器容量（kV·A）；U_2 为变压器二次相电压有效值（V）；I_{em} 为变压器励磁电流百分比，对于 10~100kV·A 的变压器，一般为 4%~10%；U_{dL} 为变压器的短路比，对于 10~100kV·A 的变压器，一般为 5%~10%；U_C 为阻容元件两端正常工作时交流电压峰值（V）。

对于三相电路，R、C 的数值可按表 7-5 参数进行换算。

表 7-5　R、C 的参数换算表

变压器接法	单相	三相二次Y接法		三相二次 D 连接	
RC 装置接法	与二次侧并联	Y	D	Y	D
C	C	C	$1/3C$	$3C$	C
R	R	R	$3R$	$1/3R$	R

对于大容量晶闸管装置，三相阻容保护器件功率比较大，可以采用图 7-11c 所示的整流式接法。电容 C 的计算公式同式（7-30），R_C、R、P_{RC}的计算可按下式计算：

$$R_C = \frac{5U_{21}}{I_{21}} \tag{7-34}$$

$$R = \frac{5U_d}{I_d} \tag{7-35}$$

$$P_{RC} \geqslant (2 \sim 3)\frac{(\sqrt{2}U_{21})^2}{R_C} \tag{7-36}$$

式中，U_{21}、I_{21}为变压器二次侧的线电压和线电流；U_d、I_d 为整流器输出电压和电流。

在电阻 R 中，过电压时只有瞬时电流，所以电阻的功率不必专门考虑，一般取 4～10 W。

2）非线性电阻保护方式。非线性电阻保护主要有硒堆和压敏电阻的过电压保护，以下主要介绍压敏电阻保护方式。

压敏电阻的主要参数如下。

① 标称电压 U_{1mA}。指漏电流为 1 mA 时，压敏电阻上的电压值。

② 通流量。在规定冲击电流波形（前沿 8 μs，波形宽 20 μs）下，允许通过的浪涌峰值电流。

③ 残压。压敏电阻通过浪涌电流时在其两端的电压降。

压敏电阻标称电压 $U_{1\,mA}$的选择为

$$U_{1\,mA} = 1.3\sqrt{2}U \tag{7-37}$$

式中，U 为压敏电阻两端正常工作电压有效值（V）。

通流量应按大于实际可能产生的浪涌电流选择，一般取 5 kA 以上。

残压值的选择是由被保护器件的耐压决定，应使晶闸管在通过浪涌电流时，残压抑制在晶闸管额定电压以下，并留有一定裕量。

（3）直流侧过电压保护措施

直流侧过电压保护可以用阻容或压敏电阻保护，但采用阻容保护容易影响系统的快速性，并造成 di/dt 加大。因此一般只用压敏电阻作过电压保护。

压敏电阻标称电压 $U_{1\,mA}$按下式选择，即

$$U_{1\,mA} \geqslant (1.8 \sim 2)U_{DC} \tag{7-38}$$

式中，U_{DC}为正常工作时加在压敏电阻两端的直流电压（V）。

流通量和残压的选择同交流侧方法。

(4）晶闸管换相过电压保护措施

为了抑制晶闸管的关断过电压，通常采用在晶闸管两端并联阻容保护电路的方法，换相过电压保护如图 7-12 所示。阻容保护的元器件的参数可以根据表 7-6 列出的经验数据选定。

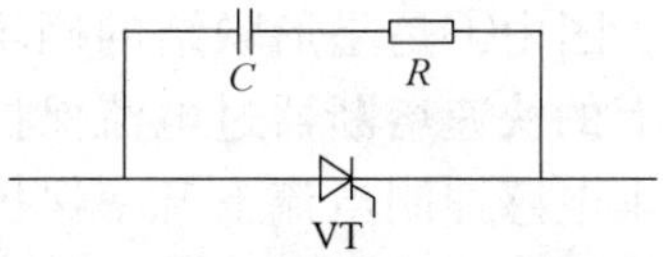

图 7-12　换相过电压保护

表 7-6　阻容保护的元器件的参数

晶闸管额定电流/A	10	20	50	100	200	500	100
电容/μF	0.1	0.15	0.2	0.25	0.5	1	2
电阻/Ω	100	80	40	20	10	5	2

电容耐压值，通常按加在晶闸管两端工作电压峰值 U_m 的 1.1~1.5 倍计算。

电阻功率 P_R(W)为

$$P_R = fCU_m^2 \times 10^{-6} \tag{7-39}$$

式中，f 为电源频率（Hz）；C 为电容值（μF）；U_m 为晶闸管两端工作电压峰值（V）。

3. 电压上升率 du/dt 与电流上升率 di/dt 的限制

不同规格的晶闸管对最大的电压上升率 du/dt 及电流上升率 di/dt 有相应的规定，当超过规定值时，会使晶闸管误导通。限制电压上升率及电流上升率的方法如下所述。

1）交流进线电抗器限制措施。交流进线电抗器电感量 L_B 的计算公式为

$$L_B = \frac{0.04U_2}{2\pi f \times 0.816 I_{dN}} \tag{7-40}$$

式中，I_{dN} 为变流器输出额定电流（V）；f 为电源频率（Hz）；U_2 为变压器二次侧相电压（V）。

2）在桥臂上串联空心电感，电感值取 20~30 μH 为宜。

3）在功率较大或频率较高的电路中，接入桥臂电感后，会使换流时间增长，影响正常工作，而经常采用将几只铁淦氧磁环套在桥臂导线上，使桥臂电感在小电流时磁环不饱和，电感量大，达到限制电压上升率 du/dt 与电流上升率 di/dt 目的，还可缩短晶闸管的关断时间。

图 7-13 是带有多种保护功能的晶闸管-电动机系统主电路。

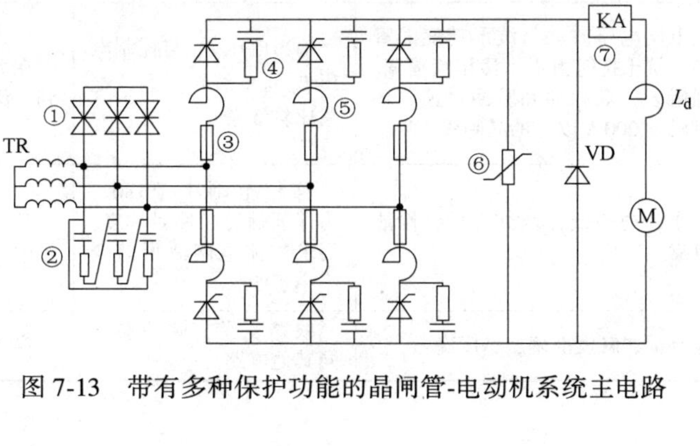

图 7-13　带有多种保护功能的晶闸管-电动机系统主电路

图中①是星形联结的硒堆过电压保护；②是三角形联结的阻容过电压保护；③是桥臂上的快速熔断器过电流保护；④是晶闸管的并联阻容过电压保护；⑤是桥臂上的晶闸管串电感抑制电流上升率保护；⑥是直流侧压敏电阻过电压保护；⑦是直流回路上过电流快速断路器保护；VD 是电感性负载的续流二极管；L_d 是电动机回路的平波电抗器；M 是直流电动机。

7.3.6 触发装置的选择

1. 移相触发器的主要技术指标

移相触发器的主要技术指标有：同步信号类型（正弦波、方波和锯齿波）、同步信号幅值、移相范围、脉冲幅值、脉冲宽度等。

2. 常用触发电路的选择

触发电路的种类很多，表 7-7 列出了几种常用触发电路类型、优缺点和使用范围，以便选用。选择触发器的思路如下：

1）根据整流电路的需要和应用场合，对照表 7-7 选配合适的触发电路。

2）选好触发电路后，电路中的元器件参数可参照相关触发电路中的标注，不需要去计算。

3）根据主电路选用的晶闸管对脉冲输出级进行校验，要求输出脉冲功率能满足要求。

4）画电路总图时，需要将触发器电路的输出线与主电路的晶闸管的门极进行正确连线。

表 7-7 常用触发电路对比表

类型	优点	缺点	适应范围
单结晶体管触发电路	结构简单，成本低，触发脉冲前沿陡，工作可靠，抗干扰能力强，易于调试	脉冲宽度窄，输出功率小，控制线性度差，移相范围小于 180°。电路参数差异大，在多相电路中使用不易一致	不附加放大环节，可触发 50 A 以下的晶闸管，常用于要求不高的小功率单相或三相半波电路中，但在大电感负载中不宜采用
正弦波同步触发电路	电路简单，易于调整，能输出宽脉冲，输出电压 U_d 与控制电压 U_{ct} 为线性关系，能部分地补偿电网电压波动对输出电压 U_d 的影响。在引入正反馈时，脉冲前沿陡度可提高	受电网电压的波动及干扰影响大，实际移相范围只有150°左右	可用于功率较大的晶闸管装置中，电网波动较大的场所不适用
锯齿波同步触发电路	不受电网电压波动与波形畸变的直接影响，抗干扰能力强，移相范围宽。具有强触发、双脉冲和脉冲封锁等环节，可触发 200 A 以上的晶闸管	输出电压 U_d 与控制电压 U_{ct}近似线性关系，电路比较复杂	在大中容量晶闸管装置中得到广泛的应用
集成触发电路	体积小，功耗低，调试方便，性能稳定可靠	移相范围小于 180°，为保证触发脉冲对称度，要求交流电网波形畸变率小于 5%	广泛应用于各种晶闸管装置中
数字式触发电路	控制灵活，触发准确，精度高	线路复杂，脉冲输出同其他电路	广泛用于要求较高的场合

3. 触发脉冲与主电路的同步

（1）同步的概念

所谓同步是指触发脉冲和加于晶闸管的正向电压之间必须保持一致和固定的相位关系。实现方法是通过同步变压器的不同接线组别向各触发单元提供相位互差的同步交流电压，确保变流装置中各晶闸管能按规定的顺序获得触发脉冲并有序工作。同步有两个含义：一是触发脉冲的频率与主电路的频率必须一致；二是输出触发脉冲的相位要符合主电路电压相位的要求。前者由于主电路整流变压器与触发电路的同步变压器连接在同一电网，故两者频率一样。后者要通过同步变压器的不同接线组别向各触发单元提供相应的交流电压。

（2）实现同步的方法

实现同步的方法是采用主电路电源电压经同步变压器降压，再经阻容移相来获得符合相位要求的同步电压。由于同步变压器二次侧的同步电压应有公共点，所以同步变压器二次侧应选用星形接线，便于和各单元电路相连。其接线组别的确定，可采用简化的电压相量图（钟点法）来实现，步骤如下。

1）根据主电路所要求的移相范围和触发电路可提供的移相范围，选取移相的控制方案；利用波形图分析确定出共阴极组VT_1、VT_3、VT_5所对应的触发电路输入的同步信号。

2）根据已知整流变压器T的接线组别，画出一次线电压相量$\dot{U}_{U1V1}$与相应的二次线电压$\dot{U}_{U2V2}$相位关系的相量图（钟点数），再根据第一点已确定的u_{su2}与$\dot{U}_{U2}$相位关系，在同一表盘面上，再画出同步输入电压$\dot{U}_{SU1V1}$与$\dot{U}_{SU2V2}$简化相量图，确定同步变压器的接线组别。重复以上步骤，再确定主电路的共阳极组VT_4、VT_6、VT_2触发电路中输入的同步信号$u_{s(-u2)}$、$u_{s(-v2)}$、$u_{s(-w2)}$的钟点数。

3）将同步变压器二次电压u_{su2}、u_{sv2}、u_{sw2}分别接到VT_1、VT_3、VT_5的触发电路同步信号的输入端；$u_{s(-u2)}$、$u_{s(-v2)}$、$u_{s(-w2)}$分别接到VT_4、VT_6、VT_2的触发电路同步信号的输入端，即能保证触发脉冲与主电路同步。

应当指出：在实际工作中，为确保主变压器与同步变压器的极性和接线组别正确，需要测定三相变压器的极性。其方法如下。

① 测定相间极性。用万用表电阻档测量12个出线端间通断情况及电阻大小，找出三相高压绕组，暂定标记U_1、V_1、W_1、X_1、Y_1、Z_1。

将Y_1、Z_1两点用导线连接，在U_1相加电压（约为额定电压一半），用电压表测量U_{V1Y1}、U_{W1Z1}及U_{V1W1}，若$U_{V1W1}=U_{V1Y1}-U_{W1Z1}$则标记正确，若$U_{V1W1}=U_{V1Y1}+U_{W1Z1}$则标记错误，应将$V_1$、$W_1$相中任一相的端点标号互换（如$V_1$、$Y_1$将换成$Y_1$、$V_1$）。用同样方法，在$V_1$相施加低电压，决定$U_1$、$W_1$相极性，测定后将它们的首末端做正式标记。

② 找出各相绕组。首先在U_1、X_1端加低电压，用电压表测量二次电压，其中电压最高的一相即为U_1相的二次绕组，暂标记为U_2、X_2，同理可标出V_2、Y_2及W_2、Z_2。

③ 测定一、二次绕组极性。将一、二次侧的中性点用导线相连，高压侧加三相低电压，测量U_{U1X1}、U_{V1Y1}、U_{W1Z1}、U_{U2X2}、U_{V2Y2}、U_{W2Z2}、U_{U1U2}、U_{V1V2}、U_{W1W2}，若$U_{U1U2}=U_{U1X1}-U_{U2X2}$，则$U_{U1X1}$与$U_{U2X2}$同相，$U_1$与$U_2$端极性相同；若$U_{U1U2}=U_{U1X1}+U_{U2X2}$，则$U_{U1X1}$与$U_{U2X2}$反相，$U_1$与$U_2$端极性相反。用同样方法判别$V_1$、$W_1$两相一、二次侧极性。测定后，把低电压绕组各相首末端正式标记。

7.3.7 整流器的工程设计举例

1. 设计内容及要求

某不可逆系统原采用发电机-电动机（G-M）系统拖动，主电动机额定功率 $P_N=60$ kW，额定电压 $U_N=220$ V，额定电流 $I_N=305$ A，额定转速 $n_N=1000$ r/min，电枢电阻 $R_a=0.05\ \Omega$，$C_e=0.2$ V·min/r，励磁电压 220 V，励磁电流 2A。现改为用晶闸管整流器供电的晶闸管-电动机（V-M）拖动系统，原直流电动机保留不变，试设计选择晶闸管直流电动机调速系统的主电路。

2. 技术要求

1）电网供电电压为三相 380 V。

2）电网电压波动为-10%~5%。

3）电流脉动为 $S_i\leqslant 10\%$。

3. 整流器主电路方案的确定

1）根据任务要求，采用晶闸管整流器供电。

2）主电路采用三相全控桥式整流电路。

3）为实现在最小触发延迟角下运行，选用整流变压器进行电压等级变换。

4）设置平波电抗器，满足电流脉动要求。

5）选用锯齿波同步触发电路。

4. 整流器的具体设计

（1）整流变压器的选择

为减小整流器的谐波对电网的影响，工程上整流变压器采用 D,y 连接。

1）二次相电压 U_2 按下式计算。

$$U_2=\frac{\left(\dfrac{I_{dmax}}{I_N}\right)I_N R_a+U_N+\left(\dfrac{I_{Tmax}}{I_N}-1\right)I_N R_a}{K_{UV}\left(b\cos\alpha_{min}-K_X U_{dl}\dfrac{I_{Tmax}}{I_N}\right)}$$

$$=\frac{\left(\dfrac{1.5\times305}{305}\right)\times305\times0.05+220+\left(\dfrac{1.5\times305}{305}-1\right)\times305\times0.05}{2.34\times(0.95\times0.98-0.5\times0.05\times1.5)}\ \text{V}=120\ \text{V}$$

由表 7-3 知，三相全控桥式整流电路的计算系数 $K_{UV}=2.34$，$K_X=0.5$。其他参数 $U_{dl}=0.05$，$b=0.95$；$\alpha_{min}=10°$，$\cos\alpha_{min}=0.98$；$I_{dmax}/I_N=I_{Tmax}/I_N=1.5$。

2）变压器二次相电流 I_2 的计算。

对于二次绕组按星形联结，则

$$I_2=K_{IV}I_{dN}=0.816\times305\ \text{A}=249\ \text{A}$$

查表 7-3 得 $K_{IV}=0.816$。

3）变压器的容量计算。

一次容量：

$$S_1=m_1\frac{K_{IL}}{K_{UV}}U_{d0}I_{dN}=3\times\frac{0.816}{2.34}\times2.34\times120\times305\ \text{V·A}=89.6\ \text{kV·A}$$

查表 7-3 得 $m_1=3$，$K_{IL}=0.816$，$K_{UV}=2.34$。

二次容量：

$$S_2=m_2\frac{K_{IV}}{K_{UV}}U_{d0}I_{dN}=3\times\frac{0.816}{2.34}\times2.34\times120\times305\ \text{kV}\cdot\text{A}=89.6\ \text{kV}\cdot\text{A}$$

查表 7-3 得 $m_2=3$，$K_{IV}=0.816$，$K_{UV}=2.34$。

视在功率：

$$S=\frac{1}{2}(S_1+S_2)=89.6\ \text{kV}\cdot\text{A}$$

（2）晶闸管的选择

1）晶闸管的额定电压：

$$U_{Tn}=(2\sim3)K_{UT}U_2=2.5\times2.45\times120\ \text{V}=735\ \text{V}$$

查表 7-3 得，$K_{UT}=2.45$，安全裕量系数取 2.5。

2）晶闸管的额定电流：

$$I_{T(AV)}\geqslant(1.5\sim2)K_{IT}I_{dmax}=1.5\times0.367\times1.5\times305\ \text{A}=252\ \text{A}$$

查表 7-3 得 $K_{IT}=0.367$。

选取用 KP-300-8 平板型晶闸管。

（3）平波电抗器的选择

1）电动机电枢电感 L_D：

$$L_D=K_D\frac{U_N}{2pn_NI_N}\times10^3=8\times\frac{220\times10^3}{2\times2\times1000\times305}\ \text{mH}=1.5\ \text{mH}$$

对于快速无补偿电动机 K_D 取 8，磁极对数 $p=2$。

2）变压器电感 L_T 为

$$L_T=K_TU_{dl}\frac{U_2}{I_N}=3.9\times0.05\times\frac{120}{305}\ \text{mH}=0.077\ \text{mH}$$

其中，$K_T=3.9$，$U_{dl}=0.05$。

3）平波电抗器的选择。

维持电流连续时的平波电抗器的电感 L_P 为

$$\begin{aligned}L_P&=L_1-(2L_T+L_D)=K_1\frac{U_2}{I_{dmin}}-(2L_T+L_D)\\&=0.693\times\frac{120}{0.05\times305}\ \text{mH}-(2\times0.077+1.5)\ \text{mH}=3.8\ \text{mH}\end{aligned}$$

其中，$K_1=0.693$，$I_{dmin}=0.05I_N$。

限制电流的脉动系数取 $S_i=5\%$时，L_P 值为

$$\begin{aligned}L_P&=L_2-(2L_T+L_D)=K_2\frac{U_2}{S_iI_N}-(2L_T+L_D)\\&=\left(1.045\times\frac{120}{0.05\times305}-1.654\right)\text{mH}=6.57\ \text{mH}\end{aligned}$$

取两者中较大的，故选用平波电抗器的电感为 6.57 mH 时，电流连续和脉动要求能同时满足。

（4）整流电路桥臂串联熔断器的选择

1）快速熔断器的额定电压 U_{FN}。

$$U_{FN} \geqslant \frac{K_{UT}}{\sqrt{2}} U_2 = \frac{2.45}{\sqrt{2}} \times 120\ \text{V} = 208\ \text{V}$$

2）快速熔断器额定电流 I_{FN} 的选择。

$$I_{T(AV)} = I_{FN}$$

选择RS_3 系列快速熔断器的额定电压 250 V，额定电流 300 A，切断能力 25 kA。

（5）触发装置的选择

1）触发电路的同步。

触发电路可选择锯齿波同步触发电路，也可选 KC 系列集成触发电路，本例选用锯齿波同步触发电路。按简化向量图的方法来确定同步变压器的联结组别及变压器绕组联结方式。

如图 7-15 所示，以VT_1 的阳极电压 u_U 与相应的触发电路 1CF 的同步电压 u_{SU} 定相为例。

① 对于锯齿波触发器，要求同步电压 $\dot{U}'_{SU}$ 滞后于 $\dot{U}_U$ 180°。由于存在滤波环节 30°的相位移，所以实际同步电压 $\dot{U}_{SU}$ 滞后于主电压 $\dot{U}_U$ 150°。

② 整流变压器一般采用 D,y5 的接法，根据整流变压器 D,y5 接法，作出一次和二次电压相量图，晶闸管VT_1 阳极电压 $\dot{U}_U$ 与一次线电压 $\dot{U}_{U1V1}$ 反相，一次线电压 $\dot{U}_{U1V1}$ 在 12 点钟。在 $\dot{U}_U$ 滞后150°的位置作出同步变压器二次电压 $\dot{U}_{SU}$，则对应线电压 $\dot{U}_{SUV}$ 超前 $\dot{U}_{SU}$ 相位30°，在 10 点钟位置；$-\dot{U}_{SUV}$ 在 4 点钟位置，如图 7-14 所示。所以同步变压器组二次侧一组为 D，y10，另一组为 D，y4。10 点钟一组为 U_{SU}、U_{SV}、U_{SW}，接晶闸管VT_1、VT_3、VT_5 管触发电路的同步信号输入端；4 点钟一组为$-U_{SU}$、$-U_{SV}$、$-U_{SW}$，接晶闸管VT_4、VT_6、VT_2 触发电路的同步信号输入端，晶闸管装置即能正常工作，主电压与同步电压间的相量图如图 7-14 所示。

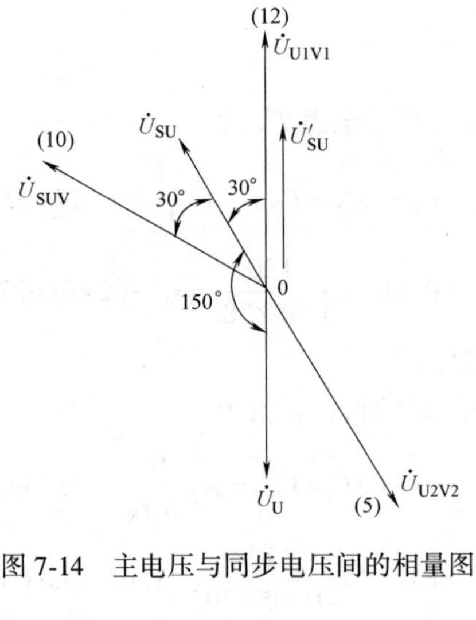

图 7-14　主电压与同步电压间的相量图

③ 依据已求得的 TS 联结组别，就可以画出同步变压器绕组的接线，整流器主电路与同步变压器电路的连接如图 7-15 所示。先将 U_{SU}、U_{SV}、U_{SW} 分别联结到阻容滤波器后（图中

末画)，再联结到 1CF、3CF、5CF 的同步电压接线端，供晶闸管VT_1、VT_3 和VT_5 的触发输入端对应触发脉冲为 U_{g1}、U_{g3}、U_{g5}；$-U_{SU}$、$-U_{SV}$和$-U_{SW}$分别经阻容滤波器联结到 4CF、6CF、2CF 的同步电压接线端，供晶闸管VT_4、VT_6 和VT_2 的触发输入端对应触发脉冲为 U_{g4}、U_{g6}和 U_{g2}，如图 7-15 所示，保证触发脉冲与主电路同步。

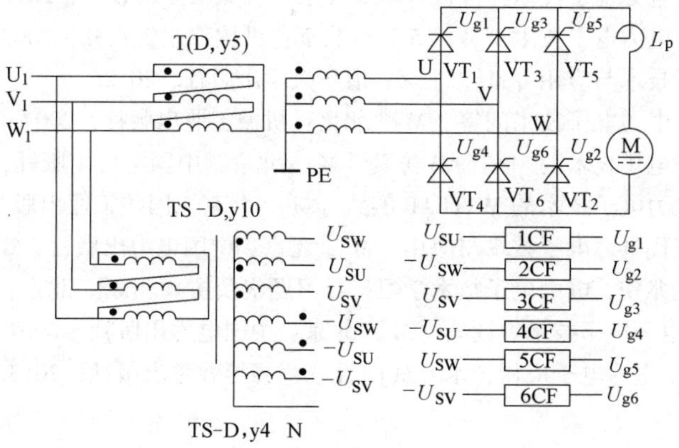

图 7-15 整流器主电路与同步变压器电路的连接

2）触发电路的连接。

因为主电路为三相全控桥接线方式，需要 6 块触发电路板，分别控制 6 个晶闸管。6 块触发电路板的 X、Y 端（查触发电路原理图）的连接方式为后相的 X 端与前相的 Y 端相连，6 块触发板的偏移电压引出端接在一起，用一个偏移电位器来同时调偏移电压。6 块触发板的控制电压引出端连在一起，接到移相控制端，由 U_{ct}直接控制。整流桥桥臂上的每个晶闸管的触发板同步信号端连接到同步变压器对应的同步信号端。6 路同步信号依次相差60°，并与主电路保持同步。

参 考 文 献

[1] 周渊深．电力电子技术与MATLAB仿真［M］．2版．北京：中国电力出版社，2014.
[2] 周渊深，宋永英．电力电子技术［M］．3版．北京：机械工业出版社，2016.
[3] 王兆安，刘进军．电力电子技术［M］．5版．北京：机械工业出版社，2009.
[4] 李鹏飞．电力电子技术与应用［M］．北京：清华大学出版社，2012.
[5] 颜世钢，张承慧．电力电子技术问答［M］．北京：机械工业出版社，2007.
[6] 林飞，杜欣．电力电子技术的MATLAB仿真［M］．北京：中国电力出版社，2012.
[7] 黄忠霖，黄京．电力电子技术的MATLAB实践［M］．北京：国防工业出版社，2009.
[8] 张森，冯垛生．现代电力电子技术与应用［M］．北京：中国电力出版社，2011.
[9] 裴云庆，卓放，王兆安．电力电子技术学习指导习题集及仿真［M］．北京：机械工业出版社，2013.
[10] 李先允，陈刚．电力电子技术习题集［M］．北京：中国电力出版社，2007.
[11] 郭荣祥，崔桂梅．电力电子应用技术［M］．北京：高等教育出版社，2013.